普通高等教育"十二五"规划教材

金属涂镀工艺学

王快社　刘晓平　张兵　胡平　等编著

北　京

冶金工业出版社

2014

内 容 提 要

本书共 11 章,将钢材涂镀和电镀工艺与原理融为一体,其内容以钢材涂镀和电镀技术为主,简要介绍了钢材热镀锌和电镀板的发展历程,着重阐述了钢材尤其是钢带热镀锌和电镀的基本理论、生产工艺及其主要产品。具体包括:钢铁热镀锌及相关理论、热镀锌工艺、热镀锌-铝合金镀层钢板、钢铁电镀技术及其相关理论、连续电镀锌钢板的生产、电镀锡及锡合金、电镀镍及镍合金、电镀铜及铜合金、汽车用涂镀层钢板、彩色涂层钢板技术和钢材热镀锌的"三废"处理。

本书可作为金属材料工程、材料成型与控制工程专业本科生,材料加工专业研究生的学习用书,也可供从事涂镀技术相关的科研、生产技术人员及管理人员参考。

图书在版编目(CIP)数据

金属涂镀工艺学/王快社等编著 . —北京:冶金工业出版社,2014.9

普通高等教育"十二五"规划教材
ISBN 978-7-5024-6696-1

Ⅰ. ①金… Ⅱ. ①王… Ⅲ. ①金属—镀覆—工艺学—高等学校—教材 Ⅳ. ①TG174.4

中国版本图书馆 CIP 数据核字(2014)第 194032 号

出 版 人 谭学余
地 址 北京市东城区嵩祝院北巷 39 号 邮编 100009 电话 (010)64027926
网 址 www.cnmip.com.cn 电子信箱 yjcbs@cnmip.com.cn
责任编辑 李 臻 美术编辑 吕欣童 版式设计 孙跃红
责任校对 石 静 责任印制 牛晓波
ISBN 978-7-5024-6696-1
冶金工业出版社出版发行;各地新华书店经销;三河市双峰印刷装订有限公司印刷
2014 年 9 月第 1 版,2014 年 9 月第 1 次印刷
787mm×1092mm 1/16;20.75 印张;502 千字;319 页
45.00 元
冶金工业出版社 投稿电话 (010)64027932 投稿信箱 tougao@cnmip.com.cn
冶金工业出版社营销中心 电话 (010)64044283 传真 (010)64027893
冶金书店 地址 北京市东四西大街46 号(100010) 电话 (010)65289081(兼传真)
冶金工业出版社天猫旗舰店 yjgy.tmall.com
(本书如有印装质量问题,本社营销中心负责退换)

前　言

21世纪以来，我国正在由钢铁大国向钢铁强国迈进。因此，调整产业结构，发展深加工、高附加值产品，提高产品的竞争力是我国钢铁行业的发展方向。备受市场青睐的热镀锌钢板、电镀板等涂镀层产品是我国目前亟须大力发展的钢材品种之一。热镀锌钢板和电镀板作为钢铁材料具有防止大气腐蚀效果显著、成本低廉等优点，而且品种繁多，是应用广泛、历史悠久的一种镀层产品，以其优良的耐腐蚀性和良好的焊接、涂漆和成型性等综合性能，作为高效节能钢材品种，得到了广泛的应用。

热镀锌钢板和电镀板由于产品附加值高、高效节材，而成为增长最快的一类钢材品种，它在钢材品种中所占比例逐年提高，在美国、日本等钢材生产大国，镀锌钢板和电镀板在钢材中所占比例已高达13%~15%，其中70%为热镀锌钢板。我国目前热镀锌钢板和电镀板的产量仅占钢材总产量的5%左右，因此，具有很大的发展潜力。

热镀锌钢板和电镀板广泛应用于国民经济建设的各个领域和部门，尤其是建筑业、汽车业和电器业三个部门是镀锌钢板和电镀板的主要应用市场。目前国内外热镀锌钢板和电镀板在这三个部门的消费量占总量的80%以上。

我国热镀锌和电镀钢板技术起步于20世纪70年代末，初期发展较缓慢，改革开放以后，随着我国国民经济的高速发展，特别是近十多年以来，我国建筑业以前所未有的速度发展；汽车制造业已成为我国支柱产业，家电产品产量跃居世界前列，这为热镀锌钢板和电镀板提供了广阔的市场和应用空间。市场对热镀锌钢板和电镀板的需求急剧增长，使我国的热镀锌钢板和电镀板的生产进入高速发展期。到2005年全国钢带连续热镀锌生产线达百余条，年生产能力达到千万吨以上，约占粗钢生产总量的5%。

伴随着钢铁工业产业结构向发展深加工、高附加值钢材产品方向调整，近年来国内各高校的冶金材料类课程体系中均开设了与钢材涂镀技术相关的必修课程。《金属涂镀工艺学》一书就是为了适应专业改革及培养跨世纪复合型人才的需要，根据专业设置和大纲要求而编写的，它将钢材涂镀和电镀工艺与原理融为一体，其内容以钢材涂镀和电镀技术为主，简要介绍了钢材热镀锌和电镀板的发展历程，着重阐述了钢材尤其是钢带热镀锌和电镀的基本理论、生产工艺及其主要产品。本教材可作为金属材料工程、材料成型与控制工程专业本科生，材料加工专业研究生的学习用书，也可供从事涂镀技术工作的科研、生产技术人员及管理人员参考。

参加本教材编写工作的有西安建筑科技大学王快社教授（第1章、第3章和第9章）、刘晓平老师（第2章、第10章和第11章）、王文老师（第3章和第9章）、张兵老师（第4章、第5章）、胡平老师（第6章~第8章）、杨占林老师（第8章）、何晓梅老师（第1章和第10章）、吕爽工程师（第1章）。全书在编写过程中得到西安建筑科技大学冶金学院全体同仁的支持与帮助，在此表示衷心的感谢！

由于作者水平有限，书中不妥之处在所难免，敬请广大读者批评指正。

编　者
于西安建筑科技大学
2014年5月

目　录

1 钢铁热镀锌及相关理论

1.1 热镀锌层的保护作用

1.1.1 防止钢材腐蚀的方法

随着国家工业化的发展，钢材的防腐问题在整个国民经济中具有越来越重要的经济意义。

据统计，世界上每年因腐蚀而损失的钢铁材料占总产量的1/5。腐蚀给现代工业造成严重破坏，不仅造成严重的直接损失，而且造成停工、停产的间接损失也是难以估计的，甚至会危及人民的生命和财产安全。由此可见，为了节约钢材并保证生产的正常进行，必须相应地解决生产中钢材出现腐蚀的问题。空气中总含有氧气和水分，因此铁就不断地遭受腐蚀，反应见式：

$$4Fe + 2H_2O + 3O_2 \longrightarrow 2Fe_2O_3 \cdot H_2O \tag{1-1}$$

尤其在工业区，空气中含有大量的二氧化碳、二氧化硫等腐蚀性气体，更会加快腐蚀的速度。所以，钢材生锈也是自然界客观存在一个规律。长期以来，人们针对钢铁腐蚀，创造了许多有效的防止方法。概括起来讲，这些方法可分为两大类：一类是合金防腐法；另一类则是表面包层防腐法。

合金防腐法，例如把钢制成含有一定镍铬的不锈钢。但由于生产工艺复杂，价格昂贵，所以它的普遍应用受到了限制。而包层法，例如，金属镀层、非金属涂层（如涂漆、涂塑料）和非金属膜（如铬酸钝化）等，由于原材料来源充足、容易制造且生产成本低，所以得到了广泛的应用。

目前金属镀层的方法有热镀法、电镀法、包镀法、渗镀法、喷镀法、气相镀法等。

热镀锌便是热镀法的一种。另外还有热镀铝、热镀锡、热镀铅和新发展的热镀锌-铝合金法。

1.1.2 热镀锌层的耐腐蚀性能

钢材热镀锌后，锌在腐蚀环境中能在表面形成耐腐蚀性良好的薄膜。它不仅保护了锌层本身，而且保护了钢基。所以，经热镀锌之后的钢材，使用寿命大大地延长。热镀锌薄板在不同的环境气氛中，其腐蚀速度不同，从理论上讲这种腐蚀可能按两种不同的方式进行，即化学腐蚀与电化学腐蚀。

1.1.2.1 化学腐蚀

化学腐蚀是金属与非电解质发生纯化学作用而引起的破坏。腐蚀过程中电子的传递是在金属与氧化剂之间直接进行的，因而没有电流产生。例如，干燥（绝对无水分的）气体及不导电的液体介质对锌所起的化学作用均称之为典型的化学腐蚀，其化学反应为：

$$2Zn + O_2 \longrightarrow 2ZnO \tag{1-2}$$

$$Zn + H_2O \longrightarrow ZnO + H_2 \uparrow \tag{1-3}$$

$$Zn + CO_2 \longrightarrow ZnO + CO \uparrow \tag{1-4}$$

式 1-2 的反应在高温下才能进行，例如热镀锌时 400℃ 以上生成致密的氧化锌薄膜。式 1-3 和式 1-4 均在锌红热下才能进行。所以，在室温下上述三式的化学反应均进行得非常缓慢。

假如这种 ZnO 保护膜的厚度增加到 30~40nm，由于生成了干扰颜色，肉眼才能觉察到。因为由锌生成的 ZnO 其体积要比锌大 44%~59%，所以此膜就会因内部产生的应变而破裂，其保护作用也即失去。

1.1.2.2 电化学腐蚀

电化学腐蚀是指金属表面与离子导电的介质发生电化学反应而引起的破坏。例如，锌在酸、碱、盐溶液中和海水中发生的腐蚀以及锌在潮湿空气中的大气腐蚀，均属于电化学腐蚀。当空气中的水分积存于镀锌板表面的凹坑处，并且空气中的二氧化碳、二氧化硫或其他腐蚀介质溶于水中之后，便形成了电解液。这样，一个微电池就形成了。相关介质的标准电极电位见表 1-1。

表 1-1 相关介质的标准电极电位

电极过程	标准电极电位/V	电极过程	标准电极电位/V
$Zn-2e \rightarrow Zn^{2+}$	-0.762	$Fe-2e \rightarrow Fe^{2+}$	-0.439
$O_2+2H_2O+4e \rightarrow 4OH^-$	+0.401	$2H^++2e \rightarrow H_2 \uparrow$	0.000

由表 1-1 中相关介质的电极电位，可判断出此微电池中发生的电化学反应为：

阳极反应：
$$Zn - 2e \longrightarrow Zn^{2+} \tag{1-5}$$

阴极反应：
$$O_2 + 2H_2O + 4e \longrightarrow 4OH^- \tag{1-6}$$

在阴极发生了氧的去极化反应，在阳极发生了锌的溶解反应。因为水中溶解有一定量的氧，尤其是在电解液和空气接触的界面处，此反应进行得更为剧烈，常常称为界面腐蚀。反应结果产生的锈蚀产物是：

$$Zn^{2+} + 2OH^- \longrightarrow Zn(OH)_2 \longrightarrow ZnO \cdot H_2O \tag{1-7}$$

如果大气没有被污染，酸性介质的浓度很低，具体来说在 pH>5.2 的大气环境下，钢板镀锌层经腐蚀后形成的腐蚀产物为非溶性化合物（氢氧化锌、氧化锌和碳酸锌），这些产物将以沉淀形式析出，形成致密的薄层。这种薄膜既有一定厚度又不容易溶解于水，附着性又很强，因此它能起到隔离大气和镀锌板的屏障作用，防止腐蚀进一步发展。

当保护镀锌层遭到破坏时，钢铁部分表面暴露于大气环境中，此时锌与铁形成微电池，锌的电位明显低于铁的电位，锌则作为阳极对钢铁基板起到牺牲阳极的保护作用，防止钢板的腐蚀发生，见图 1-1。

在热镀锌中，直接与铁接触的镀层组成部分不是纯锌，而是含铁量较高（约 20%）的 γ 相。尽管如此，

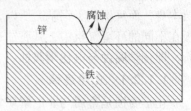

图 1-1 锌阳极对铁的保护

它和含铁量 10% 的 δ_1 相一样，还是具有比铁较低的电位，于是与铁组成微电池之后，仍然能起着对阴极的保护作用。

镀锌层的腐蚀产物随大气中的腐蚀性介质的不同而不同。在清洁空气中，腐蚀产物为 ZnO 或 $Zn(OH)_2$；在海洋气氛下则出现 $ZnCl_2$；当工业污染大气中含有 H_2S、SO_2 时，腐蚀生成 ZnS、$ZnSO_3$；若环境中的 CO_2 增多时，腐蚀生成 $ZnCO_3$ 产物，这些腐蚀产物统称为白锈。

镀锌钢板使用寿命的长短和它所处的环境有关，大量大气腐蚀试验证明了这点，见表 1-2。由表 1-2 可清楚地看出，镀锌薄板在不同的环境中，其腐蚀速率不同。

表 1-2　热镀锌板的大气腐蚀状况

腐蚀环境气氛	腐蚀速度 /$\mu m \cdot a^{-1}$	15 年的腐蚀损失（双面）		厚 50μm（350g/m^2）腐蚀时间
		厚度/μm	质量/g·m^{-2}	
距海岸 100m 的岛内，盐分浓度大	15	225	3150	3 年 4 个月
距海岸 17km 的岛内，盐分浓度较小	6	90	1260	8 年 4 个月
工业城市，空气污染严重	8	120	1680	6 年 3 个月
一般城市，空气较新鲜	3	45	630	16 年 8 个月
农村，空气新鲜	1	15	210	50 年

热镀锌板在大气中受着化学腐蚀和电化学腐蚀的双重腐蚀作用，其腐蚀过程是相当复杂的。胡森（Hudsen）等人提出了在工业污染区锌层大气腐蚀的经验公式为：

$$t_f = 0.0086G_x + 0.5 \tag{1-8}$$

式中　t_f——防护持续时间，a；

　　　G_x——镀锌层平均质量，g/m^2。

$$U_{Zn} = 0.001(\psi - 50)f \tag{1-9}$$

式中　U_{Zn}——镀锌层的腐蚀速度，$\mu m/a$；

　　　ψ——周围气氛的相对湿度；

　　　f——二氧化硫的浓度，$\mu g/m^2$。

由上述式 1-8 和式 1-9 可以看出，热镀锌层的保护作用主要取决于镀层厚度和环境气氛。实践证明，镀层的结构对其耐腐蚀性也有一定的影响。例如，纯锌层中的杂质可加快锌层的腐蚀速度，见表 1-3。

表 1-3　不同镀层结构和锌层损失　　　　　　　　　　　　　　（mg/dm^2）

镀锌层结构	腐蚀时间/d			
	130	230	310	380
纯锌层	6.69	30.53	47.58	49.91
纯锌+1.78%Fe	7.20	32.08	46.50	53.63
纯锌+1.95%Pb	4.80	27.43	40.92	49.91
纯锌+0.98%Cd	5.37	34.10	45.88	55.80
纯锌+0.88%Sb	11.70	36.73	51.92	56.73

图 1-2 显示了镀锌钢板在不同环境中的使用寿命和镀锌层厚度间的关系。从此关系可知，镀锌钢板的使用寿命正比于镀锌层厚度。换句话说，如若希望延长镀锌钢板的使用寿命，则可增加镀锌层的厚度，用热镀锌工艺较易实现，而电镀锌工艺则相对受到局限，其镀层较薄，一般最大约为 $90g/m^2$，这就是热镀锌钢板多用于户外建筑，而电镀锌钢板多用于户内电器的主要原因。

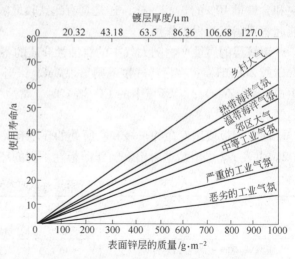

图 1-2　镀锌层厚度与镀锌钢板使用寿命的关系

镀锌钢板的缝隙腐蚀是镀锌钢板在制成零部件（如汽车部件）使用中常遇到的问题，各国对它进行了广泛研究。Zhu F 等的研究表明，镀锌板在缝隙内高湿、高氯、低 pH 值环境中的腐蚀产物主要是 ZnO 和 $Zn_5(CO_3)_2 \cdot (OH)_6$，不同于均匀腐蚀产物 $Zn_5Cl_2(OH)_8$，而且缝隙腐蚀率与缝隙尺寸密切相关，并提出了一种基于电化学阻抗谱评估镀锌钢板缝隙腐蚀的新方法。国内李民保等对镀锌板缝隙腐蚀的研究表明，镀锌板缝隙腐蚀过程分为锌层锈蚀-镀层破裂、合金层溶解-合金层破裂、钢基体溶解三个过程。缝隙腐蚀从缝隙口部开始。胡小萍研究认为，镀锌板缝隙内交流阻抗沿深度方向递增，缝隙腐蚀从缝隙口部开始；在含氯离子的中性水溶液中，镀锌板缝隙宽度为 0.24mm 时腐蚀最严重。

1.1.3　热镀锌板的用途、消费结构及前景展望

热镀锌及其合金钢板性能优越、品种繁多，广泛应用于国民经济的各个领域，特别是建筑业、汽车业和电器业是热镀锌钢板的主要用户。表 1-4 列出了热镀锌钢板在一些行业里应用的实例。

国外热镀锌钢板的最重要应用领域为建筑、汽车、电器三个行业，其消费结构见表 1-5，它们占有热镀锌钢板消费的大部分比例，然而国内情况有些不同，除建筑、汽车行业外，轻工业也是一大用户，且农牧渔业、商业也有较大用量。

此外，镀锌板还用于生产彩色涂层钢板，由于彩色涂层钢板是在冶金工厂里集中进行生产的，薄钢板涂装产品的成本降低了 5%~10%，节约能源 1/6~1/5。尤其是可以节约钢板表面预处理设备和涂装设备的大量投资。同时，由于集中生产，利于进行涂装生产过程中的环境保护工作。目前，热镀锌钢板的用途已有 1000 种左右，它广泛地应用于建筑、运输、电器、家具等各行业，见表 1-4。

表 1-4　热镀锌钢板的应用实例

序号	行业	应 用 部 位
1	建筑业	外部——屋顶、外侧墙板、门窗、檐沟、卷帘门窗、落水槽及管； 内部——墙体龙骨架、吊顶龙骨架、通风管； 设备与结构——暖气片、冷弯型钢、脚踏板和架子

序号	行业	应 用 部 位
2	汽车业	车身——外壳、内面板、底盘、支柱、内部装饰结构、地板、翼子板、门、行李箱盖、导水槽； 构件——油箱、挡泥板、消音器、散热器、排气管、滤气管、输油管、制动管、发动机部件、车底和车内部件、供暖系统零件
3	电器业	家电——冰箱底座、外壳、洗衣机外壳、净气机、厨房设备、冷冻室、收音机、收录机底座； 电缆——铠装电力电缆、邮电通讯电缆、电缆地沟托架、桥架、挂件
4	农牧业	粮仓（筒仓）、畜舍、饲料和水槽、温室大棚棚架、烘烤设备
5	交通运输	铁路——车棚盖、内部框架型材、路标牌、车厢内壁； 船舶——集装箱、通风道、冷弯框架； 航空——飞机库、标牌 公路——高速公路护栏、隔音壁
6	土木水利	波纹管道、庭院护栏、水库闸门、水道河槽
7	石油化工	汽油桶、保温管道外壳、包装桶
8	冶金	焊管坯料、钢窗坯料、彩涂板基板
9	食品包装	干、湿罐头盒、茶叶筒、油漆桶、包装袋、饮料桶、各类瓶盖
10	轻工业	民用烟筒、儿童玩具、各类灯具、办公用具、家具

随着钢带连续热镀锌技术的不断进步，热镀锌产品的质量不断提高，使得热镀锌消费结构日益扩大，甚至在一些领域热镀锌钢板有取代电镀锌钢板的趋势，这也是近十多年来新建热镀锌机组较多而新建电镀锌线很少的原因之一。日本、欧盟和北美及中国热镀锌钢板的消费结构见表 1-5。

表 1-5　日本、欧盟和北美及中国热镀锌钢板的消费结构　　　　　　　　（%）

国家或地区	汽车业	建筑业	电器业	其 他
日 本	33.0	36.0	16.5	14.5
欧盟和北美	42.0	31.0	25.0	2.0
中 国	10	40	30	20

随着热镀锌产品品种的增加和质量的提高，热镀锌产品的市场需求持续旺盛，特别是建筑业和汽车制造业需求的拉动，世界热镀锌生产线的建设一直未曾停止，热镀锌的产量不断增加，热镀锌目前呈现生机勃勃的发展景象。

而相比之下，热镀锡已经完全被电镀锡所取代。之所以两者会有不同的发展前景，完全由它们的用途和特性所决定。镀锡板主要用于室内，诸如罐头盒、茶叶盒之类的包装品，所以它不要求太厚的镀层。另外，镀锡层是作为电化学腐蚀的阴极，一旦露铁之后，则铁作为阳极而溶解，镀锡层便完全失去了保护作用。所以，作为镀锡板往往是要求均匀无孔且较薄的镀层，电镀锡的特点正好能满足这些要求。

热镀锌板主要用于户外，其腐蚀环境比较恶劣，所以要求较厚的镀层。此外，当电化学腐蚀发生时，镀锌层是阳极，保护着铁阴极，所以镀层越厚，使用寿命越长，热镀锌镀层的特点正好能满足这些要求。

电镀锌层均匀，与钢基结合牢固，并且表面缺陷也少，具有非常好的装饰性，但是电镀锌的镀层厚度较薄，仅为热镀锌镀层厚度的 $1/5 \sim 1/7$。若使电镀锌镀层增厚不仅耗电量大，而且需要在电解液中停留时间延长，这样就要相应增加设备。电镀锌的镀层质量一般最大约为 $90g/m^2$，所以其使用范围就受到了限制。而且它的生产成本较高、产量也低，目前在全世界的生产能力仅为热镀锌的 $1/7$ 左右。虽然电镀锌的产量在不断地增长，但它只能限定在某一使用领域，还不会成为热镀锌发展的劲敌。

热镀铝板虽有稳定的市场，但它主要是用于耐高温、耐酸性介质腐蚀的特殊场合，而且铝的价格也比锌高得多，例如，生产 1t 锌仅需要耗电 $6000kW \cdot h$，而生产 1t 铝却需要耗电 $25000kW \cdot h$，所以热镀铝板的价格较高，另外在发生电化学腐蚀时铁是阳极，铝镀层是阴极，所以一旦露钢，则镀铝层就完全失去了保护作用。由于以上原因，热镀铝板只适用于一些特殊场合，它的发展也不会对热镀锌板构成威胁。

虽然新近研究的铝锌硅合金镀层钢板显示了一定的发展前途，但是，这种产品生产成本高、工艺控制难度大、镀层合金层厚而脆，使其深冲性能不够理想，表面装饰性也不如热镀锌板，所以用途较窄，目前主要用于建材领域，还不能完全取代热镀锌板的用途。

热镀锌板主要用于建筑业、家电制造业、动力车辆业、机械工业、容器制造业与包装业等。例如，修建房屋的屋面、房骨架、边墙、门窗、雨搭、水道、通风管道等；家用电器中的空调设备、洗衣机、电冰箱、电脑机箱等；制造汽车的外壳、内板、底板、边梁等；用于农业的拖拉机、播种机、施肥机、粮仓及各种容器等，都需要大量热镀锌板。

一般来讲，热镀锌板的用途是由钢板厚度和镀层厚度所决定的。例如，钢板厚度在 1.25mm 以上双面具有 $375g/m^2$ 镀层质量的品种，可用于建筑结构件和排水系统管道，也可以制造铁路车厢的顶盖和边墙；钢板厚度为 $0.20 \sim 0.50mm$ 并且双面具有 $275g/m^2$ 镀层质量的品种一般用作屋面的瓦垄板和墙壁板；钢板厚度为 $0.50 \sim 1.0mm$ 并且双面具有 $175g/m^2$ 镀层质量的品种常常用于家用电器的制造；钢板厚度为 $0.10 \sim 0.20mm$ 并且镀层质量双面低于 $90g/m^2$ 的品种主要用在包装业方面，这时外层还必须进一步涂漆或涂塑料，属于这类用途的镀锌板，最好是采用电镀锌板。

由此可以看出，热镀锌板具有广泛的用途，在今后一个时期，将有更广阔的发展远景。

1.2　钢板热镀锌的分类

1.2.1　概述

热镀锌是应用最广泛的金属防腐蚀方法，它是由较古老的热镀锡方法发展而来的。自从 1836 年法国把钢板热镀锌应用于工业生产以来，已经有 170 多年的发展史了。然而，热镀锌工业还是近 30 年来伴随着冷轧带钢的飞速发展而得到了大规模发展的。

热镀锌板的生产工序主要包括：原板准备→镀前处理→热浸镀→镀后处理→成品检验等。按照习惯往往根据镀前处理方法的不同把热镀锌工艺分为线外退火和线内退火两大类，线内退火热镀锌一般采用氢气还原法，而线外退火热镀锌采用溶剂法，如表 1-6

所示。

表 1-6 钢带热镀锌工艺分类

线外退火（溶剂法）	线内退火（氢气还原法）
（1）湿法（单张钢板热镀锌）； （2）干法：1）单张钢板热镀锌； 　　　　2）惠林法（Wheeling）； 　　　　3）里赛特法（Lesat）	（1）森吉米尔法（Sendzimir）； （2）改良森吉米尔法（Modified Sendzimir）； （3）美钢联法（US Steel Group）； （4）赛拉斯法（Selas）； （5）莎伦法（Sharon）

线外退火的溶剂法又可分为湿法和干法。湿法主要用于单张钢板热镀锌，而干法中除了用于单张钢板和零部件批量热镀锌外，还有惠林法和里赛特法可用于钢带连续热镀锌。

在线退火的氢气还原法均用于钢带连续热镀锌，这其中包括森吉米尔法、改良森吉米尔法、美国钢铁公司法（美钢联法）、赛拉斯法以及莎伦法5种。在氢气还原法连续热镀锌生产线上的工艺段上有连续退火炉装置，它可将冷轧钢带直接送入镀锌生产线进行在线退火，同时进行钢带表面的还原处理，这就将钢带退火与表面还原两个工艺在一个炉中完成，使工艺过程简化，大大降低镀锌成本。

1.2.2 线外退火

线外退火，就是冷轧钢板进入热镀锌作业线之前，首先在连续式退火炉或罩式退火炉中进行再结晶退火，这样在镀锌线内就不存在退火工序了。为保证热镀锌过程中钢板与锌液接触并能发生反应形成镀锌层，钢板在热镀锌之前必须保持一个无氧化物及其他污物存在的洁净的纯铁活性表面。这种镀锌方法是先用酸洗的方式把经退火的钢板表面的氧化铁皮清除，然后涂上一层由氯化锌组成或者由氯化铵和氯化锌混合组成的溶剂进行保护，从而防止钢板再被氧化。如果钢板表面涂的溶剂不经烘干（即表面还是湿的）就进入其表面覆盖有熔融态熔剂的锌液中进行热镀锌，此方法即称之为湿法热镀锌。为了减少浸锌时间和降低锌液对锌锅的浸蚀以及容易捞取锌渣，这种方法往往是在锌锅的下部充有大量的铅液。钢板进入锌锅时，首先接触熔融熔剂，然后进入铅层，只在锌锅出口处，钢板才在短时间内和锌液接触，所以又常常称作铅-锌法热镀锌，如图1-3所示。

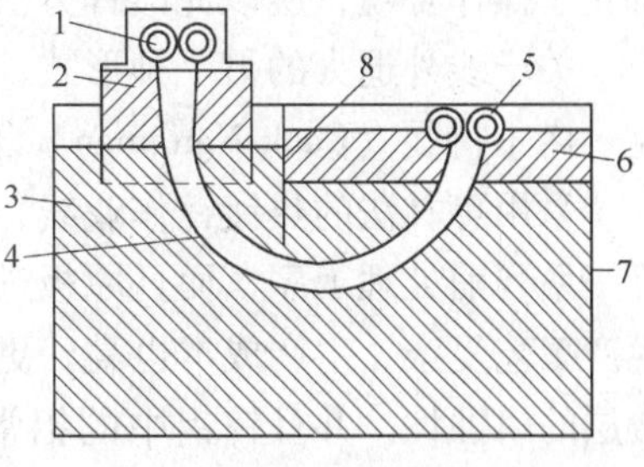

图 1-3 湿法镀锌锌锅示意图

1—送料辊；2—氯化铵溶剂；3—液态铅；
4—导板；5—镀锌辊；6—液态锌；
7—锌锅；8—隔板

因为湿法热镀锌只能在无铝状况下镀锌，所以镀层的合金层很厚且黏附性很差。另外，生成的锌渣都积存在锌液和铅液的界面处而不能沉积在锅底（因为锌渣的密度大于锌液，而小于铅液），这样钢板因穿过渣层而使表面被污染，所以此镀锌方法目前已基本被淘汰。

单张钢板干法热镀锌机组由于对原始工艺进行了一系列的改革，例如，改进了清洗、烘干传动方式，特别是采用辊镀法控制镀层厚度之后，镀锌质量获得了显著的提高。

这种工艺方法一般采用热轧叠轧薄板作为原料。首先把经过退火的钢板送入酸洗车间，用硫酸或盐酸清除钢板表面的氧化铁皮。酸洗之后的钢板立即浸入水箱中浸泡等待镀锌，这样可防止钢板再氧化。镀锌之前向水箱中加入盐酸，使浓度达到 $5\sim15g/L$，以便清洗钢板表面的残存黄锈。钢板以人工送进镀锌作业线，先由循环水清洗，若板面酸洗灰严重时，可采用高压水喷洗。经橡胶辊挤干后钢板浸入由 50.5% $ZnCl_2$ 和 5.5% NH_4Cl 组成的溶剂中，然后在烘干炉中（烘干温度约为 250℃）将溶剂烘干，接着就浸入含 Al $0.10\%\sim0.12\%$ 的锌液中，镀锌温度一般保持在 $445\sim465$℃。在锌锅出口依靠一对镀锌辊来控制镀层。钢板出锌锅之后经吹风冷却，由传送链送入多辊反复弯曲矫直机中矫直。镀锌板经分类之后再送入涂油或铬酸钝化机组中进行防锈处理，如图 1-4 所示。这种方法生产的热镀锌板比湿法镀锌的成品质量有显著提高，对小规模生产还具有一定的价值。因此，直到目前，在东南亚一带还仍然保留有这种方法。

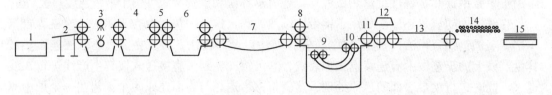

图 1-4　单张钢板干法热镀锌机组示意图

1—盐酸水箱；2—送板台；3—高压水喷洗槽；4—热水冲槽；5—橡胶挤干辊；6—溶剂槽；
7—烘干炉传送链；8—夹送辊；9—锌锅；10—镀锌辊；11—锥形传送辊；
12—冷却风箱；13—冷却段传送链；14—多辊矫直机；15—垛板台

单张钢板溶剂法热镀锌的生产率为 $2\sim3t/h$、耗锌量为 $90\sim100kg/t$、锌渣锌灰生成量为 $8\sim12kg/t$，所以生产成本较高，而热镀锌板的质量却很差。同时由于酸雾和溶剂的挥发恶化了操作环境，所以此镀锌方法基本上已被先进的连续作业方法所取代。

关于线外退火的另一种形式，就是著名的惠林法。此法是美国惠林钢铁公司工程师柯克·诺尔特曼（Cook Norteman）于 1953 年设计的，所以也常常称作柯克·诺尔特曼法。

采用惠林法的热镀锌作业线，其中包括碱液脱脂、盐酸酸洗、水冲洗、涂溶剂、烘干等一系列前处理工序，而且原板进入镀锌线之前还需进行罩式炉退火。总之，这种方法的生产工艺复杂，生产成本也高，更为主要的是此方法生产的产品常常带有溶剂缺陷，影响镀层的耐蚀性。并且锌锅中的铝常常和钢板表面的溶剂发生作用生成 $AlCl_3$ 而被消耗掉，使镀层的黏附性变坏。因而，此方法并未得到发展。

1.2.3　线内退火

线内退火，就是由冷轧车间直接提供带卷作为热镀锌的原板，在热镀锌作业线内进行氢气体保护下的再结晶退火。这种热镀锌方法包括：森吉米尔法、美钢联法、赛拉斯法、莎伦法、改良森吉米尔法。

1.2.3.1　森吉米尔法

森吉米尔法是将冷轧钢带光亮退火的生产线与热镀锌锅结合起来构成的生产线，用于钢带连续热镀锌生产。

通过森吉米尔法与钢带溶剂法连续热镀锌工艺的比较可以看出，森吉米尔法具有无可比拟的优点。例如，钢带在镀锌前由过去预先进行罩式退火改为在线退火，简化了工序，并节约了能耗以及相应的运输设备；钢带进入锌锅的温度比锌液温度高（约 20~40℃），大大降低了锌锅的热负荷，延长了锅体的使用寿命，并对镀层的质量提高有利；由于没有溶剂的作用，锌锅表面形成的锌灰及锅底部的锌渣量大大减少，从而降低了锌的消耗；由于不需要涂敷溶剂，锌液中的铝含量比较容易控制，而有利于提高镀层的附着性。更为重要的是取消了钢带的碱洗除油及酸洗除锈等工序，消除了它们对环境的污染并减少了钢带的酸洗损失。

森吉米尔法连续热镀锌生产线的在线退火是在还原退火炉内进行的，如图 1-5 所示。冷轧钢带首先进入氧化炉，直接被炉内燃烧的煤气火焰加热到 45℃ 左右，将钢带表面的轧制油烧掉。

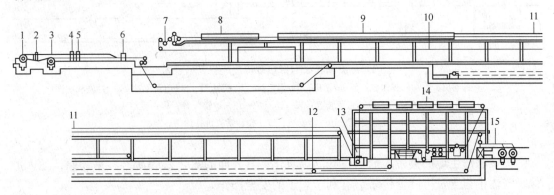

图 1-5　森吉米尔法连续热镀锌生产装置示意图

1, 3—开卷机；2, 4—张力辊；5—剪切机；6—焊接机；7—张紧装置；8—氧化炉；9—退火炉；
10, 12—活套坑；11—冷却段；13—镀锌装置；14—锌层冷却装置；15—卷取机

同时钢带表面也被氧化产生一层薄的蓝色的氧化铁膜。钢带从氧化炉出来后又进入紧靠氧化炉的还原退火炉，在此炉内通入氨分解产生的 N_2-H_2 混合气体（75%H_2，25%N_2），将钢带表面的氧化铁膜还原，形成多孔性的海绵状纯铁，同时炉膛达 900℃ 左右的高温将运行中的钢带加热到再结晶退火温度约 720~800℃，经过很短时间就可完成再结晶过程，然后进入冷却段，将钢带温度降到 470~480℃，通过密封的炉鼻进入锌锅镀锌。经过锌液下部的沉没辊转向垂直引出，经锌液表面的镀锌辊挤去多余的锌液，再经冷风冷却后卷取。由于最初的连续热镀锌生产线采用镀锌辊控制镀层厚度，机组速度很低，故锌层厚度的控制范围很小。

森吉米尔法钢带连续热镀锌由于产量高、镀层质量好、无污染，在当时受到普遍欢迎而得到较快的发展，各国相继建设了许多此类生产线。

世界各国在各种类型的连续热镀锌作业线中，以森吉米尔法最多，约占 70%。

1.2.3.2 美钢联法

美钢联法生产线与森吉米尔法类似，原料钢带冷轧后直接进入镀锌机组。钢带在镀锌机组生产线上经过电解脱脂后水洗，热风吹干后进入退火炉内，经全辐射管辐射加热，钢带不与氧气接触，同样加热进行再结晶退火和保护气体的还原后，在冷却段冷却到镀锌温度，进入锌锅中镀锌，其后的过程与森吉米尔法生产线相同，如图 1-6 所示。

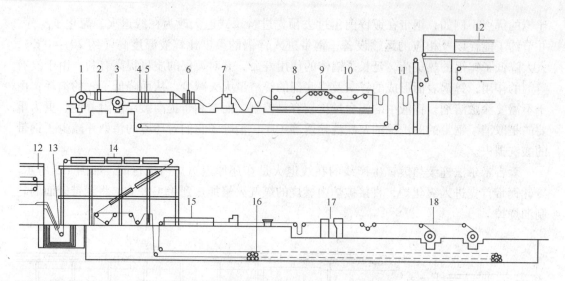

图 1-6　美钢联法钢带热镀锌生产装置示意图

1，3—开卷机；2，4—张力辊；5—剪切机；6—焊接机；7—剪边机；8—电解除油；9—冲洗和刷洗；
10—热水喷洗；11—张紧装置；12—还原炉；13—镀锌装置；14—冷却装置；
15—化学处理；16—活套坑；17—拉伸矫直机；18—卷取机

美钢联法生产的钢带表面未受到高温氧化，其表面的氧化铁膜薄，容易还原，通入的保护气体中氢含量可降低许多，有利于炉子的安全操作。

美钢联法生产线由于入炉钢带温度很低，需要较长的还原炉才能将钢带加热到再结晶温度，如若提高退火炉温度，对退火炉的寿命不利，因此该法在最初未能被广泛接受与推广使用。

1.2.3.3　赛拉斯法

赛拉斯法的原料钢带可以是经罩式退火炉退火的或者直接采用冷轧的钢带。

钢带经过脱脂酸洗后进行烘干预热，之后进入立式退火炉，此炉的特点与其他连续热镀锌方法不同，采用煤气燃烧的直接火焰加热钢带。为使燃烧产物具有一定的还原性而严格控制炉内气氛（煤气和空气比例），使煤气不完全燃烧，燃烧废气呈还原性成分，可将钢带表面微薄的氧化膜还原，同时在高达 $1000 \sim 1250 \, ℃$ 的炉膛温度下进行再结晶退火，最后在低氢含量（15% 左右）的冷却段内冷却到镀锌温度，通过炉鼻进入锌锅中镀锌。

如果采用已退火的钢带作为原料，则钢带在还原炉内加热到 $500 \sim 520 \, ℃$ 即可，而不必加热到再结晶温度。

赛拉斯法虽然产量较高（50t/h），机组短小，设备紧凑，投资费用低，但其具有工艺过程复杂，有污染，当机组停止运行时必须将钢带移出炉外，否则钢带易被高温退火炉烧断等一系列缺点，故未得到广泛的应用。

1.2.3.4　莎伦法

此法利用潮湿氯化氢气体对钢表面氧化铁膜的溶解作用，在钢带的退火炉内喷吹氯化氢气体，同时在炉内的高温作用下使钢带表面的轧制油等全部蒸发掉，钢带被加热到 $720 \sim 750 \, ℃$，完成再结晶退火。

在退火炉内，高温下喷吹炉膛内的氯化氢与钢表面的氧化铁膜很快发生如下反应：

$$Fe_2O_3 + 6HCl \longrightarrow 2FeCl_3 + 3H_2O \tag{1-10}$$

$$2FeO + 6HCl \longrightarrow 2FeCl_3 + H_2 + 2H_2O \tag{1-11}$$

将氧化铁还原为纯铁，生成的水和氯化铁在 300℃ 以上升华为气体，随着炉气流出。然后钢带通过冷却段和炉鼻在密封条件下进入锌锅中镀锌。

此法因钢带表面被氯化氢腐蚀变得粗糙，对提高镀锌层附着性有利，但高温下的氯化氢对设备及炉体的腐蚀严重，维护困难，未得到应用。

1.2.3.5 改良森吉米尔法

在用森吉米尔法进行钢带连续热镀锌的生产过程中，还存在一些较明显的缺点。例如，钢带在氧化炉内形成了很厚的氧化膜，使还原炉的负担增加了，经常会出现钢带表面的氧化膜不能完全被还原而降低镀锌层的质量；钢带在氧化炉内被预热的温度较低（450℃以下），也增加了还原炉的热负荷；而还原炉内保护气体中氢气含量过高，最高可达 75%，高浓度氢气的存在使还原炉的安全操作成为突出的问题；此外由于还原炉还原能力的局限，机组的运行速度也较低。为了消除上述缺点，20 世纪 60 年代中期，美国阿姆柯公司对其做了重大的改进，将氧化炉改为还原性无氧化性气氛炉子，称为无氧化预热炉（简称 NOF），并提高加热炉膛的温度，快速将钢带加热到较高的温度（550～650℃），为此，在设备上将原来的氧化炉与还原炉用一个狭窄通道连接成为一个整体。这样一来，经无氧化预热炉处理的高温钢带可在密闭条件下进入还原退火炉而不致被空气氧化和冷却，而以较高的温度进入还原炉，同时燃烧的废气也不致进入还原炉。

改进后的森吉米尔法无论在产品产量、质量、能耗、设备损耗等方面均比原始的森吉米尔法有较大进步。其改进前后在几个主要环节上的变化示于表 1-7。

表 1-7 森吉米尔法改进前后的比较

项 目	森吉米尔法	改良森吉米尔法	说 明
预热炉长度/m	8～10	16～19	预热炉加长可降低炉膛温度，延长炉体使用寿命
预热炉内气氛	氧化性	还原性和弱氧化性	
钢带出预热炉温度/℃	350～450	550～650	
钢带出预热炉表面氧化膜	氧化膜层厚	氧化膜层薄	氧化层过厚，在还原炉内不易彻底还原，影响镀层质量
钢带运行速度/m·min^{-1}	90	180	
镀锌层附着性	较差	好	改良后钢带表面还原彻底
保护气体氢含量/%	75	15	由于氢含量较低，炉子操作较安全

改良的森吉米尔法有明显的优越性，20 世纪 70 年代以后新建的钢带连续热镀锌生产线大都采用此法，原有的森吉米尔法生产线也陆续改造为改良型的森吉米尔法生产线。改良森吉米尔法钢带连续热镀锌生产线的流程示意图见图 1-7。

冷轧钢带板卷经过开卷机 1 或 2、矫直机 3、双层剪切机 4、夹送辊 6、焊机 7 后通过张力辊 8 进入水平活套。然后通过 1 号跑偏控制器 11、2 号张力辊 8 和跳动辊 12 调节张力

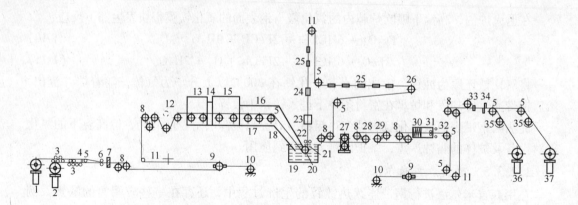

图 1-7　改良森吉米尔法钢带连续热镀锌生产线的流程示意图

1—1 号开卷机；2—2 号开卷机；3—五辊矫直机；4—双层剪切机；5, 26—转向辊；6—夹送辊；

7—搭接电阻焊机；8—张力辊组；9—活套小车；10—卷扬机；11—跑偏控制器；12—跳动辊；

13—预热炉；14—通道；15—还原炉；16—冷却段；17—炉底辊；18—炉鼻；19—锌锅；

20—沉没辊；21—稳定辊；22—气刀；23—镀锌层合金化炉；24—锌花控制机；25—冷却风箱；

27—光整机；28—拉伸弯曲矫直机；29—多辊矫直机；30—铬酸盐钝化槽；31—挤干辊；

32—热风吹干机；33—计数器；34—分卷剪切机；35—涂油装置；36—1 号卷取机；37—2 号卷取机

后进入预热炉 13，清除掉表面上的轧制油后被预热到 550℃以上，穿过通道 14 进入还原炉 15 继续加热到 720~800℃，发生再结晶退火并被通入的保护气体还原为纯铁（海绵态），然后进入冷却段 16 冷却到比锌锅温度略高 20~40℃后通过炉鼻 18 进入锌锅 19 镀锌。钢带绕过锌锅中的沉没辊 20 转向并垂直上升通过稳定辊 21 出锅后，经气刀 22 吹拭控制锌层厚度，经锌花控制机 24 及垂直冷却风箱 25 和 2 号跑偏控制器 11、水平冷却风箱 25、转向辊 26、3 号张力辊 8、光整机 27、拉伸弯曲矫直机 28 或多辊矫直机 29 进入铬酸盐钝化槽 30，在此锌层被钝化后经挤干辊 31 和热风吹干机 32 吹干，再经出口活套、4 号张力辊、分卷剪切机 34、涂油装置 35 进入卷取机 36、37 卷取成钢卷。也可在镀锌后经风冷和水冷后进入出口水平活套，经拉伸弯曲矫直、钝化或涂油及卷取成卷，或者在冷却后先经拉伸矫直再进入水平活套，经钝化或涂油后卷取。

1.3　钢铁热镀锌工业的发展

1.3.1　品种的发展

1.3.1.1　镀层厚度

根据镀层厚度不同，可分为以下几种：

（1）等厚镀层。若用户无特殊要求，热镀锌板供货时一律按等厚镀层的商用板级别供货，即双面锌层的质量为 $275g/m^2$。由于近几年来我国热镀锌板总产量的 60%是以彩板基材流入建材市场的，由于涂漆层和镀锌层构成了钢板的双层防腐保护体系，所以就大幅度降低了对锌层厚度的要求，一般控制为等厚双面 $60~120g/m^2$。

（2）差厚镀层。常常使两面锌层厚度差比为 1∶3，通常通过气刀在钢板两侧压缩空气压力的变化来获得差厚镀层。这样锌层厚的一面耐腐蚀性好，薄的一面焊接性好，常用于汽车制造。

（3）单面镀锌。钢板一面具备一定的锌层厚度，而另一面不镀锌，即称为单面热镀锌板。

单面热镀锌板主要用于汽车制造。有锌层一面防腐，无锌层一面利于点焊。由于新发展的合金化板（锌-铁合金）具备良好的焊接性，所以单面热镀锌板已逐步被淘汰。

1.3.1.2 化学成分

根据化学成分不同，可分为以下几种：

（1）锌-铅镀层。锌-铅镀层由湿法热镀锌方法获得，是一种最古老的热镀锌方法。带钢首先进入铅液中预热，在出口处带钢穿过几百毫米厚的锌液进行热镀锌。由于铅液和锌液表面覆盖有氯化物熔融熔剂，所以锌液中不能加铝。因此，这种产品锌层的黏附力很差，不能进行弯曲成型加工，只能做屋面板，目前东南亚仍保留数十条这种类型的宽带钢半连续或全连续热镀锌线。

众所周知，铅是对人类身体健康十分有害的重金属，一旦进入人体，将使人的健康受到极大伤害，所以日益高涨的环保意识、严格的环保法规，也促使人们发展无铅镀锌工艺。

无铅镀锌工艺要求锌液中所含铅量不得超过 0.005%，目前大锌花镀锌钢板在欧美发达国家几乎绝迹。在特殊要求大锌花产品的情况下，可以向锌液中加入适量锑或锡来取代铅形成锌花。

（2）锌-铝-锑镀层。目前市场上商用大锌花热镀锌板均为锌-铝-锑镀层板。热镀锌作业时，锌锅中铝含量为 0.12%~0.20%，可获得良好的锌层黏附性；锌锅中含锑量为 0.05%~0.22%可获得大锌花。

汽车板热镀锌时锌锅中的铝含量为 0.20%~0.23%，最高可达 0.25%；家电板热镀锌时锌锅中的铝含量为 0.16%~0.20%；普通商用建材板热镀锌时，锌锅中的铝含量为 0.16%~0.18%；锌层合金化热镀锌时，锌锅中的铝含量为 0.12%~0.13%；干式溶剂法热镀锌时，锌锅中的铝含量通常不大于 0.12%。

锌锅中锑含量的高低可以决定锌花的直径大小。例如，当锑含量低于 0.025%时，锌花直径可小于 1mm，即称为无锌花板；锑含量为 0.03%~0.04%时，锌花直径为 1~3mm 左右；锑含量为 0.05%~0.07%时，锌花直径一般为 5~8mm；锑含量为 0.08%~0.22%，锌花直径通常大于 10mm。

（3）锌-铝镀层。又可分为：

1）无铅锑锡热镀锌板。当锌锅中锌液的化学成分控制为含铝量 0.16%~0.20%，含铅、锑、锡量均小于 0.005%时，此时生产出的热镀锌板无锌花，也称为零锌花。此品种主要用于汽车、家电制造业。

2）5%铝-锌合金板。本产品生产时锌锅中锌液中含铝 5%、铈镧混合稀土元素 0.1%，其余为锌。本产品具备热镀锌板的所有性能，而耐腐蚀性是热镀锌板的 2~3 倍。

3）55%铝-锌合金板。本产品生产时锅中含铝 55%、硅 1.5%，其余为锌。它基本具备热镀铝板的性能，但在发生电化学腐蚀时，它的镀层能像锌层一样作为阳极保护铁阴极，并具有良好的耐酸性介质腐蚀性、光反射性、耐热性等。

4）锌-铁镀层。又称为合金化热镀锌板。生产时锌锅中锌液中铝含量0.12%~0.13%；铅含量在不同用途时要求也不同：用作汽车板时铅含量为0.005%，用作建材时，铅锑含量为0.005%~0.22%均可。生产时，当带钢离开锌锅后，在锌层未凝固之前，将带钢从450℃再加热到550℃，使纯锌层全部转化为铁-锌合金层，镀层中铁的含量为8%~12%。该产品具有良好的涂覆性、深冲性、焊接性、耐热性、耐蚀性，已广泛应用于汽车制造业。

1.3.1.3　表面状态

根据表面状态不同，可分为以下几种：

（1）大锌花。当镀锌板的锌花直径大于3mm时，称之为大锌花。通常，民用、建筑等普通商用板，均要求大锌花供货。众所周知，锌矿总与铅矿共生，在冶炼锌时，不可能全部除去铅杂质，其含量在0.05%以上就可形成大锌花。研究表明，每一朵锌花，其结晶中心都是凸起的，边缘则凹下，其表面是凹凸不平的外观，这对其以后的加工及涂装均不利。此外，由于铅在锌中的固溶量极低，在冷却时就会在晶界处析出，在晶界处产生应力和电化学腐蚀，使镀锌层产生晶间腐蚀，降低其耐蚀性。因此，大锌花的镀锌板将被逐渐淘汰。

（2）小锌花。锌花直径为1~3mm时通常称为小锌花。小锌花常常作为彩色涂层板基材使用，或者用作需要进一步涂漆的各种容器、家电、电气设备外壳等。

由于大锌花存在锌花结晶边缘锌层较厚，核心部位较薄的缺点，故大锌花镀锌板表面凹凸不平，不适于涂装或涂覆。另外，由于大锌花镀层的耐蚀性差而倾向于使用外观均匀的小锌花镀锌板。为此，通过改变钢带从锌锅引出时的冷却条件，可以调节锌层的结晶状态，从而可获得小锌花。对于大型钢带连续热镀锌生产线，常采用向液态锌层表面喷吹水-水蒸气或水-空气混合物的方法而获得小锌花。当大量水雾的细小水滴落于锌液层表面时，使晶核增多并加速锌液层的凝固，缩短了其晶体长大的时间，从而获得细小的锌花结晶（直径2~3mm以下）。

（3）光整锌花。小锌花经光整处理后称为光整锌花。对表面的平坦度和均一色泽有更高的要求时，小锌花必须经过光整后再使用。经光整后，其表面呈现出均匀一致的银灰色外观，又可控制一定的表面粗糙度，并使其力学性能有所改善，具有更高级的用途。

（4）无锌花。锌花直径小于1mm的镀锌板称为无锌花板，主要用于汽车制造业。热镀锌时若锌液中不含铅则可以获得无锌花热镀锌钢板。实际上，这种所谓的无锌花热镀锌钢板是锌花直径小于1mm的热镀锌钢板。

（5）合金化板电镀纯铁层。在汽车制造业领域，其使用材料在不断更新换代。例如，轿车外壳用料的发展过程是：冷轧板→双面热镀锌板→单面热镀锌板→合金化热镀锌板。在使用合金化板的过程中仍发现有不足之处，例如在冲压成型时，铁-锌合金粉末易黏附在冲压模具上，影响冲压件的表面质量，为此便出现了在合金化板上再电镀纯铁的新工艺。这种工艺是在热镀锌作业线中带钢进行合金化处理后，经过冷却，再通过电镀槽镀上一层纯铁。这种产品既具备合金化板的耐腐蚀性，又具备冷轧板的冲压性，它是目前制造轿车外壳的理想材料。

1.3.2 工艺的发展

1.3.2.1 由线外退火到线内退火法

老的湿式熔剂法和干式溶剂法热镀锌，所用原板均采用线外退火的方式进行。钢板经热镀锌生产线之外的专用退火线退火，退火后的钢板被运到热镀锌车间，经过脱脂、酸洗、涂熔（溶）剂后再镀锌，因此称为熔（溶）剂法热镀锌。若把退火炉放在热镀锌机组之内，使退火和热镀锌工序一次完成，则称为线内退火法。因为在炉中通入氢氮保护气体，使之在高温下把带钢表面的氧化铁皮还原为纯铁，接着在密闭的环境中进入锌锅，完成热镀锌过程。

这项工艺发展可带来如下好处：

（1）简化了生产工序，降低了生产成本。

（2）去除了酸洗、涂熔（溶）剂工序，改善了生产环境。

（3）去除氯化物熔（溶）剂之后，可提高锌液中的铝含量，改善了锌层的黏附性。

（4）带钢高于锌液 30~50℃ 进入锌锅，缩短了浸锌时间，提高了产量。

1.3.2.2 由森吉米尔法到改良森吉米尔法

森吉米尔法虽然比熔（溶）剂法前进了一大步，但仍存在不足之处，例如氧化炉中的氧化铁皮太厚不易还原等。直到 1965 年美国阿姆柯公司把森吉米尔法各自独立的氧化炉和还原炉连成一个整体，并把氧化炉中的氧化性气氛改为无氧化性气氛，通常把该无氧化气氛炉称为 NOF 炉，改造后称之为改良森吉米尔法，其优越性表现在：

（1）带钢在无氧化气氛或弱氧化气氛炉中加热使得表面氧化层减薄，容易还原，使机组速度得到很大提高：从最高为 80m/min 提高到 200m/min，增加了产量。

（2）氧化层薄易还原，提高了锌层与基体的黏附力。

（3）由于氧化层薄易还原，降低了炉中的氢气含量：从含氢 75% 下降到 5%~15%，这样既降低了生产成本，又提高了生产安全性。

1.3.2.3 由改良森吉米尔法到全辐射美钢联法

改良森吉米尔法退火炉的头部为明火快速加热带钢段，其炉温最高为 1300℃，该高温可以使带钢表面的残存油脂在炉内挥发掉。实际上，该加热段理想的无氧化气氛在实践中很难达到，常常会因为明火直接烧带钢而出现氧化气氛，影响锌层的黏附力，所以要想用这种类型机组生产出高质量热镀锌带钢，较为困难。特别是热镀锌板应用于汽车制造业之后，给热镀锌板的锌层黏附力和表面质量提出了更高的要求，只有全辐射美钢联法才能完成这一历史使命。

全辐射美钢联法的主要工艺特点为：

（1）在退火炉前面设有专用脱脂段，将带钢表面残留的油脂和铁粉在炉外就全部清除干净，保证不把污物带入退火炉内。

（2）退火炉采用全辐射管间接加热，燃烧气氛和炉中还原气氛用辐射管隔开而互不干扰；在炉内不出现氧化气氛。

（3）由于美钢联法的退火炉采用辐射管间接加热，其炉温要比明火直接烧带钢的 NOF 炉低 300~400℃，所以应增加带钢在炉中的停留时间。立式炉的使用缩短了炉子长度，减少了占地面积，改善了板形，消除了炉辊压印和划伤，提高了带钢表面质量等级，更可满足汽车板的质量要求。所以只有采用全辐射美钢联法热镀锌工艺，才能生产出高质量的汽车用热镀锌带钢。

1.3.2.4　由一次光整到两次光整

传统热镀锌线的工艺布局均是设置一台光整机。因为热镀锌板表面不像电镀锌板那样平坦，所以经一次光整后，容易出现色泽不均、粗糙度不均的现象，这种产品不宜用于汽车板。目前生产汽车板的宽带钢热镀锌机组，一般在工艺布局中设置两台光整机，对带钢进行两次光整，第一次光整是采用一台四辊式光整机把带钢表面轧平，消除表面凹凸不平的外貌；第二次光整是选用一台二辊式光整机使带钢达到一定的粗糙度。

经此工艺光整出的热镀锌带钢，其表面可获得均匀一致的色泽和粗糙度，可满足汽车板的要求。

1.3.2.5　由炉外张力辊到炉内张力辊

在老式热镀锌线中退火炉入口的炉外设一套张力辊，带钢通过退火炉、锌锅、气刀、冷却塔，直到淬水槽之后才安装有张力辊，此工艺布局既影响产品质量，又影响成材率。因为带钢在炉内被加热到 750~850℃，有很强的可塑性，很容易将带钢拉窄，所以要求带钢应在低张力下运行。

实践证明，只有入锌锅转向辊，而不设炉中热张力辊时，带钢很易在锌锅区跑偏，必须把锌锅沉没辊和塔顶辊设计为纠偏辊，才能保证机组正常运行。设置了炉中热张力辊就解决了这一难题。

现代化宽带钢热镀锌线均在连续退火炉尾部的炉内安装一套张力辊，通常称作热张力辊。炉内安装热张力辊之后，可把炉内张力和冷却塔段的张力断开，彻底实现炉内小张力，出锌锅后大张力的理想控制原则，使带钢在炉中拉窄量可由 3~6mm 减小到 1.0~2.0mm。带钢通过热张力辊之后其张力可增大 2~3 倍，这对减小带钢摆幅，改善锌层厚度均匀性十分有利。

1.3.2.6　由两个活套到三个活套

传统热镀锌作业线均是在工艺段的入口和出口布置两个活套。由于汽车板对板面要求极高，所以光整汽车板时要经常更换光整辊，为了实现工艺段不停机换辊，所以要在光整机前增加一个活套，提换辊时，光整的前活套接收带钢，从而实现工艺段不停机换光整辊，提高作业率，即组成一机三活套的工艺布局，新增活套的储料时间一般为 120s。换辊时，光整的前活套接收带钢，从而实现工艺段不停机换光整辊。

1.3.2.7　由干光整到湿光整

传统使用的干光整易粘辊，容易造成板面压印，影响产品质量。与此同时，辊面粗糙度保持时间也短，必须经常换辊，增加了工作辊的消耗。发展为湿光整之后，由于在出口采用高压水往复吹扫工作辊表面，所以使锌粉不易粘辊，大大延长了工作辊的使用寿命。

1.3.2.8　由含铬钝化到无铬钝化

镀锌层钝化板广泛应用于冶金、交通、建筑、机械、航空和电力等领域，最常用的钝化工艺为铬酸盐钝化。因其生成的钝化膜具有良好的屏蔽性能和自修复作用，故具有优良的抗腐蚀性能。但是，铬酸盐中所含六价铬具有较高的毒性，对人体和生态环境有较大危害。为此，规定投放市场的电器电子产品不得含有汞、镉、铅、六价铬、聚溴联苯、聚溴二苯醚这6种有害物质。未来镀锌产品的无铬钝化势在必行。

目前镀锌层表面无铬钝化技术总体分为：无机物钝化、有机物钝化和无机-有机物复合型钝化，涉及三价铬盐、钼酸盐、钨酸盐、硅酸盐、稀土金属盐、钛盐及有机类物质等，而改性硅酸盐钝化、稀土金属盐钝化、有机硅烷钝化及无机-有机物复合型钝化研究的进展较有成效。

1.3.3　设备的发展

1.3.3.1　由卧式炉到立式炉

随着对机组产量和质量要求的提高，镀锌线退火炉经历了从卧式退火炉到立式退火炉的发展演变。

建设热镀锌线选择炉型时一般应遵循如下原则：

（1）机组年产量超过30万吨选择立式炉。

（2）带钢厚度在0.25~2.0mm，选择立式炉。

（3）生产高水平轿车板时，选择立式炉。

但因为卧式炉的造价一般要比立式炉低20%左右，同时操作维护又方便，所以对只要求生产一般建筑材料且产量较低的机组，选择卧式炉比较合适。所以在今后炉型发展中，卧式炉和立式炉必然是长期共存互补的，以满足不同用户的需求。

1.3.3.2　由窄搭接焊机到激光对焊机

焊机是热镀锌机组的咽喉，老式机组一般采用窄搭接电阻焊，焊缝处常常超过母材厚度的10%~20%。因此在焊接时，要在焊缝旁冲孔进行焊缝跟踪，待焊缝进入光整机或拉伸弯曲矫直机之前，及时进行抬辊，以免焊缝凸出部分损伤辊面。

采用激光对焊新技术之后，焊缝厚度和母材厚度一致，并且很平滑，通过光整机和拉矫机时不用抬辊。同时激光对焊的焊缝强度比搭接电阻焊要高，也可降低焊缝断带率。

1.3.3.3　由铁锌锅到陶瓷锌锅

由于铁制锌锅锌耗高、寿命短、带钢表面质量差，所以逐步由陶瓷锌锅取代了铁锌锅。所谓陶瓷锌锅即采用耐火砖砌制锌锅本体，由工频感应加热作为热源的新型锌锅。耐火砖锅体的寿命在30年以上，感应器的寿命超过5年。采用这种锌锅可做到锌耗低、无底渣、带钢表面光滑，适合生产汽车板。

感应加热锌锅分为有芯和无芯两种，有芯锅因不允许将锅中锌液抽干（锅中至少保留50%），所以生产多品种的机组必须设置2~3个锅。无芯锅可以将锅中的锌液抽干来更换品种，所以生产多品种的机组只需具备一个无芯锅即可，这样可以降低机组投资并且可降低生产成本。

1.3.3.4　由单稳定辊到双稳定辊

稳定辊处在沉没辊上方的锌液中，通过稳定辊向带钢方向推进，可绷紧带钢，使张力增加稳定带钢，并且可以调整带钢出锌锅后的板形，有利于气刀控制锌层的均匀度。但是单稳定辊向前推进绷紧带钢的同时，也改变了带钢出锌锅后的位置，这时必须同时调整气刀位置，以便使带钢处于两气刀之间。

采用双稳定辊之后，上稳定辊位置固定，实质是个定位辊，起带钢定位作用。当下稳定辊前进或后退时，带钢出锌锅后位置不会发生变化，有利于锌层控制。

1.3.3.5　由镀辊到气刀

早期，带钢热镀锌时锌层厚度是由一对镀锌辊来控制的，带钢运行速度最高不可超过80m/min，而且锌层控制也不均匀。随着高速机组的出现，由吹气法取代了辊镀法。吹气法是由一对气刀来完成镀锌层厚度控制的，通过调节气刀的压力、距离、高度、角度等参数，可准确控制锌层厚度。吹气法最初采用过热水蒸气，后发展为压缩空气，低速机组常采用250℃的热空气。生产汽车板的机组时，为了获得更高级的表面，吹的是氮气，这时必须把气刀整体封闭起来，由于氮气的保护作用，吹气控制锌层厚度时，锌不会发生氧化，吹气区无氧化物表渣生成，这样不仅可使带钢表面光滑无渣点，又可降低锌耗。

1.3.3.6　由建筑型燃气加热合金化炉到高频感应加热深冲型合金化炉

带钢出锌锅之后，经锌层扩散退火把纯锌层全部转化为铁锌合金层，常称之为合金化处理。早期建设的合金化炉较短，一般采用燃气加热，扩散退火时间只有3~5s，所以炉温控制较高，可达1100~1300℃，故在短时间内可使带钢表层温度达到550~600℃。快速加热使生产不稳定，扩散不均匀，易造成合金层粉化，只适合质量要求不太高的建材使用，这种炉型一般称为建筑型合金化炉。

随着热镀锌带钢广泛应用于汽车制造业，出现了深冲型合金化炉。这种合金化炉一般采用高频感应加热，炉子总长度可达35~40m，分为三个控制段。由于炉体较长，带钢在炉中的停留时间可达10~15s，采用的是扩散速度慢而均匀的低温合金化工艺，带钢温度仅为480~530℃，经扩散退火后，合金层中的铁含量为8%~12%，具有良好的深冲性能，可用于汽车制造。

1.3.3.7　由模拟控制系统到计算机数字化控制系统

老式机组的电气装备均是采用模拟量控制，不仅控制精度低，而且故障率高，查找事故非常困难，大大影响着机组作业率的提高。

现代热镀锌机组全线均采用计算机控制，除了基础自动化外，普遍设有过程计算机，可实现机组全线的运行速度、张力、对中、炉子燃烧、炉温、镀锅温度、炉气气氛等的最佳化及镀层厚度闭环控制等。此外，还附有管理职能，可对生产线计划、合同、原料、成品及各种报表进行处理。

1.3.4　我国钢带连续热镀锌的发展概况

20世纪50年代初，我国从苏联引进了第一条单张钢板溶剂法热镀锌机组，建在鞍钢，之后20年间我国又先后复制了类似的15条单张钢板热镀锌生产线，它们分别建在重钢四厂、四平薄板厂、鞍钢第一薄板厂、北京特钢、武汉薄板厂等。由于单张钢板溶剂法热镀锌存在产品成本高、效率低、质量低、锌耗高、环境污染重等问题，所以基本被淘汰。

1979年武钢从西德引进我国第一条卧式连续热镀锌生产线，填补了我国钢带连续热镀锌的空白。20世纪80年代末宝钢从美国引进了立式连续热镀锌生产线，从此揭开了我国钢带连续热镀锌新的一页。"七五"期间，国家组织了以钢铁研究总院为组长单位的有关热镀锌若干项目的攻关，使我国钢带连续热镀锌技术有了新的提高和突破，并于1996年在湖北省黄石市与国内多家单位一起设计建设了我国第一条宽带钢连续热镀铝、锌两用生产线。

从 20 世纪 90 年代开始，我国钢带连续热镀锌进入高速发展期，到 2005 年，据不完全统计我国已投产的宽钢带（大于 1000mm）连续热镀锌生产线已达 100 余条，生产能力达 1000 万吨以上。

国有企业钢带连续热镀生产线的设备大都从国外引进，机组产量高，质量好，产品定位高，市场主要面向汽车、高档电器、高档次建材。民营企业热镀锌机组几乎全部是国内设计和制造的，投资低、成本低、单产低、效益高，主要面向建材市场。

在科研方面，钢铁研究总院是国内最早开展热镀锌研究工作的单位之一，该院从 20 世纪 70 年代开始，不仅完成了"六五""七五"规划中有关热镀锌的若干国家攻关项目，进行了高耐蚀、高强度热镀锌镀层新品种、新技术、新工艺的研究，形成了一支热镀锌技术研究的专业科技队伍，而且还应用开发的科研成果，为全国众多企业设计、建设了 40 余条钢带连续热镀锌生产线，其中带宽 1m 以上的生产线 20 余条。钢铁研究总院现已成为我国钢带连续热镀锌技术领域集研发、设计、建造为一体的重要研发基地，为推动我国钢带连续热镀锌的自主创新和国产化进程，形成中国特色钢带连续热镀锌技术起到了积极作用。

另外，北京科技大学、东北大学、华南理工大学、河北冶金研究院等高等院校和科研单位也深入开展了热镀锌、热镀铝技术的基础研究；宝钢、武钢、鞍钢、攀钢等大型冶金企业努力开发热镀锌高端产品，汽车、家电用热镀锌新品种，并在对引进机组进行消化的基础上对钢带连续热镀锌工艺、设备进行了不断改进、创新，使我国钢带连续热镀锌技术逐步达到国际先进水平。

1.4 带钢连续热镀锌生产成本的控制

1.4.1 一次性投入成本控制

在一次性投入成本控制方面，应注意以下几点：

（1）在建设生产线之前要搞好市场调研，摸清市场发展空间，哪些品种有生命力、能赚钱，确立新建生产线的市场定位。

（2）根据市场定位确定产品大纲，选择规格品种。然后根据所生产的品种规格，确定生产工艺和设备组成。

（3）建设经济型机组。

1）建设专业化机组，不要一机多用。不搞一线双锅；不搞厚度跨度太大的热镀锌机组；不搞冷轧板退火和热镀锌线兼容机组；不搞冷轧板和热轧酸洗板兼容热镀锌机组。

2）根据本企业经济实力和产品定位选择机组年产量。如工艺段速度为 80m/min，年产 10 万吨，产量偏低，不是经济型机组；如工艺段速度为 120m/min，年产 15 万吨，与年产 10 万吨机组相比，卧式炉长增加 30m，机组总投入增加 20%，使产量增加 30%，是经济型机组；如工艺段速度为 150m/min，年产量 20 万吨，卧式炉变为立式炉，年产量增加 25%，机组投入增加 30%，不是经济型机组。

要生产高性能高表面质量的产品，例如汽车外板、高级家电外板，这些品种本身就具备高的附加值，利润空间较大，就算多投入一些资金，有好的利润回报很快就能收回多投入的资金，它仍然是一条经济型作业线。如果使用高级设备生产低级产品，使利润空间大打折扣，就不能算作经济型机组了。

3）完善冷轧产业链。具备冷轧、镀锌、彩涂三道工序就构成了完整的冷轧深加工产业链；企业有强的经济实力时三道工序一起上最好；经济实力达不到时，应先上自己最熟悉的工序，例如，如懂冷轧技术，那就先上冷轧，然后再向镀锌、彩涂延伸；也可以先上彩板，再向镀锌、冷轧延伸；在做热镀锌板贸易时，了解热镀锌市场及已有的销售网络，那就先建设一条热镀锌线，有经济效益后再向冷轧、彩板两头延伸；冷轧板、热镀锌板、彩色涂层板三个品种的价位都在市场调节中呈现高低式波浪前进，其中有一个品种处于高价位状态，就可以保证企业正常经营，具备三道工序无疑就增加了抗风险能力；具备三道工序也有利于产品质量稳定、生产控制和降低成本。

4）投入资金少、建设周期短、收回投入资金快。找业绩多、经验丰富、实力强的承包商建设机组；高起点起步，追求科技含量，不建低档次机组，加强竞争力；打造强有力的领导班子；高薪稳定职工队伍。

1.4.2　炉子能耗成本控制

1.4.2.1　能源介质选择

能源介质选择如下：

（1）电：200kW·h/t 成品。

（2）天然气：30m³/t 成品。

（3）石油液化气：15kg/t 成品。

（4）水煤气：170m³/t 成品。水煤气的技术指标为：焦油含量（标态）不大于 15mg/m³、H_2S 含量（标态）不大于 15mg/m³、萘含量（标态）不大于 200mg/m³、固体杂质含量（标态）不大于 5mg/m³、发热值（标态）不小于 5852kJ/m³。

建议选择顺序为：天然气→水煤气→电→石油液化气。

1.4.2.2　加强炉子的保温性，减少炉体热散失

具体如下：

（1）采用耐火砖砌筑炉墙。耐火砖具有受热膨胀，保温性好，炉体外壁温度低，节能效果好，炉体寿命长等优点。但是它的热惰性较大，加热慢、降温慢，不适合断续停炉。

（2）采用全纤维制造炉墙。纤维具有受热收缩，和辐射管及炉辊接触处加热后易产生缩孔，保温性不如耐火砖，寿命也短等特点。但是其热惰性小，炉子加热快，散热快，处理事故快，炉子调温也快。

（3）耐火砖和纤维混合型。综合了两者优点，克服了两者缺点。考虑降耗问题，应选择混合型结构。

（4）选择保温性良好的耐火材料，要找到多投入资金与节能价值的平衡点，做到物尽其用，功能不过剩。

（5）增加炉墙厚度，降低炉壁外壳温度。增加炉墙厚度使建设投入增加，必须找到增

加投入和所获得的节能价值的平衡点。通常炉墙厚度的选择为：耐火砖为 500mm，全纤维为 330mm，耐火砖和纤维混合结构为 400mm。

1.4.2.3 降低废气排放温度

具体如下：

（1）选择热利用率高的辐射管，减少烟气带走的热量。建设新机组时，根据炉型应选择 U 形管、W 形管或双 P 管。

（2）采用蓄热式烧嘴，废气排放温度低于 200℃。

（3）余热利用。

1）利用废气预热空气，再烘干脱脂带钢、淬水槽后带钢、钝化后带钢，使废气温度降到 200℃ 以下。

2）利用辐射管 600℃ 废气通过热交换器把保护气体预热到 400℃，在预热段把热保护气体直接喷射到带钢上，把带钢加热到 250~300℃，由此把废气温度降低。

（4）选择合理的加热制度。加热制度合理，不浪费能源，是节能的重要途径。

1.4.3 锌锭消耗成本控制

全球性锌矿资源的枯竭造成全球性锌价上涨，使锌消耗成本占整个生产成本的 70% 以上，成为决定热镀锌板盈亏的主要环节，所以热镀锌线加大节锌力度是当务之急。锌消耗的去向只有两个：第一是被带钢带走形成热镀锌层；第二是造成锌渣。

1.4.3.1 锌层厚度控制

主要表现在以下方面：

（1）热镀锌板在大气中主要发生电化学锈蚀，钢板为阴极，锌层作为阳极牺牲溶解，保护着钢板不被腐蚀。锌层厚度一般由用户根据使用场合而定，其选择原则是物尽其用，不功能过剩。例如洗衣机的整体设计寿命为 10 年，则用热镀锌板作外壳时其单面锌层厚度为 10μm 正合适。

（2）根据热镀锌板标准，供应用户的热镀锌板的镀层厚度只允许大于或等于用户所要求的厚度。所以要使锌层厚度既符合标准，又不多给用户锌，应采取如下措施：

1）在机组中安装在线锌层测厚仪，随时监测锌层厚度，人工干预调整气刀参数，调节锌层厚度最佳值。若增加锌层测厚仪和气刀闭环控制系统，会获得更好的节锌效果。闭环控制系统比人工控制可节约锌 10%。

2）如果经济条件有限不能实现锌层厚度闭环控制，那么就必须培训本机组经验丰富、操作熟练、办事勤快、工作认真、技术优秀的操作工手动给定气刀参数，用 $160 \sim 170 g/m^2$（双面）的给定值才有可能保证 $150 g/m^2$（双面）的目标值。

（3）根据国际标准，凡用户在合同中没有注明锌层厚度时一律按商用板供货，即 $275 g/m^2$（双面）。随着锌锭市场价格攀升，锌消耗在生产成本中的比例加大，使热镀锌板的销售价格和用户承受能力产生了矛盾。解决这一矛盾的最直接办法就是根据和用户的协商降低商用板锌层厚度，要实现吹薄锌层可采用如下措施：

1）增加气刀喷吹动能。根据机组工艺段的最高速度来选择气刀风机排风量和马达的功率。

2）降低运行速度。

3）提高锌液的流动性。实践证明，提高锌液的流动性可以减薄镀锌层。实际锌液的流动性主要取决于锌液中的铁含量，即铁含量越高，锌液的流动性就越差。铁在锌液中的饱和浓度随锌液温度的升高而上升，例如450℃铁在锌液中的饱和浓度为0.03％，500℃时为0.15％，600℃为0.4％。由此可见，高温镀锌时，因为锌液中含铁多，锌液的流动性就差，这样就得不到薄镀层。在这一理论指导下，目前钢结构热镀锌全部采用了低温镀锌，热镀锌温度控制在435～440℃，由此获得了薄镀层。研究表明，在锌液中加入0.01％铈与镧的混合稀土元素，可进一步改善锌液的流动性，对减薄镀锌层能取得显著效果。

4）加铝除铁。带钢热镀锌提高锌液流动性的主要措施是向锌液中加入一定量的铝，用铝除铁，用铝净化锌液。铁在锌液中以铁锌合金状态存在，铝和铁在锌液中可发生如下化学反应：

$$2FeZn_7 + 5Al \longrightarrow Fe_2Al_5 + 14Zn \tag{1-12}$$

液态锌的密度为6.8kg/dm^3，Fe_2Al_5金属间化合物的密度为4.2kg/dm^3，所以它可上浮成为表渣，除去了铁，净化了锌液，增加了锌液的流动性，在同样速度、同样气刀压力的情况下，就容易把锌层吹薄。

1.4.3.2　锌渣生成量控制

主要表现在以下方面：

（1）控制锌渣生成的主要环节是控制锌液中的铁含量。450～460℃时铁在锌液中的饱和浓度为0.03％，若是超过此值便会从过饱和的锌液中析出，生成铁锌合金，即所谓的硬锌，金属间化合物为$FeZn_7$、$FeZn_{13}$或$FeZn_{25}$。带入锌锅1kg铁粉，可平均生成13kg锌渣。

（2）强化脱脂工序的脱脂能力。锌锅中铁含量增加，主要是脱脂不良造成的，所以要减少锌渣，就必须强化脱脂工序。

目前国内外的热镀锌机组，无论是NOF法还是全辐射美钢联法均配置有完善的脱脂段。冷硬板经过优良的脱脂工序一般应除去残留物总量的80％～95％。一条热镀锌线是否能达到应有的脱脂效果，在具有完善的脱脂设施的基础上，选择优质脱脂剂是重要一环。脱脂剂有别于普通碱。众所周知，油污的表面张力较大，普通碱对它的浸润力较差，脱脂效果不好。而脱脂剂是以碱为基础材料，和高效表面活性剂复合而成的，它具有较高的脱脂效率。目前国产表面活性剂比进口表面活性剂的价格要便宜一些。质量差的脱脂剂只能脱掉总残油残铁量的三分之一到二分之一，把大量残铁粉都带入了锌锅，过多的铁粉带入锌锅打乱了锌液中铝（Al）除铁的动态平衡，使锌液中铁的含量上升，不仅会大量出现锌锅底渣，而且在热镀锌板面也可能会出现严重锌粒缺陷。

另外，某些机组若缺少化学脱脂段或电解脱脂段，将会给实现良好脱脂功能带来更大困难，在这种情况之下更应选择优质脱脂剂来弥补先天不足。

（3）避免锌液温度超高。锌渣产生的另外一个原因是锌锅中锌液超温。带钢热镀锌的最佳热镀锌温度应为455～465℃，470℃是极限点，无论如何不能超过475℃，由铁锌反应曲线可知，若超过此温度，铁在锌液中的溶解呈抛物线关系增长，这会使锌锅很快出现大量锌渣。

1.5　带钢连续热镀锌的发展趋势

1.5.1　向高速大型化发展

随着工业化进程的推进，宽带钢热镀锌产品的市场竞争将越来越激烈，谁家的质量好、成本低就生存，谁家的质量差、成本高，就会被自然淘汰。吹气法热镀锌工艺特点是速度越高，表面质量越好。例如，生产建筑材板时，最低允许速度为 30m/min，而生产汽车板时，最低控制速度应不低于 60m/min。所以新建的宽钢带热镀锌机组，特别是生产汽车板的机组，都已趋向于高速大型化。高产能机组单位产能占地面积小，单位投资低，有利于环保、节能等经济技术指标的提高。目前工艺段最高速可达 200m/min；带钢宽度已突破 2000mm，年产量 40 万~80 万吨的机组已有一百多套，且仍有上升趋势。

此外，大型规模化经营也有利于生产成本的降低和对市场的垄断，所以随着宽带钢热锌机组向高速大型化发展，必然使一批产量低于 15 万吨/年的宽带钢热镀锌作业线被淘汰。

1.5.2　向无铅无锌花热镀锌发展

传统的热镀锌板表面都有一朵朵锌花，主要是因为热镀锌时在锌液中加入了一定量的铅。随着人们生活水平的提高，镀锌板的使用范围不断地扩大。在实践中人们逐步认识到，锌花对使用有害无益，故无锌花的无铅热镀锌工艺正在蓬勃兴起。

有锌花热镀锌板表面总是高低不平，这对以后的深冲、涂层等进一步加工是极为不利的。此外，通过电子显微探针对锌层断面进行分析表明，在锌层中，铅与其他金属不会形成金属间化合物，而是以杂乱无章的微粒弥散在锌晶格之间。因为锌与铅的电极电位高低不一，就会形成原电池。所以，晶界间铅的存在就因原电池的产生而造成晶界腐蚀，从而降低了热镀锌板的使用寿命。

众所周知，铅被吸入人体后容易造成积累性中毒。所以，热镀锌作业时，也希望锌液中的铅含量越低越好。如果铅含量高，会污染操作环境。再者，若锌层中铅含量增高，在焊接成型加工时，铅蒸气超标也会损害焊接工人的身体健康。

目前，有铅热镀锌板在使用中的弊端已逐步被人们所认识，无铅热镀锌板的市场正在迅速扩大，预计宽带钢连续热镀锌将会全部走向无铅无锌花热镀锌。

1.5.3　向机组专业化发展

在一个机组中如果既生产热镀锌板，又生产铝锌硅板；既生产有锌花板，又生产无锌花板；既生产纯锌层，又生产铁锌合金层；既生产热轧板，又生产冷轧板，则这不是经济型机组，生产出的产品成本高，不具备竞争力。

在组建热镀锌机组时应当注意：不建设一机多用、一线多锅机组；不建设带钢厚度跨度太大的热镀锌机组，例如板厚为 0.2~2.0mm、0.3~3.0mm 等；不建设冷轧板连续退火和热镀锌线兼容机组；不建设冷轧板和热轧酸洗板兼容热镀锌线；不建设热镀锌和彩板联合机组；不建设酸洗和热轧板热镀锌联合线。

1.5.4　向深冲高强汽车用热镀锌板发展

1.5.4.1　超深冲钢（IF）

在热镀锌机组中生产超深冲板的传统方法是：选用含碳量 0.010%～0.015%、含锰量 0.10%～0.20%、含铝量 0.02%～0.05% 的铝镇静钢。例如，在 400℃ 时需过时效 4min，在 450℃ 时需过时效 2min。这样就必须在退火炉中建设很长的过时效段，增加了建设投资，但是由此工艺生产出的产品，仍然不能达到超深冲要求，其力学性能较差，只能达到：抗拉强度（R_m）为 180～200MPa；伸长率（A）为 35%～40%；r 值为 1.3～1.7。

IF 钢的引入才真正满足了汽车板的超深冲要求。这种钢的化学成分为：碳含量不大于 0.003%、锰含量为 0.15%～0.30%、钛含量不大于 0.07%、磷含量不大于 0.02%、铌含量不大于 0.04%，钢中加入的钛和铌，与钢中的碳、氮原子完全固定成碳氮化合物（TiCN、NbCN），则钢中就无间隙固溶原子存在，故称为无间隙原子钢。因 IF 钢不存在时效性，所以在退火时用不着过时效处理。采用 IF 钢作为热镀锌原板时，经过冷轧之后可直接进入热镀锌线，并可在不设过时效段的退火炉中进行退火，产品可以达到更高的性能指标：屈服强度（R_{eL}）为 100～170MPa；抗拉强度（R_m）为 250～350MPa；伸长率（A）为 42%～52%；r 值为 2.0～2.8；n 值为 0.23～0.26。

1.5.4.2　高强双相钢（DP）

双相钢是 20 世纪末发展起来的高强钢，大量用于汽车制造的边梁、横梁、底盘、支架等加强结构件。这种钢属于复合组织强化型钢板，通过改变钢的微观组织，可在大范围内提高它的抗拉强度，使其达到 440～1470MPa。此钢含有铁素体 80%～90%，马氏体 20%～10%。它的屈服强度低、加工硬化指数高、成型性好，当锰含量达到 0.8%～1.6% 时，经过连续退火并快速冷却，当获得大约 80% 的马氏体组织时，其抗拉强度就可达到 690～1030MPa。

此外，在此基础上还开发了更高级别的高强钢板，均可用于轿车制造业。

1.5.4.3　烘烤硬化钢（BH）

烘烤硬化钢属于热处理强化型钢板，它利用应变时效强化使超低碳钢中 0.0005% 的微量残余固溶碳，在冲压成型时发生位错，并在以后涂漆烘烤加工时，在 170℃ 的温度下经过 20min 的烘烤加工，利用析出来的 Fe-C 化合物将位错固定，从而提高钢板的强度。

在此基础上，现在已经开发了一种含铜量为 1.6% 的超低碳钢，当其冲压成型后在 550℃ 的温度下加热处理 10min 后，其抗拉强度可从 360MPa 提高到 590MPa。

1.5.4.4　高强度相变诱导塑性钢（TRIP）

这种钢属于相变诱导超塑性钢，它具有优良的超深冲成型性，其抗拉强度、耐冲击性都是汽车减重、节能的理想用钢。加铝法非常适合现有的热镀锌工艺，具有很好的可镀性。但是铝元素的添加，又给炼钢、热轧生产工艺带来了许多难题。加硅虽然会造成硅富集，容易导致镀层出现露钢缺陷，但最近的研究表明，先将含硅型 TRIP 钢进行预加热，使其形成均匀的氧化层，然后再进行自还原工艺，便可获得良好的可镀性。

TRIP 钢由铁素体、贝氏体、残余奥氏体组成。钢中的残余奥氏体在形变诱导后会发生马氏体转变，其硬度增加之后会使变形转向未变形区域，由此便可增加钢的伸长率，改善深冲性能。

1.5.5 全辐射法和NOF法并行发展

NOF法曾在20世纪60~70年代垄断带钢热镀锌界20年。近30年来随着热镀锌板的使用领域向汽车、家电制造业开拓，对热镀锌板的装饰性及深冲加工性能提出了更高的要求，又使全辐射美钢联法获得了空前的大发展。较厚的热轧料镀锌板主要用于建筑房屋的骨架、农用粮仓、各种大型容器等。其钢板较厚，要求在炉中有高的传热效率，并且对表面装饰性也要求不高，正好适合NOF法。目前较薄冷轧板选全辐射法，较厚热轧板选NOF法的发展方向逐渐明确，已初步形成并行发展的趋势。

（1）冷轧板热镀锌：

1）产品厚度：0.2~2.5mm；

2）每年30万吨以下选卧式炉，每年30万吨以上选立式炉；

3）机组工艺段速度：最大200m/min；

4）工艺方法：全辐射美钢联法。

（2）热轧料热镀锌：

1）产品厚度：1.0~6.0mm；

2）机组工艺段速度：最大120m/min；

3）炉型：卧式炉；

4）工艺方法：NOF法；

5）不设脱脂段；

6）全部有锌花供货，可不设光整机。

1.5.6 向高耐腐蚀性发展

为了延长建筑物、家电、汽车的使用寿命，提高所用钢板镀层的耐腐蚀性是当务之急。几十年来，已经发明了多种耐腐蚀产品，为节能、环保做出了巨大贡献。

（1）5%铝-锌镀层板。美国李禾发明，世界铅锌协会开发投入工业运营，化学成分为铝5%、混合稀土0.1%，其余为锌。商品名为Galfan，其耐蚀性为热镀锌板的2~3倍。

（2）55%铝-锌镀层板。美国伯利恒钢铁公司发明，化学成分为铝55%、锌43.5%、硅1.5%。商品名为Galvalume，其耐蚀性为热镀锌板的2~6倍。

（3）6%铝-镁镀层板。日本日新制钢发明，化学成分为铝6%、镁3%，其余为锌。商品名为ZAM，耐蚀性为热镀锌板的18倍。

（4）0.5%镁-锌镀层板。日本新日铁发明，化学成分为镁0.5%，其余为锌。商品名为DYMAZINC，其耐蚀性为热镀锌板的3倍。

（5）12%铝-镁硅镀层。日本新日铁发明，化学成分为铝10%~12%、镁2%~4%、硅含量小于0.1%，其余为锌。商品名为DYMA，其耐蚀性为热镀锌板的15倍。

1.5.7 向环保清洁生产发展

随着经济的发展和人们生活水平的提高，对环境保护提出更高的要求，热镀锌线中碱雾回收、退火炉废气回收、无铅镀锌、无铬钝化、低噪声气刀等技术已经得到推广应用。

1.5.8　向节能降耗发展

随着市场竞争的加剧，生产成本已成为技术发展关注的焦点。而热镀成本中能耗占20%，锌耗占70%，所以当前在退火炉热能综合利用降低能耗、强化脱脂除铁降低锌耗上都有新的发展。

1.6　纯锌镀层的结构和特性

1.6.1　Fe-Zn 合金系统的状态图

在经过许多学者长期研究后，铁锌合金系统的状态图已基本确定下来，并逐步为大家所公认，如图 1-8 所示。

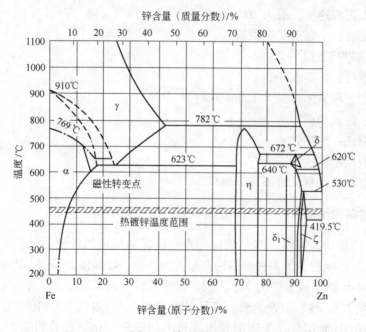

图 1-8　铁-锌状态图

纯锌的熔点为 419.4℃，在热浸锌时一般锌液的温度都在 500℃以下。在助镀剂法镀锌时经烘干的钢材，温度低于 400℃，所以钢材进入锌液时该部位锌液的温度降低，例如在采用森吉米尔法进行钢板热浸镀锌时，钢板温度一般为 430~460℃，而在采用助镀剂法进行热浸镀锌的干法镀锌时，钢材的温度都在 200℃左右。当镀锌温度超过 470℃时，一些对镀层性能不利的铁-锌金属化合物则快速生长，给设备和生产带来一些不利的因素。因此，在生产中要求热镀锌温度不超过 490℃，而浸锌时间是以秒计算的，这样在镀锌钢材表面就很难获得如状态图中所示的各种 Fe-Zn 组织，只能产生一些在 420~500℃ 之间存在的相。

把纯铁浸入温度为 450℃的纯锌液中浸泡 2h 后冷却，经检验镀层的金相组织和相（见图 1-9）的结构与状态图是一致的，而且现代金属物理分析技术也确认了这些成分。

由铁锌状态图可看出，在热镀锌温度范围内，它所产生的相层由铁开始，分别如下：

（1）α相，它是锌溶入铁中所形成的固溶体。当温度在450~460℃时，其含锌量约为10%。当温度下降时，则锌在该相内的溶解度降低。当冷却至室温时含锌量为6%，多出的锌则生成了含锌量高的γ相（Fe_3Zn_{10}）。

（2）α+γ的共晶混合物，它在623℃以上才能形成。

（3）γ相，它是由Fe_3Zn_{10}和Fe_5Zn_{27}为主组成的中间金属化合物相。它是具有最大的晶格常数（$a=8.5960~8.9997nm$）的立方晶格。每个晶格包有52个原子，这个相是镀层中最硬同时也是最脆的相。

（4）γ+δ的包晶混合物，它是只有在668℃以上才能形成的组织。

（5）δ相，它是以$FeZn_7$为主体的中间金属相，这种组织的硬度较高，但塑性较好。

（6）δ相与ζ相的包晶混合物，它是在530℃时形成的混合物。

（7）ζ相，它是以$FeZn_{13}$为基础的中间金属相。

（8）η相，是以锌为主，只含有微量（0.003%）铁的铁-锌固溶体（可以认为是纯锌相）。

1.6.2 钢铁热镀锌层的结构

在实际的钢铁热镀锌生产过程中，由于热浸镀锌的时间并不是足够的长，所以镀锌层的结构难以与铁锌状态图一致。图1-9是将低碳钢在纯锌液中于450℃浸渍2h后得到的镀层显微照片。

将镀层金相组织图和状态图相对照，只有ζ相、η相、分为疏密不均两部分的δ相（$δ_1$—密，$δ_2$—稀疏）以及γ相。由于镀锌温度没有达到生成α+γ（623℃），γ+$δ_1$（627℃），$δ_1$+ζ（530℃）时的温度，所以没有相应的组织结构出现。这些相的结晶结构参数如表1-8所示。

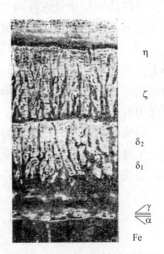

图1-9　热镀锌层的代表性组织

表1-8　镀锌层各相结晶结构参数

相符号	α-(Fe-Zn)	γ-(Fe-Zn)	γ	$δ_1$	δ	ζ	η
分子式			Fe_5Zn_{21}	$FeZn_7$	$FeZn_7$	$FeZn_{13}$	Zn
Fe含量/%	80~100	55~100	20.5~28	7~11.5	7~19	6.0~6.2	0.003
晶格结构	体心立方	面心立方	体心立方	六方		单斜	六方紧密排列
每晶胞中原子数	2	4	52	550±8		28	2
晶格常数/nm	0.2862~0.2945		0.8956~0.8999	$a=1.286$ $c=5.76$		$c=0.506$ $a=1.365$ $b=0.761$ $β=128°44'$	$a=0.2600$ $c=0.49397$ $c/a=0.18563$
硬度①	150		>515	454		270	37
密度/$g·cm^{-3}$			7.5	7.25±0.05		7.80	7.14
熔点/℃			782	640		530	419.4
磁性	铁磁性	铁磁性	脆性反磁性	塑性反磁性		反磁性	顺磁性
生成温度/℃	623	672					
其他	黏附层		中间层	栅状层	栅状层	漂移层	纯锌层

①负荷20g时的显微硬度。

对于铁锌化合物形成的过程，曾有过两种见解。

（1）一种观点认为在钢铁进入锌液并升温至锌液的温度后，首先形成的是锌溶于铁中而形成的固溶体，当它被铁向反向扩散时，即由于跃变而形成了下一个含铁较 α 固溶体少的 γ 相，此后铁继续扩散，又产生了一个含铁更少的 $δ_1$ 相，继而形成了 ζ 相与 η 相。

照片中 γ 相紧靠钢基，称作黏附层，在镀锌时间较少时不会形成。

δ 层组织的致密程度不同，靠近 γ 层的一侧由于晶体的生成速度大于晶体生长的速度，所以组织比较致密，又称为 $δ_1$ 层。而在外侧晶体生成的速度小于晶体长大的速度，组织比较疏松而呈栅状，它又叫 $δ_2$ 层。

ζ 相则是锌继续与 δ 相反应的产物（在 500℃ 时，这种相会部分地从合金层进入锌液，所以又称作漂移层）。

外层的纯锌层是镀件离开镀锌锅时附着在表面上的锌液冷却而形成的，这种动力学扩散理论对镀层组织层次的形成所作的解释与 Fe-Zn 相图是一致的。

（2）另一种观点是热力学理论的观点，认为在熔融锌与铁接触的界面上，往往生成的并不是含铁最高的相（α 相），而是先生成具有最大生成热的相。在固体表面上形成新相的晶核时，起作用的不仅是形成新相的自由能的改变，而且还与过冷度和相间边界上的表面张力有关。

后来的研究者们认为，遵循扩散机理生成一些相与生成 Fe_5Zn_{21} 相的反应，是可以平行发生并且是没有直接关联的两个过程。后来在研究镀锌板表面 Fe-Zn 合金生成的过程中，用现代检测手段确认，Fe-Zn 相的形成始于钢铁表面的铁素体晶界。

1.7　影响镀锌层结构的因素

1.7.1　锌液温度和浸镀时间对镀层结构的影响

1.7.1.1　锌液温度对镀层结构的影响

用助镀剂法进行钢材镀锌时，在钢材进入锌液处，锌是被冷却的，其温度多在 430~460℃。这时铁损按照低抛物线规律随镀锌时间而变化（图 1-10），其关系可用下式表示：

$$\Delta G = AT^{\frac{1}{2}}$$

（1-13）

式中，ΔG 为铁损；A 为常数；T 为时间。

当镀锌温度接近 480℃ 时，Fe-Zn 之间的扩散速度加快（合金层增厚加快），主要是增加了塑性较差的 ζ 相的厚度，从而镀层的塑性变差。

当镀锌温度超过 480~500℃ 时，铁损可以用直线关系来表示：

$$\Delta G = BT$$

（1-14）

此处 B 为常数。铁在锌中的溶解较快。

这是因为当镀锌温度超过 480℃ 时，ζ 相晶体的形成速度很慢，只能形成为数极少的而且带有较大空隙的晶核，这样液态的锌就会侵入这些空隙，并且可能深入到 $δ_1$ 相，甚至引起 $δ_1$ 相沿晶界发生溶解，从而加速了 Fe-Zn 扩散，导致合金层厚度急剧增加。

随着锌液温度的升高，γ 相的生成速度也迅速增长。在 480℃ 以上时，γ 相的晶体主

要靠 δ_1 相的转化而长大，这将导致镀锌层塑性下降。但当镀锌温度超过 560℃ 时，因为在 530℃ 以上形成的合金层的部分破裂，反而呈现出与在 480℃ 时的抛物线相近的抛物线形式。

1.7.1.2 浸锌时间对镀层结构的影响

在一定的温度下，延长钢板在锌液中浸镀的时间，将促进镀层中间金属相层的成长，图 1-11 为在固定温度（450℃）下，浸锌时间与一些合金层生长速度的关系。

由图 1-11 可见，在浸锌温度为 450℃，钢的成分为 C 0.008%、Mn 0.40%、Si 0.006%、P 0.021% 和 Cu 0.02% 的条件下，γ 相的厚度达到正常的 0.004mm 时，需要不到 1min 的时间。对于工业纯铁，需要 30~45s。ζ 相起初生长得很快，超过了 δ_1 相，在大约 90min 后，δ_1 相的生长速度就接近了 ζ 相，这表明了 Fe 通过 γ 相和 δ_1 相的扩散比通过 ζ 相的扩散来得快。所以，当 ζ 相长大以后，锌必须经过更长的路径进行扩散，于是 ζ 相生长就落后于 δ_1 相的生长，因此在正常镀锌时（浸镀 6~20s）ζ 相最厚。这一点对镀层的塑性极其重要，因为此 ζ 相是脆性的单斜晶结构，ζ 相越厚，镀层的塑性越差。所以在热镀锌时，尽量缩短浸锌时间，可以减少 ζ 相的厚度，从而使镀层的塑性得到改善。

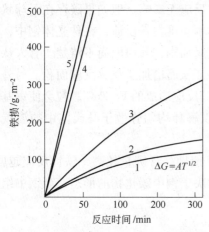

图 1-10 低碳钢在锌液中的溶解损失
1—440℃；2—470℃；3—495℃；
4—500℃；5—540℃

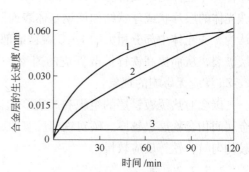

图 1-11 在固定温度下浸锌时间与
合金层生长速度的关系
1—ζ 相；2—δ_1 相；3—γ 相

1.7.2 钢的化学成分对铁锌反应的影响

在热浸镀锌常用的结构钢中，除了碳元素外，由于原料和冶炼工艺的限制，一般都含有硅、锰、硫、磷以及微量的气体元素氧、氮、氢等。其中硅和锰是在钢的冶炼过程中必须加入的脱氧剂，而硫、磷、氧、氮、氢等则是从原料或大气中带来而在冶炼中不能去除干净的。在合金结构钢中还有特意加入的合金元素。钢中化学元素的存在除了影响钢的组织和性能外，也对钢材的热浸镀锌产生影响。

化学元素在钢中的存在将影响铁锌反应的速率和镀层的性质。含有化学元素的钢与锌的反应不再是简单的二元系统，必须用三元或四元相图来分析反应相的存在。根据相律，在铁-锌二元相图中，存在着单相和双相区。但实际上，钢中含有少量的化学元素对这些相的存在几乎没有影响，反应产生的相与纯铁和锌反应所得到的相非常相似。当钢中的化学元素浓度较高时，其影响作用较为明显，甚至可能会导致形成双相层组织。

1.7.2.1　碳

碳是钢中不可缺少的元素，不同的含碳量获得不同性能的钢材。一般说来，热浸镀锌过程中，钢中碳含量升高会令铁锌反应加剧，从而使铁锌合金层的生长速率增大。Galdman 等研究了碳含量 $w(C)$ 为 $0.1\% \sim 0.5\%$ 的钢在 $430 \sim 450 ℃$ 下获得的热浸镀锌层，发现当钢中碳含量 $w(C)$ 由 0.1% 升高至 0.5% 时，能显著提高镀层的生长速率时间指数 n 值；另外，随镀锌温度升高，含碳量低的钢 n 值下降，而含碳量高（$w(C)$ 为 0.5%）的钢 n 值保持不变，这种高含碳量钢的合金层生长速率较快，获得的镀层较厚。微观分析表明，钢中碳含量的提高会促进 ζ 相的生长而抑制 δ 相的生长，当碳含量 $w(C)$ 达到 0.5% 时，δ 相层几乎完全被抑制，而整个镀层基本由 ζ 相组成。

碳对铁锌反应的影响不仅取决于钢中碳的含量，还取决于钢中的碳以何种形式存在以及分布的均匀程度。工业纯铁在渗碳后铁锌反应变得缓慢，表明渗碳体较铁素体更稳定，与锌更难反应。如果有大的碳化物颗粒位于钢基表面时，则会因与锌不发生反应而漏镀。如果碳以石墨或回火马氏体的形式存在，则对铁锌反应无影响。但如果碳存在于球状或层片状珠光体中，则会增加铁锌反应的速率。渗碳体本身难与锌反应，在珠光体钢中，渗碳体作为珠光体的组成部分存在，珠光体钢使铁锌反应加剧，其原因尚不清楚。有人认为是珠光体的层片状或球状结构使钢基体表面凹凸不平，从而增加了铁锌反应面积。另外有人认为，珠光体中部分粗大的 Fe_3C 颗粒或部分已与锌反应形成的 Fe_3ZnC 颗粒会使钢基体表层破裂，从而提高铁锌扩散反应的速率。这也可以解释均匀弥散于马氏体中的渗碳体对 Fe-Zn 反应无影响的现象。

碳会对热浸镀锌层的组织和厚度产生影响。一般地，含碳量越高，铁锌反应越剧烈，金属间化合物层也越厚。碳对铁锌反应的影响还取决于钢中碳化物的形态，当钢中组织比较均匀时，铁锌反应较慢。

1.7.2.2　硅

钢中存在的硅可使铁在锌液中的溶解速度加快，是促进铁锌反应最剧烈的一种元素。随着钢中硅含量的增加，钢在锌液中的铁损值（代表反应速率）也增加。

钢中硅元素对铁锌反应的影响表现为圣德林效应（Sandelin effect），见图 1-12。从图中可以看出，在常规热浸镀锌温度（$450℃$）下，当钢中硅含量 $w(Si)$ 低于 0.03% 时，随着硅含量的增加，铁锌反应活性虽然增加但仍可获得正常组织；当钢中硅含量 $w(Si)$ 达到 $0.06\% \sim 0.1\%$ 时，铁锌反应活性剧增，合金相层厚度出现峰值；钢中硅含量 $w(Si)$ 接近 0.18% 时，镀层活性降低，$w(Si)$ 高于 0.3% 时，铁锌反应速率又呈直线增加。

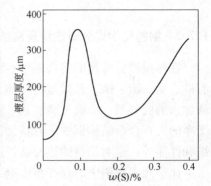

图 1-12　镀层厚度与钢中硅含量的关系
（圣德林效应，$450℃$）

钢中硅含量影响铁锌金属间化合物层的厚度。钢中含硅量较高时，会使镀层中铁锌金属间化合物层中

的 ζ 相迅速生长，并将 ζ 相推向镀层表面，致使表面粗糙无光，形成黏附性差的灰暗镀层。因此，钢中硅的影响还表现在影响镀层的结构、外观和性能。

1.7.2.3 锰和硫

低碳钢中，锰和硫的含量较少。一般认为，它们对热浸镀锌层结构的影响较小。但锰含量较多的锰钢热浸镀锌时，镀层中有 γ、δ、ζ 和 η 相层，其中 ζ 相的数量较多。

1.7.2.4 磷

钢中的磷对热浸镀锌有明显的影响，微量的磷能促进 ζ 相的异常生长，使 ζ 相晶粒粗大并同时抑制 δ 相生长。当磷在基体表面或生长的锌合金层中偏析时，会造成 ζ 相的迸发形成。当磷含量 $w(P)$ 在 0.15% 左右时，由于 ζ 和 δ 相的生长速度较快，使 η 相层变薄，在 η 相较薄的镀层表面会出现无光泽的斑点。磷还影响热浸镀锌层铁锌反应速率，其作用相当于硅的 2.5 倍。Richard 等研究发现，当钢中硅含量 $w(Si)<0.05\%$，不处于活性范围内时，若此时钢中磷含量 $w(P)>0.03\%$，热浸镀锌时也会产生超厚镀层。Pelerin 等研究了硅与磷的复合作用，在 460℃ 温度下，产生正常镀层的临界条件应该是：若硅含量 $w(Si)<0.04\%$，则 $w(Si+2.5P)<0.09\%$。法国热浸镀锌标准中也规定了适用于热浸镀锌的钢材成分为 $w(Si+2.5P)<0.09\%$ 或 $w(Si+2.5P)<0.11\%$。

1.7.2.5 合金元素

为改变钢的性能，通常在钢中添加一些合金元素，如锰、钛、钒、铌等。当钢中锰含量 $w(Mn)$ 大于 1.3% 时，将提高镀层生长速率，促进 ζ 相的生长。钛、钒、铌等对钢铁制件热浸镀锌基本无影响，但对于连续热浸镀锌，当锌浴中加入铝后，钢中钛、钒、铌等元素会促使 FeAl 阻挡层破裂而使锌浴中的铝效应过早失去作用。其原因是这些元素有细化晶粒的作用，使钢基体表面晶界增多，而钢基体表面晶界处是锌扩散通过 FeAl 阻挡层的快速通道。

钢中铝含量较高时会减缓铁锌反应速度。钢中 $w(Cr)$ 大于 11% 或 $w(Ni)$ 大于 5% 均会促使镀层呈线性生长。而钢中钼含量较低时，会促进铁锌反应，但随着钼含量升高，这种促进作用减弱，当 $w(Mo)>0.5\%$ 后，反而会减缓铁锌反应。

1.7.2.6 气体

钢中气体的效应一直未被关注。钢中氮气含量达 0.02%（质量分数）时仍对铁锌反应无明显影响；钢中所含的氧若以氧化物形式出现，会引起过厚镀层形成。钢中的氢通常是由于酸洗过程产生的，将在镀锌时逸出，引起合金层破裂而增加铁锌反应速率。

1.7.3 锌浴的化学成分对铁锌反应的影响

热浸镀锌浴中除锌外，还含有各种合金元素。这些元素有的来自镀件和锌锅材料（铁、硅等），有的是为改善镀层和镀浴的性能而特地添加的（铅、铝、锰、镁、镍等），有的来自锌锭（镉、锗等）。锌液中的合金元素通过影响锌浴的熔点、黏度和表面张力而改变锌浴的物理行为，以及影响金属间化合物的生长行为，从而改变最终得到的镀层的厚度、结构和性质。

1.7.3.1 铁

在 450℃（常规热浸镀锌温度）时，铁在锌液中的最大溶解度 $w(Fe)$ 约为 0.035%。

随着热浸镀锌过程的进行，钢铁制件和铁制锌锅中的铁会不断溶入锌浴中。当铁含量继续增加时，锌浴中过饱和的铁便与锌结合生成密度较大的铁锌金属间化合物（即锌渣），并逐渐沉于锌锅底部。锌渣的形成增加了锌的消耗。锌浴中的铁含量增加使锌液黏度增加，浸润钢基体的能力下降；铁含量的增加还使镀层明显增厚，其延展性和外观质量变坏。

1.7.3.2　铝

锌浴中添加铝的作用是改善热浸镀锌层的光泽，减少锌浴表面的氧化，抑制铁锌金属间化合物层的过量生长，增加镀层的延展性、耐蚀性。

实验结果表明，锌浴中加入铝的含量 $w(Al)$ 为 0.01%~0.12% 时，可使镀层光泽明显提高。这是由于铝和氧的亲和力比锌大，所以在锌液表面生成一层 Al_2O_3 的保护膜，减少了锌的氧化。当锌浴中铝含量 $w(Al)$ 达 0.1%~0.15% 时，铝对铁锌金属间化合物层的生长有抑制作用。短时间浸镀时镀层中不出现铁锌金属间化合物层，一般认为是铝的抑制作用，在铁表面生成了 Fe_2Al_5 阻挡层，该阻挡层阻碍了铁与锌的反应，因而延缓了铁锌金属间化合物层的生长。当浸镀时间较长时，Fe_2Al_5 层受到破坏，将发生铁锌扩散反应，并形成 γ、δ、ζ 相层，但其厚度要比不加铝时小。锌浴中铝含量 $w(Al)$ 达 0.3% 时，镀层的耐腐蚀性显著提高。

当锌浴中加入铝的含量 $w(Al)$ 大于 0.15% 后，可以抑制脆性铁锌合金相的形成，并获得厚度适宜黏附性良好的镀层。这是由于在铁基体上首先形成一层连续的 Fe_2Al_5 相层，抑制了铁锌反应。但该抑制层往往在几秒内即会发生迸裂，而失去对铁锌反应的抑制作用；同时，在该含量范围内，锌浴表面会产生大量浮渣且容易造成常规助镀剂失效。因此，钢铁制件热浸镀锌时，一般将铝含量 $w(Al)$ 控制在 0.005%~0.02%，用于改善镀层的光泽。铝对铁锌合金相的抑制作用广泛应用于带钢连续热浸镀锌上，但在钢铁制件的批量热浸镀锌中较少采用。

1.7.3.3　铅

热浸镀锌浴中的铅一方面是由锌锭带入的，锌锭中的含铅量 $w(Pb)$ 一般为 0.003%~1.75%。450℃时，铅在锌浴中的溶解度约为 1.2%，多余的铅会沉入锅底。锌浴中的铅对铁锌金属间化合物层的形成无影响，但可使锌浴熔点降低，延长锌浴的凝固时间，也可使锌浴的黏度和表面张力降低，因而增加锌浴对钢铁表面的润湿性，减少裸露点出现。锌浴中加入铅还有助于在热浸镀锌层表面形成锌花。

Harvey 等的研究认为锌浴中含铅会更有利于沉渣、捞渣。铅在固态锌中以弥散球状颗粒形式存在，并易在铁锌合金相层的边缘析出。铅对镀层的厚度、质量、延展性及腐蚀性几乎没有影响。故他们认为由于锌锭中含铅，特意添加铅是没有必要的。但 Krepski 研究发现，随着锌浴中的铅含量增加直至饱和，锌浴的表面张力会持续下降。锌浴中表面张力过大，会影响镀层表面平滑度，容易在镀件底部出现滴瘤、凸起、毛刺等缺陷；当锌浴中铅含量 $w(Pb)$ 为 0.5% 时，锌浴的流动性最差。锌浴流动性差会使镀件上的锌液回流不畅而产生流痕。实验证明，锌浴中含饱和铅时可提高锌浴的流动性，减少流痕，降低锌耗；可降低操作温度，降低能耗；可提高钢铁在锌浴中的浸润性和提高钢铁制件缝隙间镀上锌的能力，避免出现漏镀。

另一方面，也有的特意往锌浴中加入铅。当铅在液锌中的溶解度超过其饱和溶解度时，铅会沉积到锌锅底部，可防止锌锅底部受到锌的侵蚀。此外，由于铅的密度比锌渣大，不断产生的锌渣沉积在铅层上面，有助于去除锌渣。锌浴中高的含铅量虽然对合金组织生长影响不大，但由于锌浴的流动性好，自由锌层减薄，使合金层更容易出现在镀层表面而产生灰暗镀层。

1.7.3.4　锑和锡

锌浴中含锑可提高锌浴的流动性，以及降低液态锌在钢基体上的表面张力，使镀层更均匀平滑。不过，锑在镀层中的偏析会影响镀层活性，而使镀层放置一定时间后产生局部变黑的缺陷。

当锌浴中同时含铅和锡或同时含锑和锡时，会在镀层表面出现锌花，锌花是锌凝固时生成枝晶而形成的。对于钢铁制件热浸镀锌，锌花的产生不利于镀层的防腐蚀性能。

当锌浴中仅含锡时，镀层不会出现锌花。少量锡（$w(\text{Sn})<1\%$）对镀层的形貌及厚度均无影响，当锡含量 $w(\text{Sn})$ 达到 5% 时，能抑制活性钢镀层的超厚生长。

1.7.3.5　铜

当锌浴中铜含量 $w(\text{Cu})$ 低于 0.05% 时，所获镀层基本无变化；当铜含量 $w(\text{Cu})$ 增至 0.6% 时，对镀层组织结构没有影响，但厚度略增加；当铜含量 $w(\text{Cu})$ 增至 0.8%～1.0% 时，镀层厚度增加，并且结构发生明显变化，δ 层增厚，ζ 相层逐渐消失并转变为 δ 相晶粒碎片，有一些 ζ 相小晶粒混合弥散于 η 自由锌层中；当锌浴中铜含量 $w(\text{Cu})$ 为 1%～3% 时，ζ 相完全消失，紧靠铁基体处形成很薄且不含铜的 γ 相，最外层为布满小颗粒的 η 相，两相层间为带有细小微裂纹的 Fe-Zn-Cu 三元 δ 相层，而弥散在 η 相层中的小颗粒即为 δ 相。随铜含量的进一步增加，镀层厚度将急剧增加，这主要是外层（η+弥散 δ）相剧烈生长的缘故。

锌浴中铜含量的增加会增加锌渣的形成。当锌浴中同时含铜和铝时，两者会互相抵消对方所起的作用。

1.7.3.6　镉

锌浴中镉的存在，可促进钢基与锌浴的反应。当镉含量 $w(\text{Cd})$ 为 0.1%～0.5% 时，能促进锌花的形成与长大。锌浴中的镉会增加铁锌金属间化合物层的厚度，从而增加镀层的脆性。锌浴中镉含量的增加也相应地会增加铁的溶解速率。镉可改善镀层的抗大气腐蚀性能。

锌浴中一定含量的镉将显著促进镀层 ζ 相的生长，同时抑制 δ 相的生长。当锌浴中的镉含量 $w(\text{Cd})$ 低于 0.6% 时，对镀层结构无影响，但厚度略有增加；当镉含量 $w(\text{Cd})$ 为 0.8%～1.0% 时，合金层生长变得不规则，ζ 相和 δ 相厚度波动很大，且 δ/ζ 相界面不平坦，η 相内及 ζ 相晶粒间有少量镉的析出物。当镉含量 $w(\text{Cd})$ 增至 1.3%～2% 时，合金层的结构变化很大，ζ 相厚度明显增大且呈柱状，δ/ζ 相界面呈明显"锯齿"状。当 $w(\text{Cd})$ 超过 2% 时，δ 相完全消失，镀层厚度剧增，主要是由外层相（η+弥散 δ）增厚所造成的。

1.7.3.7　锗

锗是通过某些含锗矿物冶炼锌时存留于锌锭中的。锌浴中含有微量锗会加快铁锌之间的互扩散速度和热浸锌镀层总的生长速度，增加 ζ/η 相界面的不稳定性，使锌浴非常容易穿透到 ζ 相层中，因此增强了含硅钢中本来就已存在的活性。研究发现，无论是活性钢或非活性钢,当锌浴中锗含量$w(Ge)$超过0.08%时,会促进铁锌互扩散及整个镀层的生长速率。但若锌浴中同时还含有铝,当非活性钢浸入此锌浴时,锗仍将促进整个镀层的生长,同时会抑制δ相的生长;而当活性钢浸入此锌浴时,锗的存在有利于增强铝对铁锌反应的抑制作用。

1.7.3.8　镍

研究表明,在热浸镀锌浴中加入镍的含量$w(Ni)$为0.04%~0.12%,能起到减缓或消除含硅活性钢的圣德林效应的作用,降低铁锌反应速率,消除活性钢镀锌时ζ相的异常生长,使镀层的黏附性提高,镀层表面形成连续的η相自由锌层,从而使其外观保持光亮。研究发现,在η相与ζ相界面间有富镍层存在,且随浸镀时间的延长,镍含量增加。显然,在η/ζ界面处的富镍层阻滞了铁、锌原子经ζ层的互扩散,导致铁锌合金层生长减慢。但对于高硅钢(硅含量$w(Si)$大于0.25%),锌浴中镍的加入对抑制ζ相异常生长的效果不大。

锌浴中加镍还可以提高镀液的流动性,使镀件提出锌浴时表面锌可更快流回锌浴,从而降低锌耗,减少镀层表面滴瘤及流痕等缺陷的出现,使镀层更平滑均匀。但是,锌浴中镍含量$w(Ni)$超过0.06%后,会产生Fe-Zn-Ni三元γ_2相锌渣,使锌渣量增多,并可能附着于镀层表面而出现颗粒。

1.7.3.9　镁

在含硅活性钢热浸镀锌时,锌浴中加镁是基于下列原因:镁与硅能生成稳定的镁硅化合物,加入少量的镁即可降低锌合金的熔点。镁的这些特性可通过形成镁硅化合物,以取代铁硅化合物的形成而直接抑制铁锌反应,或通过降低合金熔点起到间接抑制作用。

M. Memmi等采用$w(Mg)$为0.1%~0.2%的锌浴对$w(Si)$为0.18%~0.25%的低碳钢热浸镀锌的结果表明,加镁后可控制镀层的生长,增加锌浴的流动性,允许降低热浸镀锌温度且不降低生产率。

早期的研究认为,锌浴中$w(Mg)$为0.6%会使镀层增厚,但镁量进一步增加可使镀层厚度减小;低碳钢在$w(Mg)$为0.3%的锌浴中热浸镀锌时,会使活性大大增加,因而得到较差的镀层外观。为此,J. Mackowiak等认为,加镁有助于改善镀层性能,但由于镀层外观质量不仅与锌浴中镁含量有关,也与镀锌钢材的成分有关,因此,必须仔细控制镁的添加量,才能达到效果。

1.7.3.10　锰

锌浴中$w(Mn)$为0.5%时,锰元素进入整个金属间化合物层,特别是ζ相中,影响δ/ζ相界面的扩散,促进均匀致密的δ相和ζ相的生长。当锰含量$w(Mn)$为1.5%~5%时,能提高镀层抗腐蚀性、黏附性和成型加工性能。

试验结果表明,含硅活性钢在$w(Mn)$约为0.5%的锌浴中热浸镀,金属间化合物层厚度增长速度比在常规热浸镀锌中小得多。含硅活性钢在450℃、$w(Mn)$为1%的锌浴中热浸镀9min,其镀层显微组织与非活性钢镀层组织相类似。从热力学角度分析,由于铁硅化合物和锰硅化合物的吉布斯形成自由能不同,锰与硅的结合力大于铁与硅的结合力,因此,锰硅化合物易于沉淀析出。对于含硅活性钢,在开始热浸镀时,钢中的硅与锌浴中的锰结合并不会导致钢基体表面附近硅饱和层的出现。因此,当含硅活性钢热浸镀时,铁锌金属间化合物层能在钢基体上以非活性方式生长，从而消除钢中硅含量对镀层超厚生长的影响。

1.7.3.11 铋

在常规热浸镀锌中，通常在锌浴中加入一定量的铅，以增加锌液的流动性，减少当镀件从锌浴中提出后在镀件表面的锌黏附量。由于铅对环境的污染性，已被逐渐限制使用，因此，提出了在锌浴中加铋以取代铅的热浸镀锌铋合金技术。

S. K. Kim 等研究了在锌浴中加入铋和铝（$w(Bi)$ 为 0.1%，$w(Al)$ 为 0.025% ~ 0.05%）的热浸镀锌过程，发现明显改善了锌浴的流动性，减少了锌渣和锌灰，降低了锌耗，得到了光亮的镀层。R. Fratesi 等则研究了热浸镀锌铋合金，发现对于含硅量 $w(Si)$ 大于 0.05% 的低碳钢，能有效控制铁锌反应活性，对于含硅量 $w(Si)$ 小于 0.05% 的钢，可得到组织更密实的镀层。不过，J. Perdersen 的研究得到了不同的结论：在不同镍含量的锌浴中添加铋，对镀层厚度和组织无明显影响。

现有研究工作表明，除了肯定铋能增加锌液的流动性外，对铋在镀层金属间化合物中的分布、作用方式、对镀层生长规律的影响仍未明了，尚需作进一步的研究。

1.7.3.12 其他

锌浴中含银会促进镀层生长，从而获得较厚镀层，并具有较好的耐蚀性。锌浴中含铬、钛、钒或锆，均可抑制铁锌反应。它们会在 ζ 相顶端或 ζ/液相锌界面形成三元化合物，阻碍 ζ 相生长，使 ζ 相减薄，并使 ζ/液态锌界面更平滑。

1.7.4 锌液中加铝对热镀锌的影响

存在于锌液中的铝不是作为锌锭的正常杂质进入锌液的，在研究锌液中加铝对镀锌的影响时发现：即使在锌液中加入极少量的铝，例如 0.05%，就可以借助于加铝后形成的保护性氧化膜而大大减少锌液表面的氧化，降低表面锌灰的生成速度和数量，因而降低了由氧化而造成的一部分锌耗。与此同时，镀层表面也比不加铝的镀层光亮。进一步的研究发现，当锌锅中的铝含量不超过 0.12% 时，镀锌层的结构仍与纯锌时的镀层一致。在加铝量为 0.12% 和 0.160% 时，整个镀层变薄，在有的部位 δ_1 相和 γ 相完全消失。当铝含量达到 0.1% 时，δ_1 相和 γ 相的厚度减少到原来（纯锌镀锌）相层厚度的 78% 左右。铝含量为 0.16% 时，减少到了 0.8%。

当时，根据上述的实践经验，确立了在镀锌液中加入 0.2% ~ 0.3% 的铝这一镀锌工艺。并推断，铝加入锌液后，在钢铁表面形成了某种保护膜，它能阻碍铁往锌中扩散，从而阻止了含铁较高的 δ_1 相和 γ 相的生成。作为这种假说的依据是形成镀层的热力学理论。从铁-铝状态图（图 1-13）可以看出，在铁和铝间生成 FeAl、$FeAl_2$、$FeAl_3$ 化合物。其中 $FeAl_3$ 的生成热较大（6.7cal，1cal = 4.1868J），它比 γ 相和 δ_1 相的生成热都大，所以在钢板进入锌液时，铝在铁上形成 $FeAl_3$ 薄膜，它阻碍铁向锌液的方向扩散，因此消除了铁锌相的形成，使镀层几乎由纯锌层（η）相组成，只是在铁与 η 相之间有一层很薄的 ζ 相和 η 相组成的混合物。这种保护膜的作用是短时间的，时间较长时，仍将产生铁的扩散并形成 ζ 相、δ_1 相和 γ 相，并有铁损与浸锌（加铝）时间的有关数据作为依据。以上这些便是 20 世纪30~60 年代的加铝理论。

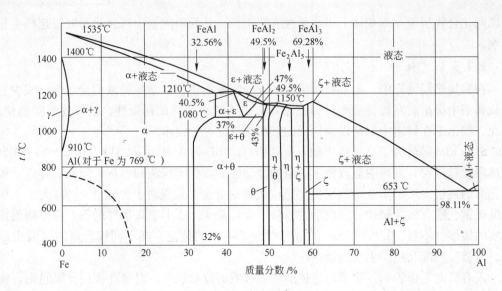

图 1-13　铁-铝状态图

1.8　热镀锌理论的发展

电化学技术的发展以及电子射线显微分析（电子探针）、扫描电镜和离子质谱分析等方法和仪器的诞生与应用，使进行分离和分析检验，并确定中间合金层的化学成分和组织结构成为可能。新的研究结果表明，在钢板浸入锌液后，锌液中的铝都富集在钢板表面上，形成了作为黏附介质的中间 Fe_2Al_5 层。通过测量计算，其厚度在 $0.01 \sim 0.1 \mu m$ 左右。对黏附层的存在和对其成分的确认使热镀锌理论有了新的发展。

1.8.1　锌液中加铝的作用

长期以来，钢板热镀锌生产都是在经典的热镀锌理论指导之下进行的，即人们从实践中认识到在锌液中加铝会减少 Zn-Fe 合金层的厚度，改进镀层的韧性和表面光亮程度之后，而还没能确定 Fe_2Al_5 的存在之前的一段时间内，人们一直都把保持钢板表面活性和防止镀锌层过厚作为获得良好镀层的途径。

因此，在森吉米尔法热镀锌生产中，极力解决加热炉的密封，严格控制还原炉内的气氛以保证还原条件，严防在钢板表面有氧化铁生成，防止因氧化铁而影响锌合金层在钢板表面的附着力。另外，则尽量降低镀锌温度，缩短镀锌时间，以防止 γ 相的生成和 ζ 相与 $δ_1$ 相的生长，以获得尽可能薄的合金层。在助镀剂法镀锌中也尽力减少助镀剂中的含铁量，尽量降低温度和缩短镀锌时间。但是实践的结果表明仍存在附着力差的问题。

经过实验研究才最终确定了 Fe_2Al_5 层的产生可改善附着力这一性能，Fe_2Al_5 的形成，成为制约附着力的因素。

1.8.2　锌液中加铝后热镀锌层的附着机理

锌液中加铝之后，其镀层的形成过程大致与纯锌镀锌时相同，镀层形成过程是：

（1）带钢表面经过处理，达到洁净、活化的状态。

（2）带钢浸入到含铝的锌液中后，带钢与锌液的温度达到一致，Fe_2Al_5优先形成并达到一定的厚度。

（3）Fe_2Al_5层的存在，对 Zn-Fe 的扩散和反应起了阻碍作用，使其比纯锌镀锌时缓慢。

（4）带钢离开锌液，并开始冷却至锌液的熔点。

（5）锌凝固，表面氧化，进一步冷却。

在上述过程中，Fe_2Al_5的生成及其作用是在纯锌镀锌时没有的，只是在加入一定含量的铝之后才出现，自然是影响镀层结构和镀层附着力的唯一原因。

从热力学角度来看，由于 Fe-Al 化合物的生成热高于 Fe-Zn 化合物的生成热，所以 Fe-Al 化合物优先生成，并附着在钢的表面。20 世纪 70 年代的一些研究表明，生成的 Fe_2Al_5 膜的厚度 D_M 与浸镀时间 t 的关系符合下式：

$$D_M = (A - B \lg t)^{-1} \tag{1-15}$$

式中　D_M——Fe_2Al_5的厚度；

　　　A，B——常数；

　　　t——浸镀时间。

由上式可见，在一定范围内，浸锌时间越短，Fe_2Al_5中间层越薄。若一味地缩短镀锌时间则影响 Fe_2Al_5层的生成。

在带钢镀锌时，如果浸镀温度、浸镀时间和锌液中的铝含量三个条件不能完全具备，则 Fe_2Al_5层就不易形成，或虽形成但不完整。这样镀层由于缺乏黏附中介层，整个镀层的附着性能也会变差，以致在镀层稍有弯曲时就会脱落。如果使锌液中的铝含量、浸镀温度及浸锌时间都处于使 Fe_2Al_5层形成的最佳条件时，则可以获得有一定厚度并且完整的 Fe_2Al_5 合金层作为黏附的中介层，进而使镀层的附着力得到改善。

加铝之后，在浸锌的初始阶段优先形成的 Fe_2Al_5层起了抑制锌原子扩散的作用，抑制 Fe-Zn 合金层的生长。随着浸锌时间的增长，Fe-Al-Zn 三元合金的组成也发生变化。在浸锌后首先形成的是由 10%~14%Al、22%~25%Fe 和 60%~65%Zn 组成的致密合金层。随着浸锌时间的加长，化学亲和力较强的铁和铝继续反应生成铁铝化合物。其中锌的比例将下降，形成了成分为 24%~30%Al、33%~36%Fe、34%~40%Zn 的所谓二次抑制相。如果再进一步延长时间，则会进一步变成 $Fe_2(AlZn)_5$。在含铝 0.25%、温度为 450℃的锌液中浸锌 10s、30s、120s 的实验中分别出现上述组织，当组织变为 $Fe_2(AlZn)_5$ 时，它失去了抑制 Fe-Zn 反应的能力。因此，在镀锌时如果形成 Fe_2Al_5层和缺锌的固溶体时，镀层的附着力较好，而且镀层也较薄。但是，若由于锌在 Fe_2Al_5 中的溶解度增加，则 Fe_2Al_5层由于均质性受到了破坏，丧失了抑制 Fe-Zn 反应的能力，附着力变差，镀层也将变厚。

1.8.3　热镀锌初期合金层的形成

在热浸镀的初期，当铝的含量足够高时，在钢板和镀液的界面处，优先发生 Al 的吸附与反应，在钢板表面形成以 Fe_2Al_5 为主体的颗粒状的 Fe-Al 金属间化合物，进而成长为覆盖表面的 Fe_2Al_5层，与此同时镀液中的锌向 Fe_2Al_5层中扩散，并形成固溶了锌的 Fe_2Al_5层。实验测得锌铝金属间化合物中固溶的锌的含量为 14%。

由于 Fe_2Al_5 金属间化合物反应快而且非常薄，所以人们对它的形成过程还处在不断地研究探讨之中。

根据钢在 733K 含铝量不同的锌液中浸渍试验研究，得出了钢在含铝量不同的锌液中镀层中合金层的形成情况。

（1）当锌液中的铝浓度为 0.1% 时，在锌液中浸渍不同时间的铁试样上合金层断面的表面显微组织示于图 1-14 中。浸渍时间为 36s 时，形成厚度为 10μm 左右的合金层，如图 1-14a 所示，在 400s 时为 130μm，如图 1-14b 所示。这个合金层为铁锌系的 δ_1 相，δ_1 层的厚度 W 与浸渍时间 t 呈下式的直线关系：

$$W = 0.32t \tag{1-16}$$

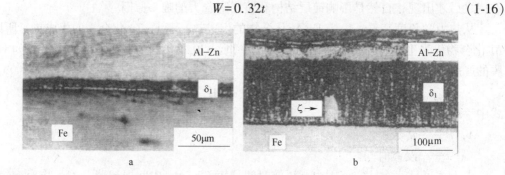

图 1-14　钢在含 0.1%Al 的 733K 锌液中浸渍不同时间的断面显微照片

a—36s；b—400s

在图 1-14b 的 δ_1 层中看到的白色结晶小片是 ζ 相。ζ 相的出现是从存在于 δ_1 层缝隙中的锌液中结晶出来的。作为在铁基附近结晶出的东西，越是靠近铁基，δ_1 晶粒间存在的锌液中铁的浓度越是容易过饱和，而使铝的浓度也越低。

（2）当锌液中的铝含量为 0.15% 时，在含铝 0.15% 锌液中浸渍的铁的表面上部分地形成了如图 1-15a 中所示的黑色岛状的 δ_1 相，当浸渍时间延长时，δ_1 相互相连接，见图 1-15b，在图中所显示的部位，以垂直于钢基的方向呈柱状成长。

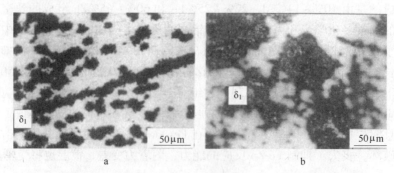

图 1-15　钢在 733K 含 0.15%Al 的锌液浸渍后合金层表面显微照片

a—36s；b—64s

随时间的延长，生成 δ_1 相的部位增加，进而形成层状，层的厚度按式 1-16 直线性地增加。

在浸渍时间超过 100s 时，在 δ_1 相的周围出现了少量的 Fe_2Al_5 相。

（3）当锌液中的含铝量大于 0.15% 而为 0.2%～1.0% 时，钢在锌液中浸渍后生成 Fe_2Al_5 相。图 1-16 是锌液中含铝量为 0.2% 和 0.3% 时浸渍不同时间得到的合金层表面的光学显微照片。在图 1-16a 中上方部位的网络形状表示的是被去除镀层后显示出的 Fe 基的晶界。其余覆盖晶界的部位是形成的层状 Fe_2Al_5 合金相。进而看到的黑色的圆形显示的也是形成的 Fe_2Al_5 合金相，这种圆形合金相在 Fe 界上较易形成。

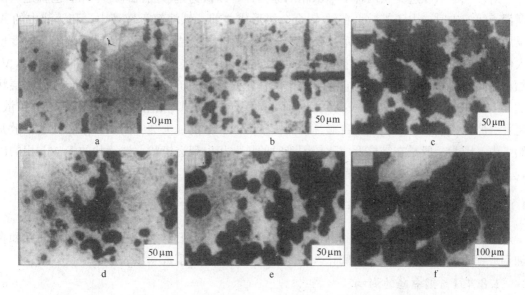

图 1-16　钢在 733K 含 0.2%Al（a～c）和含 0.3%Al（d～f）的
锌液中浸渍后合金层表面显微照片
a, d—36s；b—64s；c—400s；e—100s；f—900s

圆形的 Fe_2Al_5 合金相的直径 $D(\mu m)$ 和浸渍时间 $t(s)$ 的关系是：

$$D = \alpha t^{2/3} \tag{1-17}$$

式中，α 为常数，对于含 Al 量为 0.2%、0.3% 和 1.0% 的锌-铝液来说，α 的值分别是 1.0、1.4 和 3.1。

形成的层状 Fe_2Al_5 极薄，即使经过 400s 如在图 1-16c 中那样，其厚度也几乎没达到 0.5μm，所以现在仍难以明确层状 Fe_2Al_5 相层的生长过程。对圆形的 Fe_2Al_5 相的断面观察结果表明，它在主体上是透镜状的。它的厚度随着锌液中所含铝量的增加而变厚。在图 1-16a～c 中，黑色的圆形的 Fe_2Al_5 相的边界轮廓与图 1-16d～f 中的相比是比较模糊的。这是由于其厚度较薄。

由于层状的 Fe_2Al_5 相厚度很小，圆形的生成过程很难了解。而在圆形的边缘部位可以看到层状的 Fe_2Al_5 散布的部位，因而认为透镜状的 Fe_2Al_5 相是在层状的 Fe_2Al_5 相与铁基之间形成的。随着浸渍时间的延长，透镜状 Fe_2Al_5 相的个数增加，上部变得破碎且不规则，进而几个相连呈层状化。

透镜状的 Fe_2Al_5 相在铁基的晶界上容易形成，而层状化的厚度按下式随浸渍时间而增大：

$$W = 3(t - 120)^{1/2} \tag{1-18}$$

试验的结果表明，在 Fe_2Al_5 层中有沿着自附着锌层至铁基方向，铝的浓度变小而锌的浓度增加的倾向。产生这种锌由浓度低的方向往浓度高的方向扩散，也就是所谓逆扩散现象的原因是锌向化学势减小的方向扩散，因为在 Fe_2Al_5 相中锌的化学势随锌浓度的增加而减小。

对形成层状和透镜状两种 Fe_2Al_5 相的原因，可以认为是形成机理的不同。也就是当试样浸于锌液内时，由于扩散，在铁-铝合金层形成之前，铁溶解于锌液中，和锌液中的 Al 反应，Fe_2Al_5 相结晶析出。因为一般由锌液中结晶析出的结晶很少有位错等缺陷，浓度也大体稳定。贯通 Fe_2Al_5 结晶的扩散也变得困难起来。这些无序集合体构成的层状 Fe_2Al_5 相，晶间的接触是不充分的，它起了阻止铁基和锌液间的扩散的壁垒的作用。因而，层状的 Fe_2Al_5 相中生成透镜状的 Fe_2Al_5 相的理由是层状的 Fe_2Al_5 相阻止了铁基和锌液的扩散。是什么原因使层状 Fe_2Al_5 被局部破坏而失去了阻止扩散的能力呢？要从锌液和铁基扩散开始考虑。因为一般是在晶核形成比较困难时的扩散相出现透镜状。透镜状的 Fe_2Al_5 相的出现是由于难以生成 Fe_2Al_5 相的晶核。

1.8.4　钢中元素对加铝热镀锌的影响

随着对含硅钢的逐渐关注和电子检验技术的进步，人们对钢中的硅对锌液浸润性和在加铝镀锌时钢中硅对铁铝金属间化合物的形成的影响，有了进一步的了解。

1.8.4.1　钢中硅的影响

A　含硅钢板的热浸镀锌的润湿性

锌液的润湿性能可以用平衡附着张力来衡量。平衡附着张力越大，润湿性能越好。若将钢板的加热预处理条件恒定为 700℃、30s 时，随着钢中硅含量的增加，平衡附着张力明显地降低。例如，当硅含量为 0.1% 时，附着张力为 0；当钢中硅含量增加时，附着张力降为负值，钢中硅含量为 1.19% 时，附着张力为 $660 \times 10^{-3} N/m$，处于一种锌液对钢板不浸润的状态。

钢板在森吉米尔方式或微氧化炉方式的镀锌线上，在 700℃ 还原加热 30s 时，平衡附着张力为 $(650 \sim 690) \times 10^{-3} N/m$，呈现良好的润湿性。

与此相反，在森吉米尔或无氧化炉方式的连续镀锌线上，在弱氧化气氛中急速加热后，若进行 700℃、30s 的加热，则平衡附着张力与钢中含硅量无关，为 $(650 \sim 690) \times 10^{-3} N/m$。表现了良好的润湿性。锌液对含硅钢板的润湿性与还原前的预处理条件有着密切的关系。

在 $H_2\text{-}N_2$ 气氛中，在不同温度和浸镀时间下，钢中硅含量与附着张力（浸润力）的关系如图 1-17 所示。

由图 1-17 可见，随着钢中硅含量的增加，附着张力变小。这与不含硅的低碳沸腾钢的情况正好相反。沸腾钢在 460℃ 加热 10s，则由于还原活性不足，比起在更高温度更长时间进行加热的钢板来说，浸润性差。而如图 1-17 所示，当含硅钢板在 460℃ 加热 10s 时显示出最好的浸润性。

B 硅元素在钢板表面富集与锌液浸润性的关系

含硅0.83%的钢板在700℃加热30s前后的IMA试验结果（见图1-18）表明，在钢板的表面出现了硅的富集。

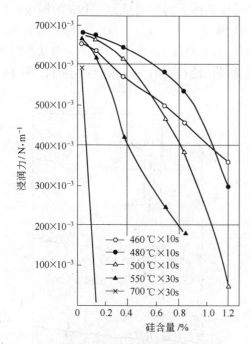

图1-17 还原加热条件对含硅低碳
钢板的锌液润湿性的影响

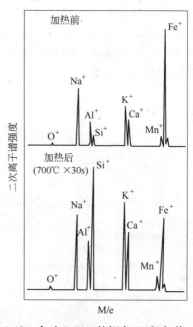

图1-18 含硅0.83%的钢在700℃加热30s
前后最外层金属化合物的分析结果

含硅钢板的分布与钢板的还原加热前的预处理条件有关，与还原加热气氛的露点和氧的分压以及加热的温度和加热的时间有关。

图1-19是含硅的钢板表层硅的富集与还原条件和加热温度以及加热时间的关系。由图可见，当加热温度升高和加热时间延长时，钢板表层中硅的富集强化。例如，在600℃加热30s后的钢板，IMA分析中的二次离子强度比用纸抛光的原板试样高100倍。

硅在表层的富集与锌液的附着张力密切相关。如表层硅的浓度以IMA测定的值I_{Si^+}/I_{Fe^+}与对钢板的浸润附着张力有着如图1-20所示的关系。如图1-20中所示，当I_{Si^+}/I_{Fe^+}的值在0.5以上时，锌液对锌的浸润性能将急剧下降。

含硅0.83%的钢板在H_2-N_2气氛中于500~700℃加热10~30s后的硅富集层的厚度大约在10~30nm的范围内。这种富集层的厚度会因钢中的含硅量、还原加热温度以及加热的时间长

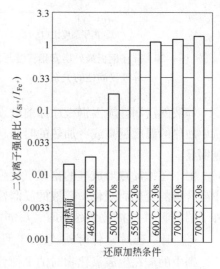

图1-19 还原加热条件对含硅
0.37%的钢表层硅的富集的影响
（金属间化合物分析）

短而不同。

含硅钢在 H_2-N_2 气氛中，在 700℃ 加热 30s 时，钢板表面的结构因钢中的含硅量而变化，如图 1-21 所示，含硅量为 0.68%～0.98% 的钢板，在表面生成主体为 $(FeO)_2 \cdot SiO_2$，并含有少量 SiO_x 的厚度约为 20nm 的氧化膜。在同样条件下的含硅量为 1.19% 的钢板表面生成一种双层结构的氧化物，最外层生成的是 SiO_2 薄层，其下是以 $(FeO)_2 \cdot SiO_2$ 为主体的氧化物层。所以，这时的浸润性能取决于氧化物层中 $(FeO)_2 \cdot SiO_2$ 和 SiO_x 的分布状态以及它们生成量之间的比例。如果在最外层形成的是化学性能稳定的 SiO_x 氧化物层时，锌液对钢板的浸润性能是最差的。

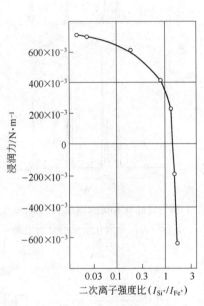

图 1-20 硅在钢板最外层富集程度与
锌液浸润性的关系

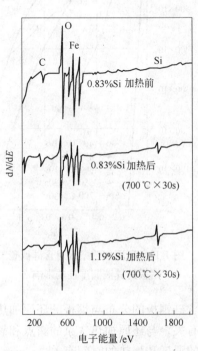

图 1-21 含 Si 0.83% 与 1.19% 的钢在保护
气体中加热前后的表面俄歇电子谱

锌液的浸润性能因钢板还原前的预处理条件不同而变化。当钢中硅含量相同时，在气氛中加热的温度越高或者加热的时间越长，平衡附着张力越小。硅的含量越多，这种倾向越明显。

由于还原加热形成硅的富集氧化膜，由 $(FeO)_2 \cdot SiO_2$ 和 SiO_x 构成，其生成比例随钢板中硅含量的变化而变化。锌液的浸润性能与硅的富集氧化膜的结构有密切的关系，特别是外层的 SiO_x 生成的比例越高时，浸润性能的恶化越是明显。

C 钢中硅对镀锌时铁-铝金属间化合物的影响

钢中的硅在生成氧化物时的平衡分压比其他元素要低，所以在高温时它会优先氧化并在表面富集，而这在镀锌后是看不到的。实验证实，当硅的含量为 0.6% 时，在表面生成的非晶质 SiO_2 的厚度在 0.01μm 左右。在铁铝金属间化合物生成过程的初期，必定有铁从钢基中溶出，而存在于钢基表面的 SiO_2 膜对铁的溶出有着抑制作用。所以只有在铁的溶出浓度和钢基表面铝的浓度超过锌液中铁-铝化合物的溶解度时，铁铝金属间化合物才能生成。如果由基材中溶出的铁变少，生成的铁铝金属间化合物也会变少。因此，随着铁中硅的含量增加，铁的溶解性变小。即使硅没有形成 SiO_2 的均匀的膜，也对铝在铁铝金属间化合物中的扩散起抑制作用；局部硅的富集降低了钢基表面的反应活性。

1.8.4.2 钢基中锰对镀锌时铁-铝金属间化合物的影响

在锌液中的加铝量在 0.15% 时，看不到钢基中锰对铁-铝金属间化合物生长的影响，而在锌液中含铝量为 0.20% 时，铁-铝金属间化合物的生成量与钢基中的含锰量有关。随着钢基中含锰量的增加，铁-铝间金属间化合物的生成量则减少。

在退火后钢材的表面可以看到一些颗粒状物质，据分析它们是锰的氧化物，退火后形成的这些氧化物分布在铁素体的晶界，从这种所看到的锰的氧化物的分布状态可以看出，铁从没有被覆盖的部分溶出是比较容易的。当镀液中的铝含量为 0.15% 时，铁-铝金属间化合物的生成不受钢基中锰含量的影响。实验表明，即使钢中的含锰量达 2.3% 时，在退火时生成的氧化物也是分布在表面，它对铁从基材的溶出所起的作用与在钢基中不加入锰时一样。由基材中溶出的铁足以满足与由镀液中供给的铝所进行反应的需要。

当镀锌液中的含铝量为 0.2% 时，在反应的初期，锰的氧化物对铁-铝金属间化合物生长的影响是小的。在铁-铝反应开始形成了层状的金属间化合物后，锰的氧化物对铝在铁-铝层中铝的扩散是有影响的。也曾有过在铁-铝金属间化合物层中有着富锰化合物存在的报告。

人们也曾观察到颗粒状锰的氧化物对通过层状铁-铝金属间化合物扩散的铝起了屏障作用。也就是说，在含铝较高的镀锌液中，铁-铝的量随着钢基中锰含量的增加而减少。这是由于基材中的锰增加，生成的颗粒状锰的氧化物在表面所占的面积比率增大，给铝在铁-铝金属间化合物层中的扩散造成了困难。

1.8.4.3 钢基中磷对镀锌时铁-铝金属间化合物的影响

钢基中的磷在钢基的表面也有富集，其富集层约 $0.01\mu m$，以磷化物的形态存在，磷的富集层在锌液中的溶解比较容易，对铁的溶解所起的抑制作用小。在含铝量低时，铁-铝金属间化合物的生成量不随基材中磷的含量而变化。在含铝量较高的锌液中，在铁-铝金属间化合物形成的初期，表面的磷富集层便已溶解完，磷的存在对铁-铝金属间化合物的生成不存在抑制作用。

1.8.5 加铝镀锌对铁锌合金化反应的影响

1.8.5.1 加铝镀锌时的合金化过程

热镀锌时在镀层中生成铁锌合金层，由于这一合金层硬而脆，在进行冲压弯曲加工时容易造成镀层脱落。因此，在钢板热镀锌时，在锌液中加 0.1%~0.2% 的铝，添加铝能较大地增加锌对铁的亲和力。当添加铝时，铁铝合金优先形成，铁和锌的反应被阻止。但是这种效果是短时间的，在经过一段的潜伏期后还生成铁锌层。

在镀锌后由于加热将附着的锌层合金化熔融变为铁锌合金层时，使用添加铝为 0.12%~0.15%（质量分数）的锌液，比起直接形成铁锌合金层来，将铁铝合金层介于其间可以得到冲压性能良好的镀层。合金化处理的方法明显地影响冲压性能。因此对加铝后合金化热镀锌的铁锌合金层的生成反应的研究受到人们广泛的关注。由于铁铝反应进行得相当快，铁铝层的厚度又极薄，反应的过程人们至今仍不十分清楚。合金化热镀锌的铁锌合金层形成反应与热镀锌相比，温度高，反应中锌液的量也明显地较少。但是对于有铁铝合金层居于其中的铁和锌的反应，与热镀锌反应的进行相似。

在这一方面的研究进步，在很大程度上是靠显微分析方法的进步，仅在观察方法上，就有着从光学显微镜向扫描电子显微镜（能量分散型 X 射线分光法）又向高分解能电子显微镜（电子线衍射法）的进步。并且在对合金化反应的理解上，有从结晶构造、元素分布到表面界面和构造的进步。

在钢板浸入锌液时，铁的表面活性高而优先与锌液中的铝反应形成金属间化合物 Fe_2Al_5。对温度在 723K 含 0.15% Al 的 Zn-Al 液中铁的活性和 Fe_2Al_5 系金属间化合物的生成自由能进行热力学计算，表明当反应界面中的铁的活性高时容易生成 Fe_2Al_5，而活性低时容易生成 δ_1（$FeZn_{10}$）和 ζ（$FeZn_{13}$）等 Fe-Zn 系金属间化合物（图 1-22）。由于钢板浸锌时钢板表面的铁的表面活性比较高，容易生成 Fe_2Al_5。如果随着 Fe_2Al_5 层的生长，向铁原子的扩散阻力增大，在 Fe_2Al_5 镀液界面铁的活性降低，则生成 Zn-Fe 系金属间化合物的晶核。

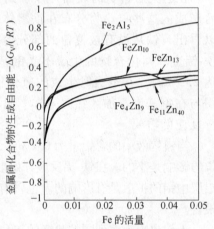

图 1-22　铁的活量与金属间化合物的
生成自由能的关系
（Zn-0.15%Al，723K）

在上述的热力学讨论中，是将钢板作为匀质的材料来处理的，而没有考虑钢板组织和成分的影响。然而合金化镀锌板被用于汽车时表明，不同种类的钢板在热浸镀锌时，钢板的表面组织和成分对合金化反应有明显的影响。

根据近来的研究结果，加铝的镀锌钢板的表面镀层合金化过程，基本上按如下的过程进行。

A　Fe_2Al_5 层的生成

是否形成 Fe_2Al_5 层及形成过程有以下几种情况：

（1）锌液中 Al 浓度为 0.1% 时，在 δ_1 相（$FeZn_7$）的晶间锌液浸入的部位形成不连续的（$f\delta_1$）相层，它随着浸入的时间延长而增厚。

（2）锌液中 Al 浓度为 0.15% 时，Fe_2Al_5 薄层从锌液中结晶析出，贯穿这个薄层，进裂组织（$f\delta_1$）相在铁基上呈岛状形成并扩散，不连续的（$f\delta_1$）相随浸渍时间延长在数量上也增加，进而互相连接而成层状。

（3）当锌液中 Al 的浓度为 0.2% 和 0.25% 时，在铁基的表面生成圆形的和层状的 Fe_2Al_5，贯穿 Fe_2Al_5 相结晶层和扩散层的（δ_1）相在铁基上扩散形成。贯穿 Fe_2Al_5 层的（$f\delta_1$）相是锌液通过 Fe_2Al_5 层内的缝隙浸入与铁基反应而形成的。

（4）当锌液中 Al 浓度在 0.3% 以上时，贯穿 Fe_2Al_5 相结晶层，晶状体在铁基表面上扩散形成，进而形成层状，Fe_2Al_5 层一般有着 $Fe_2(AlZn)_5$ 的化学式的组成，并按抛物线增长，Fe_2Al_5 结晶层伴随着 Fe_2Al_5 扩散层的出现而在锌液中散逸。

在加铝镀锌时，当加铝量为 0.15% 时，在表面有 Fe_2Al_5 相析出，当加铝量为 0.2% 或更高时，在钢基表面形成圆形、透镜状的和层状的 Fe_2Al_5 相，随着时间的延长而成长。Fe_2Al_5 层的存在将在一定时间内对铁锌间的反应起抑制作用。

B Zn-Fe 金属间化合物相晶核的生成

在已生成 Fe_2Al_5 层的情况下，如果随着 Fe_2Al_5 层的生长，向铁原子的扩散阻力增大，在 Fe_2Al_5 镀液界面铁的活性降低，则生成 Zn-Fe 系金属间化合物的晶核。

ζ 结晶是在钢板为锌液浸镀后立即形成的 Fe-Al 系金属间化合物与镀液的界面上产生晶核，在初期阶段通过 Fe-Al 系金属间化合物的铁的补给而在镀液中成长。若考虑在 Fe-Al 系金属间化合物上部 ζ 结晶形成的点，随着前述的 Fe-Al 系金属间化合物界面附近的活性降低，产生晶核的可能性变大。另外，在镀液中的反应的初期阶段，Fe-Al 系金属间化合物形成对铁原子扩散的阻力，作为单相结晶 ζ 缓慢地向镀液中生长，进而在低温（out-burst 反应被抑制的状态）下进行合金化反应时，随着 ζ 单相-钢板界面附近的铁的浓度上升，在界面附近 Fe-Al 系金属间化合物失去了抑制作用，产生了 $δ_1$ 相和 γ 相的晶核。在这样的 Fe-Al 系金属间化合物上产生了 Fe-Zn 系金属间化合物。

C 迸裂反应的发生

迸裂反应及迸裂组织的形成是在生成 Fe_2Al_5 层后，是镀锌层合金化过程中特有的现象。在合金化加热过程中，Fe-Al-Zn 三元固溶系中的 Zn 向钢板内部沿着洁净晶界扩散，并在晶界处生成 Fe-Zn 金属间化合物。由于密度比铁低而出现体积的增长，Fe_2Al_5 层出现裂缝，这为熔融的锌提供了快速的通道，迅速而大量地生成 Fe-Zn 金属间化合物，同时其体积也急剧地膨胀，造成 Fe_2Al_5 层的破裂。随着迸裂组织（out-burst）的形成，在与钢板的界面上产生 γ 相，镀层的结构自钢板一侧开始为 γ 相、$δ_1$ 相、ζ 相。

D Zn-Fe 层成长

镀层的形成过程是在钢板表面上铁素体晶粒上的 ζ 结晶和 δ 结晶的成长及延续，在结晶的晶界部位进行 out-burst 反应，形成迸裂组织（碎裂的 Fe_2Al_5 组织和 γ 相、$δ_1$ 相、ζ 相）。

ζ 结晶是在 Fe-Al 金属间化合物和镀液的界面发生并成长的。进而在进行合金化时，ζ 结晶和钢板界面处观察到了 $δ_1$ 相和 γ 相的出现。

A. R. P. Ghuman 等认为扩散到 Fe-Al 系金属间化合物中的锌原子和钢板表面反应，产生了 Zn-Fe 系金属间化合物的晶核。

通过 Fe-Al 合金层，在 Fe-Al 合金相的界面形成 Fe-Zn 合金相。由 Fe-Al 合金层内的铁原子和 Fe-Al 合金相内的 Zn 原子反应，生成 Fe-Zn 合金。

E Fe_2Al_5 层的消失

Fe-Al 合金层和 Zn 之间产生的 ζ 相不断地成长变厚，Fe_2Al_5 层随晶界扩散而断裂，一些残存的细片也由于向 ζ 相扩散而消失。沿着铁基边界形成 ζ 相，Fe-Al 合金层全部从铁基剥离。Fe-Al 合金层消失后，铁基和 ζ 相的界面消失。形成栅状 $δ_1$（$FeZn_7$），其后在栅状的 δ 相和铁基之间生成紧密的 $δ_1$ 相。在发生迸裂反应的部位，Fe_2Al_5 层作为迸裂的产物而进入铁锌系金属间化合物之中。

以上叙述的镀层合金化时，Zn-Fe 系金属间化合物的成长过程的模式如图 1-23 所示。

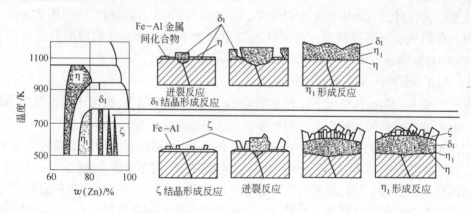

图 1-23 合金化金属间化合物成长过程

1.8.5.2 镀锌钢板合金化时迸裂组织的产生

关于迸裂（out-burst）反应形成的迸裂组织，以前早有报道。H. 巴布利克、Angrift、山口等将它称作"自催化反应"，这一反应在初期进行得较快，过去对决定薄镀层构成的合金化镀锌板镀层结构的这一反应的重要性和机理研究得不够充分。因为过去的研究主要是镀层断面的光学显微镜观察。由于锌的存在，在镀层旁的钢板组织不易被腐蚀，不能观察到和钢板组织的对应关系。在添加了缓蚀剂的盐酸中将 η 相溶解掉，用 SEM（扫描电镜）方法进行观察，可以看出迸裂组织的产生始于基板的铁素体的晶界处。对加了 Nb 和 B 的 IF 钢（由于添加了形成氮化物和碳化物的元素，析出固溶碳和固溶氮，而有了优良的加工性能的钢），在溶去浸镀初期的合金相和进而生成的合金相之后，观察到的同一部位钢板表面铁素体相对应的结果，Fe-Zn 系金属间化合物的分布和基底的铁素体组织之间有良好的对应关系，也证实了钢基表面铁素体是迸裂组织形成的起点。

迸裂组织的生成是由于镀锌液加铝达到一定浓度时，在钢板表面生成 Fe_2Al_5 层以及它对 Fe-Zn 间金属化合物生成反应的抑制作用。

钢浸入加有一定量的铝的锌液中之后，钢基的表面迅速形成成分为 Fe_2Al_5 的铁铝合金层。锌的继续扩散使 Fe-Al 合金层成为固溶了锌的 Fe-Al-Zn 三元固溶系。

随着时间的延续，Fe-Al-Zn 三元固溶系中的 Zn 向钢板内部沿着洁净晶界扩散，并在晶界处生成 Fe-Zn 金属间化合物。在钢板铁素体晶粒的上方也进行合金化反应。由于生成的 Fe-Zn 金属间化合物的密度比铁低，从而出现了体积的增长。Fe-Zn 金属间化合物的不断生成，使 Fe_2Al_5 层中出现了裂缝，这些裂缝为熔融的锌提供了快速的通道，进一步导致了迅速而大量地生成 Fe-Zn 金属间化合物 δ_1 相，体积也急剧地膨胀，便造成 Fe_2Al_5 层的破裂，即生成所谓的迸裂组织。其过程如图 1-24 所示。

另外，根据同样的研究，由于在钢中添加的 C 和 P 在铁素体晶界偏析，抑制了 out-burst 反应，作为碳化物形成元素的 Nb 和 Ti 在钢中固定了固溶的 C 而促进了 out-burst 反应，镀液中的铝与铁反应生成铁铝金属化合物，对铁锌间金属化合物的形成有着抑制作用，当镀液中的铝达到一定的浓度时，在钢板表面形成 Fe_2Al_5 层，抑制作用增强。对于不同的钢板，这种抑制 Fe-Zn 金属间化合物生长的作用的大小不同。例如对于低碳钢板，加

P 钢板>Al 镇静钢板>加 Ti 钢板。

1.8.5.3 合金化镀锌板的粉化现象与影响因素

合金化热镀锌热钢板由于具有优良的耐蚀性、涂装性和焊接性能而被广泛地应用于汽车家电行业。但是在加工时镀层容易出现粉末状剥离。这种在冲压时从合金化镀锌板上有直径为 0.1mm 的颗粒脱落的现象被叫做粉化现象。这种镀层的粉化影响合金化镀锌钢板的耐腐蚀性能和涂层的老化性能。而且在冲模中堆积的粉末会使加工材料上出现裂纹，并会使板面出现压痕。这种现象的产生受两方面因素的影响。

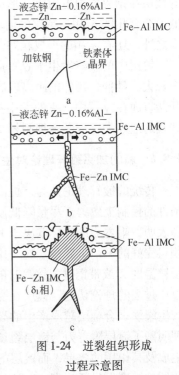

图 1-24　迸裂组织形成
过程示意图
IMC—金属间化合物

A　镀锌层合金化条件的影响

镀液中铝浓度增加、镀液温度降低、镀层的粉化性升高，这些都是合金化缓慢进行的方向。特别是在合金化前半段，合金化的速度支配着粉化性能。

（1）镀液中含铝量的影响。镀液中铝的浓度低（0.13%）时，在合金化中，Zn-Fe 合金层均匀生长，在合金化初期出现均一的 ζ 相，而后在短时间内变为 δ_1 相。若铝的浓度升高（0.17%以上）时，合金层变为不均匀生长，加剧了表面的凹凸不平，由于在钢板界面生成坚固的 Fe-Zn-Al 三元合金层，合金化速度放慢，ζ 相随时间延长出现局部的不均匀现象，缓慢生长的 ζ 相不变为 δ_1 相，而成为残存于镀层中的结构；由于 ζ 相比 δ_1 组织的硬度低，在加工时 ζ 相优先变形，从而缓和了变形，因此增加了抗粉化性能。

锌液中 Al 浓度变高（0.23%）时，在浸锌阶段，Zn-Fe 的生长受到抑制。在合金化初期，在与锌反应性强的基铁的晶界处，局部很快地产生迸裂组织，这一部分继续纳入存在于铁晶粒上的、合金化反应较迟缓的 Zn 而进行反应，也就是伴随着 Zn 的局部移动的合金化不均匀反应，加剧了镀层表面的不平。由于镀层的不平加剧，摩擦因数便增大，随着冲压变形的进行，镀层在滑动中变形的耐剥落性变差。

（2）镀层合金化处理温度的影响。合金化温度越高，耐粉化性能越低，然而在高温（500~550℃）以较慢的速度进行冷却，则耐粉化性能可以得到改善。当合金化温度较低（440℃）时，看不到冷却速度的影响，耐粉化性能较好；在低温 500℃ 合金化时，冷却速度较慢时在镀层和基板处形成 γ_1 相，界面处的 γ_1 相比越高 $[\gamma_1/(\gamma_1+\gamma_x)]$，界面的剥离强度越高，耐粉化性越好。

B　镀层组织的影响

随镀层中铁含量的增加，即合金化程度的增加，镀层组织中含铁量低的 ζ 相减少，含铁量高的 δ 相和 γ 相增加，ζ 相硬度低，缓和了冲压时的变形。但是，ζ 相过多时镀层过软，冲压时摩擦因数增大，会降低模具寿命和材料的成型性。

当表面镀层由 ζ 相或 $\zeta+\delta_1$ 相为主体组成时，显示了较好的抗剥离性，具有高摩擦因数的镀层在钢界面附着力小，形成滑动因子大的镀层在钢的界面容易剥离。在500℃以下的低温合金化的δ_1相型镀层的耐剥离性能较好。一般影响附着性的主要因素，除了γ层的厚度之外，还有γ相的形成状态。

镀层中的裂缝发生于$\delta_1+\gamma$层中和γ层中，在γ层较厚的情况下很容易平行于基铁界面长大、延伸，延伸的距离取决于γ层的厚度；裂纹的断口面是在$\delta_1+\gamma$层和γ层中，劈开断口面在γ层中，它的大小接近于凹凸的大晶粒直径（约$1\mu m$）。生成$\delta_1+\gamma$层时在和铁基的边界上，应考虑抑制相与相之间的扩散。

1.8.6　新的加铝镀锌理论对生产工艺的影响

传统的镀锌理论认为，提高镀层附着力的途径是减小合金层的厚度。为此在生产操作条件的控制上致力于尽量降低浸锌温度，尽量缩短浸锌时间。加铝后的热镀锌层的黏附机理表明，附着力的好坏取决于Fe-Al合金层的形成及其完整性。所以操作条件围绕着如何获得完好的Fe_2Al_5黏附层这一中心。在生产中采取了与纯锌镀锌时相反的措施，适当提高浸锌温度（或带钢进入锌锅时的温度），从而改变了生产工艺操作条件。

过去的理论认为，镀层在受力时的脱落，是由于脆性的Fe-Zn合金层过厚，在弯曲时产生裂纹，合金层越厚产生的裂纹越大，发展的结果是镀层的脱落。而加铝后新的附着机理明确了镀层附着力与镀层裂纹之间并非存在必然的因果关系，镀层的脱落与否是黏附层生成及其作用的效果，而镀层的裂纹是镀层延伸性能优劣的体现。这使得对镀层力学性能的评价标准发生了改变，以裂纹和脱落两项指标代替原来单一裂纹指标来评价镀锌板的力学性能。

如前所述，在带钢镀锌时，如果铝含量、浸锌温度和浸锌时间不在形成Fe_2Al_5的最佳条件范围内，则有可能使Fe_2Al_5层未能形成或失去作用并使镀层变厚，这两种情况都将使镀层的附着性能下降。如果是由浸锌时间过长造成黏附性失效，引起镀层加厚，则无法挽回。若是由于条件影响Fe_2Al_5层未能形成或过薄，则可以通过在280℃对镀锌板进行退火的办法，来改善镀层的附着力，使产品性能改善并达到质量要求。

对于助镀剂法热镀锌，由于加铝，助镀剂的作用发生了变化，当助镀剂浸入锌液时，出现了如下新的反应：

$$3ZnCl_2 + 2Al \longrightarrow 3Zn + 2AlCl_3 \uparrow (178℃) \tag{1-19}$$

$$NH_4Cl_4 + AlCl_3 \longrightarrow AlCl_3 \cdot NH_3 \uparrow (400℃) + HCl \tag{1-20}$$

上述反应表明，铝的存在，大量消耗了助镀剂中的$ZnCl_2$和NH_4Cl，削弱了助镀剂的作用，在生产时造成钢板表面的漏镀。同时，使用$ZnCl_2$和NH_4Cl又大量消耗了锌液中的铝。所以，在湿法镀锌时，便失去了加铝的可能。

在使用干法镀锌时，同样存在铝的消耗和铝使助镀剂作用降低的反应。但更主要的是在烘干不良、含水较多时造成了铝的强烈氧化，生成了大量的Al_2O_3。在助镀剂镀锌锅的钢板入口处的锌灰中，Al_2O_3的含量甚至达到了15.2%。与此同时，还降低了$ZnCl_2$对FeO的溶解作用，从而使表面可能出现漏镀并消耗了大量的铝。

锌液中加铝后，形成了Fe-Zn-Al三元体系，而且从热力学理论上讲，Fe-Al的亲和力大于Fe-Zn的亲和力。这样，溶解于锌中的铁将优先与铝反应并生成化合物Fe_2Al_5，析出的Fe_2Al_5的密度小于锌，所以，Fe_2Al_5一旦形成，将从锌液中上浮，在锌液表面形成浮渣。另外，假如在锌液中已有 Fe-Zn 化合物（或底渣）生成，由于 Fe-Al、Fe-Zn 化学亲和力的不同，$FeZn_7$ 化合物将转化为 Fe_2Al_5 和锌。这不仅为实现使底渣向浮渣的转化，也为控制底渣的生成提供了理论依据，同时也开始为实际生产所应用。

1.8.7　锌渣的形成

热镀锌时产生的锌渣是由来自基材的铁与锌的金属间化合物和锌液混合而成的。但是，在一般使用助镀剂进行热镀锌时，与采用森吉米尔法镀锌相比，生成的锌渣有所不同。

在生产连续镀锌带钢时，锌液中的铝含量为 0.1% ~ 0.2%，生成的锌渣有浮在锌液上面的浮渣和沉入锌液底部的底渣。而在一般采用助镀剂镀锌时，锌液中铝的含量为 0.01% 左右，助镀液中的氯化亚铁被锌还原生成的铁在锌液中生成底渣。而且，采用助镀剂镀锌时生成的底渣的成分是 $FeZn_{13}$。生产带钢时底渣的成分是 $FeZn_7$，所产生浮渣的成分是 Fe_2Al_5，同时还有大量的氧化物。

在带钢热镀锌时，形成金属间化合物 Fe_2Al_5 和 δ 相 $FeZn_7$，随着时间的延长，两相形成一个平衡的量比稳定的体系。

在连续镀锌时锌渣中的铁来自钢板的表面（包括基板及其表面的海绵铁）。在采用助镀剂镀锌时，锌渣中的铁主要来自被锌还原的助镀剂溶液中所含有的氯化亚铁。另外也有的来自钢制的锌锅和钢基。

钢基的铁是通过铁锌反应生成铁锌金属间化合物后，由于 δ 层组织破裂，锌液的浸入，其颗粒进入锌液中的。而助镀剂中的铁被还原后必然有一个与锌生成金属间化合物并成长为颗粒的过程。

铁与锌生成金属间化合物 ζ 相 $FeZn_{13}$，大量的细微 ζ 相的存在，增加了体系的表面积，同时也增加了表面能量并使体系的自由能升高。与原来的热力学状态相比，有着降低自由能的趋势。在相对细小的 ζ 相周围，由于铁的浓度较高，直径相对粗大的 ζ 相颗粒周围铁的浓度较低，所以铁由较小的颗粒附近向直径较大的颗粒附近扩散，并反应生成铁锌金属间化合物而使颗粒进一步长大，同时降低了体系的总表面的自由能。

* *

思 考 题

1-1　钢材表面镀锌防腐的原理是什么？热镀锌层的保护作用主要取决于哪些因素？

1-2　根据前处理方法不同，钢材热镀锌可分为哪几类？目前主流的最具有代表性的是哪几种？各有何特点？

1-3　控制带钢连续热镀锌的生产成本可以从哪些角度考虑？措施分别是什么？

1-4　钢铁热镀锌层的结构如何？影响镀锌层结构的因素一般有哪些？

1-5　锌液中加铝对热镀锌有何作用？加铝后镀锌层的附着机理有何变化？

1-6　新的加铝热镀锌理论对生产工艺有何影响？

2 热镀锌工艺与技术

2.1 热镀锌用原板

2.1.1 热镀锌原板的钢种

用于带钢连续热镀锌原板的钢种主要有低碳钢、超低碳钢、高强度钢。

沸腾钢是传统热镀锌主要采用的原板。因为沸腾钢价格低廉、含硅量少，同时在铸锭时经过沸腾，把非金属夹杂集中在头部，最后切掉，所以钢材的表面质量好。沸腾钢容易发生时效，随着炼钢技术的进步，沸腾钢已被铝镇静钢所取代。

在对热镀锌板有抗时效性能要求时，原板就采用铝镇静钢。由于铝镇静钢中含有一定量的铝，它能以生成氮化铝的形式把钢中的氮固定，从而提高钢材的抗时效性能。此外，由于铝镇静钢采用了加热温度高、开轧温度高、终轧温度高、卷取温度低的三高一低的工艺制度，使氮化铝固溶在铁素体中。因为氮化铝析出时，能对晶粒取向产生影响，使之形成有利于深冲的饼形晶粒，所以铝镇静钢的深冲性能较好。

热镀锌生产实践证明，当钢中硅含量超过 0.04% 时，高温下其表面形成的氧化膜在还原炉中很难被充分还原。经热镀锌后，板面易生成很厚的灰白色镀层，其黏附性能较差。因而，应尽量避免使用硅镇静钢作热镀锌原板。

随着钢铁工业特别是连续铸造的发展，目前热镀锌原板已全部采用镇静钢。此外，结构钢镀锌板的应用也逐渐增多，特别是目前采用热轧镀锌板制造建筑 C 型钢非常普遍。虽然目前在采用含硅镇静钢进行热镀锌方面已经取得了一些经验，但还有一定的困难。相信通过进一步改善热镀锌生产工艺，能使含硅较高的镇静钢赶上沸腾钢热镀锌的质量水平。

2.1.2 热镀锌对原板的质量要求

热镀锌用原板的厚度要求为 0.2~3.0mm 时，可由冷轧机组直接供料；当板厚超过 1.0mm 时，也可采用热轧板经酸洗之后直接热镀锌。若生产深冲钢和超深冲钢时，热镀锌原板如果选用 08Al 系列钢种，就必须先在镀锌线外进行预退火，然后再进行热镀锌；如果是选用 IF 系列钢种，就可以直接进入热镀锌线。且只有当对厚度公差和板面要求不严格时，才可采用热轧板直接进行热镀锌。

对热镀锌原板有如下的质量要求：

（1）原板的带卷必须捆扎紧，松动卷不得进入作业线。

（2）钢板表面不能有红锈。因此，原料放置场地应保持干燥。

（3）宽度和厚度的尺寸公差应符合规定。

（4）带钢边部应平滑无裂纹。因为现代化宽带钢连续热镀锌作业线中，一般都没有装设切边剪，所以在作业线入口必须对带钢的边裂缺陷严加控制，见表2-1。

表 2-1　边裂缺陷的控制

级别	边沿状况	边裂控制		
		卷材	板材	纵切板
1	边沿全部平滑，轻微粗糙边无裂纹	①	①	①
2	只有几圈（约占卷厚的10%）有轻微边裂，边裂深度小于1mm	①	①	①
3	全部轻微边裂和锯齿边，边裂深度约1mm	①	①	①
4	较重的边裂和锯齿边	②	①	①
5	严重的边裂和锯齿边	②	②	②

①允许热镀锌；

②不允许热镀锌。

　　边裂缺陷对带钢热镀锌的危害很大，严重的边裂有在作业线内发生断带的危险。因此，机组入口操作人员除了应按规定严加控制外，还应随时监督运行中的带钢。

　　（5）带钢应有足够的卷重，保证热镀锌作业的连续性。

　　（6）原板表面应当清洁。对原板表面清洁程度的测定采用薄膜试验法。检查时，在带卷的头、中、尾测三点，头部和尾部可利用焊接的机会测定，中部应专门停车进行测定。初步认为，带钢表面太脏时，首先是强化脱脂，若是采用改良森吉米尔法，应适当提高NOF炉的温度，以便加大蒸发量去掉污物。

　　（7）钢卷端面无撞伤。

　　（8）原板应当平直，保证带钢在热镀锌机组中正常运行。对于有严重浪形缺陷的原板，应拒绝镀锌。

　　（9）无毛刺边。

　　（10）钢卷浪边及瓢曲高度（每米长度）不大于5mm。

　　（11）钢卷表面无孔洞、无压印、无划伤、无表面夹杂、无折皱及硅盐之类污物。

2.2　热镀锌前处理

2.2.1　热镀锌基板脱脂清洗

　　供热镀锌的冷轧钢带原板表面附着有许多轧制油、机油、铁粉和灰尘等污物。这些杂质的存在，会影响钢板的热镀锌质量。改良森吉米尔法生产工艺，是利用燃烧火焰直接快速加热钢带，钢带在退火炉中由火焰直接加热到高温，可以把钢带表面残留的大部分轧制油烧掉，但无法清除钢带表面残留的铁粉等污物。这些铁粉是产生炉辊结瘤，进而在钢带表面产生压印及划伤，影响钢带表面质量的主要原因，同时也造成镀锌后的钢带表面镀层不均，使钢带的耐蚀性变坏。另外，钢带表面残留的碳化物等也会使镀层附着力变差，生产不出高质量的镀锌产品。美钢联法工艺，是采用全辐射管间接加热，无火焰燃烧油脂的功能，对镀锌基板的要求更高。同时，随着国民经济的发展，市场对热镀锌产品的要求越来越高，如汽车用外板，除要求有良好的深冲性、涂装性、耐蚀性外，还需要有良好的涂漆外观和涂层结合力，而轧制后的钢带表面上所附着的轧制油、机油、铁末和灰尘等污物，只有通过清洗段才能彻底清除掉，因此镀锌线的清洗段对提高产品的质量和市场的竞争力，具有十分重要的意义。

2.2.1.1　脱脂的意义

A　冷轧钢带污物类型及其存在形态

轧制后的冷轧钢带表面附着有许多轧制油、机油、铁粉和灰尘等污物。这些污物的存在，将会严重地影响钢带的热镀锌质量，必须经过严格的清洗工序，将其清除掉以保证钢带的热镀锌层质量。

一般而言，冷轧钢带表面残存的污染物类型主要包括金属粉末、润滑油和脂类、硬水盐以及各种性能的污物，例如抗氧化剂、乳化剂等。其中有机成分通常是污物总量的三分之二。

污物在钢带表面存在的形态如下：

（1）污物靠重力作用沉降而堆积。其表面附着力很弱，容易被清洗掉，例如钢带上的灰尘、矿粒。

（2）污物与钢表面靠分子间作用力相结合。即污物靠范德华力、氢键力、共价键力吸附于钢带表面，这类污物较难清除。

（3）污物靠静电吸引力吸附于钢表面。这类污物常带有与钢带表面正负性相反的电荷。水的介电常数大，可削弱污物与钢表面的静电引力，这类污物容易清洗。

B　污染物对热镀锌的影响

a　油脂

在线内退火带钢连续热镀锌作业线中都带有连续退火炉。若镀锌线采用改良森吉米尔法，其 NOF 炉的最高炉温可达 1250℃；若镀锌线采用全辐射美钢联法，其退火炉最高炉温也有 950℃，轧制油的气化温度约为 180℃，所以冷硬板进入退火炉后，在很短的时间内其表面油脂即可全部挥发，随废气排出炉外，从理论上讲，单纯的油类污染物对线内退火的带钢热镀锌机组不产生影响。

冷硬板表面的油脂虽然对热镀锌没有直接的影响，但是可以产生间接不利影响。因为表面的污染物是由油脂、铁粉、非金属固体颗粒物三部分组成的，它们相互渗透混合在一起，牢牢地黏附在钢板表面，所以要想去除铁粉等固体颗粒物必须首先脱脂，只有去除油脂才能去除固体颗粒物，由此可见脱脂的重要意义。

b　铁粉

冷硬板表面的铁粉污染物对热镀锌十分有害。

（1）使炉底辊表面产生结瘤。带钢进入退火炉后，随着温度升高，油脂污染物首先挥发而清除，但是铁粉仍然会黏附在钢板表面，当带钢与炉底辊接触时就会使铁粉黏附于炉底辊表面，形成炉底辊结瘤。

（2）使锌耗增加和使镀锌板表面质量下降。带钢表面的铁粉进入锌锅后，与金属锌发生反应全部生成锌渣。其反应可用下式表示：

$$Fe + 7Zn \longrightarrow FeZn_7 \tag{2-1}$$

由上式可以看出，若将 1kg 铁粉带入锌锅，则可生成 8kg 锌渣。生成的铁锌合金颗粒初始期是悬浮于锌液中的，当带钢出锌锅时，这些锌铁合金颗粒就会黏附在带钢表面，呈小米粒状，通常称为锌粒缺陷。这些锌粒凸起在运输中又会因相互摩擦而发展成摩擦黑点缺陷。由此可见，冷硬板表面的铁粉污染物不仅大大增加了锌耗，而且降低了热镀锌板的表面质量。

（3）污染锌锅。450～460℃时，铁在锌液中的饱和浓度为0.03%。若铁含量超过0.03%，就会析出生成铁锌合金，一部分和铝发生反应生成表渣。其反应为：

$$2FeZn_7 + 5Al \longrightarrow Fe_2Al_5 + 14Zn \qquad (2-2)$$

在上式中，Fe_2Al_5的密度为4.2kg/dm³，所以可上浮至锌液面成为表渣。而另一部分则沉入锅底成为底渣，底渣也常被称为硬锌。在使用铁制锌锅时，每7～10天捞一次底渣，如果使用工频感应加热锌锅，锅体由耐火材料砌筑，这种锅原则上不准使用铁器捞底渣。否则有可能损坏锅体，缩短锌锅的使用寿命。

（4）污染沉没辊。锌锅中的铁锌合金小颗粒因密度比锌液大，在下沉过程中，无任何阻挡时会沉积于锅底成为底渣。若是落在沉没辊辊面上，受带钢的反复挤压并经多次重叠加厚，就形成高低不同的凸起点，当带钢经过沉没辊时，就会在带钢上产生压痕缺陷。这些缺陷经过光整和拉矫无法消除时，只能被迫停机更换沉没辊，这样不仅影响了产品质量，增加了沉没辊的消耗，也降低了机组的作业率。

（5）污染退火炉。带钢表面的铁粉对退火炉十分有害，铁粉落入退火炉底就会结成硬块，清除时易损坏炉底；铁粉落入冷却段电阻带上，送电时易发生短路；铁粉若被抽入快冷热交换器，则易堵塞风道，影响热交换效率。

c 非金属固体颗粒物

被通称为灰尘的非金属固体颗粒物在退火炉中不燃烧、不挥发，也不和氢气发生化学反应，它们牢牢地黏附在钢板表面，直到进锌液出锌液也不易脱落。但是在锌液凝固时，它们就会起到晶核的作用，一个灰尘颗粒形成一个结晶核心，生成一个结晶体。在灰尘分布密度大的区域，结晶核心多，生成的锌花数量多，锌花长大受到抑制，就形成了小锌花。在灰尘分布密度小的区域，结晶核心少，生成的锌花数量少，锌花可充分长大，就形成了大锌花。由此可见灰尘可影响热镀锌板的锌花均匀性。

冷硬板表面的灰尘污染物不仅影响锌花的大小分布，也会影响镀层黏附性，轻则弯曲时镀层出现裂纹，重则造成镀层脱落。

C 减少污染物的措施

（1）选择润滑性良好的轧制油。应选择性能良好的轧制油来配制乳化液，这种乳化液应具有良好的"离水展示性"，即在一定的条件下具有排出水析出油的功能。在冷轧过程中，乳化液受到高压、剪切力、温度升高等因素的作用，可产生相转变，使油从乳化液中析出，在辊缝处形成一层润滑油膜，起到润滑作用；同时在高温作用下，由于水分气化的带热蒸发，又起到了冷却作用。如果乳化液不具备此性能，则在轧制辊缝区高温破乳就不充分，形成的润滑油膜也不完善，就会增加摩擦力，使更多的铁粉进入乳化液，不仅污染了乳化液和钢板表面，而且增加了轧辊的消耗。

（2）规范乳化液参数：

1）乳化液的浓度。乳化液中含油量的范围为2%～4%。轧制变形量较大时，应增加含油量。

2）乳化液的温度。乳化液的使用温度为 45～65℃。温度过低不利于破乳油膜的形成，降低了乳化液的润滑效果，增加了钢板的铁粉污染程度。温度过高使乳化液颗粒长大，因乳化液不稳定造成油耗上升，这样就使过多的油脂附集在钢板表面，增加了钢板的油脂污染程度。

3）乳化液的净化。乳化液的净化方法有三种。第一种为磁性过滤，主要作用是清除铁粉，过滤精度为 0.2mm；第二种为反冲洗过滤，主要是清除非金属颗粒，过滤精度为 0.15mm；第三种为霍夫曼纸过滤，主要清除油污和细小铁粉，过滤精度为 0.06mm。经过净化处理，乳化液中的铁粉含量应小于 200mg/L，灰分小于 1500mg/L，铁皂小于 0.3%，游离脂肪酸小于 10%。

（3）优化轧制参数。在轧制生产过程中，选择适当的轧制力至关重要。如果压下量过大，就会使辊缝区润滑油膜发生破裂，这时在带钢和轧辊表面会发生局部黏结式摩擦，不仅使带钢表面产生热滑痕，轧机工作辊产生摩擦辊印，而且还会产生大量的铁粉污染乳化液和钢板表面。

（4）加强冷轧机出口的吹扫。

1）采用高压风吹扫，将带钢上下表面残留的乳化液及其他污染物清除。

2）采用负压抽吸的方式将带钢上下表面残留的乳化液及其他污染物清除。

2.2.1.2　脱脂的原理

A　脱脂剂的组成及性质

（1）碱组分。脱脂剂中经常选用的碱组分及其性质，见表 2-2。

由表 2-2 可以看出，从脱脂力、润湿渗透力、分散力、乳化力、活性碱度这五项综合指标评价，效果最好的是碱组分中的 NaOH、Na_2SiO_3 和 Na_3PO_4。但是采用 Na_2SiO_3 脱脂时，板面残留的硅会影响热镀锌层的黏附性，所以该碱组分只能用于冷轧板退火前的脱脂，不能用于热镀锌线的脱脂。

表 2-2　脱脂剂中的碱组分及其性质

碱组分	pH 值	脱脂力	润湿渗透力	分散力	乳化力	洗涤性	耐硬水性（Mg）	耐硬水性（Ca）	活性碱度	杀菌力	腐蚀性
NaOH	13.3	良	中	中	中	差	差	差	良	良	良
Na_2CO_3	11.50	中	差	差	中	中	差	差	中	中	中
$NaHCO_3$	8.50	差	差	差	差	良	差	差	差	差	差
Na_2CO_3	9.80	中	差	差	中	中	差	差	中	差	中
Na_2SiO_3	12.40	良	优	良	良	良	中	中	中	中	中
Na_4SiO_3	12.80	中	良	中	中	中	中	良	良	良	良
Na_3PO_4	11.95	良	中	良	良	良	中	中	良	中	中
$Na_3P_2O_7$	10.20	良	中	良	差	中	中	中	良	—	中
$Na_3P_3O_{100}$	9.60	中	中	中	中	中	良	良	良	—	中

（2）表面活性剂。表面活性剂的分子化合物中，一般至少有两个活性基团。一个是能溶解于油的亲油基团，它是以长的碳氢链为主；而另一个则是能溶解于水，以羟基、羧基、氨基、磺酸基、醚基等极性基团为代表的亲水基团。表面活性剂的亲油基和亲水基可对油和水发挥不同的亲和力，各自独立地同时产生作用。在水-气界面或水-油界面，它能将亲水基留在水中，而把亲油基推出水面，使吸附了油脂的一端进入空气或油相中，而形成定向排列的单分子层表面膜，可使水的表面张力或水油的界面张力由 0.072N/m 降到 0.030N/m 左右，所以在改善被脱脂带钢表面润湿性的同时，才能将油脂渗透、卷离，达到乳化、分散和增溶的除油效果。

（3）添加剂。作为脱脂剂添加剂的化合物有：乙二醇、乙苯醇醚、葡萄糖酸、乙二氨四醋酸、配合剂、多价金属盐等，它跟金属离子形成螯合物，从而使硬水软化，并进一步促进碱组分、表面活性剂进行乳化、分散，完成除油作用，同时还可以防止不溶性物质再附着所造成的二次污染。

B　脱脂原理

a　化学清洗

化学清洗是利用化学药品的化学作用，将油脂从钢板上除去。

（1）皂化作用。皂化油（动植物油）在碱液中分解，生成易溶于水的肥皂和甘油，从而除去油污。例如：硬脂酸甘油酯与苛性钠反应，生成硬脂酸钠（肥皂）和丙三醇（甘油）：

$$(C_{17}H_{35}COO)_3C_3H_5 + 3NaOH \longrightarrow 3C_{17}H_{35}COONa + C_3H_5(OH)_3 \qquad (2\text{-}3)$$

（2）乳化作用。非皂化油可以通过乳化作用将其除去。当油膜浸入碱液时，发生机械破裂而成为不连续的油滴，黏附在钢板表面。溶液中的乳化剂起着降低油水界面张力的作用。碱性溶液之所以能除去矿物油，是因为两种互不相溶的物质（两种液体、液体与固体、液体与气体、固体与气体）互相接触时，形成界面张力。界面张力越大，则两者的接触面积就越小。反之，若能降低它们的界面张力，则两者的接触面积就会增大。当黏附油膜的钢带浸入碱性溶液时，就出现两个接触界面：一是油与钢带的接触界面，二是油膜与碱性溶液的接触界面。在两个界面上都有一定的界面张力存在，但此时的界面张力与钢带停留在大气中时不同，在大气中气与油间的界面张力使油成为较平的膜附于钢带表面（图2-1）。当它浸入碱性清洗溶液中时，由于溶液中的离子和极性分子的作用力比空气中气体分子对油分子的作用力强，所以使油与溶液间界面张力下降，它们的接触面积增大（图2-2）。

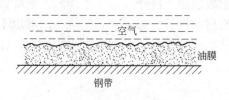

图 2-1　油膜在空气中的状态示意图

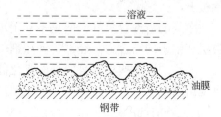

图 2-2　油膜在溶液中的状态示意图

通过清洗溶液的渗透、分散作用，油膜破裂形成很多的小油珠。由于机组钢带的高速运行，产生剧烈液体摩擦，加快了黏附油膜的撕裂和脱离。在溶液对流作用的机械撞击下，撕裂和脱离的油珠离开钢带表面。同时，乳化剂在油滴进入溶液时，吸附在油质小滴的表面，不使油滴重新聚集再次沾污钢板。

化学清洗溶液的成分含量，允许变化范围较宽，一般无严格要求。在实际工作中，采用多种碱与适当的表面活性剂及其他化学药品的组合来获得最有效的混合型金属清洗剂。作为化学清洗剂的物质，有以下几种：

1) 氢氧化钠（NaOH）。氢氧化钠或称苛性钠，对于金属清洗工艺来说是最重要的碱。苛性钠具有如下性质：皂化脂肪和油，成为水溶性皂，与两性金属及其氧化物反应形成可溶性盐，将脂分解，破坏有机物，并且能强有力地进行反应，在所有碱中，它具有最高的电导率。但是氢氧化钠的润湿性和乳化作用较差，对铝、锌、锡、铅等金属有较强的腐蚀作用，对铜及其合金也有一定的氧化和腐蚀作用。在氢氧化钠溶液中，清洗时所生成的肥皂难以溶解。因此，清洗溶液中氢氧化钠的含量，一般不超过 $100kg/m^3$，往往配合其他碱性物质一起使用。

2) 碳酸钠（Na_2CO_3）。碳酸钠溶液具有一定的碱性，对铅、锌、锡、铝等两性金属没有显著的腐蚀作用，碳酸钠吸收了空气中的二氧化碳后，能部分转变为碳酸氢钠，对溶液的 pH 值有良好的缓冲作用。

3) 磷酸三钠（$Na_3PO_4 \cdot 12H_2O$）。磷酸三钠除具有碳酸钠的优点外，其磷酸根还具有一定的乳化能力，磷酸三钠容易从钢板表面洗净。

4) 焦磷酸钠（$Na_4P_2O_4 \cdot 10H_2O$）。焦磷酸钠除具有和磷酸三钠相似的清洗特点外，焦磷酸根还可配合许多金属离子，使钢板表面容易被水洗净。

5) 原硅酸钠（Na_4SiO_4）。原硅酸钠是极好的缓冲剂，当它与表面活性剂配合时，是所有强碱中最佳的湿润剂、乳化剂和抗絮凝剂，原硅酸钠具有高 pH 值和高电导率，对钢板清洗剂化合物是极好的缓蚀剂，广泛用于钢铁清洗。但是，原硅酸钠残留在钢板表面较难洗净，经酸液浸蚀后，会变成不溶性的硅胺，对今后钢板与镀层的结合不利，因此应认真冲洗。

6) 乳化剂。洗净剂及三乙醇胺油酸皂等都是乳化剂（表面活性剂），这类物质分子具有亲水基团和憎水（亲油）基团。在清洗过程中，乳化剂以其憎水基团吸附于油与溶液的界面，而其亲水基团与水分子相结合，在乳化剂分子定向排列的作用下，油-溶液界面的表面张力大为降低，在溶液的对流和搅拌等作用下，油污就能脱离钢板表面，以微小油珠状态分散在溶液中。这时，表面活性剂的分子包围在小油珠表面，防止小油珠重新黏附在钢板上。

洗净剂的清洗效果好，但是不易用水把它从钢板表面上洗净。清洗不净时，会降低以后镀层和钢板的结合力。经过含洗净剂的溶液清洗后的钢板，必须加强清洗，浓度也不宜过高。三乙醇胺油酸皂具有较强的乳化能力，清洗也比较容易，但容易被水中的钙、镁离子沉淀出来。

b　电解清洗

钢带经过碱性化学清洗后，由于皂化和乳化作用有限，不可能获得洁净的钢带表面，许多油污粒子和铁粉、氧化铁等粒子吸附在钢带表面的空隙里，非常不易清除彻底，因此钢带还要进行电解清洗。

（1）电解清洗原理。电流通入电解质溶液而发生化学变化的过程称为电解。电解是相应的自发电池反应的逆过程。电解电压不得小于相应的自发电池的电动势。在电解时总是有阻碍电解反应的作用即电动势的作用。

使电解质溶液发生电解时所必需的最小电压称为该电解质的分解电压。分解电压可以从电压电流曲线上求得（图 2-3）。当开始加上电压时，电流极小，电压的影响不大，这时在电极上观察不出有电解的现象。随着电压的增加，电极产物饱和的程度加大，电流也有少许增加。最后，当电极产物（氢和氧）的浓度达到最大而呈气泡逸出时，电解开始发生（这时使用的电压就是分解电压）。以后如再增加电压，电流就直线上升。

图 2-3　分解电压示意图

电解时，负极发生还原反应，正极发生氧化反应。电极反应的性质与电解质的种类、溶剂的种类、电极材料、离子浓度和温度等条件有关。

（2）电解清洗过程。把欲清洗的钢带置入碱性溶液中，在通以直流电的情况下，使钢带作为阳极或阴极，以此进行清洗。电解清洗的速度常比化学清洗的速度快好几倍，而且油污清除得更干净。

电化学清洗时，不论钢带作为阴极还是阳极，其表面上都大量析出气体，这个过程的实质是电解水：

$$2H_2O \longrightarrow 2H_2 + O_2 \uparrow \tag{2-4}$$

当钢带作为阴极时，其表面上进行的是还原反应并析出氢气：

$$4H_2O + 4e \longrightarrow 2H_2 \uparrow + 4OH^- \tag{2-5}$$

当钢带作为阳极时，其表面上进行的是氧化反应并析出氧气：

$$4OH^- - 4e \longrightarrow O_2 \uparrow + 2H_2O \tag{2-6}$$

电极表面上析出的大量气体，对油膜产生强大的乳化作用。

当黏附油膜的钢带浸入碱性电解液中时，由于油与碱液间的界面张力减少，油膜产生了裂纹。与此同时，电极由于通电而极化，电极极化虽然对非离子型的油类没有多大作用，但是它却使钢带与碱液间的界面张力大大降低，因此很快地加大了两者间的接触面积，碱液对钢带的润湿性加大，从而排挤附着在钢带表面上的油污，使油膜进一步破裂成小油珠。由于电流的作用，在电极表面上生成了小气泡（氢气或氧气），这些小气泡很易于滞留在油珠上，新的气体不断产生，气泡就逐渐变大。在气泡升力的影响下，油珠离开钢带表面的趋势增大。当气泡的升力足够大时，它就带着油珠脱离钢带表面浮到溶液面上，见图 2-4。

由此可见，碱性溶液中的电解清洗过程是电极极化和气体对油膜机械撕裂作用的综合，这种乳化作用比添加乳化剂的作用要强烈得多，因此加速了脱脂过程。

电解清洗在阴、阳极上都可进行，阴极清洗与阳极清洗的特点各不相同。

阴极清洗的特点是：析出的气体为氢气，气泡小，数量多，面积大，所以它的乳化能力大。另外由于 H^+ 的放电，阴极表面液层的 pH 值升高，因而清洗效率高，不腐蚀钢带。但阴极清洗容易渗氢，阴极上析出的氢容易渗到钢铁基体里可能引起基体氢脆，或者渗氢

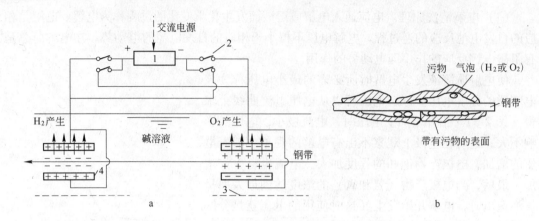

图 2-4　电解清洗示意图

a—电解清洗原理；b—油污脱离原理

1—整流器；2—电极转换开关；3—绝缘板；4—电极板

的钢带在热镀时镀层容易起小泡。

阳极清洗效率不及阴极效率高，因为：第一，阳极附近的碱度降低，减弱了皂化反应；第二，阳极析出氧气少，减弱了对溶液的搅拌作用；第三，由于氧气气泡较大，滞留于表面的能力小，所以氧气泡将油滴带出的能力就弱。

另外，在阳极清洗过程中，当溶液碱度低、温度低和电流密度高时，特别是当电化学清洗中含有氯离子时，钢带可能受到点状腐蚀。

阳极清洗的优点是：（1）基体没有发生氢脆的危险；（2）能去除钢带表面上的浸蚀残渣。

鉴于阴、阳极清洗各有优点，采用这两个过程的组合形式，称为"联合电化学清洗"。

目前在清洗工序中，大量使用的是碱性溶液化学清洗加电解清洗。采用这种清洗方法虽然清洗时间要比用有机溶剂清洗长一些，但无毒和不易燃是它的一大优点。另外这种方法所需要的生产设备简单，也比较经济。

c　超声波清洗

在带钢连续热镀锌中除了采用化学脱脂、电解脱脂方法之外，也有采用超声波脱脂的实例。超声波脱脂是由清洗槽、振动器、发振器三个部分组成的，发振器功率和槽体容积有关。

超声波脱脂的原理是，当振动器发出的超声波在脱脂液中振动并向四周传递时，则会反复在脱脂溶液中产生负压力，这种负压会撕破液体形成空洞，继而打破正压力，这种现象称为空化现象。该空化现象能加速钢板表面污染物的分离，并且对脱脂液的乳化效率、皂化反应效率都产生一定的促进作用。但是超声波脱脂的能耗较高，一般应和其他脱脂方法兼用。

d　机械作用脱脂

热镀锌线所使用的冷硬板，一般要离开冷轧线数小时、数天才能进入热镀锌作业线，特别是外单位采购或进口料甚至要相隔数月。在冷硬板刚刚离开冷轧作业线时，其表面所残留的油脂污染物呈松软状态，但是存放一段时间之后，表面就会结成硬壳，其内部可能仍然呈现稀软状态。这种结了硬壳的油泥污染物只通过化学浸渍很难彻底清除，最近开发了喷射法和浸渍法联合脱脂新工艺，解决了这一脱脂难题。这种新工艺的核心技术是在化学浸渍槽的前方安装数排喷射管，使 0.5~0.8MPa 压力的碱液从喷头喷出，成 45°角逆带钢运行方向喷射到钢板表面，高速喷射的碱液可击碎表面硬壳，再经过化学浸渍、机械刷洗，就可以获得理想的脱脂效果，见图 2-5。

　　C　钢带清洗的主要形式

　　热浸镀基板用冷轧钢带清洗主要有化学清洗、电解清洗、物理清洗和超声波清洗等，为了适应现代化热镀锌生产线高速生产的需要，往往将上述几种方式进行最佳组合。在组合的各个单元中，清洗污物的重点对象各有差别，各单元完成清洗污物总量的一部分，图 2-6 显示了一种清洗工序中各个清洗单元所完成清洗污物的情况。通常热浸镀冷轧钢带清洗主要有以下三种形式。

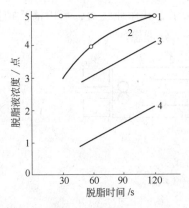

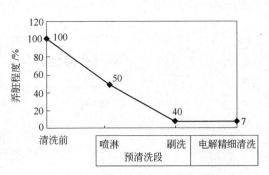

图 2-5　喷淋和浸渍脱脂效果比较图　　　　　图 2-6　钢带连续各单元清洗情况
1—60℃喷淋；2—45℃喷淋；3—60℃浸渍；4—45℃浸渍

　　（1）化学清洗+电解清洗+物理清洗。这种形式的设备组成如图 2-7 所示。

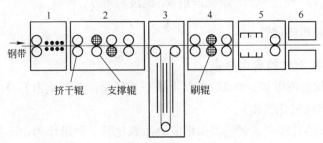

图 2-7　化学清洗+电解清洗+物理清洗示意图
1—碱液喷洗槽；2—碱液刷洗槽；3—电解清洗槽；4—热水刷洗槽；5—热水清洗槽；6—干燥器

　　其中电解清洗槽的形状有立式槽，也有卧式槽，具有清洗速度快、清洗质量高等特点。清洗后钢带的表面质量完全可以满足汽车面板的要求。对美钢联法采用全辐射管加热炉的生产线，一般采用以上清洗形式。我国引进的一些生产线大多采用此工艺。宝钢1550mm 热镀锌机组就是采用这种形式。

　　（2）化学清洗+物理清洗。这种形式的设备组成如图 2-8 所示。

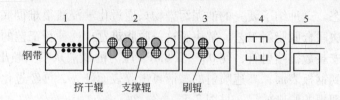

图 2-8　攀钢冷轧薄板厂热镀锌 1 号线的入口清洗段
1—碱液喷洗槽；2—碱液刷洗槽；3—热水刷洗槽；4—热水清洗槽；5—干燥器

这种形式投资省，清洗效果好，但很难清洗掉钢带表面的二氧化铁或铁粉。攀钢冷轧连续热镀锌机组就采用这种形式，钢带在进入清洗段前，如表面（单面）含油 $50 \sim 150 mg/m^2$，表面（单面）含铁污量 $65 \sim 110 mg/m^2$，在作业线上以 $170 m/min$ 速度运行时，设计清洗率可达 90%以上。

（3）物理清洗。这种形式的设备组成如图 2-9 所示。其作业线短，可以清洗掉钢带表面的部分污物，清洗率只有 60%~70%，清洗效果不十分理想。

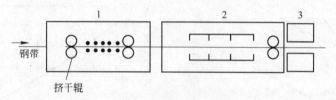

图 2-9　物理清洗方式
1，2—热水高压清洗槽；3—干燥器

（4）清洗方法对清洗效果的影响。Michael 对各种清洗方法的组合进行研究发现，对钢带表面残留碳的去除效果依次为：（浸洗+刷洗+电解清洗）>（浸洗+刷洗）>（浸洗+电解清洗）>电解清洗>刷洗。而对钢带表面残留铁的去除效果依次为：（浸洗+刷洗+电解清洗）>（浸洗+电解清洗）>（浸洗+刷洗）>电解清洗>刷洗>浸洗。

2.2.2 热轧钢材基板的酸洗

2.2.2.1 热轧钢材的表面状态

从铁-氧平衡状态图可知，在 527℃以上铁开始氧化，并生成由 FeO、Fe_3O_4 和 Fe_2O_3 组成的氧化膜层（俗称氧化铁皮）。

在轧制前的加热过程中，钢坯表面形成表面氧化膜。但是作为由不同元素组成的合金式的钢材，由于金属的成分、表面温度、加热和冷却制度、周围介质含氧量等因素的不同，氧化铁皮的成分与结构也因之而异。一般说来，金属的化学性质越活泼，温度越高，金属的氧化速度就越快。氧化时间长，则形成的氧化铁皮的厚度就越大。铁是一种比较活泼的金属，各种铁的氧化物的结构也较为疏松，而钢材的轧制及钢铁制品的加工，多半都是在较高的温度下进行的，因此加快了钢材的氧化速度，促进了钢材表面氧化铁皮的形成。

由于热轧带钢的化学成分、轧制温度、轧制后的冷却速度及卷取温度不同，所以带钢表面上所生成的氧化铁皮的结构、厚度、性质也有所不同，具体地分析、研究这些特征，对有效地清除氧化铁皮和控制氧化铁皮生成有利于清除的形式都是有利的。

（1）带钢表面氧化铁皮的形成。钢材经粗轧后沿辊道向热连轧轧机运行时，温度为1000℃左右，这时在轧件表面上已生成了一层薄的氧化铁皮，而轧前水力机清除可将它们清除掉，当轧件在连轧机上轧制时，板坯在各机架轧机间暴露的时间极短，而且大的压力阻碍了带钢表面上形成厚的氧化铁皮，而所形成的氧化薄膜即被破坏并受到水的冲洗，因此，可以说刚刚从成品机架出来的带钢虽然有780~850℃的较高温度，但带钢表面的氧化铁皮是极薄的。带钢从成品机架出来后进入喷水装置，而后卷成带钢卷并缓慢冷却就是在这段时间里，带钢表面被氧化而生成氧化铁皮。

在从成品机架出来的带钢表面上，铁原子首先与空气中的氧原子结合形成第一层氧化物，这层氧化物可能是致密的 Fe_3O_4，或者是疏松的 FeO。在第一种情况下，氧化铁皮的进一步增长过程只能靠氧和铁的离子扩散来进行，在第二种情况下，空气中的氧可自由地通过多孔、疏松的氧化铁皮，而使氧化铁皮加厚和致密化。无论上述哪种情况，最终结果就是形成了我们通常所见到的带钢表面的氧化铁皮。

当然，带钢表面上生成了一层氧化铁皮以后，氧和铁的离子扩散也受到了一定的阻碍，而且，氧化铁皮越厚，离子扩散受到的阻碍就越大，生成氧化铁皮的速度也越慢，因此，氧化铁皮的长大速度是不均匀的。即开始时氧化铁皮的厚度增加得很快，之后氧化铁皮厚度的增加速度随着氧化铁皮的厚度增大而越来越慢，事实上在高温情况下氧化铁皮形成得特别强烈，当温度低于600℃时，氧化铁皮的形成实际上已几乎停止。

（2）氧化铁皮的组成和结构。带钢表面的氧化铁皮，由于钢的化学成分、轧制时带钢表面温度、轧制时的加热及终轧温度、冷却制度、周围介质的含氧量不同，氧化铁皮的组成和结构也因之而异。

铁氧系的热力分析证明，铁的氧化过程是 $Fe \rightarrow FeO$（含氧量23.26%）$\rightarrow Fe_3O_4$（含氧量27.64%）$\rightarrow Fe_2O_3$（含氧量30.04%）。热力分析同样证明在氧化过程中可能产生许多独立的相。这些相分别为铁内氧化物固溶体、富氏体（接近 FeO 的相）、Fe_3O_4、Fe_2O_3 及氧化物固溶体。

带钢经高温处理后，在其表面产生的氧化铁皮是各种相的混合体。如果钢板表面氧化时的温度为570℃并有过量氧气，而随后又是相当快的冷却，则一般氧化铁皮将由3层组成，直接附着在钢铁表面的一层是富氏体（FeO 和 Fe_3O_4 固溶体），再上面一层是 Fe_3O_4，最上面一层是 Fe_2O_3。由于热轧碳素结构钢的终轧温度一般控制在870℃左右，周围介质中含有大量的氧气，随后又是相当快的冷却速度，所以其氧化铁皮一般都是上述3层结构。

通常钢铁中除了含有铁原子之外，还含有其他元素的原子。如硅钢中含有相当多的硅原子，不锈钢和耐热钢中含有很多的铬原子和镍原子，即使是普通的碳素结构钢中，也含有少量的碳、硅、锰、磷、硫等元素的原子。在此情况下，扩散的就不只是铁离子，其他元素的离子也会同时扩散。这些元素的离子都能与氧化合成氧化物。因此，氧化铁皮中除了铁的氧化物之外，还含有部分其他元素的氧化物。

2.2.2.2 钢铁酸洗的基本原理

由于钢材表面上的氧化铁皮（FeO、Fe_3O_4、Fe_2O_3）都是不溶解于水的氧化物，当把它们浸泡在酸液里时，这些氧化物就分别与酸发生一系列化学反应。铁的氧化物都很容易与酸作用而被溶解。以盐酸为例，其反应可用方程式表示如下：

$$FeO + 2HCl \longrightarrow FeCl_2 + H_2O \qquad (2\text{-}7)$$

$$Fe(OH)_2 + 2HCl \longrightarrow FeCl_2 + 2H_2O \qquad (2\text{-}8)$$

$$Fe(OH)_3 + 3HCl \longrightarrow FeCl_3 + 3H_2O \qquad (2\text{-}9)$$

四氧化三铁与三氧化二铁在硫酸和室温下的盐酸溶液中都较难溶解，但当与铁同时存在时，组成腐蚀电池，铁为阳极，与氧化铁皮接触处的铁首先溶解，并产生氢气，促使氧化铁皮从钢铁表面脱落，反应如下：

$$2Fe + 6HCl \longrightarrow 2FeCl_3 + 3H_2 \uparrow \qquad (2\text{-}10)$$

同时，析出的氢把四氧化三铁、三氧化二铁先还原为氧化亚铁，反应如下：

$$Fe_3O_4 + H_2 \longrightarrow 3FeO + H_2O \qquad (2\text{-}11)$$

$$Fe_2O_3 + H_2 \longrightarrow 2FeO + H_2O \qquad (2\text{-}12)$$

再发生式 2-7 的反应而溶解。由于腐蚀电池的存在，封闭的铁垢覆盖层是很难酸洗的。但如果铁锈和铁垢中有很多裂缝或者小孔，则对酸洗过程是较为有利的。在氧化物与金属表面接触时，可以看到酸液中的铁垢快速地溶解脱落。

当使用其他酸时，也产生类似的反应，并生成相应的盐和水。

酸洗除锈过程中析出氢，对制件有不利的影响。因为氢原子易扩散到金属内部，引起氢脆，导致金属的韧性、延展性和塑性降低。而氢分子从酸溶液中逸出时，又易造成酸雾，影响操作环境。为克服这些缺点，生产中常在酸洗液中加缓蚀剂、润湿剂、抑雾剂等加以改善。

2.2.2.3　常用酸洗方法

热浸镀锌酸洗工序中最常采用的酸为盐酸和硫酸。两种酸各有其特点。硫酸酸洗速度比冷盐酸快，因此酸洗池的数量可少一些；而且回收硫酸所用的设备也较便宜，这不仅能简化工艺，也有利于污水处理；另外，硫酸比盐酸价格便宜。但硫酸酸洗时一定要加热到 60~65℃ 才能达到较高的酸洗速度；而且硫酸是强氧化性酸，对操作者比较危险，要相当谨慎。相对来说，盐酸酸洗在热浸镀锌中运用得更为普遍。钢铁盐酸酸洗与硫酸酸洗的具体比较如下：

（1）酸与氧化铁皮的反应。盐酸酸洗和硫酸酸洗相比，首先是盐酸酸洗对氧化铁皮的作用和硫酸酸洗是不相同的。在浓度较高时，盐酸酸洗主要靠溶解作用去除氧化铁皮，而硫酸酸洗则主要靠氢气的机械剥离作用去除氧化铁皮。按照实验资料，用硫酸酸洗时，约有 78% 的氧化铁皮是由于机械剥离作用去除的，而盐酸酸洗则只有 33% 的氧化铁皮是由于机械剥离作用去除的。盐酸不仅能很好地溶解富氏体（Fe_3O_4 溶于 FeO 中的固溶体），而且能溶解高价铁的氧化物。例如，在温度 60℃、浓度 180g/L 的盐酸中，用 10min 可溶解 75.2% 的粉末状的 Fe_2O_3，而在硫酸中 Fe_2O_3 的溶解度要低好多倍。

钢材表面的氧化铁皮一般由三层组成，外层是 Fe_2O_3，中间层是 Fe_3O_4，内层是 $FeO+Fe_3O_4$（富氏体）；同时，氧化铁皮有很多裂缝和孔隙，而且内层是比较疏松的，因此，当钢表面被酸液浸湿后，除了外表面的氧化铁皮之外，酸液也通过氧化铁皮中的裂缝、孔隙与其中的所有三层以及钢基体接触而起化学反应。

由于 Fe_3O_4 和 Fe_2O_3 在盐酸溶液中的溶解速度远大于在硫酸溶液中的溶解速度，因此，钢在盐酸中的酸洗速度比在硫酸中的酸洗速度大得多。例如，在 60℃时，用浓度 15% 的硫酸溶液，酸洗时间为 150s，而用 15% 的盐酸溶液，酸洗时间为 55s；在 80℃时相应地为 70s 和 30s。在生产实践中，经常发现热轧带钢表面的边缘有较黑的氧化铁皮区，主要成分是 Fe_2O_3。由于硫酸对 Fe_2O_3 的溶解度低，因而用硫酸酸洗时带钢边缘的氧化铁皮往往去除不掉。如果要比较彻底地去除氧化铁皮（包括 Fe_2O_3 层），则带钢的其他部分可能产生过酸洗。但是，如果在盐酸溶液中酸洗，由于它能够溶解高价氧化铁，所以氧化铁皮比在硫酸中清除得较完全。

（2）酸洗后的表面质量。在盐酸酸洗中，酸洗溶解外层氧化铁皮的同时也酸洗溶解内层的氧化铁皮，所形成的残渣比硫酸酸洗少得多，而且这些残渣的密度比在硫酸溶液中得到的要小，因此，很容易从钢表面或酸槽底上清除掉。

残留在钢表面上的铁盐残渣是有害的，它会使酸洗过的钢表面很快生锈，同时钢表面上的铁盐一般都是亚铁盐，很容易溶于水，在空气中停留时间较长时，就会变成不易溶于水的正铁盐，因此，酸洗之后，必须立即用净水冲洗，以便去除表面上残留的铁盐。

由于盐酸能够有效地溶解氧化铁皮，同时所生成的 $FeCl_2$ 易溶于水，所以残留在带钢表面上的酸洗反应产物很容易用水清洗掉。这就保证了在盐酸溶液中酸洗时，钢表面的质量比较高，一般用盐酸酸洗后，钢具有清洁、光亮、没有斑点的平滑表面。

盐酸酸洗的带钢表面质量比用硫酸酸洗的要好，带钢表面甚至无压入铁皮（即使有铁皮亦可被洗掉）及未被洗净的氧化铁皮（包括大块铁皮及黑边），酸洗后表面光洁。如卷取温度在 700℃左右时，带钢不经破鳞仍可以用 280m/min 的速度（酸洗时间为 28s）进行盐酸酸洗。

（3）酸洗时的铁损。目前认为，用盐酸酸洗金属损耗比硫酸酸洗少 20%~25%，这是因为在酸洗时间内，盐酸对纯铁的溶解量比硫酸少。盐酸酸洗对带钢基体的腐蚀较小，这就减少了带钢表面的粗糙度和过酸洗的废品率。

（4）渗氢与过酸洗。盐酸酸洗是否采用缓蚀剂，目前还没有统一的意见。这是因为和硫酸酸洗相比，在很大程度上减少了钢材过酸洗的可能性。此外，酸与铁相互作用生成氢，这对加速酸洗过程是有利的，但是，铁这样大量地溶解，不仅使铁损及酸耗增加，同时生成氢原子，一部分结合成氢分子逸出，另一部分则扩散到带钢基体中去，致使钢材的力学性能降低和造成酸洗气泡等缺陷，因此，应当尽量减少基体铁的溶解。在同样的酸洗温度下，扩散到钢基体内的氢量，盐酸酸洗比硫酸酸洗要少得多。

硫酸酸洗温度一般比盐酸酸洗温度高，氢的渗透随着温度的升高而增加。因此，盐酸酸洗和硫酸酸洗带钢渗氢的程度相差较大，在实际生产中盐酸酸洗没有发现氢脆现象和酸洗气泡缺陷。

（5）酸洗液的腐蚀性。从酸液的化学性质来看，盐酸溶液比硫酸溶液的腐蚀性强。如果在酸洗后，钢基表面残留有盐酸，则其表面将产生锈蚀。有人证明，如果在酸洗之后清洗，在 $1000cm^3$ 的水中 Cl^- 的含量小于 20mg，那么锈蚀的危险性较小，这就要求清洗必须是多级的，最后一级用水必须尽可能地进行软化，同时，含 Cl^- 也最低。有人建议最后一级软化水含氯化物最好小于 10mg/L；另外，对于需要长时间贮存和长距离运输的带钢，要求采用苛性钠中和，同时要测量最后一道清洗水的含量和中和液的 pH 值。

由于盐酸的腐蚀性较强，所以对设备材料的耐腐蚀性能要求较高，目前广泛地采用非金属防腐蚀材料如聚氯乙烯、玻璃钢（环氧、酚醛、呋喃玻璃钢等）以及化工搪瓷、化工陶瓷、天然橡胶、聚异丁烯橡胶和辉绿岩铸石等非金属材料。

（6）影响酸洗速度的因素。在硫酸和盐酸溶液中，提高温度或浓度均能提高酸洗速度。但在硫酸溶液中，提高酸洗温度的效果更为显著，而在盐酸溶液中，提高浓度比提高温度的效果要好。因此在酸洗时，硫酸主要靠提高温度来达到高的酸洗速度，而盐酸主要是靠提高浓度来加快酸洗速度。

（7）废酸处理和原料成本不同。工业上长期以来不采用盐酸酸洗，其主要原因是：

1）使用 98% 的 H_2SO_4 一般比 36% 的 HCl 价格便宜；

2）盐酸的腐蚀性强，对防腐材料的耐腐蚀性有特殊的要求，同时盐酸贮存和运输不如硫酸方便；

3）废酸处理难易不同。

盐酸处理问题解决得较晚，直到 1959 年奥地利鲁兹纳公司发明了一种盐酸废液回收方法，以及新的耐酸材料的出现和盐酸与硫酸的价格发生了变化，才使得盐酸酸洗逐渐得到推广。在此以后多数国家才在新建或改建的机组上广泛采用了盐酸作为酸洗剂。

综上所述，与硫酸酸洗相比，盐酸酸洗的优点在于：它对 Fe_2O_3、Fe_3O_4、FeO 的溶解速度快，因此，酸洗速度快，在酸洗时间内对带钢基体铁的溶解数量少，钢材表面上的酸洗反应产物容易清洗干净，从而保证了盐酸酸洗时表面质量比较高，一般用盐酸酸洗后钢材表面光洁，呈银灰色，同时酸洗缺陷较少。

2.2.2.4 酸洗液常用缓蚀剂

酸洗的目的在于除锈，而不能腐蚀钢的基体。过量的酸洗会使钢表面变得粗糙，从而影响热浸镀锌质量，故酸洗时通常需加入缓蚀剂。缓蚀剂是一种当它以适当的含量和形式存在于介质中时，可以防止或减缓钢铁在介质中腐蚀的化学物质或复合物质。在腐蚀环境中，添加少量的这种物质，便可有效地抑制钢铁材料的腐蚀。

酸洗溶液中的缓蚀剂，一般要求具备下列条件：在高温高浓度溶液中是稳定的，缓蚀效果好；不影响钢铁制件的酸洗速度；缓蚀剂配制方便，含量易于控制，废液易于处理；价格便宜。

缓蚀剂抑制腐蚀的作用是有选择的，它与腐蚀介质的性质、温度、流动状态、被保护金属的性质，以及缓蚀剂的种类、含量等都有密切关系。某些条件的改变，都可能引起缓蚀效果的改变。因此，需要了解缓蚀剂的作用及缓蚀效果的测试方法，以便正确地选择和运用缓蚀剂。

铁在酸性溶液中发生如下的电化学反应：

阳极区 $\qquad\qquad\qquad\qquad\qquad Fe \longrightarrow Fe^{2+} + 2e$ $\qquad\qquad\qquad$ (2-13)

阴极区 $\qquad\qquad\qquad 2H^+ + 2e \longrightarrow H_2 \uparrow$ $\qquad\qquad\qquad$ (2-14)

因此，微阳极 Fe 变成铁离子，即铁被腐蚀了。

根据腐蚀的电化学理论，若能抑制阳极反应或阴极反应，或同时控制阳极和阴极反应，都能减少腐蚀。一般认为，由于酸洗缓蚀剂在金属表面具有很强的吸附能力，形成吸附层，从而阻止酸与金属的反应。能吸附在阳极上者，可以阻滞反应过程的速度；能吸附在阴极上者，可以提高析氢的过电位，从而降低腐蚀速度。

缓蚀剂的缓蚀效率可用失重法简便测定。此法是通过比较在同一介质中相同条件下，酸洗液中添加和不添加缓蚀剂时试样的失重，从而求出缓蚀效率，即：

$$缓蚀效率 = [(W_1 - W_2)/W_1] \times 100\% \qquad (2-15)$$

式中，W_1 为未加缓蚀剂时试样的失重，$g/(m^2 \cdot h)$；W_2 为加有缓蚀剂时试样的失重，$g/(m^2 \cdot h)$。

缓蚀剂的用量取决于被酸洗制件的材质、酸洗液的组成及操作浓度和温度，以及被除物的性质。在一定范围内，缓蚀效率随缓蚀剂的含量增加而提高，但达到一定数值后，含量增加，效率不再提高，各种缓蚀剂在各种酸溶液中都有一个含量极限，一般使用的质量分数以 0.5%~1% 为宜。酸洗温度提高，缓蚀剂的缓蚀效率下降，甚至失效。每种缓蚀剂都有一个使用温度范围。酸洗液使用时间延长，缓蚀剂的缓蚀效率也会下降，因此，需定期向酸液中补加缓蚀剂，使其缓蚀效率维持在工艺要求的水平上。

2.2.2.5 酸洗操作注意事项

酸洗操作的注意事项如下：

(1) 控制酸洗液浓度。酸洗过程中水分会逐渐蒸发，因此，应随时加水调整，使酸洗液浓度控制在工艺范围内，以免酸浓度过高造成制件的过腐蚀。

(2) 保持酸液清洁。酸洗过程中，如带入碱及其他污物，酸液组成将逐渐改变，影响酸洗效率。因此，为获得满意的酸洗效果，应定期检查、分析、更换酸液，保持酸液适当的清洁。

(3) 控制温度。温度应按工艺规范要求控制。温度过低会造成酸洗速度大大降低，影响生产效率。提高温度可以加快酸洗速度，但对制件和设备的腐蚀性也增加。

(4) 适当搅拌。酸洗一般都需要搅拌。酸洗过程中使制件上下移动一两次，变换一下制件和酸液的接触面可加快酸洗速度。酸洗池内用压缩空气进行强力搅拌并不合适，这样可能会造成过多的酸气产生。

(5) 注意水洗程序。酸洗后，制件要经过清洗。一般来说，经热酸溶液酸洗的制件，取出后应经热水冲洗；相反，室温下酸洗的制件，取出后应先经冷水冲洗、浸泡后，才能用热水冲洗。水洗必须彻底，不允许有残酸遗留在制件表面，以免发生腐蚀。

水洗宜在流动的水中进行，以免铁盐在池内迅速堆积或清洗不干净而被带入助镀池中。采用两个清洗池进行两道水洗更佳。清洁的水注入第二个清洗池中，再从第二个池往第一个池流动。这样制件首先在含有污水的第一个池内冲洗。两道水洗与一道水洗相比用的水并不多，但却有效得多。

(6) 酸洗过程必须连续地进行。酸洗除锈过程及前后各工序必须连续地进行，中途不应停顿，否则会影响除锈质量和效果。

(7) 定期清除酸洗池中的污泥。随着除锈过程的进行，酸洗池将逐步沉积污泥，会淤塞加热管和其他控制装置，应定期清除。

(8) 适当控制时间。在完全除去锈迹的前提下，酸洗时间应尽可能短，以减少金属的腐蚀和氢脆的倾向。

(9) 注意操作安全。除锈酸洗液一般都具有很强的腐蚀性，操作中应避免酸液飞溅到皮肤或衣物上，以免烧伤皮肤或破坏衣物。

(10) 酸洗场地应有排风装置。酸洗时常产生含酸气体，为减少含酸气体对设备的腐蚀和对人体的危害，酸洗场地应布置良好的通风或排风设备。

2.2.3　带钢的连续退火

2.2.3.1　概述

连续热镀锌机组用的原板是冷轧机组轧制的产品。冷轧之前的热轧板为等轴晶粒，晶格的排列比较规整。在冷轧过程中，由于晶体中的原子产生刃型位错，因此晶格沿着一定的滑移面和滑移方向（即轧制方向）进行双滑移或多系滑移，出现沿钢板轧制力作用下的塑性形变。这样经冷轧之后，发生了晶粒延长、扭曲或破碎。位错增加，则形变抗力增大，塑性变差，产生加工硬化。据测定，经过冷轧后的薄板，它的抗拉强度可达 800 ~ 900MPa，洛氏硬度 HRB 达 90 以上。这种产品是不适宜加工成型的，为了恢复它的可塑性，必须经过再结晶退火。

用于冷轧薄板连续热镀锌机组的退火炉是机组的关键设备，也称工艺段，它完成钢带热镀锌前的退火工艺，对钢带热镀锌后的性能起到至关重要的作用。冷轧钢带通过退火完成以下功能：一是使钢带在退火炉内消除轧制应力，改善力学性能并使钢带加热到一定温度，例如把钢带加热到再结晶温度以上并保温，均热，最后钢带进入冷却段被冷却到入锌锅温度。钢带在连续卧式退火炉中的加热曲线见图 2-10。二是清洁带钢表面。将钢带表面上的轧制油等污物通过加热过程中的挥发、燃烧而去除，使钢带具有一个清洁的表面，并使钢带密封地进入锌锅进行热镀锌。三是在完成退火过程的同时，钢带表面的一层微氧化膜被炉内氢气还原成纯铁层，为热镀锌准备好附着力极强的表面状态。四是完成退火和还原后的钢带在退火炉通过快冷和缓冷，准确地控制进入锌锅时的温度，使钢带在最佳镀锌温度下完成镀层工艺。五是保持或改善镀锌钢带的板形。

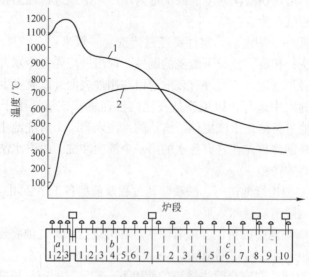

图 2-10　钢带在连续卧式退火炉中的加热曲线

a—预热炉；*b*—还原炉；*c*—冷却炉；

1—炉膛温度；2—钢带温度

退火炉内充满处于正压的氢、氮混合气体，钢带表面的氧化皮在退火炉内被氢气还原，与此同时会有水蒸气产生。为避免水蒸气再度氧化钢带，必须不断更新炉内保护气体以排除过多的水蒸气。经验表明，对改良森吉米尔法中的预热炉及还原炉，炉内气压分别保持在 30~50Pa 及 70~80Pa 为宜。

对改良森吉米尔法的炉子，通常控制炉内气压方法有：一是采用较大预热段入口，然后用玻璃丝或石棉等耐热材料制成的布帘吊在炉口，通过布帘上升或下降来调节炉内的废气量，从而控制炉内气压；二是采用较狭窄的预热段入口，在预热段入口区的炉顶开一个或两个天窗，通过此天窗的抬起与降落，即可控制炉内压力；三是将预热段生产的废气通过烟道排至厂外，在烟道横断面装设一个电动蝶阀，通过控制蝶阀角度即可有效控制预热段废气量，控制炉内压力。对美钢联法立式炉，炉压控制主要是通过炉顶的电动调节阀的开启角度大小来调节的。

采用改良森吉米尔法工艺的钢带连续热镀锌生产线上的还原退火炉，不论是立式炉还是卧式炉，其功能决定炉子必须由以下基本炉段组成：（1）入口段（ENT）；（2）预热段（RWP）；（3）无氧化加热段（NOF）；（4）加热（均热）和还原段（RTH）；（5）快速冷却段（GJS）；（6）缓冷（均衡）段（LTH）；（7）转向出口段。采用美钢联法工艺的钢带连续热镀锌生产线上的还原退火炉，没有无氧化加热炉（NOF），其他炉段组成与改良森吉米尔法炉相同。卧式退火炉和立式退火炉是两种用于连续热镀锌的基本炉型。热镀锌机组早期退火炉大都为卧式，随着热镀锌产量的增加，机组速度的加快，出现了立式（或称塔式）退火炉。自 20 世纪 90 年代后，热镀锌立式退火炉成为主流炉型。图 2-11 是钢带连续热镀锌立式退火炉。

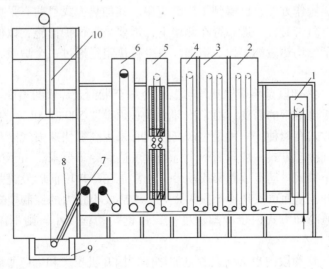

图 2-11 立式退火炉

1—预加热段；2—还原加热段Ⅰ；3—还原加热段Ⅱ；4—还原均热段；5—冷却段；
6—均衡段；7—热张紧辊室；8—炉鼻；9—锌锅；10—镀后冷却塔

全辐射美钢联法退火炉一般由预加热段、还原加热段、还原均热段、冷却段、均衡段等部分组成。

（1）预加热段。在连续退火炉头部，根据需求可设置预加热段，能将带钢预热至

150~250℃，可以节约燃料 10%左右；因材料是被逐步加热的，所以还有利于改善板形。对表面质量有严格要求的现代热镀锌机组，不能采用废气直接加热带钢，预加热段必须采取燃烧废气通过换热器加热保护气体，然后再用被加热的保护气体预热带钢的方式，以便避免很脏的废气对钢板表面造成污染。由于这种预热方式工艺复杂、设备投资大，因此预热段是否设置，还需要对投资和节能效果进行综合比较之后再定。

为了降低投资，改善板形，可以设置保护气体直接预热段，采用此方法可把带钢直接预热到 90~150℃。

（2）还原加热段。加热段将不同品种的带钢加热至其规定的退火温度，使用辐射管间接加热，可保持带钢表面清洁。炉内充满保护气体，氢气含量为 5%。由于实施全辐射间接加热，带钢表面不会发生氧化。为了保证辐射管发生破裂时，燃烧废气不泄漏到炉内引起带钢氧化，辐射管内应保持负压操作。辐射管应交错布置在带钢两侧，由此保证带钢均匀受热。

如果炉子头部不设置预加热段，则带钢进入炉内就立刻进入了高温加热区，为了避免带钢因急剧升温破坏板形，所以带钢开始进入炉内时，升温速度不能太快。另外，在辐射管布置及分段控制时也应对此给予充分考虑。

（3）还原均热段。均热段将持续把带钢保持在规定退火温度，通常其保温时间为 20s，如果采用 IF 钢做原料，均热段作用就不太明显了。均热段大都采用电加热，选用电加热的原因为：第一，温度控制精确，易满足均热工艺要求；第二，均热段能耗较低，不会显著增加生产成本。控制方式一般是选择通断式或可控硅式。选择可控硅控制时，温控精确、灵敏度高、操作方便，已得到了广泛应用。其加热方式目前有采用电辐射管和电阻两种方法，选用电阻带时，一般布置在侧墙上，需要采取保护措施，以便防止炉内断带时损坏电热体。为了使均热段的温控更精确，有少数机组是通过一个炉喉将加热段和均热段分开的。

（4）冷却段。冷却段是将带钢从均热温度冷却至带钢入锌锅的温度。考虑到炉子开炉升温及处理一些极薄带钢的需要，通常冷却段也必须设置 500~800kW 的电热体。

冷却段冷却方式有两种：一种是生产高强钢时采用高氢快速喷气冷却，一种是普通喷气冷却。快速喷气冷却方式一般只需一个行程就可达到冷却要求，由于冷却速度快、喷气压力高，为了防止带钢抖动造成跑偏或断带，通常是在冷却段前后设置张紧辊，将加热段与冷却段张力断开，从而可实现冷却段大张力、均热段小张力的控制模式，达到带钢稳定运行的目的。普通冷却方式由于冷却速度低，带钢抖动程度小，则不需要实施分段张力控制。

（5）均衡段。均衡段内也必须设置电加热体，因开机投产和生产薄规格产品时必须进行补偿加热。有些机组还在均衡段设置了快冷风机，以便根据需要对带钢进行加热或冷却，使带钢通过均衡段时，可以在整个断面上的温度分布趋于均衡，从而得到一个准确的带钢入锌锅温度。

2.2.3.2　钢带连续退火工艺曲线的制定

冷轧钢带热镀锌时，一般是在作业线内完成再结晶退火。在生产实践中可以通过不同的方式来满足每个钢种的再结晶温度要求。首先可以采用改变退火炉供热量的方法，即在钢带的再结晶温度高时，就加大煤气量，提高炉温；在钢带的再结晶温度低时，就减小煤气量，降低炉温。生产实践证明，这种方法对控制钢带温度有很大的局限性。因为钢带连续退火的最大特点是钢带在炉内停留时间极短，一般只有几十秒钟，最长也不过1min。但是，由加大煤气量到提高炉温，由提高炉温到提高钢带温度，这个过程所需要的时间，一般要达到钢带在炉内停留时间的几倍。再加上仪表调节本身的滞后现象，所以此法基本上不适合控制钢带温度。只有在直接加热钢带的预热炉中，有时采用这种方法作为调节钢带温度的辅助措施，在间接加热钢带的还原炉中一般不采用这种调节方法。

在生产实践中控制钢带温度最行之有效的方法，是变换钢带在炉内停留的时间。即钢带的再结晶温度高时，就放慢钢带运行的速度，降低生产率；钢带的再结晶温度低时，就加快速度，提高生产率。为了便于操作，每条热镀锌作业线都应当制定出针对一定钢种和相应钢带规格的一系列钢带运行速度和生产率参数。这就是热镀锌机组中工艺控制所需要的退火工艺表，并可进而绘制出退火工艺曲线。

根据各种钢的特点及其强度级别，它们各自采用不同的退火工艺，其性能也不一样。图2-12为若干钢种的典型退火曲线。

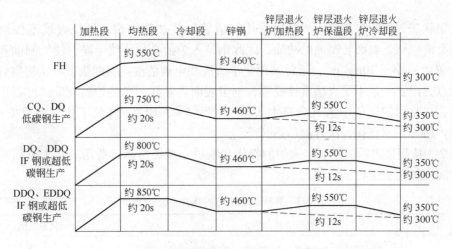

图2-12　汽车用热镀锌原板代表性品种的典型退火曲线
（虚线表示不需进行锌层退火的产品镀后冷却曲线）

汽车用镀锌冷轧钢板分为深冲软钢和高强钢。深冲软钢又分为普通商品 CQ 级钢、冲压 DQ 级钢、深冲 DDQ 级钢以及超深冲 EDDQ 级钢等；高强度钢又可分固溶强化钢、析出强化钢、烘烤硬化钢及相变强化钢等。

2.2.3.3　热镀锌机组的退火方式及炉型选择

A　热镀锌机组的主要热处理加热方式

冷轧镀锌钢带要经过在连续退火炉中完成指定温度的加热，一定时间的恒定温度下的均热保温，快速的冷却等热处理工艺。热镀锌连续退火炉的加热方式是不相同的，主要的加热方式有：

（1）森吉米尔法（直接加热法）；

（2）改良森吉米尔法（直接加热法）；

（3）美钢联法（间接加热法）；

（4）赛拉斯法（直接加热法）。

在现代化的大型机组上，主要采用改良森吉米尔法和美钢联法进行钢带热处理，这是因为机组的连续性强，速度快，产量大。赛拉斯法也有不少应用，老式的森吉米尔法已不再应用。

前面已讲过，森吉米尔法（直接加热法）将炉子分为氧化炉（加热段）和还原炉两个独立的炉段。钢带在加热段（氧化炉）用火焰加热，消除钢带表面轧制油，并产生微氧化，在均热段（还原炉）用辐射管间接加热，用氢气进行还原。因此，氧化-还原反应是它的基本特点。

改良森吉米尔法（直接加热法）将氧化炉和还原炉用通道连在一起，它的主要特点是：（1）用高温火焰直接快速加热钢带，加热速度可达到40℃/s以上；（2）利用高温火焰直接挥发和烧掉钢带表面的轧制油，退火炉前可不设清洗段或设简单的清洗段（视原板油污量和铁粉量而定）；（3）钢带在加热段要产生微氧化，均热段要用氢气进行还原，氧化-还原反应是它的特点，保护气体中的氢含量不低于15%；（4）均热段采用辐射管间接加热。

美钢联法采用间接加热，加热段采用辐射管间接加热钢带，燃烧火焰不接触钢带表面，没有消除钢带表面轧制油的功能，因此钢带入炉前必须清洗干净，使轧制油和铁粉的含量（单面）小于$10mg/m^2$，通常采用化学清洗和电解清洗。实践表明，全辐射管间接加热的优点突出：一是不受火焰直接喷吹，钢带表面质量好；二是炉温较低，可以生产更薄的钢带；三是保护气体中氢气含量大大降低，为5%~10%，降低了成本而且安全性高；四是停炉后可快速直接再次升温加热。

表2-3从钢带表面质量、退火炉的操作和维护、投资与运行费用等几个方面对直接加热法和间接加热法进行了比较。

表2-3　直接加热法与间接加热法的比较

项　目		清洗+直接加热法	清洗+间接加热法
产品用途		不设清洗段，可经济地生产建筑、容器业和家电行业用板； 设清洗段，其产品也可用作汽车板	其产品多用作汽车板，更可以用于建筑、容器业和家电行业
钢带规格		炉内温度高达1300℃，易烧断钢带，因而钢带厚度应在0.4mm以上	可处理薄的钢带，由于热瓢曲问题，厚度限制在0.18mm以上
钢带表面质量	氧化	热烧产物直接与钢带接触，易氧化	热烧产物不与钢带接触，不易氧化
	麻点	炉内温度高，内衬多为重质砖，长期使用内衬表面易剥落，砖颗粒散落在钢带表面上，易产生麻点	炉内温度不高于950℃，内衬多为陶瓷纤维并用不锈钢敷面，内衬寿命长，不会因剥落而使钢带产生麻点
	烧穿	炉内温度高，操作不当会烧穿钢带，造成断带	没有烧穿钢带的危险
	热瓢曲	加热速度达40℃/s，可将钢带迅速加热到500~600℃，炉辊少，产生热瓢曲的可能性小	加热速度小于10℃/s，炉辊多，易产生热瓢曲，但可通过预热钢带或采用炉辊热凸度加以控制

项　目		清洗+直接加热法	清洗+间接加热法
对保护气体及煤气的要求	氢含量	各炉段采用高氢含量（15%~30%）的保护气氛，以减少镀锌前钢带表面上的氧化物	炉内保护气氛中的氢含量低，一般在5%以下
	消耗量	由于炉内燃烧产物和保护气氛一起通过排烟系统排出，直接加热炉和其他炉段之间又难以密封，保护气氛通过直接加热炉排掉，因而耗量大；由于炉温高，氮气安全吹扫量大	炉子入口处易密封，各炉段保护气氛相对独立，连续排放更新，因而耗量小，由于炉温低，氮气安全吹扫耗量相对较小
	煤气	由于直接加热的燃烧产物直接与钢带接触，且空燃比严格控制，因而对煤气质量及热值要求高；煤气需精脱硫、脱萘及净化；种类为焦炉煤气或天然气，低发热值不小于 $10.5MJ/m^2$ 的高、焦混合煤气	由于间接加热的燃烧产物不与钢带接触，因而对煤气质量及热值的要求较直接加热稍低
操作维护	操作	直接加热速度快，对变品种、变规格的炉温调节非常灵活。但其控制要求高，尤其是空燃比的控制，空燃比扰动会影响炉况的稳定性	间接加热速度慢，对变品种、变规格的炉温调节灵活性差。由于辐射管和炉辊的热惯性大，温度等控制稳定
	维护	炉辊、辐射管数量少，维护及维修量相对减少，直接加热时由于耐材的剥落，氧化物的积聚，定期维修量大	炉辊、辐射管数量大，维护及维修量大
投资		不设清洗段，且炉子长度较短，投资相对较少。因而用该法生产表面质量要求不苛刻的产品，如建筑业用板，是经济的。 设清洗段，与间接加热相比，投资差别不大。用该法也可生产优质汽车板	与带清洗段的直接加热相比，投资差别不大，该法多用作生产优质汽车板、家电板和高级建筑板

B　改良森吉米尔法与美钢联法的比较

a　加热方式不同

改良森吉米尔法与美钢联法加热钢带的方式不同，改良森吉米尔法在加热段采用无氧化的直接火焰加热方式加热钢带，而美钢联法则采用辐射管间接加热钢带。

直接火焰加热方式加热钢带，炉内温度高达 1200~1300℃，可将钢带快速加热到 600℃以上，从而缩短了加热段的炉长。但由于炉内温度高，易出现断带事故，薄钢带的生产受到限制。同时氧化会产生铁粉，不但易使炉辊结瘤，而且会影响钢带表面镀锌质量。因此，难以生产最高质量的产品。

间接加热方式加热钢带，炉内最高温度在 950℃以下，加热速度慢，不大于 10℃/s，因此炉段较长；但钢带不接触火焰，在保护气氛下完成间接加热与光亮退火，温度控制准确，表面质量好，不但可以生产更薄的钢带，而且能生产最高质量的产品。

b　钢带表面清洗方式不同

改良森吉米尔法在加热段采用无氧化的直接火焰加热方式加热钢带，高温火焰直接接触钢带表面，挥发、裂解和烧掉钢带表面的轧制油，具有清洁钢带表面的功能，退火炉前可不设清洗段或设简单的清洗段。

美钢联法采用间接加热，加热段采用辐射管间接加热钢带，燃烧火焰不接触钢带表面，没有清除钢带表面轧制油的功能，因此钢带入炉前必须清洗干净，使轧制油和铁粉的含量（单面）小于 $10mg/m^2$，通常采用化学清洗和电解清洗。生产高质量的产品，轧制油和铁粉的含量应小于 $8mg/m^2$。

钢带表面的清洁直接关系到钢带表面的镀锌质量。因此，美钢联法对清洗段的设计极其重视，除采用化学清洗外，还采用电解清洗。美钢联在 20 世纪 70 年代发明了高电流密度清洗法（HCD 法），其显著特点是使用 $70\sim150A/dm^2$ 的高电流密度，使清洗液产生大量的氢、氧气泡，将钢带表面的油污爆破而被清洗干净，因此清洗时间短，效果好。电解清洗液采用喷射方式，不仅能冲走积聚在钢带表面的气泡，保持电解清洗液的良好电导率，而且可冲走电解液。高电流密度清洗法作为美钢联的专利已在全世界很多镀锌线上使用，效果显著。

c 钢带热处理范围的差异

改良森吉米尔法在加热段采用无氧化的直接火焰加热方式，炉温高达 $1200\sim1300℃$，事故时钢带停滞炉中，而炉温降低困难，重新开车时由于张力作用易断带，因此处理钢带厚度最好在 0.4mm 以上。

美钢联法采用间接加热，炉内温度在 950℃以下（CQ、DQ 在 800℃以下），加热速度不大于 10℃/s，温度控制准确，表面质量好，板形好，可对更薄的钢带进行退火，而且能生产最高质量的产品。

d 钢带热处理表面质量的差异

改良森吉米尔法钢带在入炉前未经清洗或清洗不干净，轧制油和铁粉的含量较高，烧掉轧制油后仍有铁粉存留在钢带表面。加热段炉温高，内衬采用重质耐火材料，长期使用易剥落，颗粒散落在钢带表面，易产生麻点，影响钢带的表面质量。

美钢联法采用间接加热，钢带在入炉前要经过化学清洗和电解清洗，钢带表面铁粉存留少。炉温在 950℃以下，内衬采用耐火纤维，外加 $0.5\sim1.0mm$ 不锈钢板保护，不易产生麻点。带钢不接触火焰，在保护气氛下完成间接加热与光亮退火，温度控制准确，表面质量好，能生产最高质量的产品。

e 保护气体消耗不同

改良森吉米尔法加热段采用无氧化的直接火焰加热方式加热钢带，钢带表面产生微氧化，均热段要用氢气进行还原；同时，各炉段难以密封，多余的保护气体通过加热段及排烟系统排除，消耗较大，需连续补充，保护气体中含氢量为 15%～25%。由于炉温高，故吹扫氮气量也较大。

美钢联法采用间接加热，钢带在入炉前要经过化学清洗和电解清洗，表面洁净。保护气体中氢含量为 5%～10%。由于炉温不高，事故吹扫氮气量也较少。

f 对煤气品质要求的差异

改良森吉米尔法加热段采用无氧化的直接火焰加热方式，空燃比应严格控制，空气过剩系数必须严格控制在 0.95 以内。对煤气热值要求高，最好采用天然气或焦炉煤气。由于火焰接触钢带表面，对煤气中的硫和萘要严格控制，因此要求煤气精脱硫和脱萘，进行净化。

美钢联法采用间接加热，煤气在辐射管内燃烧，对煤气品质要求较宽松，可以采用热值较低的煤气，如混合煤气。

g 安全性

改良森吉米尔法加热段采用无氧化的直接火焰加热方式，保护气体通过加热段及排烟系统排除，由于加热段的空气过剩系数必须严格控制在 0.95 以内，因此烟气中含有残余煤气和氢气，若遇空气则有爆炸危险，因此必须设置严格的安全措施，如在热回收段设置 A·B 烧嘴，烟道明火烧嘴，烟道紧急防爆阀，排烟风机防爆阀等。

美钢联法采用间接加热，煤气在辐射管内燃烧，烟气直接由管道排到烟囱，炉内安全性较好。

h 操作与维护

改良森吉米尔法加热速度快，对变品种、变规格的炉温调节非常灵活，但由于加热段空燃比的控制要求严格，空燃比的变化会影响炉温的稳定。炉辊和辐射管数量少，维护工作量相对减少，但由于耐火材料的剥落，氧化物的堆积，定期维护量仍然很大。

美钢联法加热速度慢，炉温调节灵活性差，但炉温控制稳定；炉辊和辐射管数量多，维护工作量相对较大。

i 生产成本

生产成本是由吨钢消耗决定的，美钢联法热效率较高，而保护气体消耗较少，因而生产成本较低。

j 投资成本

改良森吉米尔法 NOF 炉段较短，燃烧设备较少，而且不设清洗段，占用厂房长度较短，但安全措施较多，总的投资较少。

美钢联法加热速度慢，炉段较长；燃烧设备全为辐射管，价格高，数量大；占用厂房长度较长；需设完善的清洗段；因此总的投资较多。

经过上述的比较，可以看出：改良森吉米尔法加热快，产量大，投资较少，适合于建筑、容器、轻工、渔业和部分汽车用板的生产；而美钢联法更适合于生产高质量的建材用板、汽车用板和家电用板，采用日渐增多。

C 卧式加热炉与立式加热炉的比较

在线内退火连续热镀锌的生产线中，最初使用的加热炉是卧式加热炉。到 20 世纪 60 年代以后，出现了利用立式炉进行冷轧钢板的连续光亮退火技术。后来这种技术很快在带钢连续热镀锌生产中获得了推广。近年来，由于热镀锌生产线高产量、高质量、低能耗、低投资的要求，日益成为人们所关注的焦点，所以在现有的条件下，选用什么形式的加热方式越来越引起人们的关注，下面对两种炉型的特点从不同方面进行比较性的介绍。

(1) 生产线的速度。由于镀锌生产线上的加热炉既起着带钢表面处理又起着热处理退火的作用，必须保证带钢在炉内的通过时间，为了提高生产速度必须延长加热炉的长度。

当采用立式炉时，每增加一对炉辊，占地长度为 1.5m，相当于带钢长度增加 20m。而采用卧式炉时，炉子的水平长度的增加与带钢长度的增加是一致的。

为了提高产量，需要提高生产线速度，假如要提高 20m/min，对卧式炉来讲，生产线需要延长 20m，而对立式炉只需要延长 1.5m。从目前的连续热镀锌的生产线来看，要求带钢在炉内的时间要满足 1min 左右，对于生产速度已达到 250～325m/min 的机组来讲，卧式炉的长度便成了限制生产速度提高的重要因素。

对相同产量的机组，两种炉型的炉子的占地长度可以相差数倍。水平占地长度相同，而不同炉型的生产线，其每米炉子的生产能力也相差甚远。根据 1986 年日本热镀锌钢板生产线状况，相应每米炉长的年产量，卧式炉为 0.158 万吨，而立式炉则为 1.05 万吨。

（2）对生产厂房建筑的要求。在采用立式加热炉时，热镀锌生产线占地长度较短。但要求生产车间厂房要有一定的高度，如热镀锌厂房轨面标高需要 42m。

采用卧式加热炉时，为了保证机组的生产速度，要使炉子具备相应的长度。这样厂房占地较大，但厂房高度只需立式炉高度的一半。

（3）加热炉的炉内辊。为了使带钢在炉内转向或对带钢进行支撑，无论是立式炉还是卧式炉都需要相当数量的耐热合金钢辊，两种类型的加热炉使用的炉辊情况各有其特点。表 2-4 为炉内辊使用情况比较。

除了表 2-4 中的不同点之外，需要说明的还有：一是炉辊数量多时必然造成密封部位和使用密封件的数量也多，这样就增加了炉子漏气的隐患；二是立式炉辊单独传动，包角 90°~180°，除了不易结瘤外，这种传动还有利于板形的调整。

表 2-4　炉内辊使用情况比较

炉　型	数量比	辊径	传动方式	与带钢接触方式	相对滑动	清理辊子间隔	结瘤情况	辊子寿命
立式炉辊	1	一种	电机单独传动	包角 90°~180°	不易产生	1 年	不易发生	2~5 年
卧式炉辊	5	多种	链条集体传动	线性接触	易产生	1~3 个月	易发生	1 年

（4）投资情况。从厂房建筑来看，采用立式炉时，厂房高度要在 40m 以上，而且要采用塔式活套。而采用卧式炉时，厂房高度只需要 20m 左右，并可以利用炉下空间安置车式活套。后者比前者可节约费用 30%。

从炉体及加热等方面考虑，立式炉长度不足卧式炉的三分之一，无论是设备投资还是施工费用，立式炉都远远少于卧式炉。

从占地来看，同样产量的机组，采用卧式炉则比采用立式炉长度多出 80~100m。日本新日铁君津厂对 3 号热镀锌线采用立式炉与卧式炉的加热成本进行了计算，结果是：立式炉比卧式炉的建设费用低 90%，占地费用低 55%。

（5）炉型与产品质量。不同品种产品所要求的退火工艺，都可以通过调节炉子的长度来适应。立式炉不需要增加太大的长度就可以对带钢进行时效处理而得到深冲性能好的产品，而卧式炉则难以实现。

卧式炉的炉底辊处于炉膛内较高的温度环境中，而且炉底辊与带钢极易出现相对移动的状态，这样会划伤带钢表面，并将带钢表面的铁粉刮落，污染炉内，且易使辊子结瘤，直接影响了镀锌板的表面质量。而立式炉中带钢与辊子的包角在 90°~180° 范围内，辊子直径也大，而且是单独传动的，这就避免了上述问题。

另外，在采用立式炉时，当钢板上下往复运行时，由于带钢受到了张力弯曲，从而可以减少带钢的瓢曲。

（6）节能情况。对于具有同样生产能力的热镀锌生产线，当采用立式炉或卧式加热炉时，对能源的消耗量也不同。

由于立式炉的长度较卧式炉短，结构材料少，表面积也小，因而热量散失比卧式炉要少。在使用燃气加热的情况下，节约燃气量约为 12%。

在电力消耗方面，由于立式炉炉辊由电机单独传动，这比卧式炉炉辊通过链条集体传动时消耗的电力多，约为卧式炉的 2 倍。

立式炉炉辊数量约为具有同等生产能力的卧式炉的 1/5，所以炉子的密封好，可以节约保护性气体。

如前所述，立式炉炉辊几乎不存在结瘤的危险，而且由于钢板在炉中上下窜动，炉内的氮、氢气体混合得比较均匀，这样可以节约 10% 左右的氢气，因此可以节约大量用于电解水来生产氢气的电能。

（7）操作与检修。立式炉炉辊较少，不易结瘤，而且单独传动，所以辊子运转不易出现故障，而且更换量少；但是由于炉子较高，在穿带或出现断带时，操作比较困难。卧式炉的炉辊数较多，又系链条传动，所以检修量大；另外，为了节约场地，活套车多在炉下安置，更换部件也不方便。

（8）安全性。在立式炉的保护性气氛中，氢含量在 10%～25% 的范围内，比卧式炉中的氢气低 10%。由于氢气的浓度较低，减少了爆炸危险性，因此，更具有安全性。

2.2.3.4　退火炉工艺参数检测与控制

加热退火炉的正常运转并且处于最佳状态，是钢板表面状态良好的保证，也是影响产品的力学性能、原料的消耗和安全生产的关键。带钢在脱脂与退火的加热过程中，要严格地控制各项工艺参数，并进行以下几方面的测量：

（1）预热炉炉温测量。在热镀锌机组的加热炉中，采用热电偶温度计和带有陶瓷保护管的辐射高温计等测温仪表进行温度测量。测量结果进行自动记录并有仪表显示。另外测量信号传输到控制调节系统，按设定值对烧嘴的燃气、空气流量进行调整，控制加热条件以使带钢被加热到规定的温度，同时还调节空气和燃气的比例，使炉内保证一定的还原气氛。

（2）还原炉的温度测量。还原炉的温度测量及控制与预热炉相类似，也是通过热电偶和带有保护管的辐射高温计来分区测量炉内各段的温度的，一方面通过仪表显示出来，另一方面，通过与设定值的差别而产生的波动脉冲信号来调节煤气的供给量，控制辐射管加热的功率，从而调整炉温和钢板温度。

（3）带钢的温度测量。热镀锌机组生产中的带钢在各工艺段的温度不同，由于带钢处于不停的运动中，不能进行接触式的测量，生产中一般都用光学辐射高温计进行带钢温度测量。目前国产的光学辐射高温计已经智能化，并具有较高的精度，能提供瞬时、平均、最高、最低值等。

带钢温度的测量点一般是在微氧化炉、还原（退火）炉的出口处，冷却段的中部以及出口处。对带钢温度的测量信号通过控制煤气流量来调节各工艺段的加热（冷却）能力，最终使带钢按照规定的温度进入锌锅镀锌。

（4）露点的测定。露点是指体系中水的分压达到饱和蒸气压时的温度。它是水的分压的标志，也是体系中水的含量的标志，也可以间接地显示炉内气氛的还原能力。因为水是氢气还原所有铁的氧化物的反应产物，所以水的分压增高是由于被还原的氧化铁数量增加。由于保护气氛在炉子各段的流动方向相反，所以炉内各段的露点（水分含量）是按一定方向递增的。测定露点是否符合这一规律，就可以判断炉内的保护气氛和还原能力是否正常。

露点的测量一般使用红外线气体分析仪，在还原炉和冷却段中的各区进行连续地自动测量。

（5）炉内气体中氢和氧含量的测定。在还原炉内，理论上要求在通入的保护气体中氧含量不超过 0.0005%。在实际生产中，炉内气氛的氧含量往往超过它许多倍。氧含量增加，就增大了发生爆炸的危险性，虽然加热炉在正压下运转，但是由于炉外空气中氧的分压为 21kPa，而炉内氧的分压几乎为零，于是氧的浓差扩散就为氧进入炉内提供了可能性。在细小弯曲的炉体小孔中，使炉内所具有的微弱正压（一般为 39~78Pa）被进一步降低，也使炉外氧的渗入成为可能。

为了将氧的含量控制在 0.0001%~0.0003% 之间，必须在一定部位连续地测定氧的含量，根据测量结果及时调整，发现异常及时解决。氧含量的测定，一般是使用奥斯麦（OSME）微量氧测定仪进行的。它的原理是通过检测碱溶液中 KOH 和氧浓度相对应的氧浓差电池的电流，来显示氧的浓度及变化。

加热炉中的氢气对带钢表面的氧化铁起还原作用。由于氧化铁还原时要消耗一定的氢气，所以氢气的含量从入口处到带钢出口处逐渐降低，若出现了波动，则说明无氧化炉的无氧化状态有了变化，需要加以调整。

氢气含量可以通过手工取样测定，也可以把炉气引入测氢仪中测定。前者通过气相色谱仪测出氢的含量，后者采用电桥法测定经过气体分离柱的氢气的热导率来确定氢的含量。

2.3　热镀锌设备与工艺

2.3.1　热镀锌设备

钢板的热镀锌是在锌锅中进行的，热镀锌设备主要包括锌锅及锌锅设备，根据生产线的规模和水平不同而选择不同的钢制锌锅或陶瓷锌锅。主要包括：（1）沉没辊和稳定辊及其调节装置，通常称其为"三辊六臂一炉鼻"，即一个沉没辊、一个前稳定辊、一个后稳定辊以及支撑三个辊浸入锌锅的六个支臂，还有一个将钢带引入锌锅的炉鼻子。（2）气刀及其调节装置。图 2-13 和图 2-14 为热镀锌装置的总图及总图的 A 视图。

钢带经炉鼻进入锌锅中的锌液进行浸镀，绕过沉没辊后出锌锅，再通过稳定辊和气刀，进入合金化炉或冷却阶段。在钢带热镀锌生产过程中，沉没辊始终浸没在锌液中，其本身无任何传动机构，是一个被动的转向辊，完全靠钢带与辊子表面的摩擦力来驱动。这样，辊面稍有偏差或产生相对运动，钢带就会被划伤。另外，沉没辊还要受到锌液浸蚀，即使采用抗锌腐蚀的材料制造，沉没辊辊面和轴套的磨损与腐蚀仍很严重，需要经常更换和整修。

位于其上方的稳定辊起着限制带钢左右摆动的作用，这样可以使带钢与气刀喷嘴的距离保持稳定，有利于通过气刀来控制带钢两面的镀层厚度。

2.3.1.1　沉没辊和稳定辊

A　沉没辊

锌锅中的沉没辊是一个被动的转向辊，完全靠带钢与辊子表面的摩擦力驱动。为了增

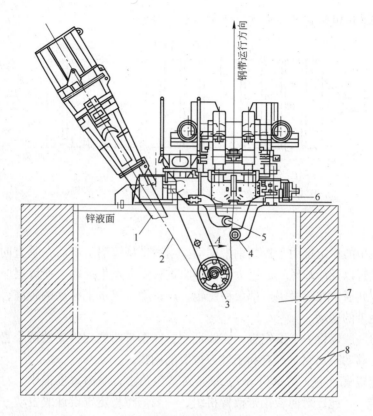

图 2-13 热镀锌装置总图

1—炉鼻；2—钢带；3—沉没辊；4—前稳定辊；5—后稳定辊；

6—气刀及其调节装置；7—锌液；8—锌锅

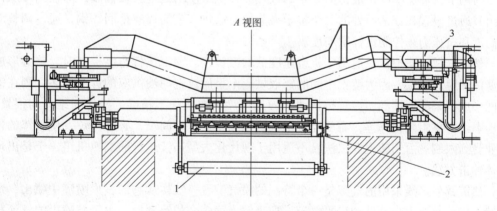

图 2-14 热镀锌装置总图的 A 视图

1—稳定辊；2—气刀；3—气刀调节装置

大这个摩擦力，使辊子一直不停地运转，就必须及时排除带钢与辊面之间的锌液，否则若有锌液夹在中间，就相当于一个油膜轴承一样，带钢会在辊面打滑，沉没辊就不易转动。为了克服这种现象，常常在辊子表面加工沟槽，这种沟槽就相当于一个排锌沟，不断把处于带钢与辊面之间的锌液排走，就增大了带钢与辊子表面的摩擦力，这样沉没辊就易转动了。经常采用的沉没辊直径与沟槽尺寸如图 2-15 所示。

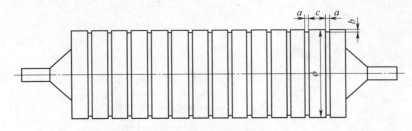

图 2-15　沉没辊表面沟槽示意图

a—沟槽宽度；*b*—沟槽深度；*c*—沟槽间距；ϕ—沉没辊直径

B　稳定辊

浸在锌液中的稳定辊用于控制钢带摆动。当钢带从锌锅引出后在垂直向上运动时，经气刀和冷却风管以及冷却风箱的巨大气流喷吹过程中会发生摆动，使镀层厚度均匀性发生很大波动。因此通常在沉没辊上部设稳定辊，调整稳定辊水平移动的距离，可增大钢带张力，以制止钢带的摆动。

旧的机组一般仅设一个稳定辊，实践证明，在钢带两侧交错安装两个稳定辊更好。这样可使钢带的移动距离缩小，有利于气刀位置的调整。

由于稳定辊直径小（约 200mm），钢带对其包角小，摩擦力也很小。对薄钢带往往不能带动其运转，因此，对薄板钢带镀锌机组，一般均将稳定辊设计成主动方式。

2.3.1.2　气刀

A　气刀技术及其发展

为调节镀锌层厚度，最初的单张钢板热镀锌机组使用镀辊进行控制，即在钢带从锌锅引出时通过设置在锌液面处的两个辊子夹紧的方法将多余的锌液挤回锌锅，通过调整对辊的高度和挤压力来控制镀锌层厚度。

然而，镀辊法擦拭只适用于机组速度低的镀锌线。钢带运行速度提高时，就会形成中间薄两端厚的镀层，因为镀辊中间的锌液供应不足而镀辊两端供应的锌液较多，则在镀辊中间形成凹陷的镀液面。镀辊擦拭法对镀层厚度的控制很不精确，操作和维修均很繁琐。镀辊上经常黏附氧化锌等，需要经常用刮铲刮除，换辊时间长，必须停炉，使镀锌的连续作业受到限制。由于镀辊擦拭法已不适用于现代化大型连续运行的高速机组，于是出现了气体冲击方法。

热镀锌生产线采用的气刀是一个特制的喷气装置，气体从它的缝形喷嘴中喷出，形成连续的横贯整个钢带宽度的扁平气流，把带钢表面多余的锌刮掉。由于其喷出的气流截面积很窄小，有如刀的外形，而称之为"气刀"，见图 2-16。

连续式热镀锌设备的气刀技术是镀锌史上具有划时代意义的优秀技术，它与辊镀挤压法相比有以下优点：锌层均匀性良好，能控制薄镀层，适用于高速挤净操作，装置的维护及镀锌量的控制比较容易。

气刀自从被应用到控制带钢热镀锌的镀层量以来，已发展为各种各样的结构形式。最初的气刀，其结构较为简单，这种气刀的喷嘴缝隙是均匀的，由于气刀的供气是由气刀的两端进入气室，气流在气刀的中部汇聚相遇，形成气刀中部气压较两端高的情况，同时造成了气刀中部喷气的冲量比两端大。所导致的结果是，面对气刀中部的钢板表面锌液被刮除的多，而钢板边部刮除的锌少，表面镀层形成了中间薄两边厚的缺陷。

进入20世纪70年代，吹气法获得了高速发展和广泛的应用。主要标志是：第一，喷射介质由过热蒸汽改为压缩空气；第二，为了获得理想的镀层截面，把喷嘴均匀的缝形改为中间窄两头宽的不均匀缝形；第三，普遍采用了模拟电子计算机来控制气刀的压力、距离，以此来自动控制镀层厚度。

图2-17是一种结构改进了的三腔式气刀。这种气刀由三气腔构成，借助于气腔间的孔型分配，以保证纵向气流的稳定。调节定距滑动块来决定喷嘴唇的开口度。喷射介质为压缩空气，从两端进入气室，然后气流从缝形喷嘴射出，由此达到控制镀层厚度的目的。气刀的喷嘴唇以特殊耐热钢制成，并用埋头螺钉把喷嘴唇固定在气刀体上。

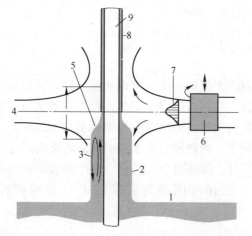 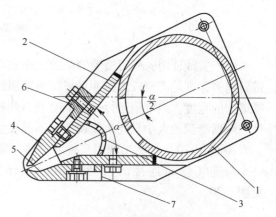

图2-16　吹气刮锌动态示意图　　　　　　图2-17　单嘴三腔式气刀构造图
1—锌锅区；2—锌液；3—锌液逆向回流；4—吹气有效区；　　　1—气刀气腔体；2—气流通道夹板；3—孔板；
5—气流逆向吹刷；6—气刀喷嘴；7—气流速度分布；　　　　4—上唇片；5—下唇片；6—调整条块；
8—锌层厚度；9—带钢　　　　　　　　　　　　　　7—唇片罩板

在气刀装入镀锌机组之前，通过调节定距滑动块来决定喷嘴唇缝形的开口度，生产中缝形不可随意变化。为了获得边部、中部更加均匀一致的锌层厚度，采用的是两头宽中间窄的刀形曲线，为了简化加工工序，常常采用一条直线和一条曲线相组合的刀形曲线，见图2-18。

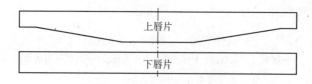

图2-18　气刀的刀形曲线图

气刀体可上升下降，最大行程为500mm。同时气刀又可以水平移动来调节它与带钢的距离，见图2-19。

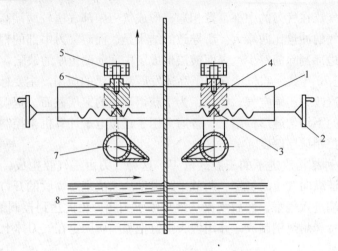

图 2-19　气刀移动机构示意图
1—台面；2—手轮；3—丝杠丝母；4—滑座；5—气刀主梁；6—插销；
7—喷嘴；8—带钢

　　生产实践证明，气刀喷嘴缝隙的大小完全取决于带钢速度，带钢速度越高，从锌锅中带锌越多，则就需要较大的冲量把锌液吹回锌锅，当气刀压力一定时，就必须加大气刀喷嘴缝隙的宽度。当带钢运行速度低时就与此相反，则气刀喷嘴缝隙的宽度就必须缩小。而气刀喷嘴缝隙的大小只能离线调节，不能在线调节。由此便想到了多嘴气刀的应用问题。

　　20 世纪 70 年代就出现了多种形式的多嘴气刀，即将两个、三个、四个喷嘴装设在同一个与进气管相连接的管形或箱形刀体上，刀体可围绕与喷嘴成平行的轴旋转，见图 2-20。

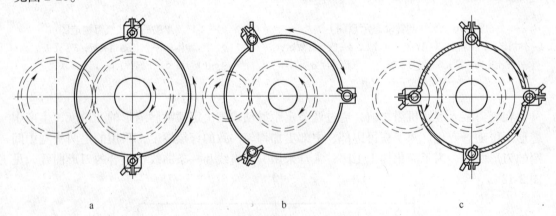

图 2-20　多喷嘴气刀示意图
a—两嘴气刀示意图；b—三嘴气刀示意图；c—四嘴气刀示意图

B　气刀的喷射介质

　　气刀最初采用的喷射介质是过热蒸汽。目前大都使用压缩空气，过热蒸汽基本不再使用，改进后具有如下优点：第一，降低了生产成本；第二，改善了操作环境；第三，降低了噪声；第四，减轻了带钢表面氧化，提高了镀锌质量；第五，有利于设备维修（用蒸汽易使设备受潮损坏）。然而，生产实践中压缩空气也暴露出了许多不足。例如，当带钢在低速运行时由于带钢边部散热较多，所以喷吹气体的冷却作用也就显得突出了，边部区域锌液的冷却，使刮锌量减少，从而便造成了厚边缺陷。

对此，有些机组为了避免低速厚边缺陷的发生，采用了过热蒸汽和压缩空气两套供气系统，低速时使用过热蒸汽，高速时使用压缩空气。为了防止压缩空气的冷却作用而产生厚边缺陷，有的机组还采用了预热炉和还原炉排出的燃烧废气作为气刀的喷射介质。这样虽然做到了废气综合利用，并提高了产品质量，但是燃烧废气中往往含有一氧化碳和其他有害气体，会污染操作环境。若设计抽气系统，无疑将提高建设费用，因而此方法没有得到推广。

此外，压缩空气中氧气的分压较高，所以在喷吹过程中，使锌的氧化严重，生成浮渣较多。有人采用氮气作为喷射介质，大大减少了浮渣的生成量。

在大型钢铁联合企业中，因炼钢需要大量氧气，所以有大量过剩氮气可以作为气刀用气来源。特别是生产汽车面板时，要求无缺陷表面，这时采用氮气作为气刀的喷射介质，对净化带钢表面有非常重要的意义。采用氮气喷吹时，可以避免锌液在高温下发生氧化，第一，可以保证板面质量；第二可以降锌耗。

综上所述，气刀采用压缩空气作为喷射介质优点较多，目前已得到了广泛的应用。为了防止低速厚边缺陷的发生，可在通入气刀的管道上增设一个热交换器，当带钢低速运行时，就启动热交换器，提高压缩空气的温度，以便补偿带钢两侧的热散失，从而消除低速厚边缺陷。

不同喷射介质所引起的作用，也与多种因素有关。表2-5所列是一条生产线使用各种喷射介质时的工艺参数的实例。

表2-5 各种喷射介质的工艺实例

工艺参数	喷射介质			
	燃烧废气	过热蒸汽	压缩空气	氮气
喷射介质温度/℃	300~500	280~450	室温	室温
吹气压力/MPa	0.005~0.080	0.08~0.45	最高0.07	0.01~0.05
喷嘴-带钢距离/mm	3~20	最大50	最大40	10~30
喷嘴角度/(°)	0~-5	0~-4	0~-8	0~-3
喷嘴缝隙/mm	0.5~0.8	0.12~0.39	0.5~3.0	0.5~3.0
喷嘴高度/mm	160~250	150~260	150~360	100~300
机组最高速度/m·min^{-1}	150	150	150	150
镀锌层质量（单面）/g·m^{-2}	50~300	50~300	50~300	50~300

C 气刀的维护

在喷嘴距带钢较近，带钢的板形不好，且带钢的张力也低的情况下，就容易把气刀的喷嘴唇碰坏。所以必须经常检查气刀的喷嘴有无损伤，至少每次停车时应进行仔细的检查。若发现有小的破口，可采用锉刀和砂纸打磨；若出现大的裂口，则必须更换气刀。若采用单嘴气刀，在生产中必须经常要有一个安装完毕而且调好喷嘴缝隙的气刀放在锌锅之旁待用。从机组拆除的气刀，应立即卸下喷嘴唇，进行检修，并重新装上新喷嘴，调好缝隙备用。这样就必须有两对喷嘴唇作备品，才能保证随坏随换，不误生产。

气刀依靠齿轮、齿条传动而进行上下或水平调节，应该定期对传动机构加油润滑，以保证气刀的正常工作。另外，为了保证喷吹空气的清洁，还应该对空气过滤器进行定期清洗。

2.3.1.3 镀锌锅及其加热方式

A 镀锌锅的发展

锌锅是钢板热浸镀锌生产的主要设备之一。它的主要作用就是将锌锭熔化，保证钢板浸锌时锌液的供给，对锌液供热，使钢板完成浸锌工艺过程。

最初的热镀锌锅，曾用铸铁制造，后来使用工业纯铁或低碳钢板焊接制作，它普遍用于钢板热镀锌和其他热浸锌产品的生产。

由于锌液对铁的浸蚀作用，所以不论是铸铁制作的锌锅，还是用工业纯铁或含硅量极少的低碳钢板焊制的铁锅，其使用寿命都不长久。针对金属锌锅的缺陷，出现了使用非金属材料制作的陶瓷锌锅。这类锌锅的出现，彻底解决了锌液的浸蚀问题。但此种材料的热传导性能较差，故采用一些与钢制锌锅不同的加热方式。

陶瓷锌锅在使用寿命和降低成本方面表现出的优越性，促进了陶瓷锌锅的发展。并先后出现了上热式锌锅、电磁感应加热式锌锅。在应用过程中，连续生产线因设备和生产量规模较大，大部分都采用感应式加热，采用这种加热方式的锌锅大多应用于型材（如线材、机械部件）的热浸镀锌。

B 热镀锌金属锌锅

a 铁制锌锅的成分及结构

在热浸镀锌生产中最初使用的是铸铁或铸钢的锌锅，但是由于其碳和硅的含量较高，更促进了铁锅的浸蚀，其使用寿命较短，从而增加了设备费用和锌的消耗，使成本增加，同时也影响了产品表面质量。

使用含硅量少的低碳钢或工业纯铁锌锅，在较低的温度下（480℃以下）镀锌时，锌液的浸蚀性低，延长了锌锅的使用寿命。

由于钢铁的热传导能力所限，为了保证生产的正常进行，锌锅内的容锌量大约需要比所镀钢板质量大20倍，这样才能保持热量的供给和温度的稳定。在这种条件下，如果锌锅本身的强度较低，长期使用会出现较大的变形，所以在生产中采用低碳钢（如05F）的情况较多。

常用的低碳钢板成分为：C 0.3%～0.05%，Mn 0.15%～0.34%，P 0.02%～0.03%，S 0.03%，Si 痕迹量。目前此钢种已成为国内制造低碳钢镀锌锅的主要钢种。

低碳钢热镀锌锅是采用40～50mm厚的钢板焊接制作的，其造型要求尽量增大侧面加热面的面积和使用圆角结构，焊口采用专用的低碳钢焊条焊接，焊缝避开拐角部位。在焊接前要对所使用的钢板进行探伤检查。焊后要对焊缝进行探伤检查并进行退火处理，以消除焊接热影响区，采取这些措施都是为了在锌锅使用时尽量不出现易受锌液浸蚀的敏感区，防止因锌液对钢板的不均匀浸蚀而产生锌锅腐蚀穿孔、漏锌，从而缩短锌锅的寿命。

b 铁锌锅的寿命

40~50mm 厚的低碳钢板制锌锅，理论寿命在一年半左右，实际生产中也可以达到 1~2 年，但是锌锅寿命不足 30 天的事例也屡见不鲜。

锌锅的寿命长短，明显地影响着生产成本，特别是意外泄漏时还会造成额外的金属损失、生产损失和增加施工费用。这些损失往往数倍于锌锅的价值。所以如何延长锌锅的寿命成为人们关注的问题，在生产应用中人们积累了如下的经验：

（1）正确地选择材料，认真地确认成分和质量。

（2）结构设计、制作工艺合理，防止应力集中或出现易受锌液浸蚀的敏感区域。

（3）严格执行有关锌液成分和锌锅加热的工艺制度与技术操作规程，降低锌液对钢板的浸蚀作用。

（4）经常对锌锅进行检查，及时采取预防修补措施。

（5）利用防护涂层，防止和减缓锌液对锌锅内壁的浸蚀。

由于锌液凝固后无法用氧-乙炔火焰切割，所以在考虑锌锅寿命的同时，要考虑到锌锅因泄漏需紧急停产时的情况，以及正常更换锌锅时所需要的预防或应急措施，避免出现锌液整体或大块凝固。

c 铁制锌锅的加热

铁制锌锅的加热，曾采用过多种能源和加热方式。最初是使用固体燃料——煤炭来进行加热。采用这种加热方法时锌锅受热不均匀，温度波动大，调节缓慢而且难以稳定，所以目前只在少数小型的型钢镀锌生产中使用，在镀板生产中已被淘汰。

现在采用的加热方式主要是使用燃油或燃气作为燃料进行加热，这比固体燃料加热有了如下进步：

（1）采用液态或气态燃料，可以通过调整烧嘴来比较准确地控制燃烧，易于对温度进行调节。

（2）使用改进了的烧嘴（例如平焰烧嘴），使火焰分布比较均匀，避免锌锅局部过热，延长了锌锅的寿命。

（3）烟气粉尘少，利用烟道废气预热助燃空气可以节约燃料。

另外一种加热方式是采用电阻加热炉进行辐射加热。与上述的加热方式相比，这种加热方式的优点是：温度控制、调整比较快速和方便，加热比较均匀，热效率比较高。其不足之处是受电力供应的限制，在漏锌时易造成短路。

C 陶瓷锌锅

（1）陶瓷锌锅的结构及加热。锌对金属锌锅的浸蚀是造成锌锅寿命低、锌耗高等一系列问题的根本原因。解决这一问题的最佳选择是采用非金属材料制作锌锅，这就是陶瓷锌锅，它一般是由耐火水泥和耐火砖砌筑的，也有的是用耐火水泥捣制的钢壳结构。

陶瓷类材料的热传导性能较差，外部加热效率低，不能采用外加热形式，一般采用的加热形式是电磁感应加热。

电磁感应加热因加热电流频率的不同而有多种，如高频加热、中频加热和工频加热以及有芯加热和无芯加热。在热镀锌钢板生产中一般采用工频无芯加热方式，见图 2-21。

工频感应炉是一个由耐火材料砌筑的钢壳结构体。其核心部位是感应线圈、铁芯、内部用耐火料捣制的熔沟和外包钢壳与法兰盘构成的感应加热器。当电流通过时，熔沟内如果有锌则被熔化，并按照一定的方向运动，将热量以不断循环的方式带入锌锅本体。

（2）锌锅的砌筑。陶瓷锌锅的锅体主要是由耐火砖砌筑而成的。锌锅的外壳是钢板焊制的，紧靠的内层是利用胶黏剂粘贴于钢板上的石棉板。由石棉板往里是用耐火浆料砌衬的耐火砖层（见图2-22）。有的锌锅还在耐火砖层上再捣制一层耐火材料。

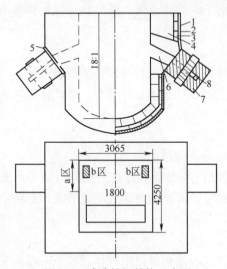

图 2-21　感应锌锅结构示意图

1—锅体外壳；2—石棉层；3—隔热砖；4—耐火砖；
5—法兰；6—炉喉；7—感应器；8—熔沟

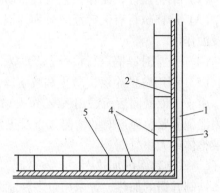

图 2-22　锌锅砌砖示意图

1—钢板；2—黏结剂；3—石棉板；
4—耐火砖；5—砖缝

2.3.2　锌锅工艺参数控制

钢带的热镀锌层在锌锅中完成，因此，锌锅的操作工艺对所得镀锌产品的质量产生直接的影响。一般来说，钢带的前处理（还原与退火过程）主要对钢带自身的性能（力学性能及镀锌性）产生影响，而锌锅决定其镀锌层的质量和性能。这两部分共同决定镀锌钢带的最终性能。所谓镀锌层的质量和性能主要为合金层特性及表面附着锌层的厚度和均匀性。

在锌锅操作中，对镀层质量和性能产生影响的主要因素为：钢带入锅温度和锌液温度、钢带速度（浸锌时间）、锌锅中铝含量及钢带表面质量等。

2.3.2.1　钢带入锅温度和锌液温度控制

在锌液中铝含量固定在 0.1%～0.11% 的情况下，钢带入锅温度和锌液温度对镀锌层中合金层厚度的影响如图2-23所示。

从图2-23看出，钢带入锅温度对合金层厚度的影响没有锌液温度的影响大，只有当两者的温度相近并处于较高水平时，合金层厚度才急剧增大。因此，为减小合金层厚度，提高锌层的附着性，严格控制锌液温度是十分重要的。

钢带提供给锌液的热量与钢带的速度也就是与钢带和锌液之间接触的表面积大小有关，而与钢带的厚度无关，这可能是因为钢带在锌液中停留时间短，钢带内部热量的传递较慢。表2-6示出入锅温度在 450～500℃ 的钢带表面积与锌液温度升高程度的关系。

锌液温度控制在 450～455℃ 范围内是最理想的。如果锌液温度波动范围过大，就会大

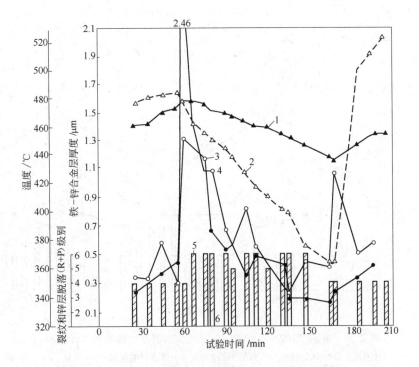

图 2-23 钢带入锅温度及锌液温度对合金层厚度的影响

1—锌液温度；2—钢带温度；3—合金层厚度（下面）；4—合金层厚度（上面）；

5—镀层弯曲试验裂纹；6—镀层弯曲试验剥落

表 2-6 不同规格带钢对锌液的加热

带钢规格 /mm×mm	带钢速度 /m·min⁻¹	生产带钢面积（单面）/m²·min⁻¹	生产总面积（单面）/m²	锌液温度 /℃	锌液升高的温度 /℃
1200×0.75	100	120	6600	440～460	20
1000×1.00	88	88	3326	432～447	15
1250×1.25	63	75	1575	437～445	8
1054×1.50	65	68	1501	450～458	8
1085×2.00	45	48	1070	445～452	7

大影响镀锌层的厚度，从而影响镀锌钢板的性能。

热镀锌板锌层的黏附性和多种因素有关，热的影响和锌液化学成分的影响较大。其中带钢入锌锅温度和锌液中铝含量起着决定性的作用。试验证明，带钢入锌锅温度和锌液温度的温差越大，则对提高镀锌层的黏附性就越有利，一直到带钢入锌锅温度最高值都是这样。这主要是由于高的带钢入锌锅温度有利于五铝化二铁（Fe_2Al_5）中间黏附相层的形成。根据经验，当铁制锌锅中铝含量为 0.10%～0.12%、陶瓷锌锅中的铝含量为 0.16%～0.22%时，按照带钢厚度应采用不同的带钢入锌锅温度，板厚为 2.5mm 时入锅温度为430℃；板厚为 0.3mm 时，则入锅温度可提高到 530℃。若锌锅中铝含量更低时，则带钢入锌锅温度就要高，这时锌层中的铝含量也会相应提高，同时锌层的黏附性也会变好，见表 2-7 和图 2-24。

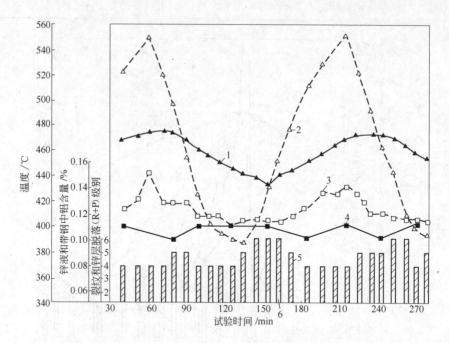

图2-24　带钢（1022mm×0.75mm）入锌锅温度对锌层黏附性的影响

1—锌液温度；2—带钢温度；3—镀层中铝含量；4—锌液中铝含量；5—裂纹；6—锌脱落

表2-7　带钢入锌锅温度和锌液中铝含量与锌层中铝含量关系

带钢规格 /mm×mm	带钢入锌锅温度/℃	锌液中铝含量 /%	锌层中铝含量 /%	锌层中铝含量 /mg·cm⁻²	双面锌层质量 /g·m⁻²
0.75×1200	550	0.11	0.155	0.056	340
	452	0.11	0.128	0.033	297
	395	0.11	0.115	0.037	290
	386	0.11	0.112	0.036	310
	575	0.14	0.211	0.066	312
	521	0.16	0.175	0.056	320
	400	0.15	0.117	0.039	334
1.30×1219	565	0.12	0.202	0.061	304
	550	0.14	0.189	0.055	292
	480	0.13	0.154	0.045	294
	412	0.16	0.125	0.041	306
1.50×1090	475	0.10	0.167	0.053	316
	462	0.10	0.159	0.051	320
	364	0.10	0.118	0.041	346
1.50×1000	495	0.15	0.254	0.079	317
	455	0.16	0.231	0.074	310
	420	0.15	0.208	0.066	310
	398	0.15	0.186	0.064	330

若带钢入锌锅温度太高，带入锌锅的热量超过锌锅热平衡所需的热量时，则锌液温度即会持续上升。当使用铁制锌锅时，这时可通过锌锅周围吹风强制冷却来降低锌液温度；当使用感应加热锌锅时，锌液温度的上升是不可避免的。所以此时就必须相应降低带钢入锌锅的温度。

此外，当为感应锌锅时，过高的带钢入锌锅温度，在一定场合下，往往会引起锌粒缺陷。为了消除锌粒缺陷，需要采用较低的带钢入锌锅温度。

根据经验，当带钢入锌锅温度和锌液温度基本一致时，为了获得良好的锌层黏附性，就必须使锌液中铝含量保持在 0.16% 以上，见图 2-25。

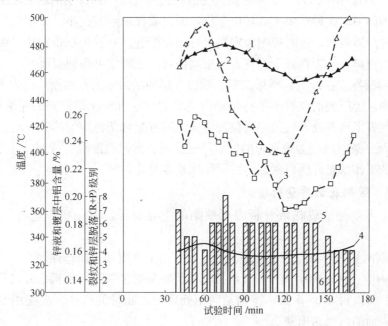

图 2-25　带钢入锌锅温度、锌液温度和锌液中铝含量对镀层黏附性的影响
1—锌液温度；2—带钢温度；3—镀层中铝含量；4—锌液中铝含量；5—裂纹；6—锌层脱落

实际操作时，可按图 2-24、图 2-25 及表 2-7 的关系及时对钢带入锅温度、锌液温度和锌液中铝含量进行调节，便可控制镀锌层附着性，从而获得具有良好附着性的镀锌钢带。

2.3.2.2　带钢速度的控制

带钢速度应该按照预先制定的生产率表或退火工艺曲线给定。带钢速度是决定带钢退火时间和浸锌时间的重要工艺参数，所以合理选择带钢运行速度，对提高镀锌板质量具有重要的意义。例如，在现代化带钢连续热镀锌机组中，当锌层的黏附性不良时，在没有搞清楚其真实原因的情况下，首先降低机组速度是最有效的方法。根据经验，每次降速不应大于 5m/min，连续降速的间隔时间无论如何也要大于 1min。

带钢连续热镀锌的生产程序可按照由薄到厚或由厚到薄的顺序进行安排。由于每卷带钢的规格变化，因此带钢速度也必须做相应改变。改变了带钢运行速度，其他工艺参数也必须进行变更。根据经验，调整各项工艺参数必须注意生产程序的连续性。例如，炉子的升温和降温都有一个时间过程，所以工艺操作时，不仅要注意本卷带钢的质量，而且应为下卷带钢创造良好的生产条件。

2.3.2.3　镀锌层均匀性的调节

一般地，采用吹气法热镀锌可获得较均匀的锌层。然而锌层的厚度不仅取决于气刀的缝隙，而且还和板形、稳定辊所处位置、喷射介质等多种因素有关，因而在操作时，必须选择各种有利条件，以便获得尽可能均匀的锌层。在现代化带钢连续热镀锌作业线中，均装设有连续测定两面锌层厚度的测厚仪，并同时进行显示和记录。锌锅操作人员根据要求给定锌层厚度之后，必须随时观察仪表连续记录的锌层厚度曲线。根据经验，锌层厚度曲线一般常常出现下列三种形式：

（1）在实际操作中，若锌层厚度曲线类似弧线形式时，则锌层的断面状态，一面为凸形，另一面为凹形。此种现象主要是由于稳定辊向前移动距离太小，带钢仍然呈现出了沉没辊所造成的凸形板面。这时应把稳定辊平行向前推进，一直到把带钢矫平为止，同时还要调节气刀的距离，使带钢处于两气刀的中间位置，这时便可得到双面镀层均匀的产品。

（2）当锌层厚度曲线为斜线形式时，则镀锌层的横向断面在两面均出现了楔形。此现象主要是由稳定辊所处的位置不平行带钢所造成的。这时应使稳定辊的一端前进或后退，直到带钢和气刀平行并处于气刀中间位置为止，这时便可获得均匀的镀锌层。

（3）若是一条直线则为最理想的锌层厚度曲线，此时稳定辊、带钢、气刀三者都平行地处于最佳的工作状态，所以两面的锌层厚度基本是均匀的。

2.3.2.4　带钢表面质量的控制

锌锅操作不良是造成热镀锌板表面缺陷的主要根源。因而操作过程中应注意如下几点：

（1）带钢两侧的浮渣应经常清理，可使用专用工具扒到非操作侧。

（2）炉内壁、炉顶的耐火材料纤维及其他污物易被带钢带入锌锅，并且积存于炉鼻内的锌液表面。所以每隔3~5天，特别是利用处理炉内断带的机会，应使用专用捞灰勺把炉鼻内锌液表面的污物捞出来。

（3）采用铁制锌锅时应10天左右捞取一次底渣，无论如何也不要使底渣接触沉没辊。万一沉没辊及稳定辊粘上锌渣，应及时刮除。

（4）注意调节气刀高度。实践证明，在一定范围内气刀高度对镀锌层厚度影响不大。但是当带钢速度增高时，则需相应提高气刀的喷吹压力，为了不使飞溅的锌液堵塞气刀喷嘴，从而造成气刀条痕，必须及时调节气刀高度。

2.3.3　加锌与捞渣

2.3.3.1　加锌

热镀锌可采用火法（还原法）或电解法生产的锌锭，其化学成分见表2-8。

结构件热镀锌时采用三号、四号锌完全可以满足质量要求。但是带钢热镀锌因为追求表面质量，所以常常是使用一号锌。针对特殊需求甚至会使用更纯的锌，其中Fe、Pb、Cd、Cu、Ag、Si等杂质总量为0.0023%左右，超过特一号锌。不过在满足质量要求的情况下，考虑到生产成本，使用高纯度锌也无必要，因而在热镀锌生产中使用一号锌最普遍。

在单张钢板热镀锌时，由于产量低，每小时向锌锅中加锌200~300kg，所以常采用20~25kg的小锌锭。而在带钢连续热镀锌中，每小时向锌锅中加锌一般在1500~2500kg，所以使用小锌锭就给操作带来麻烦。对此,在现代化宽带钢连续热镀锌作业线中是向锌锅中加入 1~2t 重的大锌锭。

表 2-8 热镀锌用锌化学成分

锌 号	化学成分/%				
	Zn	杂 质			
		Pb	Fe	Cd	Cu
特一号	99.995	0.003	0.001	0.001	0.0001
一号	99.99	0.005	0.003	0.002	0.001
二号	99.96	0.015	0.010	0.01	0.001
三号	99.90	0.05	0.02	0.02	0.002
四号	99.50	0.3	0.03	0.07	0.002

在热镀锌生产过程中,带钢把锌液从锌锅中带走,形成镀层。同时,还不可避免地生成一部分锌渣,不断从锌锅中被清除,每吨镀板大约消耗锌 2kg。因而,必须不断向锌锅中加锌,来补偿锌液的消耗。锌的消耗量主要取决于锌层质量,可由下列关系式来表示:

$$Z_y = G_Z G_f \frac{1}{G_m} \tag{2-16}$$

式中 Z_y——镀一定量原板的锌耗量,kg;

G_Z——锌层质量,g/m^2;

G_f——原板质量,kg;

G_m——原板单重,kg/m^2。

带钢热镀锌,也称为加铝法热镀锌,即必须向锌液中加入一定量的铝,才能获得良好的镀板质量。根据经验,锌液中应保持 0.16%~0.25% 的铝,即生产 CQ 级建材板时为 0.16%~0.18% 的铝;生产 DQ 级家电板时为 0.18%~0.20% 的铝;生产 DDQ 级、EDDQ 级、SEDDQ 级汽车板时为 0.20%~0.25% 的铝。向锌锅中加入铝的传统方法有三种:加纯铝,加锌-铝二元合金,加含铝大锌锭。

A 加纯铝

采用一定形状的容器把纯铝锭压入锌液面以下,使之受锌液的侵蚀而慢慢一层一层地剥离。这种方法可省去炼合金的工序,避免铝的过多氧化而节约铝。但是,这种方法只适合应急使用,不适合作为常规的加铝方法。

B 加锌-铝二元合金

在专门的合金炉中,炼成含铝 8%~15% 的锌-铝二元合金,并铸成 8kg 左右的小合金锭。在生产过程中和纯锌锭按比例加入锌锅。根据经验,含铝 8% 的锌-铝合金最合适,因为含铝量过高时,密度较小,则合金浮在锌液面熔化较慢,易造成铝的过多氧化,从而加大铝的消耗。这是老式单张钢板热镀锌的常规加铝方法,由于存在以下弊端,目前此方法已经被淘汰:

(1)工序繁琐,增加生产成本。

(2)锌块小、表面积大、氧化多、生成锌渣多。

（3）熔点高、密度低，加入锌锅后长时间浮在锌液表面不熔化，又有可能作为锌渣被捞走。

（4）不可能均匀加入，造成锌液中铝含量不均匀。

（5）锌块小，质量轻，不易管理。

C　加含铝大锌锭

热镀锌时，锌锅中除了含 0.16%～0.25% 的铝之外，如果生产大锌花还含有 0.07%～0.25% 的锑。为了简化镀锌操作程序和减少锌锅中加铝时的氧化浪费，目前已发展为使用含铝或含铝锑较高的大锌锭。这种锌锭的制造工艺为：首先在一个 1t 重的罐中制成含铝量为 18% 的锌-铝二元合金。方法是：向 1t 小罐中投入纯铝，以无芯电炉加热到 680℃ 左右，搅拌均匀，然后再注入装有精锌的锌液混合罐中，注入后经过保温使之扩散均匀，然后即可开始铸锭。这种锌锭一般含铝量为 0.45%～0.85%，如果生产大锌花含锑量为 0.07%～0.25%，含铁量应低于 0.006%。直接把这种锌锭投入锌锅即可保证工艺要求。

生产实践证明，要保持锌锅中 0.16% 的铝含量，则铝的实际消耗量却为 0.28% 左右，最高可达 0.45%。其原因为：第一，据测定，锌层中的铝含量比锌液中铝含量高，一般高出 30% 左右，如果锌锅中铝含量是 0.16%，则镀锌层中铝含量要平均保持为 0.20%；第二，锌渣中铝含量较高，平均为 3.4% 左右。因而，必须向锌液中多加 0.21%～0.37% 的铝。据计算在锌层质量为 300g/m² 的情况下，为使锌液中铝含量提高 0.01%，则加入锌液的铝含量应该提高 0.06%～0.09%。同时还发现锌层质量越小，带钢运行速度越低，带钢入锌锅温度越高，则加入锌液的铝含量也应该越高，见图 2-26。

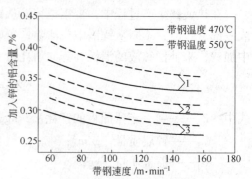

图 2-26　加入锌的铝含量和带钢速度及锌层质量的关系

1—锌层质量 224g/m²；2—锌层质量 305g/m²；3—锌层质量 381g/m²

试验表明，要想使锌液中铝含量维持在 0.16%～0.25% 的范围之内，则锌锭中铝含量的高低主要取决于带钢表面的平均锌层厚度：若双面锌层厚度平均为 275g/m² 时，则锌锭中含铝量要达到 0.45%；若双面锌层厚度平均为 120g/m² 时，则锌锭中含铝量要达到 0.55%；若双面锌层厚度平均为 60g/m² 时，则锌锭中含铝量要达到 0.75%；若双面锌层厚度平均为 40g/m² 时，则锌锭中含铝量要达到 1.0%。

此外，向锌锅中投入的锌锭一定要经过事先预热，否则若把冷的锌锭，特别是表面带有水分的锌锭投入锌锅时，有发生爆炸的危险。

2.3.3.2　捞渣

A　锌渣生成分析

a　原板表面疏松铁的影响

在热镀锌工序中，带钢表面的污染物首先在脱脂段被除去，然后表面氧化铁皮又在还原炉中被氢气还原为海绵状纯铁，当钢板浸入锌液之后，便开始了铁-锌之间的扩散过程。

疏松的海绵状纯铁及脱脂残留铁粉最先落入锌液中，形成了铁-锌合金（$FeZn_7$）；进一步的铁锌反应更加剧了铁锌合金生成量。研究表明，在450℃时，铁在锌液中的饱和浓度为0.03%，超过此值便会析出，沉于锅底，即为底渣。热镀锌时，因铝对铁的亲和力大于锌对铁的亲和力，所以当钢板进入锌液时，首先在钢板表面形成一层五铝化二铁（Fe_2Al_5）中间黏附层，利用这一原理，形成了以铝除铁的基本工艺。

因为液态锌的密度为$6.8t/m^3$，Fe_2Al_5的密度为$4.2t/m^3$，所以就把悬浮在锌液中的铁-锌合金，甚至沉入锅底的锌渣，都会转变为Fe_2Al_5而浮到锌液表面，这样就可很容易地把锌液中的铁除去。正常生产时，锌液中铝含量应为0.18%~0.20%。经良好的脱脂工艺后，冷硬板表面带铁量一般要小于$50mg/m^2$（双面），除铁效果可达到最佳状态。这时锌液中铁含量一般都会低于0.03%，使铁在锌液中达到非饱和状态，就完全实现了陶瓷锌锅无底渣工艺。

锌渣中90%~95%都是锌，其余为Al、Fe、Pb，各机组锌渣化学成分见表2-9。

表2-9　锌渣化学成分

作业线	表渣成分/%			底渣成分/%			锌液成分/%		
	Al	Fe	Pb	Al	Fe	Pb	Al	Fe	Pb
A	0.19	0.11	0.19	1.25	3.90	0.540	0.100	0.030	0.250
B	0.54	1.03	0.19	1.12	3.90	0.120	0.125	0.060	0.262
C	0.23	0.31	0.18	0.72	3.30	0.140	0.110	0.050	0.250
D	0.21	0.25	0.25	1.32	3.50	0.150	0.13	0.03	0.24
E	2.97	1.97	0.267	1.43	3.70	0.129	0.152	0.031	0.251
F	4.45	1.56	0.18	5.45	3.68	0.180	0.120	0.030	0.240

试验证明，锌渣化学成分和锌液中铝含量存在密切的关系。当锌液中的铝含量高时，则表渣和底渣中的铝含量及铁含量都有明显的增高，关于这一点可在表2-9中看得非常清楚。

b　气刀喷吹空气的影响

在吹气法热镀锌中，若采用压缩空气为喷射介质，则表渣中氧化锌成分就会增多，反应如下：

$$Zn + CO_2 \longrightarrow ZnO + CO \uparrow \tag{2-17}$$

$$Zn + H_2O \longrightarrow ZnO + H_2 \uparrow \tag{2-18}$$

$$2Zn + O_2 \longrightarrow 2ZnO \tag{2-19}$$

此外表渣中还存在金属间化合物，主要是Fe_2Al_5。表渣生成量可由下式计算：

$$G_b = KP_{O_2}S \tag{2-20}$$

式中　G_b——表渣生成量；

P_{O_2}——喷射介质中氧的分压力；

S——反应界面的面积；

K——常数。

底渣中的金属间化合物是δ_1相（$FeZn_7$），生成量取决于锌液中的Al含量和锌液温度。

因铝对铁比锌对铁的亲和力大，当锌液中铝含量高时，钢板一进入锌液，便立即在钢板表面形成了 Fe_2Al_5 层，阻止了铁-锌之间的进一步扩散，由此便减少了锌渣的形成。有人曾做过不同铝含量的对比试验，证实了铝含量越高，则产生的底渣越少，特别是铝含量超过 0.16% 时更为显著。一般来说，表渣生成量随锌液中铝含量的增加而增加，然而，在铝含量超过 0.16% 时，由于铁的溶解量减少，表渣的生成量也渐减，见表 2-10。

表 2-10　锌液中铝含量和锌渣生成量关系

锌锅中锌液铝含量/%	表渣生成量/kg·t⁻¹	铁锅底渣生成量/kg·t⁻¹
0.14	1.72	1.90
0.18	1.21	1.46

　　c　锌液温度的影响

影响锌渣生成量的另一个重要因素就是锌液温度。锌液工作温度为 455~465℃，若锌液温度超过 480℃时，则带钢的铁损量呈抛物线关系增加，当温度上升到 500℃时，铁损量达到最大值，见图 2-27。

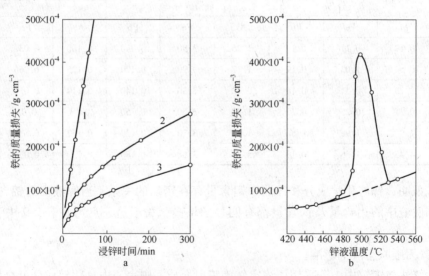

图 2-27　不同浸渍时间（a）及锌液温度（b）的铁损量
1—锌锅温度为 500℃；2—锌锅温度为 540℃；3—锌锅温度为 450℃

由此可见，锌液温度在 480~530℃的范围内，底渣的生成量最大。铁在锌液中的溶解，主要发生在带钢刚刚进入锌锅，还没有形成阻止层的时候。据实际测量铁锅底渣结果，在锌锅中带钢入口位置的锌锅底部确实聚集较多锌渣，而在锌锅的带钢出口处底渣较少。

　　B　捞渣方法

为了保证镀锌生产的连续作业并达到节锌目的，应按如下操作从锌锅中清除锌渣。

　　a　表渣

操作如下：

（1）实施"前勤后懒"的操作方法。即前面气刀下方要勤快扒渣，把气刀喷吹造成的表渣及时扒向锌锅后部，不让表渣粘在运行的带钢上。锌锅后部应让表渣全部遮盖，这样可防止锌液面被氧化。锌锅后部 8h 捞一次表渣，应捞去三分之二，留三分之一继续覆盖表面，做到表面不结硬壳为佳。

（2）捞渣勺子应呈浅片稍带弧形，捞表渣时只取表渣不接触锌液，要做到这一点，表渣层必须积存一定厚度；捞表面时取渣不能过快，必须让纯锌液从捞渣勺的孔中流回锌锅，不让渣中夹带纯锌。

b　底渣

采用铁锌锅时不可避免地要产生大量锌锅底渣，根据设备特点可边生产边捞底渣，也可停产之后集中捞取底渣。边生产边捞渣的作业线，一般 7~10 天捞底渣一次。采用专用叉式车带动渣铲从事捞渣作业。因为捞取底渣时，需要向锌锅中补充大量的锌锭，这样锌锅的耗热量很大，所以捞渣之前就要启动锌锅电加热设备，提高锌液温度，一般锌液温度保持在 480℃为宜。停产后集中捞渣的作业线，因为锌锅较深，一般可 15~30 天停产捞底渣一次。捞渣前需把锅内的设备完全拆除，然后使锌渣下沉 2~4h 方可捞渣。捞渣时锌液温度不宜过高，一般控制在 450℃左右，采用吊车带专用抓斗进行捞渣，一般捞一次需要16h。底渣捞出后倾入专用渣罐中，经喷水冷却后脱模，然后回收。

捞渣结束后，将锌液温度提高到 480℃左右，然后集中向锌锅内加进经过预热的锌锭，待锌液面上升到规定位置，即可投产。

陶瓷锌锅内衬为耐火砖，经不住捞渣铁铲的碰撞，热镀锌时锌锅中铝含量超过0.16%，就不会产生底渣，所以也不用捞底渣。

c　加强锌渣管理

加强锌渣管理的方法包括以下几点：

（1）锌渣生成量必须有专人管理。

（2）将每月捞取的锌渣称重，计算出每月每吨成品的锌渣生成量。

（3）年度列表统计，纵坐标为每月每吨成品的锌渣生成量，横坐标为 12 个月，分析每月差异，找出每月锌渣生成量产生差异的原因。

2.3.3.3　锌液面的自动控制

热镀锌时，必须要求一个稳定的锌液面高度。因为经过还原炉，带钢表面已被还原为海绵状纯铁，并且借助一个插入锌液的炉鼻，来保证在密闭情况下，不与空气接触就进入锌液中。根据炉内压力，一般炉鼻插入锌液的深度为 150~300mm。若锌液面下降到一定限度，则炉内保护气体就有可能突破锌封而穿过锌液冒出来，特别是当锌液面下降到完全离开炉鼻的下端部时，退火炉就完全失去密封作用，使带钢的活化表面重新遭受氧化，以致镀不上锌；更危险的是空气中的氧气会大量由此侵入，炉体有发生爆炸的可能。稳定的锌液面对准确控制气刀的高度也是有利的。此外，锌液面波动还会造成炉鼻内快速结渣，庞大的锌渣瘤会随锌液面波动越长越大，使带钢穿过的空间越来越小，而引起带钢划伤。因而，维持一个恒定的锌液面对热镀锌工艺有着非常重要的意义。正常生产时，锌锅中的锌液不断被消耗，因而必须及时向锌锅中补充锌；方可保持恒定的锌液面。向锌锅中添加锌的位置可有一处或两处。加锌时，由专用吊具在锌锅的固定位置加入。锌锭下落速度是通过一个自动控制系统完成的，见图 2-28。

如图 2-28 所示，此锌液面高度的自动控制是依靠炭棒和马达及抱闸联合完成的。根据锌液面的需要高度，炭棒可以上下自由调整，同时固定了炭棒头的高度，也就恒定了锌液面的高度。其控制过程为：当炭棒接触锌液面时，即形成一个闭合回路，抱闸关闭，马达停止转动，这时锌锭的下落速度等于零。若锌液消耗，锌液面下降并且离开炭棒，闭合回路就被破坏，抱闸打开，同时马达给电，开始反拖。这时，锌锭依靠克服马达反拖力所剩余的重力而缓慢下落。总之，上述过程始终在反复进行，这样就维持了稳定的锌液面。

炭棒头接触锌液面的区域，要经常清除表灰和污物，应确保其端部真正和锌液相接触，否则就可能使自动控制系统失灵。目前已发展为激光测距信号直接与加锌锭系统形成闭环控制系统，彻底杜绝了此事故的发生。

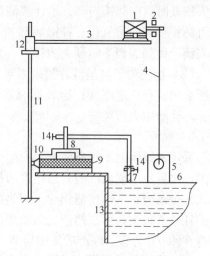

图 2-28　锌液面自动控制示意图

1—马达；2—抱闸；3—转臂杆；4—钢绳；
5—锌锭；6—锌液面；7—炭棒头；8—顶盖；
9—绝缘体；10—电缆；11—立柱；
12—旋转轴；13—锅壁；14—固定炭棒

2.3.4　镀锌层厚度的控制

2.3.4.1　镀锌层厚度控制方法的发展

钢板热镀锌控制镀层厚度方法的不断改进，是热镀锌工业发展的一个重要标志。早在1836 年法国把热镀锌应用于工业生产时，采用的是手工沾镀，钢板从锌液中拉出的速度缓慢，产量很低。随着机械化的应用，逐步提高了生产效率。实践证明，钢板从锌液中拉出的速度增高，则大量锌液来不及重返锌锅就被带走了，而且是作业速度越高，带锌越多，结果形成既厚又不均匀的镀层。为了改变这种状况，出现了辊镀法，并在 20 世纪得到了广泛的发展和应用。虽然存在不少问题，但是一直到目前，在东南亚不发达国家的热镀锌行业中仍占有一席之地。此法的要点是：在锌锅出口的锌液面处安装一对由工业纯铁或低碳钢制成的镀锌辊。让钢板从辊缝穿过，通过调节二辊的压力把板面多余的锌挤掉，并重返锌锅，以此来实现对钢板表面锌层厚度及均匀性的控制。

辊镀法影响锌层厚度的因素有：镀锌辊的直径、镀锌辊的挤压力、带钢速度与镀锌辊线速度的比值、镀锌辊中心线和锌液面的相对高度以及带钢与锌液面之间所形成的夹角等。另外，还有锌液温度、锌液中的化学成分、带钢表面的粗糙度、带钢的浸锌时间以及原板的化学成分等都对锌层厚度产生一定的影响。若要增大镀锌层的厚度时，主要变换以下因素：第一，减小辊子的挤压力；第二，增大带钢速度和镀锌辊线速度的比值；第三，提高锌液面。

随着生产的发展，辊镀法在实践中暴露了不少问题。

（1）作业线速度受到限制。辊镀法镀锌时锌液面高于镀锌辊的中心线，在辊缝以上积存有一定的锌液，带钢通过时就不断地把锌液带走，锌液自动从辊子的两端进行补充。当提高带钢速度时，因锌液来不及补充，在辊缝处便形成了凹形锌液面，见图 2-29。

这样就因带钢的边部带锌多，中部带锌少而形成了两边厚中间薄的不均匀镀层。尽管采用把镀锌辊面车成双螺纹（见图 2-30）的辅助措施，企图通过螺纹来增大中部的供锌

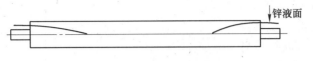

图 2-29　凹形锌液面示意图

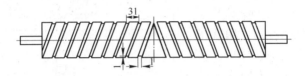

图 2-30　镀锌辊双螺纹辊面示意图

量，还是不能解决根本问题，带钢速度仍然限制在 80m/min 以内。

（2）精确地控制镀层厚度非常困难。辊镀法只能粗略地控制锌层厚度，要想精确定量地得到任意厚度很难办到，特别是要得到 100g/m² 以下的薄镀层和差厚镀层更是不可能。

（3）操作和维修麻烦。生产时必须经常刮除镀锌辊面的污物。另外为了弥补锌液面之上辊面的热散失，还往往要经常用燃气火焰进行烧辊。辊子一般使用 5~7 天就必须停产进行更换，给连续作业造成了很大困难。

20 世纪 60 年代人们发明了吹气法，气刀的成功应用克服了上述缺点。它与辊镀法相比，主要优点是：带钢运行速度高，可由 80m/min 提高到 200m/min；便于控制镀层厚度，既可镀很薄的镀层，又可镀差厚镀层；表面质量得到改善并可最终实现吹气工艺自动化。总之，镀锌层厚度的控制经历了从手工沾镀法到辊镀法再到吹气法的发展过程。因此预测目前广泛应用的吹气法也必将在生产实践中得到进一步发展。

2.3.4.2　吹气法各因素对镀锌层厚度的影响

在吹气法热镀锌中，影响镀锌层厚度的因素有：喷嘴的吹气压力、喷吹角度、喷嘴到带钢的距离、喷嘴距锌液面的高度、喷嘴缝隙、带钢的速度、温度、厚度、宽度、板形和表面粗糙度、锌液的温度、化学成分等。其中气刀喷嘴的五个参数和带钢速度是影响较大的六个因素，其余因素影响很小，而且可以通过调节保持不变。在喷嘴参数中，喷嘴缝隙在镀锌设备安装时，根据机组运行速度已经离线调好，例如机组最高速度为 150m/min 时，则气刀缝隙固定为 2.6mm—1.5mm—2.6mm（边—中间—边），喷嘴缝隙的横截面形状可看成常数。这样实际对镀锌层厚度有影响的因素只剩喷嘴吹气压力、喷吹角度、喷嘴到带钢的距离、喷嘴距锌液面的高度和带钢速度五个，其余都可视为一个常数。为了搞清这五个因素对镀层厚度的影响，在生产中进行了试验研究工作，结果如下。

A　吹气压力对镀锌层厚度的影响

实践证明，锌层厚度主要取决于喷嘴的吹气压力（固定喷嘴缝隙）。在喷嘴角度 φ、喷嘴高度 b、喷嘴距离 s 都固定的情况下（见图 2-31），分别作出了 30m/min、60m/min、90m/min、115m/min、136m/min 和 152m/min 六种带钢速度的吹气压力与锌层厚度的关系曲线，见图 2-32。

从图 2-32 中基本上得出了压力越大则镀层越薄的规律，并且是压力每增加 0.01MPa，则单面镀层就减薄 40~60g/m²。然而唯独在带钢速度为 30m/min 时，其变化曲线出现了反常现象。这种情况可作如下解释：因为喷吹采用的是冷的压缩空气，气流一方面能把液态锌吹掉，另一方面气流对液态锌也产生一个冷却作用。当为低压力时，由于气体量少，则吹掉锌占主导地位；当压力增到大于0.03MPa时，则空气的冷却作用就超过了增长的喷吹压力的刮锌作用，这时锌就不再被吹掉，而是在喷嘴前就已凝固，所以压力越大，冷却越严重，镀层就越厚。

B　带钢速度对镀层厚度的影响

带钢速度对镀层厚度也有很大的影响，而且在镀锌生产中，带钢速度随着带钢规格的改变而变化得频繁，因而不能忽视带钢速度这个变量。不

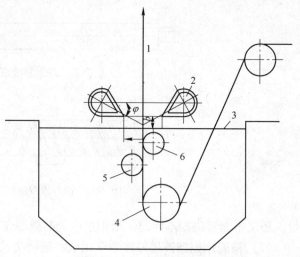

图 2-31　喷嘴位置示意图

1—带钢；2—气刀；3—锌液面；4—沉没辊；
5—稳定辊；6—定位稳定辊

采用气刀时，镀层厚度随着带钢速度的提高而急剧增加，当带钢速度为 140m/min 时，镀层可高达每面 1500g/m²。

当采用气刀控制镀层时，固定了喷嘴角度、喷嘴高度和喷嘴距离等因素，测得了不同吹气压力下带钢速度和镀层厚度的关系曲线，见图 2-33。

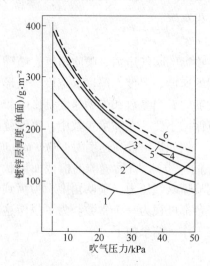

图 2-32　吹气压力对镀层厚度的影响

（喷嘴高度 268.5mm；喷嘴距离 27.25mm；

喷嘴角度（前）−7°，喷嘴角度（后）−6°）

带钢速度：1—30m/min；2—60m/min；3—90m/min；

4—115m/min；5—136m/min；6—152m/min

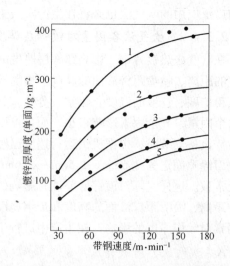

图 2-33　不同吹气压力下带钢速度对镀层厚度的影响

（喷嘴高度 268.5mm；喷嘴距离 27.25mm；

喷嘴角度（前）−7°；喷嘴角度（后）−6°）

喷嘴吹气压力：1—0.005MPa；2—0.015MPa；3—0.025MPa；

4—0.035MPa；5—0.045MPa

由图 2-33 可知，在各种压力下，提高带钢速度都能引起镀层厚度的增加，特别是在

低压下增加量更大。例如，压力为 0.035MPa 时，带钢速度由 60m/min 变为 120m/min，则镀层厚度增加量为 50g/m²；压力为 0.005MPa 时，同样的速度变化，则单面锌层厚度增加量却为 80g/m²。另外可以看出，当增加带钢速度时，欲获得一定的镀层厚度，必须增加吹气压力。所以，带钢速度和喷吹压力之间的关系曲线也很有应用价值。为了得到这个曲线下列因素保持不变。

带钢温度：试验开始为 425℃，试验结束为 400℃。

锌液温度：试验开始为 460℃，试验结束为 450℃。

喷嘴距离：27mm。

喷嘴高度：268mm。

喷嘴倾角：前面为 -7°，后面为 -6°。

采用最大吹气压力为 0.05MPa，最高带钢速度为 152m/min 时，获得的关系曲线见图 2-34。

此关系曲线对镀锌操作有很重要的实际意义。例如，要获得每面 100g/m² 的镀层厚度，若采用 90m/min 的带钢速度，则要求吹气压力高达 0.05MPa。假设供气压力达不到此值时，就必须采用降低带钢速度的措施来保证锌层厚度。由图 2-34 可知，当带钢速度降为 60m/min 时，采用 0.037MPa 的吹气压力即可获得 100g/m² 的单面镀层厚度。

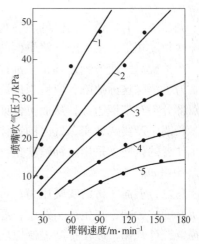

图 2-34 不同镀层厚度时吹气
压力与带钢速度的关系

（喷嘴高度 268.5mm；喷嘴距离 27.25mm；
喷嘴角度（前）-7°；喷嘴角度（后）-6°）
镀层厚度（单面）：1—100g/m²；2—150g/m²；
3—200g/m²；4—250g/m²；5—350g/m²

C 喷嘴与带钢距离对镀层厚度的影响

喷嘴与带钢的距离（即喷嘴距离的 1/2）对镀层厚度也产生一定的影响，其规律为距离越远则镀层越厚。

喷嘴距带钢越远，则气流压力越低，所以冲量减小，由此便引起镀层的加厚。正常操作时，喷嘴距带钢的实际工作范围在 7~15mm 之间。为了节约喷吹能量，希望喷嘴与带钢保持最近的距离。距离的调节取决于带钢张力和板形，总的趋势是：带钢张力越小，板形越坏（例如瓢曲、浪形、浪边等），则距离越远。否则，有碰坏气刀喷嘴的危险。若带钢张力大、板形又好，就可把喷嘴与带钢的距离保持在 5~10mm 之间，这个距离一般取气刀开口缝隙的 8 倍。

此外，喷嘴与带钢的距离增加，还有使带钢边部镀层增厚的趋势。

D 喷嘴距锌液面的高度对镀层厚度的影响

如果被喷吹的锌还处于液态，则喷嘴距锌液面的高度对镀层厚度实际上没有影响，生产时，喷嘴高度的工作范围在 70~600mm 之间。喷嘴高度的调节主要取决于喷嘴压力和带钢速度。当喷吹压力大和带钢速度高时，必须增大喷嘴高度，否则会因强大的气流压到锌液表面，引起锌液飞溅，从而易导致喷嘴的堵塞。若带钢速度低，因为这时的吹气压力较小，就能够降低喷嘴，最低可降到距锌液面50mm的位置，也不会引起喷嘴的堵塞。在达到一定锌层厚度时，为了节约喷吹能量，应尽量降低喷嘴的高度。

带钢离开锌液上升时，由于热量散失，锌液的黏度逐渐增大，最后完全凝固。锌液黏度增大即会影响喷吹效果，因而喷嘴高度必须要有一定的限度。根据经验，在带钢速度不超过150m/min时，喷嘴的高度极限为400mm以内。

E　喷嘴角度对镀层厚度的影响

喷嘴角度对镀层厚度有一定的影响。喷嘴角度的概念是：当喷吹气流垂直于带钢时规定为零度，气刀向上转动，角度为正；气刀向下转动，角度为负。因为带钢是垂直于锌液面向上运行的，被带出锌锅的锌液因受重力而下落，因而气刀正角度喷吹是没有实际意义的。通常喷嘴角度的工作范围在0°～-6°之间，大致的趋势是：喷嘴角度越负，则镀层越薄。

调整喷嘴时，带钢两侧的喷嘴角度不能一致，根据经验，应该相差1°～2°。如果两侧的喷吹角度相等，则两股气流平面的交线正好在带钢边部相遇，这样，超出带钢宽度的气流会产生旋涡，使带钢边部正常刮锌受到干扰，从而产生不均匀的厚边缺陷，或称边沿结瘤。为了消除这种缺陷，应恰当地调整带钢两侧气刀的喷嘴角度，使超出带钢宽度气流的交点部分不在带钢边部，从而可保证边缘刮锌正常。

长期生产实践证实，气刀的最佳喷吹角度为零度，这一试验结果已经得到全世界热镀锌工作者的认同。采用这种喷吹角度时，两侧气刀角度均调节为零度，但两侧气刀高度应相差6～8mm。

总之，上面所讲的吹气压力、带钢速度、喷嘴距离、喷嘴高度、喷嘴角度五个因素对镀层厚度的影响，在生产实践中，经常纵横交错，十分复杂。因而，必须从大量工艺参数中摸索统计规律，以便提高控制镀层厚度的准确性。

2.4　热镀锌后处理

2.4.1　带钢镀锌后的冷却

带钢热浸镀锌时，锌液的温度一般在460℃左右。浸锌后的带钢在离开锌液表面时的温度也在460℃左右，带钢表面的液态锌需经过冷却才能凝固。带钢表面的锌液凝固之后，温度由419℃降至室温也需要一定的时间，所以在镀锌生产线的工艺流程中采取强制降温和自然冷却相结合的方式对浸锌后的钢板进行冷却。

带钢浸锌后离开锌锅，由于热辐射和对流，表面的锌液很快就降到了419℃并开始凝固。当温度降低到300℃以下时，镀层的扩散反应基本终止，带钢温度降到40℃时，锌层有了较好的塑性，在应力拉伸下不会出现裂纹。

在钢板表面的液态锌凝固之前，镀锌带钢不能与任何固体物接触，否则表面将被破坏。因此，冷却的第一阶段采用自然冷却，利用冷却塔的高度，在到达上端的第一转向辊前，使表面完全凝固。在生产厚度较大的镀锌钢板时（如1.2mm以上），冷却塔的高度便不能满足上述的要求，这时设在气刀上方的风冷设备便投入运行，使带钢冷却降温，但是这种用法容易使镀层的表面质量受到影响。

带钢经过冷却塔阶段的冷却之后，一般温度都在200℃左右，所以带钢在经过转向辊后仍要经过风冷和水冷才能达到工艺要求的温度。风冷设备一般由4～5组风箱组成（图2-35），由于风冷作用尚不能满足降温要求，在风冷之后钢板还要经过喷淋水冷却槽，由上、下布置的喷水管向钢板喷水降温，最后吹干。这时钢板的温度应在40℃以下。

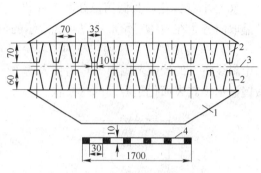

图 2-35　冷却风箱结构简图
1—上下风箱；2—上下喷嘴；3—带钢板；4—喷气孔

2.4.2　镀层锌花处理

镀锌板表面液态锌在冷却结晶之后形成美观的锌花，并成为镀锌板的特殊标志。但是在热镀锌钢板进行涂装应用时，锌花引起的表面凸凹不平，在涂装后仍然清晰可见，从而影响了产品的表面质量，将会限制热镀锌钢板的应用范围。

2.4.2.1　镀锌板表面的锌花

关于热镀锌花很早就有人进行过研究，从外观和结晶方位的观点将镀锌花分为羊齿（蕨类植物名）状、羽毛状及叶状三大类。随着测试技术手段的发展，例如利用X射线背面反射劳厄法测定镀锌花的结晶取向，用波长分散型EPMA测定锌花上铅和铝的分布状态等，取代了以光学显微镜为主的方法。

有人将能够和其他部位明确区分的最小单位定义为一个锌花，并对其进行了分类和研究。从外观和结晶方位上进行比较并分为七类。图2-36是这七类锌花的光学显微镜的低倍像。

（1）蕨状Ⅰ型锌花。花纹呈蕨类植物叶子的形状，锌花显示树枝状成长。锌花的结晶取向分布在由（0001）方位起的0°～5°的范围内。锌花的中心轴是树枝的一次枝条，由它们横向伸出二次枝条，与一次枝条成60°角度。

（2）蕨状Ⅱ型锌花。这种锌花与蕨状Ⅰ型锌花有着同样的外观形态，但是树枝的一次枝条的形状不是直线形状，而是无规则的、弯曲的，而且二次枝条对于一次枝条来说也呈现多种角度。这种锌花具有离开（0001）方位0°～5°的结晶取向组织，以 c 轴（0001方向）为中心的结晶方位旋转的角度范围与二次分枝相互间角度的范围是一致的。这种锌花是以二次分枝为单晶而形成的。

（3）镜面状锌花。这种锌花表面凸凹较少，是所有七种锌花中最光亮的一种。但是在高倍显像时，也可以看到树枝状的形状。结晶取向分布于图中那样的主体三角形中以斜线所表示的区域内。

（4）霜状锌花。这种锌花的表面呈现着像砂磨玻璃的状态。表面有着细小的凸凹不平，观察不到凝固的树枝状的花纹。它是七种锌花中光泽性最差的。与下面的片型蕨状锌花分布于同一区域中。

（5）片形蕨状锌花。这种锌花与蕨状Ⅰ型锌花具有相同的外观。但是它们的结晶取向和区域不同。另外，锌花的直线状边界与其横向延伸分枝的角度 α（见图2-36）也分布在40°～80°较广的范围之内（图中所示为40°）。

（6）羽状锌花。其低倍像如两个锌花一般，多为细长的模样，其表面化呈现树枝状。结晶取向分布在主体三角形中以斜线表示的范围内。

（7）三角形锌花。这种锌花的形状轮廓近似于三角形，锌花结晶方位分布于主体三角形中斜线所示的较广范围内。作为代表的主体三角形中用黑点表示其结晶取向，用高倍显微镜显示，其表面化是凝固的树枝状。

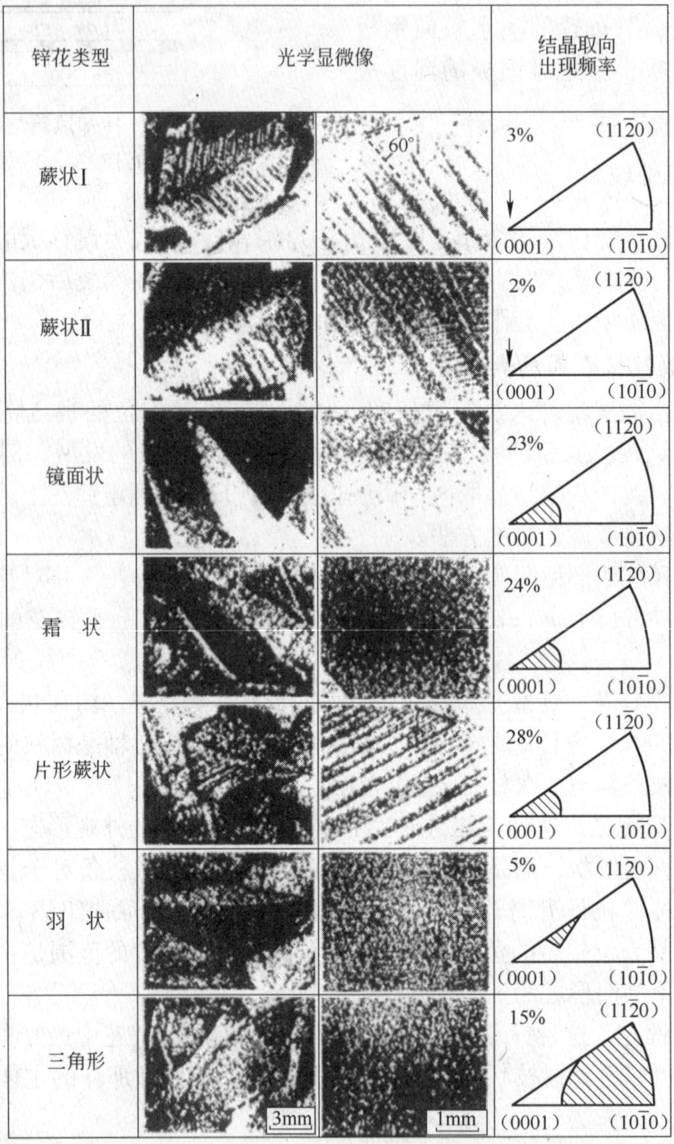

图 2-36　七种锌花类型和分级

在锌花中直线状的锌花边界是锌花优先生成方向 ⟨1010⟩ 在锌花表面的投影方向。根据 c 轴（⟨0001⟩）的倾向，又可以将锌花分为：c 轴（⟨0001⟩）倾向于直线状锌花边界的 α 型锌花和 c 轴（⟨0001⟩）倾向于相反方向的 β 型锌花。

在七种锌花中，镜面型锌花是 α 型锌花，霜型锌花是 β 型锌花，在单片蕨状锌花中，

α型和β型锌花都有，相应于光泽高的部分是α型锌花，而相应于光泽低的部分是β型锌花。三角形锌花的光泽性规律也是这样的，羽毛状锌花也分为α型和β型锌花。由于蕨Ⅰ型和蕨Ⅱ型锌花的c轴（〈0001〉）垂直于表面，所以不能分为α型和β型的锌花。

对不同类型的锌花和锌花的不同部位进行的X射线的研究结果表明，不同锌花表面的金属铅的浓度不同，铅的浓度按照如下的顺序升高：

［低浓度］镜面型→蕨Ⅰ型→蕨Ⅱ型→单片蕨状（α型）→羽毛状（α型）→三角形（α型）→羽毛状（β型）→三角形（β型）→片状蕨型（β型）→霜型［高浓度］。

若是对同一种类型的锌花进行比较，β型锌花表面铅的浓度高于α型锌花表面的铅的浓度。

对锌花表面进行的铝的特征X射线研究表明，在不同锌花及不同的部位，金属铝浓度的分布也是不同的。金属铝的分布与金属铅的分布有着相同的规律，所不同的是它在不同类型锌花中的浓度差别没有铅的浓度差别那样大而已。

将不同类型锌花的光泽与铅和铝在锌花中的浓度分布相对照，可以看出锌花的光泽与金属铅和铝在锌花中的浓度有关。锌花中铅和铝浓度较高时其光泽就较差。而且在锌花的凹下部位，铅和铝是以颗粒状态分布的。

锌花的存在使镀锌表面不仅出现了凸凹不平，而且出现了电化学性质不同的元素的不均匀分布。这些都给有锌花的镀锌板的性质带来了影响。例如，对镀锌板的耐大气腐蚀性能、用于涂层时的表面处理、涂层后使用时涂层的耐腐蚀性能等都有影响。

2.4.2.2 锌花的生成

生产实践和研究试验证明，锌花的生成及其形状受下列因素的影响：

（1）合金成分的影响。纯的锌液凝固时并不形成锌花，一些金属元素加入锌液后在镀锌层凝固时能够形成锌花或改变锌花的形状。这些作为合金成分的元素可以分为两大类。一类是在锌液中有充分可溶性而在固态锌中却几乎没有可溶性的金属元素，例如金属铅和铋。另外一类金属元素例如锡、铝、铜、锑等，它们不论在液态的锌中还是在固态的锌中都具有一定的可溶性。当在锌中只加入在固态锌中不溶性的金属（铅、铋等）时，不形成锌花。同样，在锌中只加入固态锌中可溶性的金属（铝、锡、铜、锑等）时，也不会形成锌花。只有将上述两种金属中的各一种组合加入锌中后，镀锌层在凝固时才能得到锌花，而且组合不同时，所得锌花的形状也会不同。如果调整加入金属的种类，就可以改变锌花的形状。需要指出的是，产生锌花的亮度只与加入两种金属的量的比例有关，而与加入两种金属的量关系不大。在生产实际中采用的金属是铅和铝。其比例一般是使锌液中的铅含量为0.24%，加入铝的量在0.13%左右。

（2）冷却速度的影响。冷却速度的影响，实际上也是结晶成长时间的影响。冷却时间的长短决定了提供结晶成长时间的不同。锌花生长需要一定时间，时间长些锌花就长得较大。同样，较厚的镀锌板浸锌后冷却得较慢，结晶生长时间较长，所以它表面的锌花就比同样条件下的薄板大些。

（3）晶核数量的影响。凝固后的每个锌花都是由一个晶核成长而形成的，在同样的面积中，晶核的数量越多，则最终生成的锌花个数越多，必然每个锌花所占的面积也就越小。因此，环境中的灰尘、雾滴与机械接触点等的存在和数量的多少，都影响到板面上形成晶核的数量，并影响着锌花生成的数量及大小。

针对以上的机理，在生产中人们从不同的角度对热镀锌板表面的锌花进行了控制。为了防止锌花的出现，控制锌液的成分和作为杂质金属的含量，如在含铝镀锌时，控制锌液中的铅含量可以得到无锌花的热镀锌板。

在锌液凝固之前，使镀锌板与特制的钢丝网或冷却辊相接触，触点处锌液先冷却，形成均匀分布的晶核，从而使锌花均匀分布于表面。

为了使表面平整而不影响涂装使用，在镀层的锌液凝固前，用雾化的水（或水溶液雾气）喷向钢板表面，使之形成大量的晶核，可以获得用肉眼看不见的细小锌花。采用此方法时，为保证表面质量，要注意用水及质量，防止水垢堵塞喷嘴，通过控制压力和流量来控制水滴大小的稳定性。调整好喷嘴与带钢的距离以及喷嘴与锌锅的高度差。现在也有的在冷却段喷过量氮气，镀锌后在氮化物处形成晶核，结成细小的锌花。

2.4.2.3　小锌花处理

当热镀锌板裸露使用时，一朵朵漂亮的大锌花很受人们的青睐。但如果把热镀锌板作为涂层基体材料使用，例如用作家电、建材或者是汽车板时，由于每朵锌花的结晶中心即为一个凸起点，这种凹凸不平的高差大于 $25\mu m$，往往超过一般涂层厚度，它不仅妨碍涂层表面的平滑性，而且透过涂层仍会显露出锌花模样，导致涂层表面产生色泽不均匀、不美观的缺陷。所以人们很早就提出了消除锌花或使锌花细化的设想。

由于小锌花板具有与大锌花板同样的耐蚀性和良好的涂层覆盖装饰性能，所以随着人民生活水平的提高和工业化大生产技术的发展，预涂层彩色涂层钢板市场的开发，无锌花或小锌花镀锌板产品有着广阔的市场前景。

目前在热镀锌生产实践中已出现了下列五种类型的小锌花生产方法：

（1）增加结晶中心型。带钢从锌锅拉出后，在锌层凝固之前，采用压缩空气或水蒸气把水雾化，可以在水中加入适量的磷酸盐或铵盐，还可以使用压缩空气直接喷射锌粉或其他固体微粉，这种雾化了的细小水滴或细小粉末颗粒在锌层表面形成大量结晶中心，许多晶体在同一区域内同时成长，又相互抑制，其结果是在锌花还很细小时就固化了。

（2）加速冷却型。用水使液态锌层急剧冷却，控制了锌花的生长时间，当锌花还很细小时锌层便凝固了。

（3）缺耦合元素型。根据大锌花的生成机理，在热镀锌时，向锌液中只加入适量的铝，控制铅、锡、锑的含量低于 0.003%，这时因缺乏耦合元素，结果便不生成锌花。

（4）缺少纯锌层型。锌花是纯锌层的结晶体，采用合金化工艺，把纯锌层全部转化为 Fe-Zn 合金层，因而便消除了锌花。

（5）采用压缩空气加水型。采用压缩空气加水法生产成本较低，且易于操作，控制灵活性强，所以应用得最为普遍。

2.4.3　镀锌层退火处理（合金化处理）

2.4.3.1　合金化处理的意义

正常的热镀锌层是由内部紧挨钢基的合金层和外部表面光滑并带有美丽锌花的纯锌层组成的。根据需要，可通过一定的处理方法，把纯锌层转化为铁-锌合金层 δ_1 相。这种处理方法通常称为镀锌层的合金化处理，或称为镀锌板的锌层退火。

经过合金化处理的热镀锌板，其表面便失去了美丽的锌花和光泽，而呈现出银白色或暗灰色的外观。镀锌层的韧性与处理前无显著变化，可以进行较复杂的弯曲成型加工，也可以焊接成型。这种产品的焊接性、涂覆性、耐热性和耐腐蚀性都得到了改善。

（1）表面平整无光，利于涂装使用，具有良好的表面涂装性能，使涂料的附着力增强。

（2）δ_1相锌-铁合金的电极电位在锌与铁之间。这样其大气腐蚀速度低于纯锌层，而且对铁仍具有阴极保护的作用。

（3）由于δ_1相锌-铁合金组织的熔点为640℃，高于纯锌的熔点（419℃），所以在使用中，其耐热性能比一般热镀锌板稍好。

（4）焊接性较好，因为表面是锌-铁合金层，而不是焊接时易燃烧氧化和易挥发的纯锌层，可以减少对电极的污染，从而延长电极的使用寿命和增加焊接强度。

2.4.3.2 合金化处理工艺

镀锌带钢离开锌锅之后，到镀层发生凝固之前，进入锌层合金化炉，在5s之内把镀锌带钢由出锌锅时的450~460℃加热到550~560℃，以便将纯锌层全部转化为铁-锌合金层。加热的时间和温度取决于镀层厚度、锌液中铝含量、锌液温度、带钢温度等因素。实践证明，锌层越厚，锌液中铝含量越高，锌液和带钢的温度越低，则锌层合金化处理时要求的温度越高，时间越长，则带钢速度越低。

A 合金层结构的控制

在铁-锌相互扩散的合金化过程中，最初形成的是含铁量较低的ζ相，当延长加热时间或升高炉温时，镀层结构则很快发生相变，即由ζ相→δ_p相→δ_k相→γ相，镀层表面色泽也随之发生相应变化，即由灰白色→灰色→暗灰色→深灰色，同时镀层中的铁含量也在逐渐升高。

耐腐蚀试验、镀层黏附性试验、涂漆试验等都已证实，$\zeta+\delta_p$相是合金化板最理想的镀层结构。用X射线衍射仪进行相分析，将ζ相与δ_1相的X射线强度比称为Z值，把Z值作为描述镀层合金化度的定量指标，见下式：

$$Z = \frac{I_1(\zeta)}{I_2(\delta_1)} \tag{2-21}$$

式中　Z——合金化度；
　$I_1(\zeta)$——ζ相X射线衍射强度；
　$I_2(\delta_1)$——δ_1相X射线衍射强度。

所谓合金化度（Z）是指锌层合金化时，铁-锌相互扩散中镀层内铁含量的变化或相变的程度，镀层中铁含量越低，则合金化度Z值就越大，分析结果见表2-11。

由表2-11可知，欲获得加工性良好的合金化产品，在生产中必须要控制合金化度，镀层结构应为$\zeta+\delta_p$相，铁含量最好在8%以内，而Z值最好在0.2以上。

实践证明，要得到无粉化良好的黏附性，合金化镀层的铁含量随锌层厚度不同而异，如附着量为40~50g/m²的镀锌板（厚约6~8μm），其平均铁含量为10.3%~11.2%；而锌附着量为80~90g/m²（厚约为11~13μm）的镀锌板，铁含量为7.9%~8.8%。以上说明合金化镀层的黏附性所允许的铁含量变化幅度随镀锌量的增大而变小。根据试验结果，镀锌层中铁含量、镀锌量与粉化的关系见图 2-37。

表 2-11 合金化层结构分析

试 样	镀层结构		镀层中铁含量/%		合金化度（Z 值）
	内层	外层	内层	外层	
1	δ_p	ζ	10.8	6.7	0.5
2	δ_k	$\delta_p + \zeta$	13.0	9.9	0.13
3	δ_k	δ_k	14.0	14.0	0
4	γ	γ	21.4	21.4	0

B 合金层结构与性能的关系

（1）对耐蚀性的影响。盐雾试验表明，合金化板的镀层结构对其耐蚀性影响很大。镀层中平均铁含量（质量分数）越低，Z 值越大，则耐蚀性就越好；若铁含量增大，则其耐蚀性就有明显下降，见图 2-38。

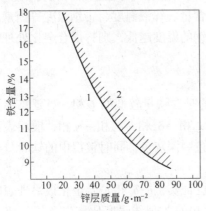

图 2-37 镀锌量及镀层中铁含量
与粉化的关系
1—非粉化区；2—粉化区

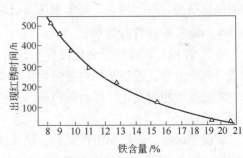

图 2-38 合金化镀层中铁含量与
耐腐蚀性的关系

（2）对镀层黏附性的影响。球冲检验结果表明：由 $\zeta + \delta_p$ 相组成的镀层黏附性最好，但随着镀层的合金化程度增大，铁含量升高，则黏附性就明显变差。当镀层完全转化为 γ 相时，经加工变形后，在扫描电镜中就可以观察到 γ 相的严重粉状剥落现象。

（3）对表面粗糙度的影响。以上试验结果说明，铁-锌合金层中铁含量越小、合金化度越小，则 Z 值就越高，其镀层的耐蚀性、涂覆性和机械加工性就越好。镀层 Z 值小，铁含量高，合金化度大，特别是过度合金化，其耐蚀性均有明显下降，这种合金板在承受弯曲加工时，合金层易发生粉状剥落。据观察，这种剥落主要发生在 δ_1 相和 γ 相的界面及周围。

综上所述，合金化板的镀层结构对其使用性能的影响较大。为了获得综合性能良好的产品，必须严格控制合金化工艺，在生产上应优先提供铁含量低的 ζ 相和 δ_p 相的形成条件，尽量抑制铁含量高的 δ_k 相或 γ 相的产生。

C 保温时间对性能的影响

建筑用合金化板只要求达到 CQ 级或 DQ 级，多半是供应彩板基材和建筑结构件。这种产品一般是采用 4~5m 长的燃气加热炉，合金化温度 550~600℃、合金化时间 2~3s 就可实现。而深冲用合金化板要求达到 DDQ 级、EDDQ 级，总长度一般为 35~40m，要求 480~530℃ 的低温合金化，12~15s 的长时间在炉中保温，一般为建筑型合金化炉的 3~5 倍。

2.4.3.3 合金化处理方法

合金化处理炉有燃气直接加热和高频感应加热两种方式。

（1）燃气加热法。燃气加热合金化炉位于气刀上方，它由钢壳和氧化铝轻质耐火砖构成，U 形的开口有一个自动控制的门可以打开或关上。当不用时，首先打开门，然后依靠安装在炉体上的轮子在轨道上做水平移动，这样炉体就可离开带钢，停放在机组的传动侧。

炉温控制在 1050℃，带钢出炉时自身温度应达到 560℃，在 560~510℃ 温度区间内要自然冷却，才能使纯锌层全部转化为 δ_1 相，待温度低于 510℃ 时，用冷却风机快速冷却到 327℃，以后再通过风冷和水冷一直冷却到室温。这样便可以得到优质的合金化镀锌板。

（2）高频感应加热法。带钢由合金化炉的加热线圈中心通过，感应线圈位于带钢四周，磁力线垂直穿过带钢，使在磁场内移动的带钢内部产生涡流，在涡流与磁场作用下便加热了带钢。

高频感应加热的优点如下：

1）加热时有自均热化效果。合金化先完成的部位，因放热快，所以容易被冷却；而尚未合金化的光亮部位，则因放热慢，有潜热，所以该部分便继续进行合金化，最终可达到合金化均匀无色差。

2）装置体积小，能够进行急速加热，速度快，产量高。

3）电加热无废气，工作环境好。

4）温度易于调节，对镀锌带钢规格变化的适应性强。

5）开始作业时，不需要像燃气炉那样进行炉子的预热。

2.4.4 镀锌板的机械处理

热镀锌带钢在经过退火时，由于加热不均匀，机械传动拉伸不均匀时，会造成板形不良。同时在热处理时，由于高温时效的作用，在受外力拉伸时（如冲压加工）会出现屈服平台，而对加工不利。因此，在镀锌后要进行适当的机械处理。最初的板形调整是使用反复弯曲矫直法，广泛使用的是 19~23 辊的反复弯曲矫直机。此种方法因为没有延伸，对浪边和瓢曲，只能使大浪化小，近乎于平直而不能消除屈服平台，而且对于板子厚度小于 0.8mm 的钢板效果也不太明显，所以已被其他方法所取代。

2.4.4.1 镀锌板的光整

由于热镀锌的高温时效作用，镀锌板在外力拉伸下会出现屈服平台，这对镀锌板用于深冲加工或拉伸不利，因为应力分布不均匀或是钢板的各向异性，先后达到屈服点的部位出现拉伸变形的先后也不同，从而形成了滑移线。这种条纹的出现，影响了镀锌板在一些要求严格的领域的特殊用途。随着热镀锌板用途的不断扩大，在现代化带钢连续热镀锌机组中，一般都配置了光整机组，对热镀锌薄板的某些品种进行光整，是为了达到如下目的：

（1）提高薄板的平直度和平坦度。同时也可把表面的凹凸部分压平，使带钢表面光滑，这对以后的深冲和其他使用精度较高的场合都特别有利。

（2）光整辊应经过喷丸处理，或电火花、激光打毛处理，这时经过光整的镀板表面就具有一定的粗糙度。它能提高涂层黏附力，还能储存一定量的油脂，在深冲加工时，对冲模的润滑有益。

（3）对于以后做涂漆处理的镀板，尽管把表面控制成小锌花，但小锌花仍然能够透过漆层而显露出来。对于要求更高的用途，小锌花要再经光整处理，可使镀锌板获得一个更加均匀一致的银灰色外观。

（4）通过光整，可使屈服平台消失或不太明显，能够防止在以后做拉伸或深冲加工时出现滑移线。

经过热处理后的带钢，虽然塑性有很大改善，但由于热镀锌时的高温时效作用，在外力作用下延伸时，仍会出现屈服平台。屈服平台的存在对带钢深冲或拉伸不利。因为在深冲或拉伸时，应力分布不均匀，加上钢材本身的各向异性，钢板在各个方向上不可能都同时达到屈服点。先达到屈服点的部位由于屈服平台的存在，拉应力不增加也伸长，没有达到屈服点的部位则不伸长。这种不均匀的延伸，使钢板表面出现一种与拉伸方向垂直或与拉伸方向成 $45° \sim 60°$ 角度的条纹。当拉应力继续增高时，此种条纹会转向拉伸方向。

这些条纹一部分向宽度方向扩展，以至在钢板表面上出现比较宽的而彼此之间光亮度不同的区域，这种条纹通常叫做滑移线。滑移线的出现导致表面粗糙和不美观，但它对一般的使用并无明显影响，然而对某些高级用途是不允许的。如果以 0.5% 的平整度进行光整，则可基本上消除形成滑移线的倾向；如果以 1% 的平整度光整，则可完全消除滑移线。

用光整方法消除滑移线不是永久性的，如果钢板经过长期放置，由于时效作用，光整后已消失的屈服平台又会重新出现。所以经时效的带钢再做深冲或拉伸时，又会产生滑移线。引起时效的原因很多，其中钢中含氮量对时效的影响较大。因为在高温下，氮溶解在钢铁中而形成固溶体，当温度降低时，由于氮在钢中的溶解度不大，则呈现过饱和状态，并会以氮化物的形式从晶界周围及滑移面上析出。这种现象在高温下会进行得更快，从而降低了晶体之间的结合力，在加工时会出现屈服平台。经过光整之后，可把晶界和滑移面上的氮、碳析出物破坏，重新恢复晶体间引力，便可消除屈服平台。

如果钢中含有铝，由于铝和氮有很强的亲和力，而形成氮化铝（AlN）化合物，固定了氮，所以铝镇静钢可以防止时效。

（5）通过控制平整度可使下屈服极限（R_{eL}）降到最低点。因为下屈服极限越低，塑性变形范围就越大，则深冲性能就越好。一般经光整之后可使屈服极限下降 0.2~0.3MPa。

（6）光整还可引起断裂伸长率的下降。

热镀锌线的光整机有二辊和四辊两种。采用二辊式光整机时，只能使带钢得到一定的粗糙度，不能改变金属的内部结构；而四辊光整机不仅可以改善带钢的板形、平直度、粗糙度，还可以改变金属内部结构，消除屈服平台，并使屈服点下降，使其深冲性能得到改善。两种光整的比较见表 2-12。

表 2-12　二辊和四辊光整机的比较

项　目	二辊光整机	四辊光整机
工作辊直径/mm	760~840	380~620
平直度	好	很好
光整力/kN	2000~4000	3000~10000
工作辊凸度调整能力	较差，需配备较多的工作辊	较好，需配备的工作辊较少
传动方式	工作辊	支撑辊
换辊时间/s	1800	90
光整方式	干式	湿式
清辊方式	刷辊	高压水

2.4.4.2　镀锌带钢的拉伸弯曲矫直

冷轧钢带在热镀锌时，连续退火炉加热不均匀以及机械传动等会引起钢带板形的变化。一般情况下，当钢带边部延伸比中部大时，就会产生"浪边"，反之则会产生"瓢曲"缺陷。因此，为消除这些缺陷，必须进行矫直与矫平。旧的镀锌生产线只设有矫直机，薄钢板经矫直机后本身不发生伸长，钢带板面接近平直，但对于厚度小于 0.8mm 的薄钢带很难达到十分平直。

早期辊式矫直机由于结构和矫直工艺的局限性，几乎无法矫直高强度钢的三维形状缺陷（边浪形和中间瓢曲等）。而连续拉伸矫直机组矫直合金带材有两大问题，即张力很大，耗能太大和矫直脆性材料容易断裂。后来出现一种拉伸和弯曲兼有的拉伸弯曲矫直机，能使薄钢带在纵向和横向上同时发生变形，从而就可对薄钢带进行非常好的矫形而达到完全平直。此外它对消除钢带"镰刀弯"也有一定效果，对钢带性能也有较好的影响。该种机组最基本的形式是在两组张力辊间装有分开布置的、数量较少的弯曲辊和矫直辊。在张力作用下的钢带经过弯曲辊剧烈弯曲，产生塑性延伸，三维形状缺陷被消除，然后再经过矫直辊将残余曲率矫直。拉伸弯曲矫直机在拉伸带材时所用张应力仅为材料屈服极限的 1/10~1/3。与单纯矫直机相比，它还可使张力大为减小（约减小 1/3~1/5）。

拉伸弯曲矫直机与光整机的相同之处是均可消除屈服平台，从而有利于消除滑移线，提高了它的冲压性能。但是和光整处理一样，通过时效处理，屈服平台还会出现，只不过回复原来状态的时间间隔比光整处理后稍长一些。

虽然光整与拉伸弯曲矫直机均可消除屈服平台，但时效后经拉伸弯曲的钢板重新产生此屈服平台的时间比经光整的要长得多，这是因为后者可对整个钢带截面的纵向、横向及垂直方向产生全面的变形，而光整机仅发生表面的变形。

此外，拉伸弯曲矫直后可改善钢板的各向异性，因为低碳钢板的纵向和横向上的屈服强度不同，在冲压加工时，所得冲压件的各部位厚度就不会均匀，从而容易产生裙状的缺陷。钢带经拉伸弯曲矫直后就可消除其各向异性，使纵向和横向的屈服强度相同，提高了产品的加工性能。图 2-39 为镀锌板生产线上的拉伸矫直机组示意图。

带钢经过两个张紧辊组时，由于前后两个张紧辊的速度差而产生的张力将带钢拉伸。当拉伸系数达到 0.8%~1.2% 时，就可以获得较佳的板形和力学性能。

张力矫直机是由辊式矫直机的反复弯曲和拉伸矫直机的张力组合而成的。它与拉伸矫

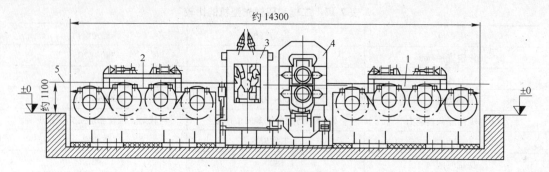

图 2-39　弯曲拉伸矫直机示意图
1—入口张力辊；2—出口张力辊；3—弯曲矫直机架；4—光整轧机；5—带钢

直机的单纯拉伸的不同之处在于又加上了矫直辊对带钢的弯曲，所以带钢是在相当于屈服应力的 1/3~1/4 的张应力作用下受到拉伸的。这种方法能够矫直普通辊式矫直机所不能胜任的边浪和中浪，而且可以达到很高的平坦度要求。由于张力作用的补偿，张力矫直机的矫直能力要比辊式矫直机对矫直辊直径的依赖性小。通常张力矫直所给予的伸长率是 0.5% 左右，这样的伸长率不会对材质产生任何不良影响。由这一伸长率造成的减宽量不到长度伸长量的 1/10，这是允许的。张力矫直机由施加张力的前后张力辊和给带钢以弯曲的矫直机组成。

（1）张力与伸长率的控制。张力矫直机兼有张力控制和伸长率控制功能。通常张力控制的目的是希望加入一个不变的张力，从而在带钢的全长上得到均一的伸长率。通过控制延伸获得了均一的伸长率。1.6mm 以下的带钢采用控制延伸，厚度超过 1.6mm 时采用控制张力，因 1.6mm 以上的厚带一般板形都比较好，没有必要给予较大的延伸，一定张力下的矫直即可达到要求。

为了给予一定的拉伸，最近大多采用保持前后张力辊速度差一定的控制方法。电气上采用一根辊一个电机的控制方式，而机械控制采用差动齿轮。采用一根辊一台电机的单独传动是为了使各张力辊的负荷分配较为均匀；采用差动齿轮时前后张力辊之间由机械连接，所以当电机减速比较大时也能保障对伸长率的高精度控制，并且各个张力辊间的负荷分配自动进行，从而给电气控制带来了方便。

（2）矫直机。矫直机因矫直辊直径不同，各自有如下特征：

1）小直径矫直机（矫直辊直径 20~30mm，如图 2-40 所示），这种矫直机的矫直辊一般是不驱动的，因而换辊很容易。为了经张力矫直后能消除带钢的挠度，而配置有防翘曲装置和防卷边装置，采用的附加张力为单向拉伸屈服应力的 1/7~1/3 左右。

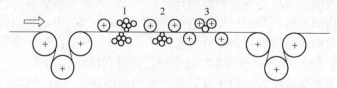

图 2-40　采用小直径矫直辊的张力拉伸矫直机组成
1—张力拉伸矫直；2—防翘曲装置；3—防卷边装置

2）普通直径矫直机（辊径 40~70mm，如图 2-41 所示），设有采用较大压下、给予一定延伸的张力矫直和消除由此产生的带钢挠曲，并能使残余应力分布均匀的平整矫直机。传动矫直辊可以进行调整。附加张力为单向拉伸屈服应力的 1/5~1/3 左右。采用这种形式的较多。

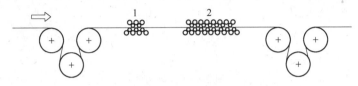

图 2-41　普通辊径的张力矫直机组成
1—张力拉伸矫直；2—矫正矫直

3）大直径矫直机（矫直辊的直径在 100mm 左右），因为矫直辊直径较大，并且都是不传动的，所以就不必要使用支撑辊。大直径矫直辊自然适合高速运转。附加张力比上述两种形式的都大，为单向拉伸屈服应力的 7/10 左右。

2.4.5　镀锌板表面的防腐蚀处理

锌在空气中会很快地锈蚀，生成以碱式碳酸锌为主的白锈。它既影响表面的美观，又给以后的使用带来不利的影响。因此，为了防止镀锌板在储运过程中生锈和延长其使用寿命，必须在不妨碍以后涂装加工使用的前提下，解决热镀锌板的防腐蚀问题。常常在热镀锌之后，紧接着再进行化学后处理。涂油就是一种最古老的防锈措施，后来又发展了钝化、耐指纹、磷化、涂塑料、涂漆等方法。虽然这些方法各有特点，但是无论哪一种方法也不能完全取代涂油，因为对于某些使用场合，例如作为深冲用的镀锌板和要求镀锌板面无运输原因造成的摩擦黑点时，镀板表面存在一个油层是十分必要的；此外，当镀锌板要进行长途海洋运输或作长期储存时，往往要施行钝化加涂油的双重防护措施。因此，企图以涂油代替钝化，或者以钝化取代涂油的做法都是不合适的。应该是钝化和涂油在热镀锌作业线中并存，以便满足用户不同的需要。

2.4.5.1　镀锌板表面涂油

在镀锌板表面进行涂油，通过在镀锌表面形成的油膜来防止大气中的水在镀锌表面形成湿存水，隔开空气，尽量防止由空气中氧的阳极去极化引起的电化学腐蚀，这是最简单的防腐蚀措施。表面油膜的存在将有利于镀锌板在使用中的深冲加工，同时还可以防止在运输过程中镀锌钢板表面之间相互擦伤，形成表面缺陷。

对热镀锌钢板表面所涂防锈油脂的要求有两方面：一方面是要求所涂油脂具有较好的防腐蚀性能；另一方面是在以后深加工需要时，能很容易地除去，后者主要是考虑到用户对镀锌板进行涂装使用的情况。

在实际生产中，涂油处理往往与后面所述的钝化处理共同使用。这是因为针对长期的贮存或远洋运输的情况，需要进一步增强镀锌板表面的防锈性能；另外油膜能起到封闭钝化膜的小孔的作用，可以增强防腐蚀能力，同时还起着防止表面擦伤的作用。

涂油器是防止带钢在用户使用之前发生氧化，给带钢涂防锈油的装置。目前常用的涂油装置分类如下：（1）接触式：辊式涂油器；（2）非接触式：刷辊式、静电涂油式。图 2-42 给出了各种涂油方法示意图。

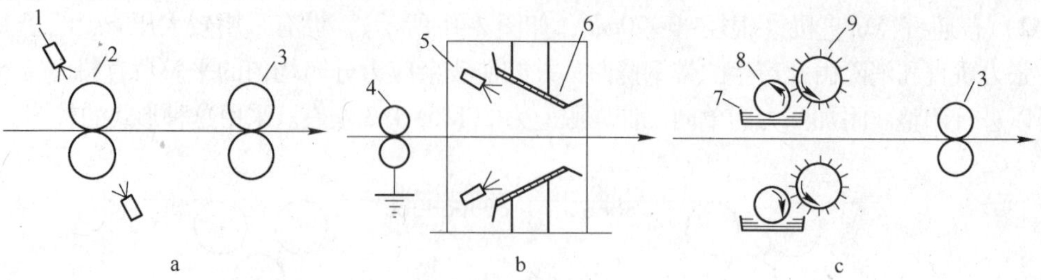

图 2-42　涂油方法

a—辊式；b—静电式；c—刷辊式

1—喷嘴；2—涂油辊；3—挤干辊；4—接地辊；5—雾化喷嘴；6—高压电极；7—油盘；8—浸油辊；9—刷辊

（1）辊式涂油器。采用这种方式的最多，涂油辊用毛毡、尼龙或其他非纺织物制成。用滴下或者喷射的方法把防锈油加到涂油辊上，也可以在涂油辊中心供油，防锈油依靠旋转时的离心力从内向外渗透涂到带钢上。通过手动阀门调节供油量，或者用时间延迟调节器控制喷射器喷雾时间的方法调整涂油量。用辊子涂油要进行微调是困难的。当带钢速度变化时涂油量跟着变化，带钢的不良形状和棱边会使涂油辊和挤干辊受到损伤，都容易使涂油不均匀，油膜增厚。

（2）刷辊式涂油器。由油盘循环供油，油盘中的油附着在浸在油里的旋转辊上，与其相接触并反向旋转的刷辊将油飞散在带钢表面上。通过调整浸油辊和刷辊之间的相对转速来调整涂油量，同时要按作业线的速度改变转速，以保证同步，这样在作业线速度变化时也能保证涂油量一定。防锈油的更换也比较容易。

（3）静电涂油器。起初是经雾化后把油涂在带钢表面上，静电涂油方式就是在这种喷雾涂油方法的基础上，为进一步提高涂油的均匀程度，利用静电效应发展而来的。

由油盘供给的油吸附在旋转的浸油辊表面，并运往喷嘴的进油口，进油口处设有刮板，收集浸油辊表面的油供给喷嘴，这些油被与普通空气喷枪结构相同的雾化喷嘴雾化，从油嘴喷出的油雾在高压电极的作用下带上负电荷吸附在带钢表面上。电极采用张紧的数根不锈钢细丝，电压为-6 万~-9 万伏特的直流电压。按带钢宽度不同，将数十个油嘴并排布置。采用改变浸油辊转速的方法调整涂油量。目标涂油量设定后，采用测速发电机检测作业线速度，对浸油辊的转速实行比例控制。这种涂油法所得油膜均匀，涂油效果好，而且省油，更换防锈油方便，涂油与不涂油交替容易。

2.4.5.2　热镀锌板的表面钝化处理

为了增强镀锌板表面锌层的防腐蚀能力，生产上还采用钝化处理的方法。所谓的金属钝化，是指金属在宏观或微观的阳极极化作用下，而出现的一种腐蚀溶解的速度（腐蚀电流）突然极大地降低的现象。关于产生钝化现象的理论有两种说法，即所谓的成膜理论和吸附理论。

成膜理论认为：金属钝化现象的出现是由于金属和介质发生反应，在金属表面生成一种极薄但是致密的膜，这种薄膜被称作钝化膜。完整的钝化膜将金属与环境介质隔开，使腐蚀反应中断。不完整的即有孔的钝化膜，腐蚀反应在孔中进行，但是受到阻碍，这阻止了阳极溶解的过程而使金属呈现钝化状态。试验证明了钝化膜的存在，且检验出了钝化膜的成分和结构。

吸附理论认为：导致金属钝化的原因是金属表面对氧或含氧粒子的吸附。吸附层使金属的反应能力明显地降低。其原因是吸附了氧后的吸附层改变了金属表面的双电层结构，从而使电极电位向正的方向移动。曾有试验证明：吸附层并非需要全面地覆盖金属的全部表面，只要在最活泼的、最先溶解的区域，例如在金属晶格的顶角及边缘吸附着单分子层，便能抑制阳极过程，使金属钝化。对盐酸中的铂电位的测定结果表明，如果吸附氧的覆盖面积达到 6% 即可使电位向正的方向移动 0.12V，使腐蚀速度降低 10 倍。

目前两种理论未能获得统一，作者认为，这不过是在不同环境体系中，导致钝化现象的两种机理。用一种机理来概括也非必要，且难以成功。

A 镀锌板的含铬溶液钝化

镀锌板的含铬溶液钝化是采用易生成钝化膜具有强氧化性的六价铬离子，在金属表面形成含铬的氧化物、水合物的钝化膜。当生成的钝化膜较厚时，由于光的干扰色而会出现彩虹色泽。关于此种钝化膜的成分，许多研究结果证明有 $CrO_3 \cdot Cr_2O_3$、$Cr(OH)_3$、CrO_4、$Cr(OH)_3 \cdot Cr(OH) \cdot CrO_4$、$Cr(OH)_3 \cdot 3H_2O$ 以及 Cr_2O_3、$CrO_3 \cdot H_2O$ 等化合物的存在。

具体来讲，一般镀锌板的钝化采用铬酐或重铬，分别发生如下的反应：

$$CrO_3 + H_2O \longrightarrow H_2CrO_4 \tag{2-22}$$
$$3Zn + 6H_2CrO_4 + nH_2O \longrightarrow CrO_3 \cdot Cr_2O_3 \cdot nH_2O + 3ZnCrO_4 + 6H_2O \tag{2-23}$$

当使用重铬酸盐溶液时，在酸性条件下发生如下反应：

$$9Cr_2O_7^{2-} + 6Zn + nH_2O \longrightarrow 2(CrO_3 \cdot Cr_2O_3 \cdot nH_2O) + ZnCr_2O_7 + 9H_2O \tag{2-24}$$

反应生成的含铬氧化物膜附着于镀层的表面。为了加快反应，提供生成膜所需的足够的三价铬离子，一般在钝化时加入硫酸等，利用锌与之反应生成的氢气，使六价铬离子还原为三价铬离子。其反应式为：

$$H_2SO_4 + Zn \longrightarrow ZnSO_4 + H_2 \tag{2-25}$$
$$2CrO_3 + 3H_2 \longrightarrow Cr_2O_3 + 3H_2O \tag{2-26}$$

镀锌钝化已有许多成熟的配方。铬酐等的使用对环境造成严重的污染，作为对策，一是采用辊涂法，利用涂层胶辊，蘸取专用的钝化溶液，将其涂覆于镀锌板的表面，然后不经漂洗而直接吹干，从而减少了废液、污水对环境的污染。二是研制开发一些不使用含铬物质的钝化工艺，来进行镀锌板的钝化处理等。

B 镀锌板表面的非铬钝化

a 对镀锌表面用单宁酸进行处理

为防止镀锌钢板表面锈蚀而产生白锈，长期以来的做法是采用铬化处理的方法。但是这种方法有着一些缺点，例如处理膜的附着力不足、老化比较快，特别是含铬废液和污水的处理更是一个难题。为了寻找替代铬化处理的方法，曾采用过磷酸盐处理、钼酸盐处理、单宁酸处理等方法。其中采用单宁酸对镀锌表面进行处理方面取得了进展。

试验研究表明，采用单宁酸对镀锌表面进行处理后的耐蚀性能与所采用的单宁酸材料有关。

单宁物质根据其结构和性质可以分为两类，一类是水解类单宁，即没食类单宁，它在水解时生成没食子酸，在 180~200℃ 加热分解时生成物为焦性没食子酸（连苯三酚或焦桔酚）。它遇铁明矾呈蓝色，在石灰水中呈蓝紫色。另一类是儿茶类单宁，它是在强酸和强氧化剂作用下分子间可以缩合的单宁，所以也称为缩合类单宁。在 180~200℃ 温度下受热分解时生成物是焦儿茶酚（邻苯二酚），这类单宁物质遇铁明矾时呈暗紫色，在石灰水中是无色的。

在对镀锌表面进行处理时，采用水解型的单宁物质进行处理的表面与未经过处理的镀锌表面相比，在盐雾试验中表现出耐蚀性能的提高。而采用缩合型单宁物质进行处理时，处理后镀锌表面的耐蚀性能并无明显提高。

只有采用水合型的单宁酸处理镀锌表面时，处理膜才有耐蚀作用，并且其防蚀效果与处理膜的厚度和处理的温度有关。

成膜的厚度与处理的时间成直线关系，根据盐雾试验结果，当处理膜的附着量为 $0.05g/m^2$ 时，可以提高表面的耐蚀性能，当附着量达到 $0.1g/m^2$ 时为最佳厚度。处理温度对成膜的影响更为明显，见图 2-43。

一般采用单宁酸处理时的浓度为 $0.1\% \sim 1.0\%$，pH 值为 3。附着力试验表明，当处理浓度为 0.01% 时，表面的涂层附着力开始有明显的增加，当处理液的浓度达到 0.1% 时，附着力达最高，再增加附着量对涂层的附着力已无明显的影响。

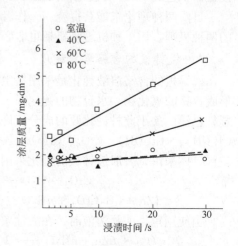

图 2-43　单宁酸浸渍时间与涂层质量

单宁酸是有着巨大相对分子质量的有机分子，分子内含有大量的极性官能团。它与锌表面的附着力之所以较高，是因为它的羟基与锌表面以螯合的方式相联结，有足够的结合力。

b　采用钼酸盐/磷酸盐体系处理锌的工艺

可在锌层表面形成一层 $0.05 \sim 1\mu m$ 厚的膜，膜厚与铬酸盐钝化膜同数量级，并具有不同颜色，可产生相应的装饰效果。在腐蚀试验中，使用该方法处理形成的钼酸盐钝化膜在碱性和中性环境中（如盐雾试验）的耐蚀性不如铬酸盐钝化膜，酸性环境中强于铬酸盐钝化膜，而室外暴露试验则相当。

与铬酸盐钝化膜的形成一样，钼酸盐钝化膜的生成包括锌的溶解、锌离子和钝化液反应成膜以及钝化膜的溶解。钼酸盐钝化膜的形成过程可能包括以下反应：

$$Zn \longrightarrow Zn^{2+} + 2e \tag{2-27}$$

$$Zn^{2+} + MoO_4^{2-} \longrightarrow ZnMoO_4 \tag{2-28}$$

$$Zn^{2+} + H_2MoO_4 \longrightarrow ZnMoO_4 + 2H^+ \tag{2-29}$$

在较低的酸度下，发生还原反应的主要是钼酸盐，即：

$$MoO_4^{2-} + 4H^+ + 2e \longrightarrow MoO(OH)_2 + H_2O \tag{2-30}$$

由于当 pH=5 时磷酸以 $H_2PO_4^{2+}$ 的形式存在，放反应为：

$$3Zn + 2H_2PO_4^{2+} \longrightarrow Zn_3(PO_4)_2 + 4H^+ \tag{2-31}$$

因此在钝化膜中有 2 价锌、6 价和 4 价钼与 5 价磷生成的膜，以无定形非晶态的形式存在。热镀锌层的钼酸盐钝化膜在生长过程中产生较大的内应力，它随着膜的增厚而变大，当膜层增厚到一定程度时，膜层会产生裂缝以释放应力，开裂处可以继续与钝化液反应而再成膜。试验证明，在缝宽 $10\mu m$ 时底部也能检测出钼和磷的存在。与盐雾试验的结果相对照，钝化时间为 $20 \sim 60s$ 时钝化膜的耐蚀性能最好。

将镀锌层浸入钼酸钠溶液中，会因溶液浓度、温度和浸入时间的不同而产生从微黄、灰蓝色、橄榄色至黑色的膜，以黑色膜的抗蚀性能最好。

钝化膜的生成受溶液 pH 值、溶液浓度和浸渍时间的影响。据资料介绍，当 pH 值在 2~5 的范围内，溶液中的含钼量在 5~20g/L，温度高于 60℃时，钝化膜的效果最好。有资料介绍，采用含钼量为 3~10g/L 的处理液用磷酸调节 pH 值，钝化后可以得到厚度为 0.05~1μm 的膜，其耐蚀性在酸性环境中胜于铬钝化膜，在碱性环境中不如铬钝化膜，而在室外暴露中与之相近。由于钼酸盐钝化后一般会有颜色的变化，故对于欲保持热镀锌层原有的锌的光亮性的产品，则不宜采用这种方法。

c 镀锌钢板用磷酸铝溶液处理

镀锌钢板在磷酸铝溶液中浸渍、涂覆，经加热，在镀锌表面上形成防护膜 $AlH_3(PO_4)_2 \cdot 3H_2O$。当膜的附着量为 0.5%~1.5%时，加热温度为 180℃时形成的膜在 10~24h 的盐水喷雾试验后才生成白锈。处理膜在 180℃左右时，聚磷酸铝脱水缩聚，并难溶于水。这是它提高防锈性能的原因。但这种由于加热而脱水缩聚形成的磷酸铝聚合膜也易再次水合。

2.4.6 镀锌板表面的耐指纹处理

2.4.6.1 耐指纹处理的意义

耐指纹涂层也称为 PC 涂层，是一种永久性防腐涂层。这层极薄的透明有机涂层膜，不仅有防腐、耐指纹特性，而且在成型加工时还可改善冲压润滑性，并可作为后续涂层的黏附底层。

热镀锌板经无锌花控制和光整处理之后，其表面粗糙度（R_a）为 0.9~1.5 mm，这种带有毛面的产品在生产、运输、使用过程中，易在镀锌板表面留下汗渍和手印，因为汗渍是酸性物质，所以镀锌板易在有汗渍和手印的地方生锈，影响产品的美观。虽然经过涂层处理，汗渍和手印还会显露出黑斑形貌，故用于家电的热镀锌板必须要经过耐指纹后处理。

2.4.6.2 耐指纹处理方法

A 耐指纹液的化学成分

（1）铬（Cr）。传统的耐指纹液中均含有一定量的六价铬（Cr^{6+}），而含铬量越高，则耐指纹膜的耐腐蚀性越好。但因六价铬亲水性强，容易引起耐指纹膜的黑变。同时由于 Cr^{6+} 对人体有毒害，所以目前主要是发展无铬耐指纹涂层。虽然无 Cr^{6+} 型耐指纹液的耐蚀性不及含 Cr^{6+} 型，但无 Cr^{6+} 型耐指纹液也有其特点，采用无 Cr^{6+} 耐指纹液生产的耐指纹板具有优良的耐碱性腐蚀性能，并提高了耐指纹板的耐碱洗除油性能。

（2）二氧化硅（SiO_2）。从两步法含 Cr^{6+} 耐指纹液到一步法无 Cr^{6+} 耐指纹液，纳米级 SiO_2 一直是作为其中的主要成分，并在膜层中发挥重要作用，可以把这种耐指纹膜视为一种纳米功能涂层。

SiO_2 的粒径和含量对膜层的耐腐蚀性能有较大影响。在同等膜层附着量（$1g/m^2$）条件下，所采用的 SiO_2 粒径越小，其耐蚀性越好，SiO_2 粒径为 4~6nm 时耐蚀性最好。这可能是因为小的 SiO_2 颗粒在膜层（1~2μm）中有更高的堆积密度，而且纳米颗粒越小，其表面活性越高，并与膜中其他成膜物质才有更好的结合强度。SiO_2 的含量也有一个最佳范围，对含 Cr^{6+} 型其含量在 10% 左右，但无 Cr^{6+} 型含量达到 30% 左右耐蚀性才能达到最佳值，这可能是因为含量过低、膜层致密度降低而导致其耐蚀性不足。然而 SiO_2 含量过高也将导致耐蚀性下降，主要原因是过量 SiO_2 的加入将导致膜层龟裂。此外，SiO_2 含量对膜层的导电性能也有影响。在涂层附着量一定的情况下，随着膜中 SiO_2 含量的增加，涂层导电能力增强，但含量达到一定值（大于 10%）后，导电性能趋于稳定。

另外，SiO_2 是现代涂料中广泛使用的纳米颗粒材料，有气相粉末和水溶胶两种类型，在涂料中主要用来提高涂层的耐蚀性、抗污染性、硬度、导电特性等。但由于 SiO_2 纳米颗粒表面存在大量羟基，直接使用会对溶液的稳定性产生影响，如与树脂发生强烈吸附而导致溶液发生絮凝，则使涂料失效，无法发挥其独特性能，因此往往需要对其进行改性。依据纳米 SiO_2 的使用方法，纳米 SiO_2 在耐指纹液中的使用也需要改性，具体选用哪种改性方法，要根据溶液的具体情况确定，如偶联剂改性、无皂法改性等。

（3）树脂。耐指纹液中的树脂是膜层的黏结骨架材料，在初期开发的溶剂型耐指纹液中，采用的树脂可选类型较多。测定不同种类的水性树脂对膜层的耐蚀性和涂装性的影响时，发现丙烯酸类树脂的综合性能优于其他种类的水性树脂，从而为水性耐指纹液用树脂的选型提供了依据。一步法耐指纹无 Cr^{6+} 钝化技术对水性树脂在溶液中的稳定性、成膜性及成膜后的性能提出了更高要求，制备耐指纹液要求的树脂明显区别于常规水性树脂，对树脂的加工提出了很高的要求，其中任何一个指标达不到，都将导致耐指纹膜的性能下降。对丙烯酸类树脂的加工，主要表现在聚合单体、表面活性剂、树脂生产工艺和改性方式（如氟改性、环氧改性等）的选择等。因此耐指纹液的开发，需要树脂研究者的密切配合。

（4）蜡及助剂。现代耐指纹液中一般都含蜡，主要是用来改善膜的润滑性，降低摩擦系数，使耐指纹板的加工变形性及抗划伤性能得到提高。通常选用的蜡有：聚四氟蜡、聚乙烯蜡等。

助剂的选择是否得当，也在一定程度上决定了耐指纹液的性能。例如：防霉变剂可使溶液的储存期增长；分散剂可以改善溶液中各组分的稳定存在关系；表面张力降低剂可以使耐指纹性增强，因为膜表面张力越低，污染物越不容易黏附在膜层表面，但其使用量应该控制在一定范围内，主要是因为过低的表面张力将使膜层的后续涂装性能变差。

B　耐指纹板生产工艺

a　生产方法

目前，耐指纹板生产工艺分为两步法和一步法。

（1）两步法。两步法是将钝化与涂膜分开进行，其工艺流程为：预处理（电解铬化）→有机涂膜→烘干（温度 80~120℃）→冷却（低于 40℃）。

（2）一步法。一步法为有机和无机合二为一工艺法，又分为上下两面分涂法、挤压辊涂法、喷淋挤干法和综合法 4 种工艺方法。

1）上下两面分涂法。这种方法取消了电解铬化装置，在耐指纹液中加入了适量的铬酸盐，形成混合液进行辊涂，既能防止镀锌带钢产生白锈，又具有耐指纹性。

2）挤压辊涂法。对带钢上下两面同时用耐指纹液进行辊涂，每个涂层辊既能涂层又具有支撑的功能。

3）喷淋挤干法。将含有铬酸盐的耐指纹液通过喷嘴喷淋到热镀锌带钢的上下表面，再经过挤干辊在带钢表面形成一层均匀的耐指纹薄膜。

4）综合法。铬化装置与耐指纹装置分开设置，根据产品要求，可分别对产品进行铬化处理或耐指纹处理。该方法适合已投产机组进行改造时采用。

b 膜层厚度控制

完成热镀锌工序之后，带钢经过拉伸矫直就进入了立式耐指纹塔，见图2-44。

如图2-44所示，采用辊涂的方法将耐指纹液均匀涂覆在钢板表面，然后进行烘干固化及冷却。为了适应生产线快速运行的要求，耐指纹液一般在$2\sim3s$内固化成膜。镀锌钢板生产厂家需要根据自身情况，具体设置烘箱长度及烘干方式。一般耐指纹液要求钢板在出烘箱时，板温要达到$80\sim120℃$，以保证固化成膜充分。另外，耐指纹板生产还要求钢板出烘箱后进行风冷，使板温降到$40℃$以下，以免影响耐指纹板性能及在卷取时产生皱纹。

耐指纹液固化后的膜层厚度对耐指纹板的性能也有很大影响。一般来说，膜层的耐蚀性会随着膜厚的增加而增强，但膜层越厚则其导电性能就越差，因此耐指纹膜的耐蚀性与导电性是相互矛盾的。使用无Cr^{6+}型耐指纹液时膜层的这一矛盾尤为突出，主要原因是无Cr^{6+}型耐指纹膜层的耐蚀性比有Cr^{6+}型低，如果达到与有Cr^{6+}型膜同等的耐蚀性，膜厚需要增大。另外，膜层厚度对耐指纹性能也有较大影响，膜厚大于一定值后才具有耐指纹性能。综合这些因素，目前耐指纹板的膜厚一般控制在$1\sim2\mu m$。在生产中，一般通过调节涂头与钢板之间的压力以及涂辊的转动方向（顺涂或逆涂）来控制膜层厚度。

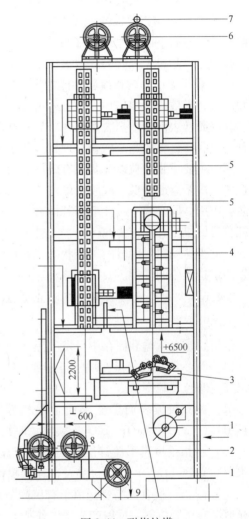

图2-44 耐指纹塔

1，9—转向辊；2，8—张紧辊；3—涂层机；4—烘烤炉；5—冷却风箱；6—塔顶辊；7—压辊

2.4.6.3 各因素的影响

影响耐指纹膜性能的因素有：

（1）表面粗糙度的影响。耐指纹膜的厚度和均匀性直接影响耐指纹板的耐腐蚀性能和导电性能，膜层过薄，耐腐蚀性能较差；膜层过厚，导电性能较差，因此膜层厚度要兼顾耐腐蚀性能和导电性能的双重要求。

耐指纹膜厚度通常控制在$1\sim2\mu m$范围内，当带钢表面粗糙度较大时，钢板局部膜厚易呈现不均匀现象，在粗糙度的凸峰处会造成耐指纹膜偏薄，甚至锌层外露，在粗糙度的凹坑处会造成耐指纹膜堆积偏厚；带钢表面粗糙度较小时，耐指纹膜就相对比较均匀，粗糙度越大则膜层越厚。

（2）带钢表面质量的影响。试验表明，不仅带钢表面粗糙度对耐腐蚀性能有影响，镀层表面含有较多锌渣、锌粒也会对耐蚀性能造成影响。凸起的锌渣容易造成膜层不均匀或漏涂，直接影响耐指纹膜的防腐性。

（3）膜厚对耐指纹板性能的影响。在生产控制过程中，耐指纹膜层的厚度控制应有上下限要求。只有下限膜厚确保了膜必须达到一定覆盖率或厚度，才能确保耐指纹膜的性能。膜层过厚超过上限时会导致表面电阻增加。

（4）烘干温度对耐指纹膜性能的影响。耐指纹膜的成膜过程分为 4 个阶段。阶段 I：湿膜涂敷，有效成分均匀地分散在水介质中；阶段 II：湿膜中非结合水的挥发；阶段 III：树脂乳胶微粒表面分散剂脱离到各个微粒间融合；阶段 IV：理想的成膜状态，结合水、分散剂完全脱离，微粒完全融合。理想的烘干温度应该是成膜达到了 IV 阶段的状态。

膜中主要成膜微粒以及其他有效成分被完全融合在一起，使耐指纹膜能充分发挥其设计性能。烘干温度偏低，成膜会停留在第 III 阶段甚至第 II 阶段。此时膜较为疏松，不能起到防腐作用。同时膜中缓蚀剂等其他有效成分易流失，膜达不到设计性能水平。根据试验验证，最低烘干温度应为 80℃，这是根据大量试验结果及经验设定的。为了确保耐指纹膜的成膜过程达到第 IV 阶段的理想状态，在设备允许的条件下，适当提高烘干温度有利于充分发挥耐指纹膜的性能。

2.4.6.4　耐指纹板的黑变及防止方法

A　黑变原因

耐指纹板在运输和储存中易发生黑变现象，经研究其原因如下：

（1）耐指纹板表面黑变缺陷是一种特殊形态的膜下腐蚀，其表面特征是明度值显著下降，外观颜色发暗变深。

（2）耐指纹板表面黑变实质上是由膜下镀锌层腐蚀引起的，其主要产物是 ZnO、$Zn(OH)_2$、Cr_2O_3、CrO_3、SiO_2，膜层总厚约 75nm。

（3）耐指纹板膜下镀锌层腐蚀是由于涂膜中所含亲水性基因（$Si—O—Si$、$Si—OH$）和水溶性成分（Cr^{6+}）含量过高及存在低择优取向的（002）面镀锌层。

（4）耐指纹板表面黑变是由于有机膜下形成氧的浓差电池，诱发锌的阳极活性溶解以及光通过有机膜折射、反射产生干涉作用。

B　防止黑变的措施

防止黑变的措施如下：

（1）配方中少含或不含有可溶性 Cr^{6+}。

（2）配方中最好不含有亲水基因 $Si—O—Si$ 和 $Si—OH$。

（3）在耐指纹液中添加镍离子（Ni^{2+}）。

（4）热镀锌基板采用无锌花控制，光整力不低于 3000kN。

（5）烘干温度不低于 80℃，采用热风循环式烘干，不断把烘出水分带走，保证干膜无水分。

（6）产品采用防雨水运输。

（7）产品在不低于露点温度的环境下储存。

2.4.7　涂装钢板（彩涂钢板）

彩色钢板既具有塑料、油漆的美观、耐蚀、抗污的优点，又具有钢板的成型性、焊接性及力学性能的优点，因此，其应用范围日益广泛。从最初的百叶窗发展到房屋顶板、门窗、天花板、建筑物内外壁及各种装饰板、车船蒙皮、各种容器和包装用材、仪器设备、交通设施、家电用品及办公用品等方面，目前其用途正不断扩大。

进入 21 世纪，随着工业的发展，人们生活水平的提高，彩板的应用正由建材向家电、汽车等更高领域拓宽，使得彩涂板生产得到迅猛发展，其生产技术向着薄规格、高强度、耐腐蚀、高装饰性方向发展。

目前热镀锌板总产量的 60% 用作彩板基材。热镀锌板用作彩板基材的品种有：合金化板、小锌花板、无锌花板、光整锌花板。还可以选用其他材料作彩板基材，它们分别是：冷轧板、电镀锌板、电镀锡板、5% 铝锌合金板、55% 铝锌合金板、纯铝板、不锈钢板等。

众所周知，热镀锌板表面十分光滑并且呈现出美丽的花纹，若直接在其表面涂层，则黏附性能较差，所以用作涂漆或涂塑料的镀锌板，必须经过某种特殊处理，例如，经合金化处理、小锌花处理、光整处理等。因为经过这些处理之后，镀锌板表面变得粗糙了，这样一方面增大了镀锌层和涂料的有效接触面积，另一方面根据"啮合"原理便可使涂料层牢牢地吸附在镀锌板的表面。

镀锌层在大气中是不稳定的，特别是有水分和腐蚀性介质存在时，很快会形成白锈，所以要求涂层机组最好位于热镀锌线的近旁。尽管如此，镀锌板表面的轻微氧化还是难免的，所以在涂层以前必须对钢板进行良好的前处理，除尽表面的氧化物及其他污物。关于彩色涂层钢板相关技术将在第 10 章中详细介绍。

＊ ＊

思 考 题

2-1 热镀锌用原板的钢种有哪些？热镀锌对原板质量有哪些要求？

2-2 热镀锌前为何要对基板进行脱脂处理？带钢脱脂清洗的主要形式有哪些？

2-3 镀锌前带钢连续退火的作用是什么？立式退火炉和卧式退火炉相比其优缺点是什么？

2-4 热镀锌用陶瓷锌锅与金属锌锅相比有哪些优缺点？镀锌层厚度控制措施有哪些？

2-5 热镀锌后处理一般都包括哪些方法？各有何意义？

3 热镀锌-铝合金镀层钢板

3.1 概 述

自热镀铝钢板诞生后，人们对镀锌钢板和镀铝钢板曾进行过长期的大气暴晒腐蚀试验，发现镀铝层不论在何种大气环境中的耐蚀性均远高于镀锌层。但是，镀铝层存在合金层过厚难以加工变形问题。此外，还在工艺上存在浸镀温度过高、能耗大及设备损耗等难以解决的问题。因而，在此背景下研发了热镀锌-铝合金镀层钢板，可获得更高耐蚀性且不影响其他力学性能。

从20世纪60年代起，许多学者曾对不同比例的锌-铝合金镀层的耐蚀性进行了研究，并在此基础上找出了较为理想的两种组成镀层：55%Al-Zn合金和Zn-5%Al合金。前者的耐大气腐蚀性接近于镀铝层，而且对露铁部位（例如镀锌钢板的切边）也有同热镀锌层一样的牺牲性阳极保护作用。后者的耐蚀性比镀锌层也有较大幅度提高，而且由于该组成为锌-铝二元系的共晶，其共晶点（382℃）比锌的熔点低，这不仅可降低热浸镀的温度，而且对提高锌液的流动性有利。

然而，这两种组成的锌-铝合金用作热镀层时，55%Al-Zn合金镀层因铝含量较多，在热浸镀时与热浸镀铝的情况类似，铝与钢基体发生剧烈的反应，形成的合金层很厚，不利于镀层钢板的加工变形性，必须加入第三元素以减缓其反应性。由试验得知，加入少量硅元素可起到明显减薄合金层的作用，从而形成55%Al-43.4%Zn-1.6%Si的理想组成。

同样，Zn-5%Al共晶组成的热浸镀层存在对钢基体浸润性差的问题，在镀层中存在漏镀点的缺陷。为解决此问题，试验添加其他第三元素，结果得出加入少量稀土、镁等有明显效果，于是形成了Zn-5%Al-RE和Zn-4.5%Al-0.1%Mg组成的镀层成分。

20世纪90年代Zn-Al合金镀层又得到进一步发展，在Zn-Al共晶组成的基础上将镁的添加量提高到3%，可获得耐蚀性大幅度提高的Zn-6%Al-3%Mg高耐蚀性镀层，其耐腐蚀性约为同厚度镀锌层的十余倍，从而被誉为21世纪高耐蚀热浸镀层。此外，还有提高铝含量并添加少量硅的Zn-11%Al-3%Mg-0.2%Si耐蚀性更好的热浸镀层。这些新组成的锌-铝合金镀层多用于连续热镀钢板上。

应当指出，人们在钢管和结构件热镀锌合金方面的研究也取得了巨大的进展。例如在解决含硅钢热镀锌时因反应剧烈而形成厚而疏松、外观变为灰色的镀锌层的问题时，曾大力研究Technogalva Zn-Ni镀层，在20世纪90年代新开发了Zn-0.05%Ni-1.8%Sn-0.5%Bi的Galveco镀层等。此外，为提高锌液流动性，减少结构件缝隙及孔眼中镀层金属滞留及尾部锌液积瘤问题而开发了Zn-Bi合金镀层。因为这些锌基合金都是为解决钢结构件热镀锌出现的特定问题而设计与研制的，在现代化钢带连续热镀工艺上不存在这些特定问题，故本书不加详述。

3.2 锌-铝合金镀层组成及结构

3.2.1 锌-铝二元系状态图

由 Al-Zn 平衡状态图（见图 3-1）可知，锌-铝二元系合金不形成金属间化合物，在铝与锌的不同组成中仅有 α、β 和 γ 固溶体形成。

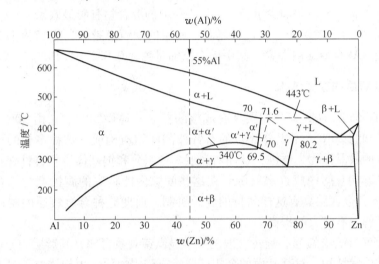

图 3-1　Al-Zn 合金平衡状态图

Al-Zn 合金在室温下的平衡结构是由 α-Al 和 β-Zn 构成的双相结构，α-Al 相具有广阔的温度区域，其铝含量的范围在 30%~100%。在 β-Zn 相中铝的质量分数范围很小。273℃ 时锌在 α-Al 中的质量分数为 30%，在室温下降到 5%。在铝质量分数为 28% 时，发生包晶反应而形成 γ 相。当冷却时，在铝质量分数为 22% 处发生共析反应。Al-Zn 合金的最低共晶点为 382℃，其共晶组成的铝质量分数约为 5%。

在 Zn-Al 二元系中不形成金属间化合物，也不发生有序转变。但在钢材热浸镀 Zn-Al 合金时，钢基与熔融的 Zn-Al 合金接触界面上则形成 Fe-Al-Zn 三元金属间化合物。

3.2.2 镀层组成第三组分

早在 1962 年伯利恒（Bethlehem）钢公司曾对铝含量在 1%~70% 之间的各种组成的 Zn-Al 合金镀层，在各种大气环境下进行了为期 5 年的大气暴晒试验。结果表明，当镀层成分中铝含量为 4%~10% 时，Zn-Al 合金镀层具有比纯锌高的耐蚀性；铝含量在 15%~25% 时，合金镀层的耐蚀性下降，甚至低于纯锌镀层。以后随着合金镀层中铝含量提高，其耐蚀性又逐渐增大，直到 70% 以上，达到纯铝镀层的水平。

另外，按照各种组成的 Zn-Al 合金镀层钢板切边部位的腐蚀状况，确定铝含量在 55% 的 Zn-Al 合金镀层具有对露铁部位的牺牲性阳极保护作用。高于此含量的 Zn-Al 合金镀层在其镀层钢板的切边处发生锈蚀，镀层对露铁部位已无这种电化学保护作用，从而确定这件高耐蚀镀层的铝含量为 55%。

然而，对于55%Al-Zn合金镀层，由于熔融的55%Al-Zn合金镀液与熔融的纯铝相似，能与钢基体发生激烈的反应而形成厚的Fe-Al合金层，致使其镀层钢板的加工成型性显著下降。为减薄其合金层厚度，在此镀液中添加一定数量的硅。这样，最终得出理想的组成为55%Al-43.4%Zn-1.6%Si。

国际铅锌协会组织同样根据此大气暴晒试验结果，确定了Zn-Al合金共晶组成的配方即Zn-5%Al合金。这种组成的合金镀层也具有较纯锌镀层好得多的耐腐蚀性，但此组成的镀液对钢基体的浸润性较差，在其镀层中往往存在许多漏镀点。为提高其浸润性，实验添加各种元素。实验表明，添加少量稀土金属La-Ce的混合物有明显效果。

显然，Zn-Al合金镀层中，铝含量越高，镀层的漏镀点越多，添加稀土金属的效果更好。对于Zn-5%Al合金镀层而言，其中稀土添加量约为0.03%~0.1%（La-Ce混合稀土）。

3.2.3   Zn-Al镀层的显微结构

研究表明，55%Al-Zn合金镀层具有成核的枝晶状显微结构。它由80%（体积分数）的富铝枝晶臂和约20%（体积分数）的富锌枝晶间物质构成。这种多相的枝晶状显微结构能导致富锌的枝晶区优先腐蚀，从而对镀层其他组分和钢基体有牺牲性保护作用。其细小的富铝枝晶臂相互间构成许多间隙，在这些间隙内能将锌的腐蚀产物储存于其中。因此，55%Al-Zn合金镀层具有这样独特的腐蚀机制，而使此种合金镀层的耐蚀性比厚度相同的传统热镀锌层有较大的提高。

对于Zn-5%Al合金镀层，通过一般的光学显微镜观察得知，其镀层的显微组织具有典型的共晶体的层状结构。对其断面的金相试样经铬酸侵蚀后使用扫描电子显微镜进行观察发现，此共晶组织呈明暗相间的层状结构，层间的距离约为$0.6 \sim 1\mu m$，其亮层与暗层的化学成分不同（表3-1）。此层状结构的表面显微硬度为105HV，而普通热镀层仅为67HV。

表3-1   Zn-5%Al合金镀层共晶组织的化学组成

共晶组织部位	化学组成/%			共晶组织部位	化学组成/%		
	Zn	Al	Fe		Zn	Al	Fe
亮　层	94.4	2.1	3.5	暗　层	82.9	11.1	6.0

值得注意的是，此镀层在浸镀后的冷却速度对其镀层的共晶组织也有一定影响。浸镀后快速冷却（浸入水中）时，所得镀层虽然与上述空气冷却条件下的层状结构相同，但其亮层与暗层的间距大大缩小，接近于$0.1\mu m$。另外，镀层的硬度也有提高，同时镀层的耐蚀性也有较大提高。

3.3   55%Al-Zn合金镀层钢板

3.3.1   55%Al-Zn合金镀层钢板的特性

3.3.1.1   既具有热镀铝板的耐腐蚀又具有热镀锌板的阴极保护作用

在55%Al-Zn合金化学成分中可以看到，铝和锌元素几乎是各占一半，这种产品的实际特性是：它既综合了两者的优点，而又克服了两者的缺点，这是由其特殊的镀层结构决定的。

Al-Zn 镀层分为外层和内层，在外层因铝的质量比和体积比都大于锌，所以更接近热镀铝板，使其具有优良的耐腐蚀性。

内层具有 Al-Fe 扩散形成的 Al-Fe 合金层，由于加入了一定量的 Si，优先在钢基表面形成了 Fe-Si 的合金层，使 Al-Fe 合金层又变得很薄，从而改善了其加工性能。

这种镀层由于大量的铝先结晶，形成了极细的富铝的树枝状晶体，体积约占80%，在整个镀层中形成了微细的网络骨架，剩下的只有约20%的晶间空隙内是富锌的共晶组织。这两种组织的有机组合，就使得镀层具有良好的综合性能。富铝的树枝状网络，奠定了镀层具有镀铝板良好的耐蚀性能和耐热抗氧化性能；晶间的富锌组织又使镀层在划伤后与镀锌板一样起到牺牲阳极的保护作用，而且腐蚀所产生的膜被富铝相的网络所滞留，填充在其枝晶间的网隙处，在镀层表面形成了有一定保护作用的层膜，使腐蚀速度减慢，所以其耐腐蚀性能为相同厚度镀锌层的 2~6 倍。

3.3.1.2　耐蚀性

55%Al-Zn 合金镀层钢板与普通热镀锌钢板相比具有更优异的抗大气腐蚀性、抗土壤腐蚀性及对各种水介质的耐蚀性。

A　耐大气腐蚀性

热镀锌层在中性气氛中具有良好的耐蚀性能，但是在酸性的工业气氛中其耐蚀能力明显的恶化。这个现象和锌层腐蚀产物仅在中性稳定，在微酸性中即迅速溶解有关。当锌中含有少量的铝，例如 1%时，即可阻滞氧的去极化能力，当铝增加到 20%时，则可明显降低腐蚀速度，但是这不意味着含铝越多越好。13 年户外大气腐蚀试验结果表明，55%Al-Zn 合金最佳，通过其在海洋、工业、农村三种气氛中的耐蚀行为对比可证实这一点。海洋气氛见图 3-2，工业气氛见图 3-3，农村气氛见图 3-4。

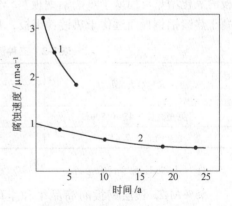

图 3-2　在海洋气氛中的腐蚀速度
1—Zn；2—55%Al-Zn

B　耐土壤腐蚀性

在重腐蚀土壤中，55%Al-Zn 镀层钢板的耐蚀性远远高于镀锌板。在中等腐蚀土壤中，55%Al-Zn 镀层钢板的耐蚀性仍比镀锌板高，在轻腐蚀土壤中，两种镀层钢板的耐蚀性基本相同。

C　耐热性及对光和热的反射性

55%Al-Zn 镀层钢板具有一定的耐热性，其耐热性居于热镀锌钢板与热镀铝钢板之间。可在 300℃下长期使用而外观不发生明显变化。高于 350℃时由于表层扩散变灰色而失去光泽。在 400℃下其氧化增重接近于镀铝钢板。这三种镀层钢板的最高使用温度（外观不变色）分别是：热镀锌钢板为 230℃，55%Al-Zn 的镀层钢板为 316℃，Ⅰ型镀铝钢板为 480℃。

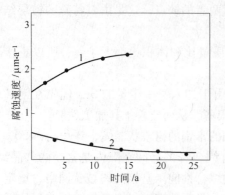

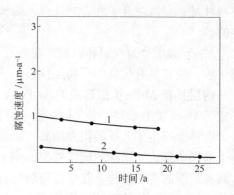

图 3-3　在工业气氛中的腐蚀速度　　　　　图 3-4　在农村气氛中的腐蚀速度
　　　1—Zn；2—55%Al-Zn　　　　　　　　　1—Zn；2—55%Al-Zn

在 700℃以上高温的空气中加热时，55%Al-Zn 镀层钢板与 I 型镀铝钢板相似，发生严重的氧化，并出现镀层剥落现象。在 480~540℃ 温度范围内，55%Al-Zn 镀层钢板的氧化增重稍高于热镀铝钢板，且氧化速率均较缓慢；在 590~650℃ 范围内，由于镀层与钢基发生合金化反应，两种镀层钢板的氧化增重接近。然而在 700℃ 下氧化时，55%Al-Zn 镀层钢板的氧化增重反而低于热镀铝钢板。55%Al-Zn 镀层钢板对光和热有较好的反射性，甚至高于热镀铝钢板而远优于热镀锌钢板，见表 3-2。

表 3-2　三种镀层钢板对光和热的反射性

光 波 类 型	反射率/%		
	55%Al-Zn 镀层钢板	热镀锌钢板	I 型热镀铝钢板
可见光波长 0.45~0.80μm	65	47.6	—
红外光波长 2.41μm	88	—	76

D　力学性能和焊接性

55%Al-Zn 镀层钢板的商品级和全硬级具有与同类热镀锌板相近的力学性能，见表 3-3。

表 3-3　55%Al-Zn 镀层钢板的力学性能

品　种	抗拉强度 R_m/MPa	屈服强度 R_{eL}/MPa	伸长率 A/%
商品级	345~450	260~345	24~35
全硬级	620	550	3~6

此外，55%Al-Zn 合金镀层钢板的焊接性也较好，可用一般电阻焊或电弧焊方法进行焊接，电阻焊接条件与镀锌钢板相同。点焊时电极应根据需要进行调整，以保护电极头的外形和尺寸。

E　涂覆性

55%Al-Zn 镀层钢板的涂覆性优于镀锌钢板及镀铝钢板，可以进行在线涂层。经涂层的 55%Al-Zn 镀层钢板的耐蚀性优于镀锌钢板，特别是在海洋大气环境下尤为突出。因此，55%Al-Zn 镀层钢板更适于彩色涂层而获得更广泛的应用。

试验证明，适用于镀锌板的各种预处理方法均适用于 55%Al-Zn 镀层钢板，例如磷化处理、铬酸盐处理和复合氧化处理。

55%Al-Zn 镀层钢板对所用的涂装漆类品种并无严格要求，凡适用于镀锌板的漆料均可使用，例如锌粉漆、丙烯涂料、缩丁醛底漆、沥青涂料等。

55%Al-Zn 镀层对预处理和漆膜有良好的相容性，在很宽大的处理条件范围内均有好的黏附性，因而对表面条件及在线成卷操作的参数不像镀锌层那样敏感。它对漆膜的黏附性均比镀锌层或镀铝层好，当然也需要专门的质量控制系统。

经彩涂的 55%Al-Zn 镀层钢板，在不同地区的建筑物上经 5 年大气暴晒结果表明，不论在钢板的平面部位、划伤部位、切边部位以及弯曲部位，经过彩涂的 55%Al-Zn 镀层钢板均有与镀锌钢板相当或高于镀锌钢板的黏附性和耐蚀性。

3.3.1.3　添加合金元素的影响

A　硅元素的影响

铝的液相和铁固体之间激烈的扩散和化合作用，一方面使镀层内部的合金层厚度增加，另一方面又使镀液中的渣相增多，这样无论对生产工艺，还是对产品质量都有坏的影响。试验表明，在镀液中加 Si，可使 Al-Fe 之间的扩散和化合作用大幅度受到抑制，能有效地防止化合物层的过度增长。

就原子尺寸来看，Fe、Si、Al、Zn 的原子直径分别为 0.254μm、0.268μm、0.275μm 和 0.283μm，显然 Si 和 Fe 的原子直径最为接近，形成 Fe-Si 固溶体的能量最低，相互之间的扩散最容易；其次是 Fe-Al。Fe-Zn 则因原子之间的尺寸已超过临界范围的 15%，故 Zn 原子溶入 Fe 基体内时会引起较高的晶格变形能，因而在这三个元素中 Zn 与 Si 的结合是最困难的。所以钢板进入 Al-Zn-Si 镀液之后，最先进行扩散和化合的是在铁硅两个元素原子之间，并形成 Fe-Si 化合物，这种 Fe-Si 化合物会给 Al-Fe 之间的扩散形成障碍。当然，由于 Al 的质量分数比 Si 高许多，所以铝铁之间的扩散还是会大量进行的。一旦形成 Fe_2Al_5 化合物，则其扩散速度就取决于 Al 或 Fe 穿越 Fe_2Al_5 化合物层，达到生长前沿的传递速度。由于晶格中有 30%左右的空位，Al 或 Fe 原子可以方便地通过这些空位进行扩散，所以在不受其他元素影响时，扩散速度应该是很快的。但是有了 Si 以后，Si 可以占据这些空位，就使 Al 或 Fe 穿过 Fe_2Al_5 化合物层的速度变得很慢，因而就可以抑制 Fe_2Al_5 合金层的长大。硅含量对镀层的总厚度和合金层的厚度影响曲线如图 3-5 所示。从图中可以看出，在 Si 含量小于 2% 时，就会非常显著地抑制合金层增厚，因而一般将 Si 含量控制在 1.2%~2.0% 的范围内。

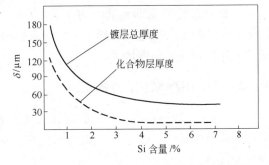

图 3-5　硅含量对合金层和镀层总厚度的影响

B　混合稀土元素（RE）的影响

（1）混合稀土（RE）在 55%Al-Zn-Si 合金镀层中的分布。试验发现，当稀土加入量小于 0.3% 时，因镀层中的稀土元素含量太低，而检测不出来稀土元素的存在；当稀土加入量大于 0.3% 时，在镀层中的局部地方可检测到稀土元素的存在。稀土主要是以富集相的方式存在，随着镀液中稀土含量的增加，则稀土富集相也会增多。富集相中的稀土含量随着镀液中稀土含量的增加而增加，其含量远大于镀液中的稀土含量。同时，随着镀液中稀土含量的增加，富集相中的 Zn 含量降低、Si 含量升高、Al 含量升高，而 Fe 含量降低。

（2）对镀层黏附性的影响。与热镀锌相比，55%Al-Zn-Si 合金镀液对钢板的浸润性较差，直接影响到镀层的黏附性、连续性，易产生针状漏镀的缺陷，进而影响到其产品的耐腐蚀性能。主要原因有：第一，镀液温度高而且含铝量高，铝极易被氧化，使合金液的黏度和张力有所提高；第二，镀层组织是在一定温度范围内有先后顺序地凝固，而且凝固的跨越温度达 200℃ 左右，使其镀层组织较粗大、疏松，并且有孔隙。

试验表明，在 55%Al-Zn-Si 合金镀液中加入 0.05%~0.10% 的稀土元素（RE）就可以使镀层表面质量有明显的改观，使漏镀缺陷减少。其作用体现在稀土金属比铝更易氧化，在 55%Al-Zn-Si 合金镀液中稀土元素可优先于铝被氧化，从而抑制了 Al_2O_3 的产生，降低了表面张力，并可在钢板进入镀液时，减小氧化铝膜被钢板带入镀液的倾向，使镀液和钢板之间不被氧化铝膜隔开，使浸润性不受影响。

（3）对镀层组织结构的影响。在镀液中添加 0.05%~0.5% 的稀土，研究其对镀层组织结构的影响时发现，0.05%RE 就能使镀层组织中的枝晶富铝相得到细化，当 RE 含量达到 0.1%~0.2% 时，晶粒细化已很明显，但当 RE 含量超过 0.3% 以后，其晶粒细化作用开始降低，含 0.5% 时仍有一定的晶粒细化作用。这说明在 55%-Al-Zn-Si 合金镀液中加入适量的稀土会使镀层的组织细化。

（4）钛（Ti）元素的影响。镀层表面质量的好坏主要与镀液的内在质量和镀液面的质量密切相关。镀件从镀液中提出时，会把镀液表面的氧化皮包裹在自身表层，如果镀液表面有严重的氧化皮、灰渣或其他污物时，都会粘在镀层面上，致使镀层质量下降。试验结果表明，在 55%Al-Zn-Si 合金镀液中加入 0.05%~0.1% 的钛会使镀层质量有所改善，Ti 使镀层表面更有光泽。但当 Ti 含量进一步增加到 0.3% 以上时，由于镀液黏度增加，流动性变差，镀层质量会有所下降。

主要原因是 Ti 为非常活泼的元素，在常温下就易与氧和氮元素反应生成氧化物和氮化物，在高温下，反应更强烈，生成的氧化物和氮化物更多，镀件在提升时吸附在镀层表面的氧化物和夹杂物就增多。

3.3.2　55%Al-Zn 镀层钢板的用途

55%Al-Zn 镀层具有一系列的镀锌层所不具备的优点，其用途越来越广，可以说镀锌板可以使用的场合，镀铝-锌板都可以使用；而大部分使用镀铝板的场合，也可以用镀铝-锌板来代替。

（1）代替镀锌板用于耐蚀性要求较高的场合。镀铝锌硅板的耐大气腐蚀性和耐潮湿气体腐蚀性能比镀锌板优良，可以全方位地用作各种内外建筑材料及零部件。

（2）代替镀锌板用于加工性能要求较高的场合。其加工性能与镀锌板一样，具有良好的弯曲成型性、优良的单向延展性和焊接性，可以冷弯、冲压和焊接成各种形状的零部件。

（3）代替镀铝钢板用于耐热抗氧化性要求较高的场合。镀铝锌硅钢板可以用于镀锌板无法使用、只能使用镀铝板的高温环境下，如家用电器的烤箱、烘箱和冷却器，汽车排气管、消声器、散热罩等。

（4）代替镀锌板和镀铝板用于彩涂基板。镀铝锌硅的镀层晶花细小，与镀铝板和小锌花、无锌花镀锌板一样，对涂料的黏附力强，可以用作彩涂基板和印花基板。

（5）比镀锌板和镀铝板的生产成本均低，经济性良好。镀铝锌硅板不但节约了大量的价格较高的铝，而且与镀锌板相比，同样的质量、同样的厚度和宽度的钢卷展开长度约长5%，从而使生产成本降低、售价提高，使企业经济效益增加。

3.3.3　55%Al-Zn 合金镀层钢板的生产

55%Al-Zn 合金镀层钢板由美国伯利恒钢公司于 1962 年开始研究，经 10 年时间于1972 年正式投入商业生产，其商品名为 Galvalume。其后不久，澳大利亚 BHP 钢公司引进其镀层配方并于 1976 年开始生产，其商品名为 Zinclume。紧随其后瑞典的 SSAB 钢公司也引进其配方进行商业生产，其商品名为 Aluzink。由于此种镀层具有比镀锌层好得多的抗大气腐蚀性而获得快速发展，目前世界许多国家均有生产，其发展大有取代热镀锌的趋势。

55%Al-Zn 合金镀层钢板的生产工艺和过程与钢带连续热镀锌相似，通常采用改良的森吉米尔法或美钢联法热浸镀连续生产线进行生产。

镀液由 Al-Zn 按理论成分为 55%Al-43.4%Zn-1.4%Si 预先熔炼的合金锭熔融而成，镀液温度保持在 590~610℃，钢带经退火炉和冷却段后入锅前的温度约为 610~630℃。因为镀液中铝含量较高，要求退火炉中保护气体露点更低（-40℃），氧含量在 1×10^{-4}% 以下。

镀锅锅体为感应加热的陶瓷锅。为保证镀液成分均匀，在装入镀锅前，先在小型铁锅中预熔化合金锭，然后再倒入镀锅中。

镀层质量（厚度）由气刀控制。标准中规定的镀层质量有多种，可根据用途不同，进行选择。55%Al-Zn 镀层合金的密度仅为 $3.69g/cm^3$，在镀层质量相同的情况下，它的厚度是镀锌层厚度的 2 倍。

钢带浸镀后经镀锅上部的气刀擦拭后，需进行快速强制冷却，使钢带从 600℃ 降到370℃ 的冷却速度大于 11℃/s。快速冷却可使镀层形成以 α-Al 相为主体的含有少量树枝晶富锌相的镀层结构，从而达到最高耐蚀性。

近年来，将此种镀层用于钢管和钢结构件上取得成功。由于钢管和钢结构中不能连续进行热浸镀而采用熔剂法生产。采用的熔剂由 LiCl、KCl、KF 和 $ZnCl_2$ 构成。此溶剂的熔点约为 450℃，热镀温度为 620~650℃。将此镀层镀于 $\phi(10~16)$mm 钢管上，用以取代镀锌管，可大大提高其耐热水腐蚀性并可避免铅的污染。

在热浸镀钢结构件方面，有报道采用熔剂法生产的钢板用于高速公路护栏和铁塔件上。

热镀锌分结构件热镀锌、钢管热镀锌、铁塔热镀锌、玛钢热镀锌等，这些统称为批量热镀锌；还有带钢热镀锌、钢丝热镀锌、邦迪管热镀锌等，这些统称为连续热镀锌。但是除了带钢热镀锌之外，其他种类的热镀锌都可以镀纯锌，唯独薄板热镀锌一定要在锌液中添加铝，而且要加入一定量的铝，否则镀层的黏附力很差不能使用。为此，就给薄板热镀锌起了一个专用名字，称之为"加铝法热镀锌"。

其他类型的热镀锌本来都是镀纯锌，近来为了增加表面亮度，也开始向锌液中添加一些铝，但加入量只有薄板热镀锌的十分之一。薄板热镀锌时向锌液中加入0.16%~0.20%的铝就可以获得良好的锌层黏附性，能适应任何弯曲成型、冲压加工等苛刻的应用场合。

3.4 Zn-5%Al 合金镀层钢板

Zn-5%Al 合金镀层钢板包括国际铅锌协会组织比利时金属研究中心开发的 Zn-5%Al-RE 镀层钢板（商品名为 Galfan）和新日铁开发的 Zn-4.5%Al-0.1%Mg 镀层钢板（商品名为 Superzinc）。

3.4.1 Zn-5%Al 镀层的组织与性能

目前对 5%Al-Zn 镀层性能的研究仍在进行中，Galfan 组织取决于锌锅中实际的 Al 含量和冷却速度。所以其组织可以是微亚晶、全共晶或微过共晶，这种组织是由亚共晶的小锌晶组成的，它嵌在共晶的 5%Al-Zn 基体中。当钢板快速冷却时，对小富锌粒的生成起着抑制的作用，从而形成一种细小的共晶组织，镀层最显著的特点就是不含有脆性的中间合金层。有人认为这是加入稀土之后，加快了镀液对钢板的浸润，缩短了 Fe-Al 合金层的生成时间。

5%Al-Zn 镀层是细晶结构，而且表面富铝层厚于普通热镀锌钢板，所以具有较好的耐大气腐蚀性能。各地的研究者都认为它的耐腐蚀性介于 Galvalume 与镀锌层之间。在不同的条件下，它比热镀锌板的耐腐蚀寿命提高 1~3 倍。但是，Pb、Sn、Sb 的存在容易引起镀层的晶间腐蚀。

Galfan 镀层板的涂装性能试验表明，它至少具有与镀锌板相当的黏附性，5%Al-Zn 合金镀层经过碱性磷酸盐处理和铬酸盐预处理后，可以适用各种类型的环氧底漆，还适用于聚酯、聚氨酯等类涂料。

由于在 Galfan 镀层中不含有脆性的合金层，所以在加工成型性方面，仍优于普通的镀锌板和 Galvalume 镀层板。Galfan 的可焊性可以与镀锌板媲美，用于汽车时可以满足电极寿命 2000 个焊点的要求。

3.4.2 Zn-5%Al 镀层钢板的生产

参照 ASTM B750—85 标准中炼制合金锭中的 Pb、Sn、Cd 等杂质含量的规定，Zn-5%Al 镀层钢板镀层用原料合金锭中 Pb、Sn、Cd 等杂质含量应严格控制在该标准规定含量以下。Zn-5%Al 合金锭的化学成分如表 3-4 所示。

Zn-5%Al 合金镀层钢板的生产工艺与钢带连续热镀锌相同，采用改良森吉米尔法或美钢联法生产线，主要区别是其镀液温度稍低，一般为 430~450℃。在浸镀时由于稀土元素容易氧化，锅中的稀土金属含量逐渐降低，特别是锌液的上部。但由于在连续生产过程中，此合金锭不断补充于锌液中，可使锌液中稀土金属的含量维持在一定的水平，约为0.01%~0.03%。

表 3-4　Zn-5%Al 合金锭的化学成分

元　素	含量/%	元　素	含量/%
Al	4.7~6.2	Cd	<0.005
镧铈混合稀土	0.03~0.10	Sn	<0.002
Fe	<0.075	其他稀土元素	<0.02
Si	<0.015	其他金属元素	<0.04
Pb	<0.005	Zn	余量

钢带入锅温度控制在 450℃左右，应比镀液温度稍高 10~15℃，浸镀时间 3~5s。钢带经沉没辊出锅后通过气刀控制镀层厚度，然后经风冷强制快速冷却再水冷至室温。

Zn-5%Al 镀层使用的镀锅一般采用感应加热的陶瓷锅，但也可用铸铁锅或不锈钢锅，不能使用低碳钢。用铸铁锅时，再添加少量钼或铬的铸铁则更加耐镀液的侵蚀。按 CRM 的研究结果，锅中的结构件可采用特种的不锈钢。由它们制作的沉没辊运转一年后的厚度损失仅为 0.3~0.4mm。

采用不锈钢作锅体时，应选用奥氏体不锈钢，不用铁素体不锈钢。在实际操作时，镀锅的温度（镀液温度）不能过高。温度超过 500℃时，锅体及结构件的腐蚀速率急剧增大。

20 世纪 90 年代，已将 Zn-5%Al 镀层用于钢丝及钢结构件上，其工艺均为熔剂法。由于常规的热镀锌用溶剂与镀液中的铝发生反应，形成 $AlCl_3$ 气而失去其溶剂作用，镀层表面出现漏镀和鼓包。因此开发出双锅镀工艺，即先用常规溶剂法镀锌，经严格擦拭除去表面纯锌层后，再浸入 Zn-5%Al 锅中镀此合金。实际上是在 Fe-Zn 合金层上附着一层 Zn-5%Al 合金镀液。另外，对热镀 Zn-5%Al 合金用溶剂也进行了研究，例如在常规热镀锌溶剂中添加 $CeCl_2$、甲醇等均可取得好的效果。

3.4.3　Zn-5%Al 合金镀层钢板的用途

从各种腐蚀环境的腐蚀结果来看，Zn-5%Al 合金镀层的耐蚀性至少是镀锌层的两倍以上，而且其涂装性也优于镀锌板。其他方面如力学性能等均与镀锌板相当，生产工艺也与镀锌板无区别，且浸镀温度较低。因此，它可以完全代替镀锌板使用。

另外，由于开发出适用此种镀层的熔剂，而可用熔剂法镀其他钢材，例如钢管、钢丝及钢结构件，以代替镀锌产品，以取得更大的社会效益。

3.5　Zn-(4.5%~5%)Al-(0.1%~4%)Mg 合金镀层钢板

1985 年日本新日铁公司陆续推出了铝含量为 5%~10%、镁含量为 0.1%~4%的热镀锌合金板，此种产品具有银白色的表面，其耐大气腐蚀性能为镀锌板的 4~10 倍。特别是在镀层中加入了镁，可以防止在高温、高湿度下容易产生的晶间腐蚀发生。另外，为了克服大量生成氧化物浮渣，改进镀层性能，还加入了 Ti、B、Si 等元素。

对于表面性能优良耐蚀性能好的锌铝镁镀层的成分，在美国专利 3505043 中曾有过含铝 3%~17%（质量分数）、含镁 1%~5%（质量分数）、余量为锌的报道。后来又有如

［特公昭 64-8702］、［特公昭 64-11112］和［特开平 8-60324］号公报以及［特开平 10-226865］中关于镀层的成分为铝 4%～10%（质量分数）、镁 1.0%～4.0%（质量分数）、余量为锌和作为杂质所含有的元素等一系列补充报道。

这种镀层的特点是在锌-铝-镁三元组织的基体中分散有初生铝和锌单相组织，具有良好的表面和耐蚀性能。铝-锌-镁的三元共晶组织是由初生铝相、锌单相和金属间化合物 Zn_2Mg 组成的（图 3-6）。

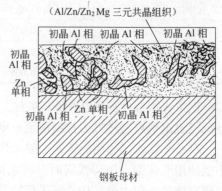

图 3-6 锌-铝-镁三元共晶结构

所谓的初生铝相，是在锌-铝-镁三元平衡图中的高温区的 Al 相，是一种固溶了锌并含有极少量镁的铝的固溶体。在三元共晶组织中呈现为具有明显边界的岛状分布。它在常温下在锌相中分离为细微的铝相。

锌单相也是在三元共晶组织中有明显边界并呈岛状分布的组织。它实际上也是固溶了少量的铝和极少量的镁，与形成三元共晶组织的锌不同，包含着初生铝相和锌单相的基体组织为 ZnMg 系的相。

镀层中的铝起着提高镀层耐蚀性能和抑制浮渣生成的作用。当镀液中的铝含量不足 4%（质量分数）时，对提高镀层耐蚀性能的作用并不强。当镀液中含镁时，镁氧化所生成的氧化物对抑制浮渣生成的作用较差。当铝含量超过 10% 时，铁铝合金层的成长明显地加快，镀层的附着力明显地下降，所以铝的最佳含量是 5.0%～7.0%（质量分数）。

镀层中的镁在表面腐蚀过程中生成均匀的腐蚀产物，能明显地提高镀层的耐蚀性能。当镀层中的含镁量不足 1.0%（质量分数）时，镁在腐蚀时生成的腐蚀产物不能明显地提高表面的耐蚀性能。镁的含量达到 1% 以上时，镀层的耐蚀性能大幅度地提高；而在镀层中镁的含量达到了 4% 时，镁提高耐蚀性的能力达到了极限。而且当镁的含量超过了 4% 以后，即使镀液中含有铝，镀液表面的氧化也会加剧，增加了浮渣的生成量。所以当镁的含量在 2.5%～3.5%（质量分数）时为最好。

在锌-铝-镁三元组成的体系中，如果出现了 $Zn_{11}Mg_2$ 相结晶，则会极大地降低表面的质量和耐蚀性能。

在进行热浸镀时，如果镀液的温度低于 470℃，镀后的冷却速度低于 10℃/s 时，则会出现斑点状的 $Zn_{11}Mg_2$。当镀液温度超过 470℃ 以上时，则较少受冷却速度的影响。而即使镀液的温度在 450℃ 以下，只要冷却速度在 12℃/s 以上，也可以获得理想的组织。

热浸镀锌-铝-镁镀层已经应用于带钢和钢管镀锌中，获得了期望的性能。例如，使用厚度为 1.6mm 的热轧中碳钢板，还原炉温度为 600℃、露点为 -40℃，镀液成分为含铝 0.15%～13.0%（质量分数）、镁 3.0%（质量分数）、余量为锌，在 460℃ 下浸镀 3s 后采用空气冷却，冷却速度为 12m/s（从镀液温度至镀层凝固时的平均值）。对所得镀层进行盐水喷雾试验（SST）800h 和弯曲试验（检验附着力）的结果如表 3-5 所示。

表 3-5 锌-铝-镁镀层性能试验结果

含铝量/%	含镁量/%	冷却速度 /℃·s⁻¹	盐雾试验 800h 失重 /g·m⁻²	腐蚀形态	附着性
0.15	3.0	12	35	均匀腐蚀	◎
0.0	3.0	12	29	均匀腐蚀	◎
4.0	3.0	12	18	均匀腐蚀	◎
5.5	3.0	12	17	均匀腐蚀	◎
7.0	3.0	12	16	均匀腐蚀	◎
9.0	3.0	12	14	均匀腐蚀	◎
10.5	3.0	12	14	均匀腐蚀	◎
13.0	3.0	12	14	均匀腐蚀	△

注：弯曲后用胶纸带试验，检查剥离量：×—剥离 5% 以上；△—剥离 50A 以下；◎—无剥离。

镀锌-铝-镁合金镀层有着良好的耐大气腐蚀性能。这是由于它的腐蚀产物与镀锌板和镀锌铝合金板有所不同。这可以从对热镀 Zn-6%Al-3%Mg 钢板的大气暴露试验结果与镀锌板的大气暴露试验结果的比较中得到说明。在农田环境中，对于镀锌-铝 0.2% 钢板，大气暴露试验后 1 年的钢板表面生成的腐蚀产物是碱式碳酸锌 $[Zn_4CO_3(OH)_6 \cdot H_2O]$，在暴露 5 年之后在表面腐蚀产物中检出氧化锌（ZnO）。

在同样的环境下，对于镀 Zn-4.5%Al-0.1%Mg 的钢板，在大气暴露 1 年后未检出腐蚀产物。5 年后检出的腐蚀产物为碱式碳酸锌，在 10 年后检出的腐蚀产物为碱式碳酸锌铝 $(Zn_6Al(OH)_{16}CO_3 \cdot 4H_2O)$。

镀 Zn-Al6%-Mg3% 的钢板表面，在同样的条件下暴露 1 年后，未检出腐蚀产物。而在 5 年后表面的腐蚀产物为碱式碳酸锌铝。

在海边的海洋环境下，在镀 Zn-0.2%Al 的钢板表面，1 年后产生由碱式碳酸锌和碱式氯化锌 $(Zn_5(OH)_8Cl_2 \cdot H_2O)$ 以及氧化锌组成的腐蚀产物。5 年后，腐蚀产物中的碱式碳酸锌和氧化锌增加，而其中的碱式氯化锌的量减少。

对于镀 Zn-4.5%Al-0.1%Mg 的钢板，在海洋大气环境中暴露 1 年后的腐蚀产物为碱式氯化锌。在暴露 5 年后，碱式氯化锌消失而碱式碳酸锌铝增加，而同时也生成碱式碳酸锌和氧化锌。腐蚀产物是属于含有微晶态氧化锌的非晶态腐蚀产物。

镀 Zn-(4.5%~6%)Al-3%Mg 的钢板，在海洋大气环境中暴露 1 年后在表面生成的腐蚀产物为碱式碳酸锌铝，1 年后它进一步增加。另外，生成的碱式氯化锌也稳定地存在，在腐蚀产物中所含的碱式碳酸锌极少，未发现氧化锌的存在。腐蚀产物形成厚度为 20~140 nm 的覆盖层。对其成分的分析表明，其中除了含有 O 之外，还含有 Zn、Mg、Al、S、Cl，是一种含有碱式氯化锌微晶的非晶态膜层。

正是由于镁的存在，碱式氯化锌能稳定地存在，并且抑制了氯离子浓度的降低或脱水而成为氧化锌，从而提高了镀层的耐大气腐蚀性能。

3.6 Zn-Ni 合金镀层

自 20 世纪 40 年代开始，廉价而有效的硅被用作镇静剂加入钢水中脱氧，与此同时也出现了硅含量较高的钢材。钢中的硅含量对钢材热镀锌有着不利的影响，即存在圣德林效应。为了解决硅含量较高的钢材热镀锌问题，通过在锌液中加镍，降低了铁损和镀层厚度。镍的加入提高了锌液的流动性，而且本身不易氧化，在使用助镀剂法镀锌时也不像铝那样与氯化物发生反应。

1985 年加拿大率先生产了成分为 Zn-0.09%Ni 的镀 Zn-Ni 合金板，此种镀层表面光亮，镀层减薄，可以节约用锌量。主要是因为镍的存在能有效地抑制脆性合金层的生成，镀层的耐腐蚀性能也有提高。其盐雾腐蚀寿命是普通热镀锌板的两倍。

这些合金镀层目前也在国内外其他镀锌制品如管材、线材、结构件等方面推广应用，在锌液中加镍的技术中，发现在锌液中加入镍之后，形成两种金属间化合物。一种是含有约 0.8%Ni 的 $FeZn_{13}\zeta$ 相共晶体，另一种是含有约 3.0%Ni 的 $Fe_6Ni_5Zn_{89}$ 的 γ_2 相共晶体。在锌液中存在的 γ_2 相是产生锌液中浮渣的主要原因。实践表明，在锌液中镍含量和浸镀温度控制得当时（例如在 450℃，锌液中含镍 0.055%时），就很少有浮渣产生。同样由于这一原因，在向锌液中加入镍时也要考虑所采用锌镍合金锭中的镍含量。

加入的镍除了进入镀层中之外，还有一部分进入锌灰和锌渣。例如，当锌液中的镍含量为 0.055%~0.06%时，锌锅中底渣中的镍含量在 0.5%左右；锌锅中浮灰中的镍含量在 0.04%左右。

在使用加镍镀锌技术时，为了降低锌液的黏度和表面张力，仍然可以在含镍锌液中加铅（例如 0.3%~0.4%），同样可以加入少量的铝，以减少锌的氧化。锌液中的加镍镀锌已被应用于多种硅含量较高的钢材的热镀锌生产中，并形成被称作 Technigalva 的技术。

当在锌液中加入 0.1%的 Ni 时，可以降低铁锌反应的速度，消除活性钢镀锌时 ζ 相的异常生长，并使镀层的致密性和附着力提高，而表面仍可形成连续的自由锌层，保持着光亮。在锌液中加入 0.06%~0.12%的镍时，能消除含硅量小于 0.25%的活性钢的圣德林效应。但对于高硅钢（含硅 0.25%以上），对镀层的减薄作用则不明显，可是还能获得光亮能表面。

关于在锌液中加镍的量，在使用的初期即 20 世纪 80 年代，多采用 0.08%~0.12%。到 90 年代一般加入量在 0.04%~0.09%左右，这能较好地控制活性钢 ζ 相的异常生长。既能消除或减少活性钢出现的超厚镀层，也可以使非活性钢镀锌时容易获得符合标准要求的镀层厚度。加镍可增加锌液的流动性，降低锌耗，并获得光亮的表面。

＊＊＊＊＊＊＊＊＊＊＊＊＊＊＊＊＊＊＊＊＊＊＊＊＊＊＊＊＊＊＊＊＊

思　考　题

3-1 热镀锌-铝合金镀层钢板中目前较为理想的镀层有哪些？分别有什么特性？

3-2 热镀锌-铝镀层钢板的生产难点有哪些？其解决对策如何？

4 钢铁电镀技术及其相关理论

4.1 电镀的概念及其电化学基础知识

4.1.1 电镀的概念

电镀是一种表面加工工艺，它是利用电化学方法将金属离子还原为金属，并沉积在金属或非金属制品的表面上，形成符合要求的平滑致密的金属覆盖层。电镀的实质是给各种制品穿上一层金属"外衣"，这层金属"外衣"就叫做电镀层，其性能在很大程度上取代了原来基体的性质。

随着科学技术与生产的发展，电镀工业所涉及的领域越来越广，人们对镀层的要求也越来越高。目前，金属镀层的应用已遍及各个生产和研究部门，例如机器制造、电子、仪器仪表、能源、化工、轻工、交通运输、兵器、航空、航天、原子能等，在生产实践中有着重大意义。电镀的主要作用如表 4-1 所示。

表 4-1 电镀的主要作用

主 要 作 用	说 明 与 举 例
提高耐蚀性能	电镀最基本最重要的作用之一，如钢铁件镀锌，能有效保护基体金属避免腐蚀
改善外观质量	使产品美观，具有装饰作用，这类镀层的用量很大，而且经常是多层镀层
提高功能作用	给制品以特殊性能，应用于各个领域
研制新型材料	随着科学技术的发展，对金属材料的性能提出了更高的要求，金属采用复合电镀，可开发出更多性能良好的新型材料

为防止金属制品腐蚀，所需要的电镀层的量很大，如一辆普通载重汽车上的零部件，受镀面积达 $10m^2$ 左右，其中绝大部分都是用来防止外露的金属结构及紧固件发生腐蚀。防止金属腐蚀的任务十分艰巨，据目前粗略估计，全世界每年因腐蚀而报废的钢铁产品约占钢铁年产量的 1/3，如果其中的 2/3 可以回收冶炼，也还有 1/9 是无法使用的。而且，腐蚀的后果，并不仅限于原材料的浪费、加工费用的损失和关键零部件或结构的破坏，还有可能造成无法弥补的损失。尽管电镀并不能完全解决这个严重的问题，但是作为防腐蚀手段之一，电镀工艺无疑是可以做出可观的贡献的。现在人们常常对以防护制品免遭腐蚀为目的的镀层提出一定的装饰要求，如自行车、摩托车、钟表、家用电器、建筑五金等所使用的镀层，都具有防护与装饰的双重作用。此外，有些专以装饰为目的的镀层，如仿金镀层，也必须具有一定的防护性能，否则其装饰作用就不可能持久。所以说，镀层的装饰性与防护性是分不开的。

具有特殊功能的各种镀层，早已广泛地用于生产，满足各种各样的需要，如表 4-2 所示。耐大气腐蚀也是镀层的一种功能，但考虑到它所涉及的范围非常广泛，是任何一种存在于空气中的物体都会遇到的问题，其普遍性远远大于特殊性。因此，耐大气腐蚀的镀层不属于功能镀层。随着科学技术的发展，新的交叉学科不断涌现，对材料性能也提出了许多新的特殊要求。在很多情况下，往往只要有一个符合性能要求的表面层，就可以解决科学技术中的迫切需要。选择适当的电镀层，常常就能够很好地完成这一任务。因此，功能镀层的重要性越来越突出。此外，使用镀层代替整体材料，也是节约贵重金属的一个好途径。如在普通碳钢表面镀一层硬度高的铬，便可在很多应用场合取代硬质合金钢。可见，电镀不仅是防护与装饰的重要手段，而且已发展成为制备表面功能材料的一种有效的方法。

表 4-2　镀层提高被镀材料功能性的主要方面

镀层作用	镀层材料	应用举例
提高耐磨性	铬、铑及其他硬金属	多采用镀硬铬提高工作的耐磨性，如发动机汽缸、活塞环、大型轴类、冲模内腔
增强导电性	银、金、铜、镍等	高压电器、无线电通信、电子仪器等
提高减摩性	锡、铅锡、锡钴、铟铅等二元合金，铅锡锑等三元合金	轴瓦、轴套
增强修复性	铬、钛、铜、镍等	发电机的转轴、内燃机曲轴、齿轮和花键、化纤和纺织机械的压辊等
增强导磁性	铁镍、镍钴	录像机、录像带、磁盘等存储装置
提高泛光性	铬、银、金及高锡青铜等	大型反光镜、聚光灯等
提高焊接性	锡	改善电子元件的焊接性
增强防渗性	铜	防止局部渗碳、渗氮、碳氮共渗等

在全世界科学技术与生产飞速发展的过程中，对各种功能材料和结构材料的需求与日俱增，作为制备各种类型材料的一种手段，电镀技术越来越受到人们的重视。目前电镀生产所承担的任务，已经由原来的以对某些零部件的表面加工为主，进一步发展到能够独立完成一定产品制备，使电镀技术的发展进入了一个新的阶段。

在我国现代化建设过程中，既要大力发展生产，又要厉行节约。因此，电镀工业在提高镀层质量的同时，还必须努力研究在满足一定要求的前提下，减薄金属镀层的厚度，使工艺过程中的能耗尽可能地降低，设法减轻对环境的污染和降低污水处理的费用等。总之，只要充分发挥电镀工业的特点和长处，经过大量的科学实践，就一定能为我国的经济发展作出更大的贡献。

4.1.2　电镀的电化学基础知识

物质世界中存在着电运动和化学运动。它们是各种不同运动的两种不同的运动形式，但是两者之间又存在着某种紧密的联系。电化学的目的是研究化学能与电能相互转换的规律，是研究电和化学反应相互关系的科学。随着在生产实践中的不断发展，电化学在国民经济中具有广泛而又重要的应用前景。例如，电解法可以用于制造很多金属、非金属、盐类、碱类、有机化合物等；借助于电化学方法，还可以研究和防止金属腐蚀的普遍问题；化学电池、氢电池、甘汞电极等也是通过电能与化学能相互转换实现的。此外，电解精炼、电铸、电镀等也属于电化学的范畴。本书主要研究的电镀是以直流电通入到一定组成的电解质溶液中，通过电能向化学能的转换，把金属镀到零件表面的过程。

4.1.2.1 两类导体

在图4-1中，E是电源，R是负载（如灯泡），这是大家熟悉的最简单的导电回路。暂且不考虑电源内部的导电机理，在外线路中，电流I从电源E的正极流向负极。电流经过负载时，一部分电能转化为热能，使灯丝加热而发光。回路中形成电流的载流子是电子。

凡是依靠物体内部自由电子的定向运动而导电的物体，即载流子为自由电子（或空穴）的导体，叫做电子导体，也称为第一类导体，如金属、合金、石墨及某些固体金属化合物。因此，图4-1中的外线路是由第一类导体（导线）串联组成的，称为电子导电回路。

在图4-2中，E仍为电源，负载则为电解池R（如电解槽）。同样，在外线路中，电流从电源E的正极经电解池流向电源E的负极。在金属导线内，载流子是自由电子。实验表明，溶液中不可能有独立存在的自由电子，因而来自金属导体的自由电子是不能从电解池的溶液中直接流过的。在电解质溶液中，是依靠正、负离子的定向运动传递电荷的，即载流子是正、负离子而不是电子。

凡是依靠物体内的离子运动而导电的导体叫做离子导体，也称为第二类导体，如各种电解质溶液。由此可见，图4-2中的外线路是由第一类导体和第二类导体串联组成的，可称之为电解池回路。

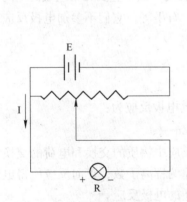

图4-1 电子导电回路

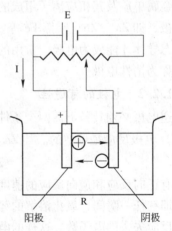

图4-2 电解池回路

现在，又出现了一个新的问题：既然存在着两类导体，有不同的载流子，那么不同载流子之间又是怎样相互转化的呢？如果仔细观察电解池通电时，如电镀时的现象，就容易发现：在导电的同时，电解池的两个极板上有化学反应发生。如镀锌过程中，在正极（锌板）上发生氧化反应：

$$Zn - 2e \longrightarrow Zn^{2+}$$

$$4OH^- + 4e \longrightarrow 2H_2O + O_2 \uparrow$$

负离子OH^-所带的负电荷通过氧化反应，以电子的形式传递给锌板，成为金属中的自由电子。

在负极（镀件）上发生还原反应：

$$Zn^{2+} + 2e \longrightarrow Zn$$

$$H^+ + e \longrightarrow \frac{1}{2}H_2 \uparrow$$

正离子 H^+、Zn^{2+} 所带的正电荷通过还原反应，以从负极取走电子的形式传递给负极。这样，从外电源 E 的负极流出的电子，到了电解池的负极，经过还原反应，将负电荷传递给溶液（电子与正离子复合，等于溶液中负电荷增加）。在溶液中，依靠正离子向负极运动，负离子向正极运动，将负电荷传递到了正极；又经过氧化反应，将负电荷以电子形式传递给电极，极板上积累的自由电子经过导线流回电源 E 的正极。由此可见，两类导体导电方式的转化是通过电极上的氧化还原反应实现的。

在电化学中，通常把发生氧化反应（失电子反应）的电极叫做阳极；把发生还原反应（得电子反应）的电极叫做阴极。

在氧化还原反应中，氧化剂及其还原产物、还原剂及其氧化产物，分别是两类不同价态的物质，这两类物质存在着如下的关系：

$$氧化态（高价态） + ne \xrightarrow[\text{氧化}]{\text{还原}} 还原态（低价态）$$

化学上，常把电极反应中的氧化态物质和对应的还原态物质合称为氧化还原电对，简称电对，以"氧化态/还原态"形式表示。电极就是由氧化还原电对和导电体所构成的。许多由金属单质及其相应离子组成的电对中，金属单质就是电的良导体，这类电对可直接成为电极，如 Zn^{2+}/Zn、Fe^{2+}/Fe 等。由不同价态金属离子或非金属元素组成的电对，都需辅加固态导体才能成为电极。常用的辅加导体有铂、石墨等，它们不参加电极反应，因此有时也称为惰性电极。

4.1.2.2　电极的可逆性

可逆电极必须具备下面两个条件：

（1）电极反应是可逆的。如 $Zn \mid ZnCl_2$ 电极，其电极反应为：

$$Zn^{2+} + 2e \longrightarrow Zn$$

只有正向反应和逆向反应的速度相等时，电极反应中物质的交换和电荷的交换才是平衡的。即在任一瞬间，氧化溶解的锌原子数等于还原的锌离子数；正向反应所得电子数等于逆向反应失去的电子数。这样的电极反应称为可逆的电极反应。

（2）电极在平衡条件下工作。所谓平衡条件就是通过电极的电流等于零或电流无限小。只有在这种条件下，电极上进行的氧化反应和还原反应的速度才能被认为是相等的。

在实际的电化学体系中，有许多电极并不能满足可逆电极条件，这类电极叫做不可逆电极。如铝在海水中形成的电极，相当于 $Al \mid NaCl$；零件在电镀溶液中所形成的电极，如 $Fe \mid Zn^{2+}$、$Fe \mid CrO_4^{2-}$、$Cu \mid Ag^+$ 等。

4.1.2.3　原电池和电解池

根据电化学反应发生的条件和结果，通常把电化学体系分为三大类型，即原电池（自发电池）、电解池和腐蚀电池。

A 原电池

浸在电解质溶液中的两个电极，当其与外电路中的负载接通后，能够自发地将电流输送到外电路中而做功，这类装置称为原电池或自发电池。常用的锌锰干电池和铅酸蓄电池等，都属于这类装置。

图 4-3 是铜-锌原电池示意图。它是由两个电极和连接电极的电解质溶液组成的。当用导线将两个电极接通后，在锌电极上发生氧化反应：

$$Zn - 2e \longrightarrow Zn^{2+}$$

在铜电极上发生还原反应：

$$Cu^{2+} + 2e \longrightarrow Cu$$

整个电池的总反应为：

$$Zn + Cu^{2+} =\!=\!= Zn^{2+} + Cu$$

在两个电极上发生化学反应的同时，电子从锌电极流出，经外线路到达铜电极（或者说，电流从铜电极流出，经过外线路流入锌电极）。这样，通过电极上具有自发倾向的化学反应，可以产生在外电路上做功的电流，这是一个化学能转变为电能的过程。因此也可以说，能将化学能直接转变为电能的装置就叫做原电池或自发电池。

在原电池中，电子流出的一极，称为负极，该电极上发生的是氧化反应；电子流入的一极，称为正极，电极上发生的是还原反应（从电流方向来说电流流出的这一极，称为阳极；电流流入的这一极，称为阴极）。在锌-铜原电池中锌电极是负极（阳极），铜电极是正极（阴极）。

B 电解池

浸在电解质溶液中的两个电极，与外加直流电源接通后，强制电流在体系中通过，从而在电极上发生化学反应，这种装置就叫做电解池。电镀、电铸和电解加工等都是在这类装置中进行的。图 4-4 是电镀电路示意图。

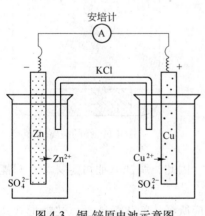

图 4-3 铜-锌原电池示意图

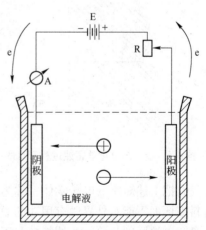

图 4-4 电镀电路示意图
E—直流电源；R—可变电阻器；A—电流表；
⊕—阳离子；⊖—阴离子

将直流电源的正极和负极，用金属导线分别连接到镀槽的阳极和阴极上（注意：电源正极接阳极，负极接阴极），两个电极间就形成了电场，在这种电场的作用下，电解液中的阴、阳离子立即发生定向移动：阳离子移向阴极，而阴离子移向阳极。几乎与此同时，金属阳离子在阴极上获得电子，发生还原反应：

$$M^{n+} + ne \longrightarrow M$$

（金属阳离子）　　　　　　　（金属原子）

而阳极板上的金属原子失去电子，发生氧化反应，生成金属离子：

$$M - ne \longrightarrow M^{n+}$$

（金属原子）　　　　　　　（金属阳离子）

由上述可见，电镀过程是在外加电源作用下，通过两类导体，在阳极和阴极两个电极上分别进行氧化、还原反应的过程，也就是将电能转变为化学能的过程。

C　腐蚀电池

图4-5为金属的电化学腐蚀过程示意图。从图中可以看出，假如两个电极构成短路的电化学体系，则氧化反应发生在金属的一个局部区域，而还原反应在金属的另一局部区域进行。电解液中离子的定向运动和在电子导体（金属）内部正、负极之间的电流，就构成了一个闭合回路。这一反应过程和原电池一样是自发进行的。

但是，由于电池体系是短路的，电化学体系所释放的化学能虽然转化成了电能，但无法加以利用，即不能对外做有用功，最终仍转化为热能消失掉。因此，这种电化学装置不能成为能量发生器。然而，在该体系中由于电化学反应的结果，必然存在着物质的消耗，如锌的酸腐蚀（图4-6）。含有杂质的锌在稀酸中就构成了这类短路电池：在微小的杂质区域上发生氢离子的还原，生成氢气逸出，而在其他区域则发生锌的溶解。通过金属锌中的电子流动和溶液中的离子迁移，整个体系中的电化学反应将持续不断地进行下去，结果就造成了锌的腐蚀溶解，这就是锌的酸腐蚀过程。

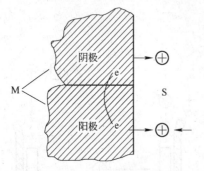
图4-5　金属的电化学腐蚀过程示意图

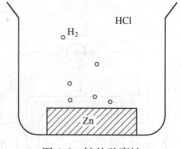
图4-6　锌的酸腐蚀

我们把上述短路的电化学体系称为腐蚀电池。因此，腐蚀电池可定义为：只能造成金属材料破坏而不能对外界做有用功的短路原电池。

腐蚀电池区别于原电池的特性在于：电池反应所释放的化学能都以热能形式逸散掉而不能加以利用，故腐蚀电池是耗费能量的；电池反应促进物质变化的结果不是生成有价值的产物，而是导致体系本身的损坏。

4.1.2.4　电极电位

原电池能够产生电流的事实表明，原电池的两个电极间存在着电位差。每一电极都有各自的电位，称之为电极电位。

电极电位的产生是由于电对在电解质溶液里存在着氧化和还原的可逆过程，即：

$$氧化态 + ne \Longrightarrow 还原态$$

不同的电对受其本性、溶液浓度、气体压强等因素的影响，其氧化还原能力不同，表现出的电极电位也不同。电极电位用符号 φ（氧化态/还原态）表示。

A　标准电极电位

电极电位值的大小能够反映物质氧化性或还原性的相对强弱，虽然目前难以确定其绝对值，但我们可以规定某一个电极作为标准，将其与标准电极构成原电池，通过精确地测定该原电池的电动势，来确定电极电位的相对值，计算公式如下：

$$E = \varphi_x - \varphi_r$$

式中　E——电池电动势；

　　　φ_x——待测电位；

　　　φ_r——参比电极电位。

现在普遍选用的标准电极为"标准氢电极"，它的表达式是：

$$(Pt)H_2(1.013 \times 10^5 Pa) | H^+ (1mol/L)$$

并规定在任意温度下，标准氢电极的电极电位为零，其他电极的电极电位均是相对于标准氢电极所得到的数值。

在气体压强为 $1.03 \times 10^5 Pa$、离子浓度为 $1mol/L$ 时（通常把温度选定为298.15K），相对于标准氢电极的电极电位称为标准电极电位，以 $\varphi^\ominus$（氧化态/还原态）表示。

常用电极的 $\varphi^\ominus$ 值见表4-3。

表4-3　标准电极电位（25℃）

电对 （氧化态/还原态）	电极反应 （氧化态 + ne ══ 还原态）	标准电极电位 $\varphi^\ominus$ /V
K^+/K	$K^+ + e \Longrightarrow K$	-2.924
Ba^{2+}/Ba	$Ba^{2+} + 2e \Longrightarrow Ba$	-2.90
Ca^{2+}/Ca	$Ca^{2+} + 2e \Longrightarrow Ca$	-2.76
Na^+/Na	$Na^+ + e \Longrightarrow Na$	-2.711
Mg^{2+}/Mg	$Mg^{2+} + 2e \Longrightarrow Mg$	-2.375
Al^{3+}/Al	$Al^{3+} + 3e \Longrightarrow Al$（在 0.1mol/L NaOH 中）	-1.706
Mn^{2+}/Mn	$Mn^{2+} + 2e \Longrightarrow Mn$	-1.029
Zn^{2+}/Zn	$Zn^{2+} + 2e \Longrightarrow Zn$	-0.7628
Cr^{3+}/Cr	$Cr^{3+} + 3e \Longrightarrow Cr$	-0.74
Fe^{2+}/Fe	$Fe^{2+} + 2e \Longrightarrow Fe$	-0.440
Ni^{2+}/Ni	$Ni^{2+} + 2e \Longrightarrow Ni$	-0.23
Sn^{2+}/Sn	$Sn^{2+} + 2e \Longrightarrow Sn$	-0.136
Pb^{2+}/Pb	$Pb^{2+} + 2e \Longrightarrow Pb$	-0.1263
H^+/H_2	$2H^+ + 2e \Longrightarrow H_2$	-0.000
S/H_2S	$S + 2H^+ + 2e \Longrightarrow H_2S$	$+0.141$
Sn^{4+}/Sn^{2+}	$Sn^{4+} + 2e \Longrightarrow Sn^{2+}$	$+0.15$
SO_4^{2-}/H_2SO_3	$SO_4^{2-} + 4H^+ + 2e \Longrightarrow H_2SO_3 + H_2O$	$+0.20$
Cu^{2+}/Cu	$Cu^{2+} + 2e \Longrightarrow Cu$	$+0.34$
O_2/OH^-	$O_2 + 2H_2O + 4e \Longrightarrow 4OH^-$	$+0.401$
I_2/I^-	$I_2 + 2e \Longrightarrow 2I^-$	$+0.535$

电对 （氧化态/还原态）	电极反应 （氧化态 + ne ══ 还原态）	标准电极电位 $\varphi^{\ominus}/\text{V}$
Fe^{3+}/Fe^{2+}	$Fe^{3+}+e ══ Fe^{2+}$	+0.770
Hg_2^{2+}/Hg	$Hg_2^{2+}+2e ══ 2Hg$	+0.7986
Ag^+/Ag	$Ag^++e ══ Ag$	+0.7996
NO_3^-/NO	$NO_3^-+4H^++3e ══ NO+2H_2O$	+0.96
Br_2/Br^-	$Br_2+2e ══ 2Br^-$	+1.06
MnO_2/Mn^{2+}	$MnO_2+4H^++2e ══ Mn^{2+}+2H_2O$	+1.208
$Cr_2O_7^{2-}/Cr^{3+}$	$Cr_2O_7^{2-}+14H^++6e ══ 2Cr^{3+}+7H_2O$	+1.33
Cl_2/Cl^-	$Cl_2+2e ══ 2Cl^-$	+1.358
MnO_4^-/Mn^{2+}	$MnO_4^-+8H^++5e ══ Mn^{2+}+4H_2O$	+1.491
H_2O_2/H_2O	$H_2O_2+2H^++2e ══ 2H_2O$	+1.77
F_2/F^-	$F_2+2e ══ 2F^-$	+2.87

B　电极电位的应用

电极电位定量地反映了电对在溶液中氧化还原能力的相对强弱。φ 的数值越大，电对中氧化态物质的氧化性越强，还原态物质的还原性越弱；φ 的数值越小，电对中还原态物质的还原性越强，氧化态物质的氧化性越弱。

由表 4-3 可知，凡标准电极电位的数值较负的电极（表的上部），都容易失去电子发生氧化反应；凡标准电极电位的数值较正的电极（表的下部），都容易得到电子发生还原反应。因此，钾、钠、钙等金属就容易被氧化，反之 K^+、Na^+、Ca^{2+} 等离子很难被还原成金属；铜、银、金则很难被氧化，而 Cu^{2+}、Ag^+、Au^+ 等离子很容易被还原成金属。根据这个规律，我们就可以利用标准电极电位初步判别在电镀过程中，究竟哪些物质能参与电极反应。如在镀镍溶液中，溶解了 $NiSO_4$ 和 $NaCl$ 等物质，而有了 Ni^{2+}、Na^+、H^+ 等阳离子，电镀时，主要是 Ni^{2+} 在阴极上还原成金属镍，H^+ 也有小部分在阴极上还原成氢气，而钠离子却不能在阴极上还原成金属钠，这是因为钠的标准电极电位的数值比氢、镍负得多。镀镍溶液中还含有 OH^-、Cl^-、SO_4^{2-} 等阴离子，电镀时，主要是 OH^-，也可能有小部分的 Cl^- 在阳极上被氧化而析出氧气和氯气，而 SO_4^{2-} 却不能在阳极被氧化成 $S_2O_8^{2-}$，这也是由于 SO_4^{2-} 氧化成 $S_2O_8^{2-}$ 的标准电极电位较正。

过氧化氢还原反应的电极电位数值很正，表明它极易在阴极放电，比 H^+ 更容易在阴极被还原，因此在镀液中加入过氧化氢可以抑制析氢反应，消除因析氢而产生的针孔现象。但如果镀液中加入的过氧化氢过多，也会抑制金属离子的放电，金属就难以镀出。除过氧化氢外，其他一些氧化剂如铬酸根（CrO_4^{2-}）、重铬酸根（$Cr_2O_7^{2-}$）、硝酸根（NO_3^-）等，其标准电极电位也很正，都容易在阴极放电，因而会降低阴极电流效率，或使零件上电流小处无镀层，甚至全部镀不上。

利用标准电极电位表，我们还可以预先估计能否发生置换反应。由于电位负的金属易氧化，电位正的金属离子易还原，因此当某一电位负的金属浸到电位正的金属离子的溶液中，电位负的金属将发生溶解，电位正的金属离子将被还原成金属而析出。这就是金属间的置换反应。由表 4-3 可知，铁的电位比铜负，因此当把铁片浸到铜离子的溶液中，就会发生置换反应而在铁片上产生所谓的"置换铜层"。此外，铜件镀银前的汞齐化或浸银处理，铝制品电镀前的浸锌处理等，也是此类现象。

迄今为止，在水溶液中镀铝、镀钛仍很困难，这主要是因为铝、钛的标准电极电位很负，不易被还原成金属。

4.1.2.5 电极的极化

A 极化现象

对于可逆电极，在没有电流通过时，其电极电位为平衡电位（$\varphi_{平}$），但在电极上有电流通过时，其电极电位就将发生变化，偏离其平衡电位值，这种现象就叫做电极的极化。

同样，对于具有稳定电位的不可逆电极，当电极上有电流通过时，其电极电位也将偏离其起始的稳定电位值，这种现象也叫做极化。

在有电流通过时，阴极的电极电位向负的方向偏移的现象叫做阴极极化；阳极电位向正的方向偏移的现象叫做阳极极化。

B 过电位与极化值

在给定的电流密度下，其可逆电极的电极电位（φ）与其平衡电位（$\varphi_{平}$）之间的差值，叫做该电极在给定电流密度下的过电位（η）：

$$\eta = \varphi - \varphi_{平}$$

阳极极化时，$\varphi > \varphi_{平}$，η 为正值；阴极极化时，$\varphi < \varphi_{平}$，η 为负值。但一般所说的过电位值，均指其绝对值。η 绝对值的大小，表明极化作用程度的大小。

在给定的电流密度下，某电极的电极电位与其起始电位之差，就叫做极化值（$\Delta\varphi$）：

$$\Delta\varphi = \varphi - \varphi_{起始}$$

从表示电极极化的意义上说，η 和 $\Delta\varphi$ 的含义大体上是相同的，所以有时并不去严格地区分它们。但严格地说，过电位 η 只适用于可逆电极，而极化值 $\Delta\varphi$ 则不仅适用于可逆电极，也适用于不可逆电极。

应强调指出的是，在讨论过电位或极化值的大小时，一定要指明是在什么电流密度下的过电位或极化值，因为电流密度不同，它们的数值也不同，否则所进行的讨论就不足以说明问题。

C 电化学极化与浓差极化

根据产生极化作用原因的不同，可以大体上把极化分为电化学极化和浓差极化两类。

（1）电化学极化：电化学极化也叫做活化极化。它是由电极过程中电化学反应受到阻滞而引起的极化，或者说是由电极上的电化学反应速度小于电子运动速度而造成的极化。

许多因素如电流密度、温度、电解质溶液的浓度、电极材料及其表面状态等，对电化学极化都有重要的影响。

在电镀中，使阴极发生较大的电化学极化作用，对于获得高质量的细晶镀层是十分重要的。在一些电镀溶液中加入配合剂和添加剂以及在一定的范围内提高它们的浓度，都会不同程度地增加阴极的电化学极化作用，而升高溶液的温度，却会降低电化学极化作用。

（2）浓差极化：浓差极化也叫做浓度极化，它是由反应物或反应产物的溶液中的扩散过程受到阻滞而引起的极化，或者说是由溶液中的物质扩散速度小于电化学反应速度而造成的极化。

若扩散速度很慢，则扩散到电极表面的反应粒子立即发生反应，从而使电极表面附近反应粒子浓度为零，这时的浓差极化叫做完全浓差极化。这时电极上的电流密度出现最大值，称之为极限电流密度。

在电镀中，若使用的电流密度范围超过了这个极限电流密度，则在电极上会有其他的电化学反应发生，从而使阴极电流效率大大降低，并且还会形成不合格的树枝状镀层。因此，在电镀中往往要采用机械搅拌或压缩空气搅拌，通过加强溶液的对流作用而提高阴极极限电流密度，从而扩大允许使用的电流密度范围。

应当指出，在电镀时，电化学极化与浓差极化有可能同时存在，只是在不同的情况下它们各自所占的比重不同而已。一般情况下，当电流密度较小时，以电化学极化为主；在高电流密度下，以浓差极化为主。

D　析出电位

金属和其他物质（如氧气）在阴极上开始析出的电位叫做析出电位，也叫做放电电位。注意"开始析出"的含义，不能把任何能镀出金属（即析出金属或沉积出金属）的电位都叫做析出电位。析出电位值与平衡电位和过电位的数值有关。不同的金属，其析出电位也不同。凡析出电位较正的金属都能优先在阴极上沉积出来。如在镀锌时，溶液中的铜、铅等金属离子杂质常使镀锌层变粗、发黑，其原因就在于这些离子的析出电位比锌正，优先在阴极上析出而破坏了镀锌层有规则的沉积。为了去除溶液中的金属杂质，经常利用这些金属杂质离子具有较正的析出电位，用电解法将它们除去。

电镀合金时，必须使两种金属离子的析出电位相同才能使它们共同放电而镀出合金镀层。

E　极化曲线

表示电极电位随着电流密度而改变的关系曲线，叫做极化曲线。在极化曲线中，可以用横坐标表示电流密度，纵坐标表示电极电位；也可以用横坐标表示电极电位，纵坐标表示电流密度，这要根据研究对象和研究方法而定。曲线上的每一个点都表示在该电流密度下的电极电位。

图4-7所示为一条阴极极化曲线。从该曲线上可以看出：随着电流密度 D_k 的不断增大，阴极电位不断变负，过电位 η 的绝对值也不断增大。

F　极化度

所谓极化度是指电极电位随电流密度的变化率，也就是极化曲线上某一点切线的斜率。但在一般情况下，所指的往往是在某一电流密度区间内电位变化的平均值，即电流密度发生单位数量变化时，所引起的电极电位改变的程度。若讨论的是阴极，则以 $\dfrac{\Delta\varphi}{\Delta D_k}$ 表示。必须注意在一条极化曲线上，不同线段内的极化度是不同的，$\dfrac{\Delta\varphi}{\Delta D_k}$ 的比值大，表示极化度大，反之极化度小。通过测定阴极极化度，可以判断电镀溶液的分散能力和覆盖能力，也常通过提高阴极极化度，来提高电镀溶液的分散能力和覆盖能力

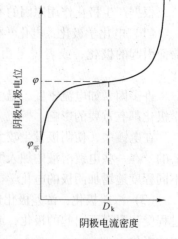

图4-7　阴极极化曲线

（有关分散能力和覆盖能力的详细介绍请参阅本章第 4.4 节）。

4.1.2.6 法拉第定律及其在电镀中的应用

A 法拉第定律

当电流通过电解质溶液或熔融电解质时，电极上将发生化学反应，并伴有物质的析出或溶解。法拉第定律可定量地表达电极上通过的电量与反应物的物质的量之间的关系，即电流通过电解质溶液时，在电极上析出（溶解）的物质的量与通过的电量成正比；通过 1F（法拉第）电量，就析出或消耗相当于 1mol 电子对应的物质的量。假设通过的电量为 Q，反应的电子的物质的量为 z，生成物的物质的量为 n，法拉第常数为 F（$F = 96485.3$C/mol），则法拉第定律关系式为：

$$n = \frac{Q}{zF} \tag{4-1}$$

如果物质的摩尔质量为 M，物质的质量为 m，电流为 I，通电时间为 t，则有：

$$m = nM = \frac{QM}{zF} = \frac{ItM}{zF} \tag{4-2}$$

式中，$\frac{M}{zF}$ 为仅与析出物质性质有关的常数，表示每通过 1C 电量时析出物质的质量，称为该物质的电化学当量。

例如，酸性镀铜时，Cu^{2+} 被还原为 Cu，$\frac{M}{zF} = \frac{63.5}{2 \times 96485.3} = 0.329 \times 10^{-3}$g/C（或 1.186g/（A·h））。氰化镀铜中铜由+1 价被还原为 0 价，氰化镀铜的 $\frac{M}{zF}$ 为酸性镀铜的 2 倍。也就是说当两种镀液通过相同的电量时，氰化镀铜的镀层质量比酸性镀铜多一倍。为获得同样厚度的镀层，前者所需时间只是后者的一半。

如设 $\frac{M}{zF} = K$，则合金电化学当量可按下式计算，即：

$$K_{A-B} = \frac{1}{\dfrac{A}{K_A} + \dfrac{B}{K_B}} \tag{4-3}$$

式中 K_{A-B}——A-B 合金的电化学当量，g/（A·h）；

K_A，K_B——金属 A 与 B 的电化学当量，g/（A·h）；

A，B——合金中组分金属 A 与 B 的百分含量。

例如，含锡 10%的 Cu-Sn 合金的电化学当量的计算公式（锡以+4 价计，铜以+2 价计）为：

$$K_{Cu-Sn} = \frac{1}{\dfrac{90\%}{1.186} + \dfrac{10\%}{1.107}}$$

B 电流效率测定

法拉第定律是自然界中最严格的定律，不受温度、压力、电解质溶液的组成与浓度、溶剂的性质、电极与电解槽材料和形状等因素限制。但在电镀过程中，电极上往往发生不止一个反应，与主反应同时进行的还有副反应。析出所需物质消耗的电量占通过总电量的百分数称为电流效率：

$$\eta = \frac{M_1}{M_2} \times 100\% = \frac{Q_1}{Q_2} \times 100\% \tag{4-4}$$

式中　η——电流效率；

M_1——电极上析出产物的实际质量，g；

M_2——由总电量所折算的产物的质量，g；

Q_1——析出所需物质消耗的电量，C；

Q_2——通过电极的总电量，C。

电流效率是评定镀液性能的一项重要指标。电流效率高可加快镀层沉积速率，减少电耗。电流效率与电镀种类、工艺规范等有关，如酸性镀铜、酸性镀锌的电流效率几乎接近100%，氰化镀铜与氰化镀锌的电流效率为60%~70%；镀铬的电流效率最低，约为13%~25%。一般来说，由于存在副反应，阴极的电流效率往往小于100%；而阳极电流效率有时小于100%，有时大于100%。这是因为阳极金属除发生电化学溶解外还进行化学溶解。

在镀镍与铵盐镀锌溶液中，镀液的 pH 值常常随电镀时间的延长而逐渐上升；在焦磷酸盐镀铜中，pH 值则随电镀时间的延长而逐渐下降。这主要是由阴、阳电流效率的不均衡造成的。在镀镍与铵盐镀锌溶液中，阴极的电流效率低于阳极的电流效率，阴极消耗的 H^+ 大于阳极消耗的 OH^-，使整个镀液的 OH^- 含量相对增加，所以 pH 值随之上升，而在焦磷酸盐镀铜液中恰好相反，所以 pH 值逐渐下降。

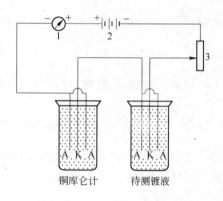

图 4-8　电流效率测定装置
1—电流表；2—直流电源；3—可变电阻
A—阳极；K—阴极

镀液电流效率的测定，可按图 4-8 所示的装置进行。将待测镀槽与库仑计串联，通过库仑计析出物质的质量，由法拉第定律计算通过镀槽的总电量。

铜库仑计是常用的一种库仑计，阳极为纯的电解铜板，阴极为经过表面处理的活性铜板，电解液组成为 $CuSO_4 \cdot 5H_2O$　125g/L，H_2SO_4（相对密度 1.84）26mL/L，C_2H_5OH（乙醇）50mL/L。

待测镀槽的电流效率 η_k 为：

$$\eta_k = \frac{1.186 \Delta m_{待测}}{K_{待测} \Delta m_{铜库仑计}} \tag{4-5}$$

式中　$\Delta m_{待测}$——待测镀槽阴极试片的实际增加质量，g；

$\Delta m_{铜库仑计}$——铜库仑计阴极试片的实际增加质量，g；

$K_{待测}$——待测镀槽阴极上析出物质的电化学当量，g/（A·h）；

1.186——铜库仑计铜的电化学当量，g/（A·h）。

C　电镀基本计算

（1）电流密度、电镀时间及镀层平均厚度之间的关系：已知电流密度、电镀时间和阴极电流效率，可由下式计算出阴极上沉积金属的平均厚度：

$$d = \frac{100KD_k t\eta_k}{60\rho} \tag{4-6}$$

式中　d——镀层平均厚度，μm；

　　　K——待镀金属的电化学当量，$g/(A \cdot h)$；

　　　D_k——阴极电流密度，A/dm^2；

　　　t——电镀时间，min；

　　　η_k——阴极电流效率；

　　　ρ——待镀金属密度，g/cm^3。

（2）沉积速度：沉积速度（v）用单位时间内沉积镀层厚度表示，通常以 $\mu m/h$ 为单位，计算式如下：

$$v = \frac{100KD_k\eta_k}{\rho} \tag{4-7}$$

4.2　电镀结晶的基本历程

4.2.1　电镀结晶的基本历程

固态金属都是由金属原子组成的晶体，金属镀层也不例外。因此，在一般电镀过程中，除了发生金属简单离子或其配离子在阴极上还原的电化学反应外，还存在着金属晶体的形成和长大过程，即电结晶过程。当然，电结晶过程也要遵循一般结晶过程的规律，但它又具有较大的特殊性。

一般的结晶过程是个物理过程，首先是形成晶核，然后是晶核逐步长大成为晶粒。在晶体长大的同时，还有新的晶核形成，不过两者的速度可能相差很大。如果晶核形成的速度较慢，则所获得的晶粒较细；若晶体长大的速度较快，则将得到的是粗粒的晶体。这与溶液的过饱和度（过饱和溶液的浓度与饱和溶液浓度之比）有关。溶液的过饱和度越大，晶核越容易形成，所形成的晶粒尺寸也越小，反之则将得到较粗大的晶粒。

电结晶是一个有电子参加的化学反应过程，例如电镀镍时，镍晶核的形成需要一定的外电场作用。在平衡电位下镍离子的还原反应速度与镍的氧化速度相等，镍的晶核不可能形成。只有在阴极化条件下，即比平衡电位更负的电位下，才能生成镍的晶核。所以说，为了产生金属晶核，需要一定的过电位。电结晶中的过电位与一般结晶过程中的过饱和度所起的作用相当，而且过电位的绝对值越大，金属晶核越容易形成，也越容易得到细小的晶粒。

电结晶与一般结晶的另一个不同之处在于电结晶都是在基体金属（即电极）上进行的。不管基体金属与被沉积金属是否是同一种物质，它们都是具有一定结构的晶体。晶体表面总会存在着一些有缺陷或伤痕的部位，当外电流通过电极时，电结晶过程完全有可能直接在基体金属的这些部位的晶格上发生。在这种情况下，即使没有新的晶核形成，电结晶过程照样可以进行。当然，如果具备了形成新晶核的条件，电结晶的内容就更丰富了。一般盐类从溶液中结晶时，晶核的形成是个必要的条件，但对于电结晶来说，既不能限定将晶核的形成作为它的先决条件，也不能排除电结晶过程中晶核形成的可能性。

金属电结晶过程是一个很复杂的过程（图4-9），一般分为以下几个步骤：

（1）液相传质步骤。金属离子（或金属配离子）通过液相传质自溶液本体运动到电极表面附近。

（2）放电步骤。到达电极表面的金属离子失去部分水化膜，并得到电子，形成能够在晶体表面自由移动的原子（又称吸附原子）。

（3）表面扩散步骤。吸附原子在电极表面移动到一个能量较低的位置，在脱去全部水化膜的同时进入晶格。

通常晶体表面并不十分完整，总是存在着台阶（图4-9中的1）和拐角（图4-9中的2）。在这些位置上能量较低，比较稳定。因此，吸附原子总是通过表面扩散优先进入这些位置，形成晶格。通常我们把台阶和拐角这类位置称为晶体的"生长点"。

在电极电位偏离平衡电位不远时，电流密度很小，金属离子在阴极上还原的数量不多，吸附原子的浓度较小，而且晶体表面上的"生长点"也不太多。因此，吸附原子在电极表面上的扩散距离相当长，可以规则地进入晶格，晶粒长得比较粗大。在这种情况下，表面扩散速度控制着整个电结晶的速度。当电极电位变得更负些时，吸附原子的浓度逐渐增大，晶体表面上的"生长点"也大大增加。于是吸附原子表面扩散的距离缩短了，表面扩散更为容易。此时，吸附的原子来不及规则地排列在晶格上，而是在晶体表面上随便"堆砌"，使得局部区域的晶体不可能生长得太快，因而可获得细小的晶

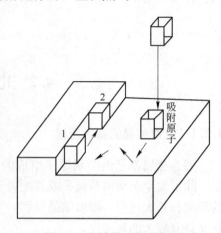

图4-9　电结晶过程示意图

粒。这时，表面扩散速度可以变得比放电速度快得多，因此，整个电结晶过程的速度受离子放电速度的控制。

另外，在过电位的绝对值很大时，电流密度也相当大，被还原的金属离子数量很多，会在电极表面形成大量的吸附原子。在这种情况下，它们很有可能聚积在一起，形成新的晶核。而且极化越大，形成晶核的概率就越大，速度就越快，晶核的尺寸也就越小，因而可以获得细致光滑的金属层。因此在电镀过程中，需要在晶体生长的同时，还有大量的晶核形成。也就是说，电镀时总是设法使阴极电化学极化大一些。

在实际电镀过程中，单靠提高电流密度来提高阴极极化是不行的。因为电流密度过大时，会使得浓度极化的增加远大于电化学极化的增加，结果使镀层变得粗糙、疏松、多孔甚至烧焦。

4.2.2　影响电镀结晶粗细的因素

金属电结晶时，同时进行着晶核的形成与生长两个过程。这两个过程的速度决定着金属结晶的粗细程度。如果晶核的形成速度较快，而晶核形成后的生长速度较慢，则形成的晶核数目较多，晶粒较细，反之晶粒就较粗。晶核的形成速度越大于晶核的生长速度，镀层结晶越细致、紧密。

实践表明，提高电结晶时的阴极极化作用可以加速晶核的形成速度，便于形成微小颗

粒的晶体。在一般情况下，电镀中常常提高电结晶时的阴极极化作用以增加晶核形成速度，从而获得结晶细致的镀层。

为了提高金属电结晶时的阴极极化作用，可以采取以下几种措施：

（1）提高阴极电流密度。一般情况下阴极化作用随阴极电流密度的增大而增大，镀层结晶也随之变得细致紧密。在阴极极化作用随阴极电流密度的提高而增大的情况下，可采用适当提高电流密度的方法提高阴极极化作用，但不能超过所允许的上限值。

（2）适当降低电解液的温度。降低电解液温度能减慢阴极反应速度和离子扩散速度，提高阴极极化作用。但在实际操作中，对于提高温度所带来的负面影响，可以通过增大电流密度来弥补。由于提高温度就可以进一步提高电流密度，从而加速电镀过程，因此在具体操作过程中，要根据实际情况调节电解液的温度。

（3）加入配合剂。在电镀生产中，能够配合主盐中金属离子的物质称为配合剂。由于配离子较简单离子难以在阴极上还原，从而提高阴极极化值。

（4）加入添加剂。添加剂吸附在电极的表面而阻碍金属的析出，从而提高了阴极极化作用。

总之，在实践中可根据实际情况，采取具体措施适当提高金属电结晶时的阴极极化作用，但是不能认为阴极极化作用越大越好。因为极化作用超过一定范围，会导致氢气的大量析出，从而使镀层变得多孔、粗糙，质量反而下降。

4.3 电镀镀层的分类

目前，金属镀层的分类方法主要有三种：一是按镀层的用途分类；二是按镀层与基体金属的电化学关系分类；三是按镀层的组合形式分类。

4.3.1 按镀层的用途分类

按镀层的用途可把镀层分为三大类，即防护性镀层、防护-装饰性镀层和功能性镀层。

4.3.1.1 防护性镀层

防护性镀层主要用于金属零件的防腐蚀。镀锌层、镀镉层、镀锡层以及锌基合金（Zn-Fe、Zn-Co、Zn-Ni）镀层均属于此类镀层。黑色金属零件在一般大气条件下常用镀锌层来保护，在海洋性气候条件下常用镀镉层来保护；当要求镀层薄而抗蚀能力强时，可用锡镉合金来代替镉镀层；铜合金制造的航海仪器，可使用银镉合金保护；对于接触有机酸的黑色金属零件，如食品容器，则用镀锡层来保护，它不仅防腐蚀能力强，而且腐蚀产物对人体无害。

4.3.1.2 防护-装饰性镀层

对很多金属零件，既要防腐蚀，又要求具有经久不变的外观，这就要求施加防护-装饰性镀层。这种镀层常采用多层电镀，即首先在基体上镀"底"层，而后再镀"表"层，有时还要镀"中间"层。例如，通常的 Co-Ni-Cr 多层电镀等就是典型的防护-装饰性镀层，常用于自行车、缝纫机、小轿车的外露部件等。目前正流行的花色电镀、黑色电镀及仿金镀层也属于此类镀层。

4.3.1.3 功能性镀层

为了满足光、电、磁、热、耐磨性等特殊物理性能的需要而沉积的镀层称为功能性镀层，目前品种较多。

（1）耐磨和减摩镀层：耐磨镀层是给零件镀上一层高硬度的金属以增加它的抗磨耗能力。如镀硬铬，硬度可达到 $1000 \sim 1200HV$，用于直轴或曲轴的轴颈、压印辊面、冲压模具的内腔、枪和炮管的内腔等。对一些仪器的插拔件，既要求具有高的导电能力，又要求耐磨损，常采用镀硬银、硬金、铑等。

减摩镀层多用于滑动接触面，起润滑作用，减少滑动摩擦系数，延长零件的使用寿命。作为减摩镀层的金属有锡、铅锡合金、铜铟合金、铅锡铜及铅锑锡三元合金等。

（2）热加工用镀层：用于改善机械零件等的表面物理性能，常常要进行热处理。但对一个部件而言，只需局部改变原来的性能，这就需在热处理之前，先把不需要改变性能的部位保护起来。如工业生产中，为了防止局部渗碳要镀铜，防止局部渗氮要镀锡，这是利用碳或氮在这些金属中难以扩散的特性来实现的。

（3）导电性镀层：在电器、无线电及通信设备中，为提高制件表面的导电性，大量使用该类镀层，常用的有镀铜、镀银、镀金等。若同时要求耐磨，则可镀银锑合金、金钴合金、金锑合金等。

（4）磁性镀层：录音机、电子计算机等设备中，所用的录音带、磁环线、磁鼓、磁盘等存储装置均需磁性材料，常用的有钴镍、镍铁、钴镍磷等磁性合金镀层；作为磁光记录材料，有钐钴等。生产中，当电镀工艺条件改变时，镀层的磁特性也相应变化，故应严格控制施工条件。

（5）修复性镀层：重要机器零件磨损以后，可以采用电镀法进行修复。如汽车和拖拉机的曲轴、凸轮轴、齿轮、花键、纺织机的压辊、深井泵轴等可用电镀硬铬、镀铁（或复合镀铁）加以修复；印染、造纸、胶片行业的一些机件也可用镀铜、镀铬来修复；印刷用的字模或版模则可用镀铁来修复。

除此之外，随着科技的发展，电镀或电沉积还可用于制备纳米材料、高性能材料薄膜，如超导氧化物薄膜、电致变色氧化物薄膜、金属化合物半导体薄膜、形状记忆合金薄膜、梯度材料薄膜等。电镀在功能材料领域的用途非常广泛。

4.3.2　按镀层与基体金属的电化学关系分类

按照基体金属与镀层的电化学关系，镀层可分为阳极镀层和阴极镀层两大类，如铁上镀锌就是常用的阳极镀层，而铁上镀锡是阴极镀层。

所谓阳极镀层就是当镀层与基体金属构成腐蚀微电池时，镀层为负极（阳极），首先溶解，这种镀层不仅能对基体起机械保护作用，还起电化学保护作用。就铁上镀锌而言，在通常情况下，由于锌的标准电位比铁负，当镀层有缺陷（针孔、划伤等）而露出基体时，如果有水蒸气凝结于该处，则锌铁就形成了腐蚀电偶。此时锌作为负极而溶解，H^+ 在铁（作为正极）上放电而逸出氢气，从而保护铁不受腐蚀。因此，把这种情况下的锌镀层叫做阳极镀层。为了防止金属腐蚀，应尽可能选用阳极镀层，并保证镀层有一定的厚度。

阴极镀层是镀层与基体构成腐蚀微电池时，镀层为正极（阴极），这种镀层只能对基体金属起机械保护作用。例如，在钢铁基体上镀锡，当镀层有缺陷时，铁锡形成腐蚀电偶，但锡的标准电极电位比铁正，锡镀层是正极，因而腐蚀电偶作用的结果将导致铁负极溶解,而氢在锡正极上析出。这样一来,镀层仍然存在,而其下面的基体却逐渐被腐蚀,最终镀层也会脱落下来。因此,阴极镀层只有当它完整无缺时,才能对基体起机械保护作用,一旦镀层被损伤,不但保护不了基体,反而加速了基体的腐蚀,所以阴极镀层要尽量减少孔隙率。

由于金属的电极电位随介质而发生变化,因此镀层属于阳极镀层还是阴极镀层,需视介质而定。例如,锌镀层对钢铁基体来讲,在一般条件下是典型的阳极镀层,但在 70~80℃的热水中,锌的电位变得比铁正,因而变成了阴极镀层;锡对铁而言,在一般条件下是阴极镀层,但在有机酸中却成为阳极镀层。

并非所有此基体金属电位负的金属都可以用作防护性镀层,因为镀层在所处的介质中如果不稳定,将迅速被介质腐蚀,失去对基体的保护作用。如锌在大气中能成为黑色金属的防护性镀层,就是由于它既是阳极镀层,又能形成碱式碳酸锌保护膜,所以很稳定。但在海水中,尽管锌对铁仍是阳极镀层,但它在氯化物中不稳定,从而失去保护作用,所以,航海船舶上的仪器不能单独用锌镀层来防护,而应用镉镀层或代镉镀层。

4.3.3 按镀层的组合形式分类

按镀层的组合形式分类,可分为简单结构、多层组合结构、复合镀层三类。

(1)简单结构。只镀单层镀层。

(2)多层组合结构。多层镀层可由不同金属镀层组成,如铜-镍-铬三层结构;也可由相同金属组成,如高耐蚀性双层镍-高硫镍-光亮镍等。

(3)复合镀层。复合镀层是以金属为基相,非金属或金属微粒为分散相而组成弥散结构的镀层,具有高耐磨、高耐蚀性。

4.4 电镀液的性能

4.4.1 概述

所谓电镀液的性能,主要包括如下四部分内容:镀液的分散能力,镀液的平整能力,镀液的覆盖能力,电流效率。此外,人们也越来越重视其成本、毒性、废水处理难易程度等。

电镀液的性能与其组成密切相关。电镀液的组成有的很简单,有的很复杂,但基本都包括如下两个部分:

(1)金属离子的微粒。这些微粒有时是简单的金属离子,有时为其配合物或存在于酸根中。习惯上把它们均称为"主盐",其含义为含有被镀金属离子的盐类。

(2)局外电解质。局外电解质的作用是减小镀液的电阻,有时主盐也兼具导电的作用,如硫酸盐镀锌或镀铜,通常情况下都选用碱土金属及碱金属的盐类作为导电盐,如 $MgSO_4$、Na_2SO_4 等。

对于一个较为复杂的镀液,还包括其他的组分,如在瓦特型光亮镀镍液中又存在 pH 缓冲剂、光亮剂、防针孔剂、应力调整剂等。

对于任何一种镀层都有一定的质量要求,如镀层平整,结晶细致、紧密、孔隙率低,镀层与基体结合牢固，镀层厚度均匀一致等。评定一个电镀溶液的优劣，也主要看其能否满足上述要求或满足的程度，而其中镀层厚度分布的均匀性最重要。

例如对于防护性镀层（如镀锌层），如果镀层厚度不均匀，即使镀层的平均厚度可能很厚，但是最薄的地方由于腐蚀破坏会最先失去对基体的保护能力。又如圆柱状零件（轴类）镀硬铬，如果镀层厚度分布不均匀，将会产生锥度或椭圆度而影响装配和使用。因此，了解镀层在制品表面上厚度的分布状况，并从根本上采取措施来改善镀层厚度分布的均匀性，对提高镀层质量是至关重要的。

4.4.2　电镀液的分散能力

分散能力是指镀液所具有的镀层厚度均匀分布的能力，也称为均镀能力。

在实际生产过程中，都要求零件各个部位的镀层厚度尽可能地均匀一致。为了达到这一要求，应当从影响电镀溶液分散能力的电化学因素和几何因素着手，采取如下一些措施：

（1）在电镀溶液中加入一定量的强电解质。因为强电解质在溶液中全部电离为离子，使镀液的电导率得到提高。电镀溶液的电导率增大，则电极上电流密度的分布更加均匀，从而提高电镀溶液的分散能力。在选择强电解质时应当注意，局外电解质的加入，不应当在电极上引起不良的副反应。

（2）采用配合物电解液，使镀液中放电的金属离子以配合离子的形式存在。配合离子在阴极还原时，其电流效率常常是随电流密度的升高而下降，这就使得阴极上金属的分布更加均匀，从而使电镀溶液的分散能力得到提高。

（3）在电镀溶液中加入适量的添加剂。在电镀溶液中使用的添加剂种类很多，其作用也是各种各样的，如有些添加剂可以增加阴极极化，以便使金属镀层结晶细致光亮。为了改善镀液的分散能力，应当采用能够增加阴极极化度的添加剂，使阴极的电流分布更加均匀，从而提高电镀溶液的分散能力。

（4）从几何因素着手来提高电镀溶液的分散能力。在电镀生产中有一个很典型的特例，就是镀铬电解液，它是一种具有很强氧化能力的电解液，是目前所应用的电解液中分散能力最差的一种，而且影响分散能力的电化学因素在这里都不起作用。这是因为，首先，镀铬电解液是强酸性的，有大量的 H^+ 存在，具有很高的电导率，但是在电镀过程中，由于在阴极和阳极上分别析出大量的氢气和氧气，电解液的充气度很高，电解液的电导反而大大下降，不利于分散能力的提高，加入导电盐在这里也没有多大意义。其次，镀铬电解液阴极极化曲线的极化度很小，而且其阴极电流效率随着电流密度的增加而增加。这些因素都使得镀铬电解液的分散能力很差。因此，要想从镀铬电解液中得到厚度比较均匀的镀层，只能从几何因素着手，即改变阴阳极之间相互位置的排布或改变阳极的形状。常用的方法有以下几种：

1）象形阳极法：即把阳极的形状做成尽可能与阴极（被镀的零件）的形状相似，如图 4-10 所示，这样就可使阴极表面各部位与阳极间的距离比较接近，阴极上的电流分布趋于均匀，镀层厚度的分布也就比较均匀了。

2）保护阴极法：当被镀零件有突出的尖端或明显的边缘时，由于电流的"尖端效应"和"边缘效应"，这些部位的电流密度很大，很容易出现毛刺、结瘤或烧焦等弊病。

为了消除这些弊病，可以在尖端的前面或边缘的周围加上保护阴极（图4-11），使一部分电流分散并消耗在保护阴极上，从而降低了这些部位的电流密度，避免了上述弊病的发生，并可使镀出的镀层厚度比较均匀。

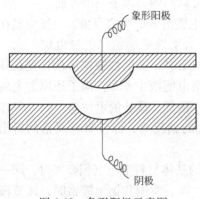

图4-10　象形阳极示意图

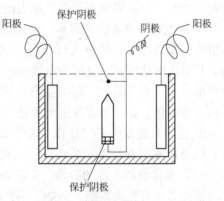

图4-11　保护阴极示意图

3）辅助阳极法：当零件有内孔或深凹处需要镀覆时，为了使电流能够分布进去，可以使用辅助阳极（图4-12），使内孔与深凹部位的电流分布趋于均匀。对于容易镀厚的边角部位或某些局部区域，可以在辅助阳极的相应部位用非金属材料屏蔽的方法来解决。

4）调整阳极的排布：对圆柱形工件镀铬时，不能像一般电镀一样使用平板状阳极放在镀件的两侧，而应使用棒状（圆形或椭圆形）阳极，并将其排布在镀件四周。

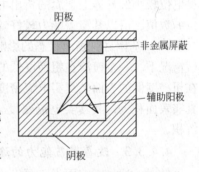

图4-12　辅助阳极与非金属屏蔽

应当指出，用调整几何因素的方法来提高电解液的分散能力，不仅麻烦，而且费工时、费材料，使生产成本增加。只有在镀铬这种特殊情况下，才使用调整几何因素的方法。所以，提高电解液的分散能力仍应着眼于电化学性能的改进。

4.4.3　电镀液的覆盖能力

4.4.3.1　覆盖能力的概念

所谓覆盖能力，是指在电镀溶液的特定条件下，在工件的凹处或深孔中沉积出金属镀层的能力。覆盖能力有时也叫深镀能力。覆盖能力与分散能力是两个完全不同的概念，它仅表明被镀零件的凹处或深孔中有无镀层，并不涉及镀层的厚度问题。覆盖能力与分散能力的关系是，电镀溶液的分散能力强时，其覆盖能力一定强，但是覆盖能力强的镀液，其分散能力不一定强。

4.4.3.2　影响覆盖能力的因素

覆盖能力是评价电镀溶液性能优劣的指标之一。为了改善电镀溶液的覆盖能力，应当先弄清影响覆盖能力的因素。

在电镀过程中，只有当阴极上的电位达到一定数值后，溶液中的金属离子才能还原为金属并沉积在阴极表面。如果被镀零件上某些部位的电位达不到欲镀金属的析出电位时，则这些部位上将不会有金属离子还原，所以也不会有金属镀层形成。这就说明该电镀溶液的覆盖能力不好。影响镀液覆盖能力的因素，一般可以归纳为以下三个方面：

（1）电镀溶液本性的影响。金属的析出电位与电镀溶液的组成有关。有些金属在某些镀液中，可以在很低的电流以密度下沉积出来，这表明该金属析出的过电位不大，或者说，其析出电位较正，这样的电镀溶液的覆盖能力一定好，如酸性镀铜溶液，铜在其中的析出电位为正值。反之，则覆盖能力不好，如在镀铬电解液中 CrO_4^{2-} 离子还原为金属铬的析出电位很负，在被镀零件的凹洼处，由于电流密度很低，该处的电位达不到 Cr^{6+} 还原为 Cr 的电位，只能发生 Cr^{6+} 还原为 Cr^{3+} 以及析出氢气的副反应，而没有金属铬的析出，所以，镀铬溶液的覆盖能力很差。

（2）基体材料本性的影响。实践表明，在不同的基体材料上电沉积金属时，同一镀液的覆盖能力也有很大差别。例如，用铬酸溶液在铜、镍、黄铜和钢上镀铬时，镀液覆盖能力依次递减。这是因为在不同基体材料上金属离子还原时的析出过电位数值差别很大，在过电位较小的基体上金属的析出电位较正，即使在电流密度较小的部位也能达到其析出电位的数值，所以其覆盖能力较好。

（3）基体材料表面状态的影响。基体材料的表面状态对覆盖能力的影响比较复杂，一般情况下，一个镀液在粗糙度低的表面上的覆盖能力要比其在粗糙表面上的好。这是因为在粗糙度低的表面上真实电流密度大，容易达到金属的析出电位，而粗糙的表面，由于其真实表面积大，其真实电流密度较小，一些部位不易达到金属的析出电位，而没有镀层沉积。

4.4.3.3 改善覆盖能力的途径

针对上述的影响因素，可以采取以下措施来改善镀层的覆盖能力：

（1）施加冲击电流。冲击电流是指在电镀开始通电的瞬间，给镀件通以高于正常电流密度数倍甚至数十倍的大电流，形成瞬间比较大的阴极极化，使被镀零件表面瞬间被一薄层镀层完全覆盖，然后再降至正常电流密度值继续进行电镀。

（2）增加预镀工序。在进行正常电镀之前，预先在一定组成的镀液中电镀一种薄层镀层，该镀层可以是与正常镀层相同的金属层，也可以是其他金属层，但应使正常镀层在其上容易析出。后一种情况的例子是黄铜件镀铬前的预镀镍层，这是因为铬在镍上比在黄铜上更易于电沉积。

（3）加强镀前处理。电镀前必须清除干净零件表面的油污和各种膜层，并且尽可能地降低零件表面的粗糙度。

4.5   电镀工业的发展概况与展望

电镀是对基体表面进行装饰、防护以及获得某些特殊性能的一种表面工程技术。最早公布的关于电镀的文献是 1800 年由意大利 Brug-natelli 教授提出的镀银工艺，1805 年他又提出了镀金工艺。到 1840 年，英国 Elkington 申请了氰化镀银的第一个专利，并用于工业生产，这是电镀工业的开始。他提出的镀银电解液一直沿用至今。同年，Jaobi 获得了从酸性溶液中电镀铜的第一个专利。1843 年，酸性硫酸铜镀铜用于工业生产。1915 年实现了在钢带表面酸性硫酸盐镀锌，1917 年 Proctor 提出了氰化物镀锌，1923～1924 年 C. G. Fink 和 C. H. Eldrge 提出了镀铬的工业方法，从而使电镀逐步发展成为完整的电化学工程体系。

电镀合金开始于 19 世纪 40 年代的铜锌合金（黄铜）和贵金属合金电镀。由于合金镀层具有比单金属镀层更优越的性能，人们对合金电沉积的研究也越来越重视，已由最初的获得装饰性为目的的合金镀层发展到装饰性、防护性及功能性相结合的新合金镀层的研究上。到目前为止，电镀得到的合金镀层大约有 250 多种，但用于生产的仅有 30 余种。具有代表性的镀层有：Cu-Zn、Cu-Sn、Ni-Co、Pb-Sn、Sn-Ni、Cd-Ti、Zn-Sn、Ni-Fe、Au-Co、Au-Ni、Pb-Sn-Cu、Pb-In 等。

随着科学技术和工业的迅速发展，人们对自身的生存环境提出了更高的要求。1989 年联合国环境规划署工业与环境规划中心提出了"清洁生产"的概念，电镀作为一种重污染行业，急需改变落后的工艺，采用符合"清洁生产"的新工艺。美国学者 J. B. Kushner 提出了逆流清洗技术，大大节约了水资源，受到了各国电镀界和环境保护界的普遍重视。在电镀生产中研发各种低毒、无毒的电镀工艺，如无氰电镀、代六价铬电镀、代镉电镀、无氟及无铅电镀，从源头上削减了污染严重的电镀工艺。达克罗（Dacromet）与交美特技术（Geomet）作为表面防腐的新技术在代替电镀锌、热镀锌等方面得到了应用，在实现对钢铁基本体保护作用的同时，减少了电镀过程中产生的酸、碱、锌、铬等重金属废水及各种废水的排放。

我国电镀工业的发展是在 1949 年新中国成立以后，随着大规模经济建设的开展，机器制造业迅速发展起来，大型的汽车和拖拉机制造厂、飞机制造厂、电子工厂以及仪器仪表工厂等相继建立，一些老企业也得到了扩大改造。在所有新建和改建的机器制造企业中，大都有电镀车间投入生产，为电镀工业在我国的发展提供了物质基础。

随着国家的改革开放，科学技术的进步，近 20 年来我国的电镀工业又有了新的发展。首先，根据生产中提出的各种各样的要求，镀层的品种在不断增加。在一般生产中，用作镀层的单金属不过 20 几种，加上使用过和研究过的合金镀层，可达到数百种。如果再把不溶于水的固体微粒与金属共沉积而形成的复合镀层计算进去，则可镀的品种将进一步增加。

其次，随着科学技术的发展，需要在其上镀覆盖金属层的基本材料品种也越来越多。除了通常在钢铁和铜等基体材料上电镀外，还实现了在轻金属（铝、镁及其合金）及锌基合金压铸件上的电镀。而且还发展了在非金属材料上的电镀，除了常见的在塑料上的电镀外，还可以将金属层镀在玻璃、陶瓷、石膏以及纤维等上面。

此外，在广大电镀科技工作者的努力下，电镀工艺方面也有了非常大的改进。电镀添加剂的开发对电镀工艺的发展起着非常重要的作用。向镀液中加入具有光亮、润湿、平整、导电、缓冲等作用的各种添加剂，对改善镀液性能和镀层质量可产生重要的影响。特别是通过光亮剂的作用，可在镀槽中直接获得光亮镀层（光亮镍、光亮铜等），省掉了抛光工序，不仅能够提高产品质量，还可节约贵重金属材料、棉布、动力及劳力，改善工人的劳动条件，提高劳动生产效率，并有利于实现生产自动化。为了解决环境污染问题，近年来向镀液无毒和低毒化方面的发展中，也取得了相当大的成绩，一些新的工艺配方已投入使用。对高速电镀与脉冲电镀等新工艺的开发，也取得了可喜的成果。

在高速流动的电解液中，缩小两极间的距离，有可能使金属的沉积速度提高几十倍或成百倍，这就是高速电镀。高速电镀对于一些特殊的镀件，例如金属线材或带材，有着突出的优越性。有时在镀液流速并非特别快的条件下，虽然够不上高速电镀，但也能使电镀速度提高好几倍，同样有很大的实际意义。

脉冲电镀是使用能产生脉冲电流的电源，在一定频率和一定宽度的脉冲电流下进行电镀。与一般直流电镀相比，脉冲电镀可明显提高镀层质量。例如，可降低镀层的孔隙率，提高镀层与基体的结合力，改善镀层在基体表面上的分布状况，提高镀层的耐磨性和其他一些物理力学性能等。当前脉冲电镀主要用于贵金属电镀（特别是镀金），可以改善镀层性能，减薄镀层的厚度，达到节约贵重金属材料的目的。此外，脉冲阳极氧化也已进入生产实用阶段。

近年来，电镀生产设备方面的革新速度相当快，已由简单的手工操作迅速地发展到机械化，并形成了各式各样的电镀生产自动线。对一些工艺参数采用微机控制的电镀生产线也已经在生产中使用。另外，一些辅助性设备，如过滤机、无油空气压缩机、添加剂自动加料机、清洗机及干燥机等也都有不小的发展和变化。

通常所说的电镀，都是在水溶液中进行的。但是，为了使那些在水溶液中不可能沉积的较活泼金属（如铝、镁、铍等）能够形成镀层，也在探索着在非水电解质中电镀的途径，如从 $AlCl_3$-$LiAlH_4$-二乙醚电解质中电镀铝。

总之，尽管电镀工业已经发展了 160 多年，但它依然生气勃勃，有关金属电沉积的新事物不断出现。对这样一门既成熟而又年轻的学科，广大电镀科技工作者理应大有作为。

＊＊＊＊＊＊＊＊＊＊＊＊＊＊＊＊＊＊＊＊＊＊＊＊＊＊＊＊＊＊＊＊＊＊＊

思 考 题

4-1 法拉第定律的主要内容有哪些？其在电镀中如何应用？

4-2 电镀过程中，电结晶过程有哪些？影响电镀结晶粗细的一般因素有哪些？

4-3 电镀镀层的分类有哪些？其作用如何？

4-4 什么是电镀液的覆盖能力？影响覆盖能力的因素有哪些？

5 连续电镀锌钢板的生产

5.1 概 述

带钢连续电镀锌作业线是在 20 世纪 40 年代发展起来的。1942 年首先在美国出现了第一条连续电镀锌作业线。当时机组最高速度为 30m/min，现在世界上已有 50 多条连续电镀锌作业线投入生产，仅 80 年代日本就建成 10 条，美国 5 条，我国宝山钢铁总厂在 1988 年也建成一条连续电镀锌作业线并投入生产，见表 5-1，其作业线速度、带钢宽度及自动化程度较前都有很大提高。目前，作业线速度已达到 200m/min 以上，带钢宽度达到 2m 以上，生产能力达到年产 40 万吨，镀锌量也达到 $50g/m^2$，生产的电镀锌品种也是多种多样，有双面镀锌、单面镀锌、差厚镀锌、电镀锌-镍及锌-铁合金等。

5.2 连续电镀锌机组的类型及电镀原理

目前世界上连续电镀锌机组的电镀槽有 4 种类型（图 5-1），即垂直式、水平式、径向式和喷射式。

水平式电镀槽的特点是槽体水平，带钢全部是水平运行，这样带钢厚薄都能通过，不会产生瓢曲、折印等缺陷，带钢穿带也较容易，可以双面镀锌，也可单面镀锌。缺点是槽体长、占地面积大，而且带钢在槽内电镀液中的部分较短，所以电镀槽的数目较多。水平式电镀锌作业线如图 5-2 所示。

垂直式电镀槽的特点是槽体垂直，带钢在槽内垂直运行，带钢在槽内电镀液中的部分较长，所以整个电镀线中电镀槽较少，占地面积小。缺点是单面镀锌困难，另外垂直式只适用于较薄的带钢，因为厚带钢经过沉没辊旋转 180° 易造成瓢曲和折印。垂直式穿带麻烦，操作也不太方便。垂直式电镀锌作业线如图 5-3 所示。

径向式电镀槽的特点是带钢围绕一根直径很大的导电辊运行。带钢在电镀槽内电镀液中部分较长。导电辊在电镀液中，由于带钢紧紧地抱着导辊，其中一面不和电镀液接触，所以只有一面能镀上锌，而抱着导电辊的这一面就镀不上锌，所以径向式电镀槽最适合于单面镀锌。由于导电辊直径很大，所以带钢不易产生折印和瓢曲。径向式电镀槽的导电辊结构复杂，造价很高，若两面镀锌要经过换向。径向式电镀锌作业线如图 5-4 所示。

喷射式电镀槽由外槽、内槽、阳极、导电辊、边缘罩、支持辊、绝缘垫组成。外槽宽 2.3m、长 3m，内外都衬有橡胶，内衬 6mm、外衬 3mm。阳极宽 1.6m、长 1.5m、厚 35mm，上下各一块，由铜母线接电源，阳极材质为铜板外面镀铅。导电辊的尺寸为 $\phi300mm×1800mm$。第一个槽的导电辊为不锈钢，第二至第九个槽的导电辊为钢辊外面镀紫铜。为延长导电辊的寿命，可按图 5-5 所示结构制作导电辊。导电辊两头带有轴承，安

表5-1　20世纪80年代日本、美国、中国新建的连续电镀锌线

国名	公司	电镀槽				镀层		带钢尺寸		电镀速度 /m·min⁻¹	年生产能力 /万吨	投产日期
		形式	阳极	槽数	总电镀电流/A	种类	镀锌量 /g·m⁻²	厚度/mm	宽度/mm			
日本	Kawasaki Steel	径向环流	可溶性	7	350000	Zn Zn-Ni Zn-Fe	60 10~40 20~40	0.4~1.6	750~1830	120	200000	1982
	Nippon Kokan	NKK水平喷流	可溶性 不溶性	11	550000	Zn-Fe Zn-Ni	20~40 10~40	0.4~1.6	900~1880	150	350000	1983
	Sumitomo Metal	立式	不溶性	14	672000	Zn-Fe（双面） Zn Zn-Ni Ni/Zn-Ni	3~40（100） 10~40 20	0.3~1.6	600~1600	200	350000	1984
	Nippon Steel	液垫式（水平）	不溶性	10	440000	Zn Zn-Ni Zn-Ni-树脂	10~50 10~40 10~40	0.4~2.3	610~2080	200		1985
	Kobe Steel	水平式	不溶性	10	400000	Zn Zn-Ni Zn-Fe	10~50 10~40 20~40	0.25~2.3	610~1600	200		1986
	Nisshin Steel	水平式	不溶性	3	120000	Zn Zn-Ni	10~50 10~40	0.3~1.60	610~1600	100		1986
	Kaoasaki Steel	径向环流	不溶性	19	662000	Zn Zn-Ni Zn-Ni-树脂 Zn-Fe	10~50 10~40 10~40 20~40	0.3~2.30	700~1830	200		1987
	Nippon Kokan	水平式	不溶性	11	550000	Zn Zn/Zn-Fe Fe-Zn	10~50 20~40	0.4~1.6	900~1880	210		1987

续表 5-1

国名	公司	电镀槽			总电镀电流/A	镀层		带钢尺寸		电镀速度 /m·min⁻¹	年生产能力 /万吨	投产日期
		形式	阳极	槽数		种类	镀锌量 /g·m⁻²	厚度/mm	宽度/mm			
日本	Sumitomo Metal	立式	不溶性	10	480000	Zincrometal Zn-Ni Zn-Ni-树脂	10~40	0.3~1.6	600~1600	150	180000	1988
	Nippon Steel	液垫式(水平)	不溶性	18	720000	Zn Zn-Fe(双面)	50 20~40	0.4~0.6	600~1600	200	360000	1983
	National Steel	NKK水平喷流	可溶性	20	1000000	Zn-Fe	100	0.4~1.6	610~1820	200	400000	
	Armco	立式重力自流	不溶性	16	736000	Zn Ni-Zn Fe-Zn	91.55	0.4~1.6	610~1830	91	190000	1986
美国	Bethlehem Inland	立式重力自流	不溶性	20	1000000	Zn Zn-Ni	100	0.38~1.65	610~1830	183	360000	1986
	LTV/Sumitomo	住友立式	不溶性	20	1320000	Zn Zn-Ni	90	0.35~1.5	600~1820	200	400000	
	Rouge/U. S. Steel	径向环流	可溶性	37	2072000	Zn Zn-Fe	100	0.6~1.50	9.5~1830	210	700000	
中国	宝钢	水平喷射式	不溶性	9	198000	Zn	3~50	0.5~2.50	900~1550	90	150000	1988

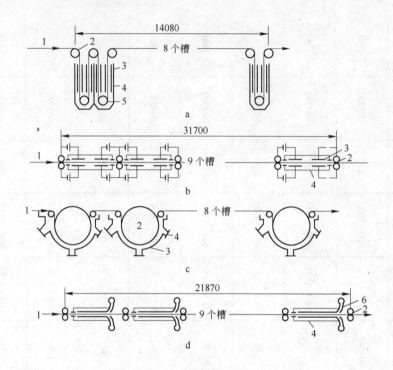

图 5-1　电镀槽的类型

a—垂直式；b—水平式；c—径向式；d—喷射式

1—带钢；2—导电辊；3—锌阳极；4—槽体；5—沉没辊；6—喷射集流管

装在牌坊架上，中间通水进行冷却，由直流电机传动。边缘罩是装在带钢横向两边的屏蔽罩，用来防止带钢边部锌层增厚。支持辊是钢辊外面衬胶，直径为 300mm、长为 1800mm。绝缘垫就是胶垫，防止带钢与阳极接触。电镀槽内的电镀液由循环槽供给，由泵通过集流管将电解液喷向带钢两面。

喷射电镀槽的特点是：

（1）使用喷射电镀槽可获得 $50 \sim 90 A/dm^2$ 的高电流密度，有利于提高电镀速度。

（2）使用不溶性阳极有利于提高镀层的均匀性，减少能耗。

（3）采用边缘罩能解决电镀边缘增厚问题。

喷射式电镀锌作业线如图 5-6 所示。

这 4 种形式的电镀槽虽然结构不同，但电镀过程的反应机理基本相同。根据采用电镀液的不同，分为 $ZnSO_4$ 系统和 $ZnCl_2$ 系统，其反应机理如下：

$$ZnSO_4 \rightleftharpoons Zn^{2+} + SO_4^{2-}$$

$$ZnCl_2 \rightleftharpoons Zn^{2+} + 2Cl^-$$

$$H_2O \rightleftharpoons H^+ + OH^-$$

在电镀工艺中，无论哪一种类型的作业线，带钢均作为阴极，而阳极有两种，即可溶性锌阳极和不溶性铅-锡合金阳极，当通电后，发生下列反应：

在阴极：
$$Zn^{2+} + 2e \rightleftharpoons Zn \downarrow$$

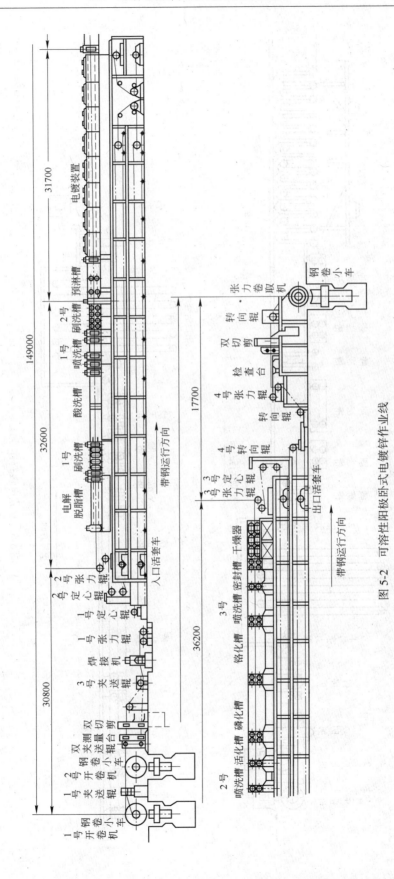

图 5-2 可溶性阳极卧式电镀锌作业线

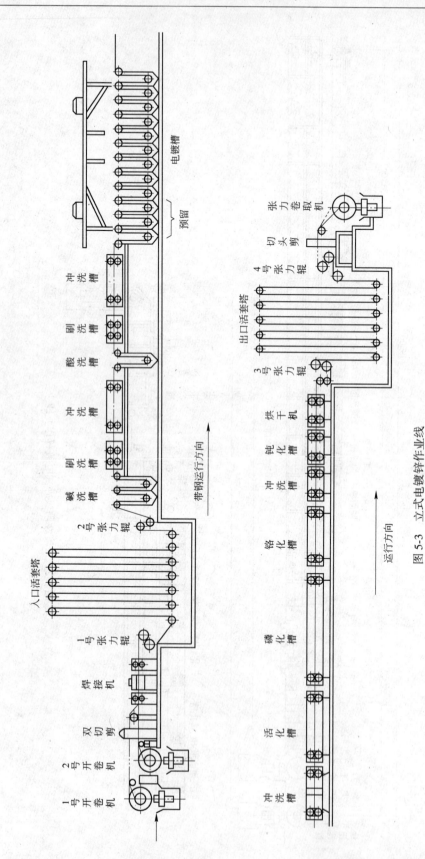

图 5-3　立式电镀锌作业线

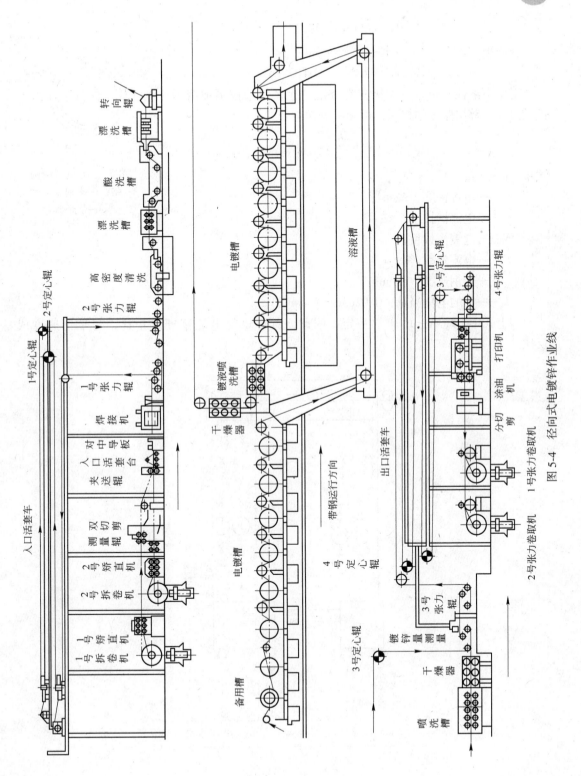

图 5-4 径向式电镀锌作业线

$$2H^+ + 2e \Longrightarrow H_2 \uparrow$$

在阳极：　　　　　$Zn - 2e \Longrightarrow Zn^{2+}$

$$4OH^- - 4e \Longrightarrow 2H_2O + O_2 \uparrow$$

对于不溶性阳极，其阳极只有气泡产生，而阳极不被溶解。电镀锌过程中锌层厚度的控制，可参考下面的公式：

$$c = k\frac{DlNE}{v}$$

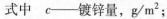

图5-5　导电辊结构
1—铬；2—紫铜；3—钢；
4—紫铜轴

式中　　c——镀锌量，g/m^2；

　　　　D——电流密度，A/m^2；

　　　　l——电镀槽长度，m；

　　　　N——电镀槽数目；

　　　　E——电流效率，%；

　　　　v——带钢速度，m/min；

　　　　k——锌的电化当量，$0.0203g/(A \cdot min)$。

在上式中，l、N、E 通常一定，因此，镀锌量与电流密度成正比，与带钢速度成反比。

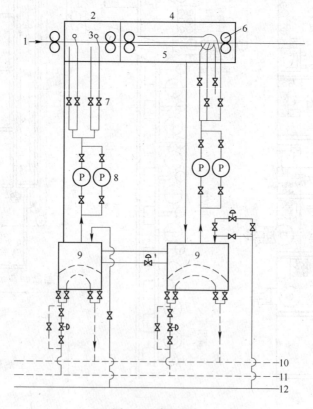

图5-6　碱洗系统
1—带钢；2—碱槽；3—喷嘴；4—电解碱槽；5—电极；6—挤干辊；7—开闭器；
8—泵；9—循环槽；10—回汽；11—蒸汽；12—脱盐水

5.3 连续电镀锌的预处理

电镀锌的预处理也称为电镀锌的清洗段。清洗的目的就是除去带钢表面的油脂、氧化铁皮和一切污物，使带钢表面保持非常洁净。电镀锌板要具有良好的防腐性能、较长的使用寿命和优美的外观。电镀锌板质量的好坏，在很大程度上取决于电镀前的洗涤质量。金属表面的油膜、氧化物和一切污物都影响镀锌层的均匀沉积和锌层与钢基体的结合强度。所以，正确选择和完成电镀前的预处理工序是一项非常重要的工作。

整个清洗工艺由两部分组成，一是化学清洗，二是物理清洗。化学清洗包括除油（脱脂）和除氧化膜（酸洗）。而除油工艺在同一机组内同时采取了化学除油和电化学除油两种方法，酸洗是采用硫酸酸洗。物理清洗包括刷洗和冲洗。在每一道化学清洗之前都要进行一次刷洗，而在化学清洗之后，每一道都采用冲洗或漂洗，确保电镀锌前带钢表面十分洁净。电镀锌的清洗工艺过程如下：

1 号刷洗槽→化学碱洗槽→电解碱洗槽→2 号刷洗槽→1 号冲洗槽→酸洗槽→3 号刷洗槽→2 号冲洗槽。

5.3.1 除油

供给电镀锌用的原板上面的油脂来自下列几个方面：

（1）带钢在轧制过程中乳化液在经过连续退火后尚未除掉的部分。

（2）带钢出退火炉后，在冷却、卷取等工序中带有的润滑用矿物油。

（3）在生产、吊运和放置过程中，人为的用手摸及外界污物造成的带钢表面油膜。

带钢表面的这些油膜不但使带钢与电镀槽内的电解液隔离，同时影响锌层的沉积，这些油膜不除去必然在电镀过程中产生废品。除油是清洗段不可缺少的工序。

除油的方法很多，如有机溶剂除油、化学除油、电解除油、超声波除油等，但是适用于高速电镀锌机组生产的除油方法有两种，即化学除油和电化学除油。

5.3.1.1 化学除油

油脂大致分为两类：一类是动植物油脂，一类是矿物油，这两种油都可以通过化学方法将它们除去。

化学除油的溶液主要是苛性碱（如苛性钠、苛性钾）、易水解的碱性盐（如碳酸钠）、乳化剂（如水玻璃、OP-7、OP-10）等。这些化学溶液能将有机油和矿物油都除去。有机油可和这些碱发生皂化反应，使原来不溶于水的油生成可溶于水的油脂酸钠而被冲去，反应式如下：

$$PC{=\!\!\!=}^O_{-OH} + NaOH {=\!\!=\!\!=} PC{=\!\!\!=}^O_{-ONa} + H_2O$$

矿物油与碱虽然不发生皂化反应，但它能使油与水形成一种乳化液，便于将油脂从带钢表面除去。

化学除油的效果和速度与碱液的浓度有关，一般来讲，高的碱液浓度，将促进油脂皂化反应，有利于提高除油效果，但是浓度太高将产生如下两个问题：

（1）不利于油脂皂化物溶解到水中去。

（2）会使金属表面上形成一层影响下一步电镀的氧化膜。

因此，碱溶液的浓度不能太高，碱液的浓度最高不得超过 100~150g/L。

提高碱液温度也有利于提高除油质量和除油速度，因为提高温度将加速皂化作用和乳化作用。但是如果溶液温度超过 100℃，将使溶液处于沸腾状态，这样，会产生两个后果，一是水分大量蒸发，改变了溶液的浓度；二是由于水蒸气的蒸发影响周围的工作环境。所以，碱液温度控制在 80~90℃ 为宜。

化学除油的碱溶液配方有如下两种：

（1）NaOH：80~100g/L；

　　　Na_3PO_4：30~40g/L；

　　　乳化剂：40~50g/L；

　　　温度：80~90℃。

（2）NaOH：100~150g/L；

　　　Na_2CO_3：30~50g/L；

　　　Na_2SiO_3：5~10g/L；

　　　温度：80~90℃。

这两种配方都具有良好的除油效果。带钢上面的油是否清除干净，在工业上通常采用浇水法来检查，即向带钢上面浇水。当带钢表面无油时，整个带钢表面将均匀覆有一层水膜；如果带钢表面除油不净，则在带钢表面上的水将集聚成滴状或在带钢表面局部地方不沾水。这是在生产过程中检查除油质量好坏的简易可行的方法。

电镀锌机组的化学除油是在脱脂槽中进行的。脱脂槽由槽体、喷嘴、挤干辊和循环系统组成（见图 5-6）。

碱洗槽是长 1.8m、宽 2.1m 的长方形槽子，是由钢板焊接成的，内涂耐碱漆。喷嘴是用来喷射碱液用的，从上下两面向带钢表面喷射碱液。喷嘴是用不锈钢制造的。挤干辊的作用是将带钢表面的碱液挤压干净，其尺寸为 $\phi300mm×1800mm$，钢辊外面衬有氯丁橡胶，厚度为 20mm。碱液循环槽不断向碱洗槽输送碱液，然后再回到循环槽。

5.3.1.2　电化学除油

电化学除油中除化学脱脂外，还将带钢通以电流，其反应过程如下：

碱液在水中发生电离：

$$NaOH \rightleftharpoons Na^+ + OH^-$$
$$H_2O \rightleftharpoons H^+ + OH^-$$

通电后，发生如下电化学反应：

阴极：　　　　　　$2H^+ + 2e \rightleftharpoons H_2 \uparrow$

阳极：　　　　　　$4OH^- - 4e \rightleftharpoons 2H_2O + O_2 \uparrow$

通常将带钢作为阴极，在通电情况下，带钢表面产生氢气，此气体将带钢表面油膜顶破（见图 5-7），使油膜与带钢分开，这称作"剥离作用"。这种作用大大加速了除油速度和效果。

电化学除油的溶液成分和化学除油基本相同，就是浓度低些，因为它主要靠电流的作用达到除油的目的。另外电化学除油时乳化剂的

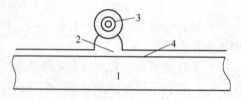

图 5-7　氢气剥离作用

1—带钢；2—被顶破；3—氢气；4—油膜

浓度一般不超过 3~10g/L，因为如果乳化剂太浓，则随着电解进行的同时，溶液表面将形成大量的泡沫而影响气体的析出，这样一方面影响氢气的剥离作用，另一方面氢气和氧气聚集在槽内跑不出而形成具有爆炸性的混合气体，当遇到火花后就会引起爆炸。

电化学除油的溶液成分和工作条件如表 5-2 所示。

电解脱脂是在电解槽中进行的，电解脱脂系统见图 5-6。

电解脱脂槽由槽体、电极、密封辊、导电辊构成。槽体由焊接钢板焊接而成，并涂有耐碱漆，槽体尺寸为长 4.5m、宽 2.3m。电极为不锈钢电极，电极长 2.5m、宽 1.95m，作为阳极，带钢作阴极。导电辊用不锈钢制作，将电流传到带钢表面，电压为 20V，电流为 7500A×2。密封辊是衬有氯丁橡胶的钢辊，直径为 30mm，长为 1.8m，用来防止碱液溅出。

表 5-2 电化学除油的溶液成分和工作条件

名　称	化学成分/$g \cdot L^{-1}$				
	配 方 编 号				
	1	2	3	4	5
苛性钠	40~50	30~40			
碳酸钠	60~70	20~30		40~50	25~30
硫酸钠	10~15	50~60	40~50	30~40	
水玻璃	3~5	8~10		3~5	
OP-7 或 OP-10					5~10
电流密度/$A \cdot dm^{-2}$	5~10	3~8	3~5	3~5	5~7
溶液温度/℃	70~90	70~90	70~90	70~90	70~90

5.3.2 酸洗

带钢表面的氧化膜和氧化铁皮，会影响锌层与带钢表面之间的附着力，影响电镀锌的质量，因此这种氧化物必须清除。清除的方法就是酸洗。酸洗方法也有两种，即化学酸洗和电化学酸洗。这两种方法在工业上都被广泛采用。

5.3.2.1 化学酸洗

化学酸洗可以采用硫酸或盐酸酸洗两种方法，盐酸酸洗效果快，但是盐酸挥发量大，劳动条件差，成本也高，对于电镀锌原板氧化膜极薄。采用硫酸酸洗可以满足要求，硫酸酸洗的反应过程如下：

$$FeO + H_2SO_4 = FeSO_4 + H_2O$$
$$Fe_2O_3 + 3H_2SO_4 = Fe_2(SO_4)_3 + 3H_2O$$
$$Fe_3O_4 + 4H_2SO_4 = FeSO_4 + Fe_2(SO_4)_3 + 4H_2O$$

由于带钢表面的氧化膜分布不均匀，所以除氧化铁皮溶解外，铁也被溶解，即：

$$Fe + H_2SO_4(稀) = FeSO_4 + H_2 \uparrow$$
$$Fe + Fe_2(SO_4)_3 = 3FeSO_4$$

这种反应将使带钢表面金属受损失，而且产生的氢气将渗入金属之中而产生氢脆现象，为防止这种现象发生，通常加入缓蚀剂。这个问题对于电镀锌原板不是太重要的问题，因为电镀锌原板的氧化膜很薄，所以硫酸很稀，而且速度很快，停留时间很短，所以在电镀锌原板酸洗过程中，对铁损和氢脆问题不予考虑。

一般来说，酸浓度增加、温度提高，其酸洗速度加快，但是，这样也带来一些副作用，一是对设备腐蚀严重，二是金属铁损增大，所以在电镀锌酸洗过程中必须综合考虑。一般认为，控制如下条件为佳：

硫酸浓度：5%~10%；

溶液温度：60~90℃。

酸洗是在酸洗槽中进行的，酸洗槽的形式有两种：立式槽和卧式槽（见图5-8）。

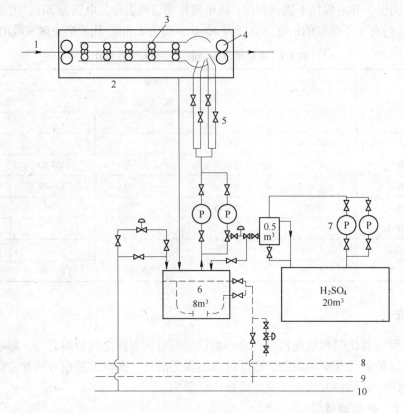

图 5-8　酸洗槽系统
1—带钢；2—酸洗槽；3—喷嘴；4—密封辊；5—开闭器；6—循环槽；7—泵；8—回汽；9—蒸汽；10—脱盐水

宝钢电镀锌机组的酸洗槽是卧式槽。槽体分外槽和内槽，槽的尺寸为宽2.3m、长5m，用焊接钢板焊制而成，内衬耐酸橡胶。密封辊和挤干辊的尺寸均为 $\phi 300mm \times 1800mm$，衬氯丁橡胶。集流管喷嘴均用不锈钢制成，并不断从循环槽中由泵抽入硫酸溶液，从上、下两面喷射带钢表面。循环槽的体积为 $8m^3$，由焊接钢板制成，内衬耐酸橡胶。泵的技术参数为 $3m/min \times 0.25MPa$，是耐酸泵。

酸洗溶液是采用工业浓硫酸和脱盐水进行配制的。在配制硫酸溶液时，特别要注意的事项是，只能将浓硫酸向水里加，绝不能将水向硫酸里加。这是因为浓硫酸具有强烈的氧化性和吸水性，而且溶解于水中时放出大量热量。如果将水倒在硫酸里，会局部放热而引起爆炸。

5.3.2.2 电解酸洗

电解酸洗可在电流的作用下加速酸洗速度。其原理和电解脱脂相同，将带钢作为阴极，通电后，在带钢表面有氢气产生，氢气将带钢表面氧化膜顶破，酸洗将氧化铁皮溶解。电解酸洗液的成分与化学酸洗液相同，就是浓度要比化学酸洗液低些。现代化大型机组中的酸洗广泛采用这种方法。宝钢电镀锌机组只有化学酸洗而没有电解酸洗，原因是，电镀锌原板的氧化膜很薄，氧化铁皮很少，采用化学酸洗即可满足生产工艺需要。如果加上电解酸洗其效果更好，但是设备造价要提高。

5.3.3 刷洗和冲洗

刷洗和冲洗是物理清洗方法，刷洗是在化学清洗之前，冲洗是在化学清洗之后。

5.3.3.1 刷洗

刷洗就是用尼龙刷辊对带钢表面进行辊刷，将带钢表面的油膜、氧化膜刷破，以使后面的化学清洗效果更好，同时，通过刷洗将带钢表面的脏物和固体颗粒刷掉。刷洗是在刷洗槽中进行的。

刷洗机是由带喷嘴的槽体、上下刷辊、上下支持辊、密封辊、挤压辊组成的（见图5-9），刷辊用交流电机驱动，支持辊用直流电机驱动。

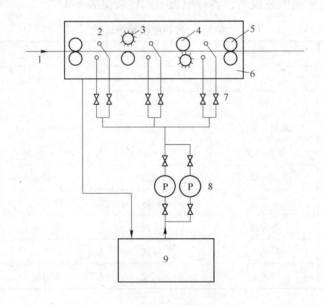

图 5-9 刷洗机

1—带钢；2—喷嘴；3—刷辊；4—支持辊；5—密封辊；6—槽体；7—开闭器；8—泵；9—循环辊

刷洗机的槽体是用钢板焊接成的，长2.9m、宽2.1m。刷辊的钢轴外面套有尼龙刷片（见图5-10）。每根刷辊有许多尼龙刷片套在轴上，两头用胶圈和螺帽压紧，如果刷毛脱落或使用太旧时只要将尼龙刷片取下，换上新尼龙刷片即可。刷辊的外径为300mm，长为1.8m，支持辊是钢辊外面衬胶，刷辊和支持辊交错排列。直径为400mm、长1.8m的密封辊和挤压辊均是衬胶辊，外面是氯丁橡胶。

为了加强刷洗效果，刷辊的旋转方向与带钢前进方向相反。在刷洗时，向带钢表面喷刷洗液。刷洗液可以采用脱盐水，为了节约刷洗液和提高刷洗效果，刷洗液可采用化学脱脂或电化学脱脂使用的废溶液。这样不仅节约大量脱盐水，而且提高了刷洗效果。

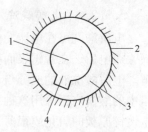

图 5-10　尼龙刷片
1—轴孔；2—刷毛；
3—刷板；4—销槽

5.3.3.2　冲洗

带钢经过脱脂或酸洗后，表面必然要残留一些碱液或酸液及其反应物、生成物的残渣。这些东西必须从带钢表面清除掉，否则，带到后工序将给生产带来很大困难。所以在其后面必须进行冲洗。冲洗槽的结构较简单，在槽内安装喷嘴，对带钢表面喷洒脱盐水，将带钢表面的残留物清洗干净。

带钢经过除油、酸洗、刷洗和冲洗后获得非常洁净的表面，然后通过张力辊将带钢送到电镀段，进行电镀锌。

5.4　电　镀　锌

电镀锌是在电镀槽内完成的，各种电镀槽的比较见表 5-3。

表 5-3　各种电镀槽的比较

项　目	垂直式	水平式	径向式	喷射式
机组排列	立式	卧式	径向	卧式
阳　极	Zn	Zn	Zn	Pb-Sn
镀层种类	双面、差厚	单面、双面、差厚	单面	单面、双面、差厚
产品厚度范围/mm	0.3~2.0	0.3~3.0	0.3~2.5	0.3~3.0
边缘罩使用	不可以	不可以	不可以	可以
穿　带	不容易	容易	不容易	容易
设备维修	不方便	不方便	不方便	方便
阳极更换	3~4 天	3~4 天	3~4 天	半年~1 年
锌溶解设备	不需要	不需要	不需要	需要

5.4.1　电镀液

酸性法电镀锌中的电镀液有两种类型，即 $ZnCl_2$ 系统和 $ZnSO_4$ 系统。

$ZnCl_2$ 系统电镀液的主要成分是：

$ZnCl_2$：90~110g/L；

KCl：250~300g/L；

HCl：保持 pH 值在 4.3~5.7 之间 。

电镀液中 $ZnCl_2$ 是主要成分，它的作用是提供锌离子不断在带钢表面沉积，从而达到镀锌的目的。KCl 的作用是提高电镀液的电导率。这样，不仅可以提高锌离子的沉积速度，而且还可以节约电能。HCl 的作用是确保电镀液呈现酸性，因为如果溶液呈现中性或碱性时，$ZnCl_2$ 就要发生水解，生成氢氧化锌沉淀。电镀液中如果发生这种沉淀，不仅会降低电镀液中的锌离子浓度，而且会使电镀锌生产无法正常进行，所以必须保持电镀液具有一定的酸性，这就是依靠 HCl 来调整的。

$ZnCl_2$ 系统的电镀液阻抗小、电导率高、电流效率高，但是易挥发、密封条件要求高，成本也高，另外该系统只适用于可溶性阳极，不适用于不溶性阳极，因为要产生有毒的氯气。

$ZnSO_4$ 系统电镀液的成分是：

$ZnSO_4$：500g/L；

Na_2SO_4：200~300g/L；

H_2SO_4：保持 pH = 2~3。

电镀液中各成分的作用与 $ZnCl_2$ 系统基本相同。在电镀锌中电镀液的浓度控制并不是非常的严格。

$ZnSO_4$ 系统电镀液的性能稳定、不易挥发、成本低，对可溶性阳极与不溶性阳极都可适用，但电导率较小。

$ZnSO_4$ 是采用锌块与硫酸反应而制得，反应方程式为：

$$Zn + H_2SO_4 = ZnSO_4 + H_2 \uparrow$$

首先将锌锭放在反应槽内，然后向反应槽内添加硫酸，锌锭和硫酸的质量比理论上是 65：98，在实际操作中应该锌过剩，让硫酸反应完毕，制成 $ZnSO_4$ 饱和溶液，然后根据所需要的浓度和其他成分再进行配制。当锌和硫酸反应太激烈时应停止加酸。反应中生成的氢气是易燃易爆的气体，必须及时排除，在反应过程中要绝对禁止火种，一旦遇到火种就会引起燃烧和爆炸。

反应完毕后（不再有气泡产生表示反应完毕）将溶液打入沉淀槽，将没有反应的固体杂质进行沉淀。再将溶液打到过滤槽中进行过滤，使溶液达到无色透明，然后将溶液送到循环槽和电镀槽中。其过程如图 5-11 所示。

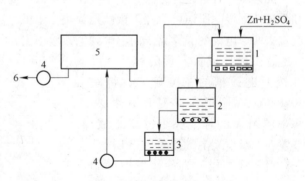

图 5-11　电镀液制造过程
1—反应槽；2—沉淀槽；3—过滤槽；
4—泵；5—循环槽；6—电镀槽

电镀液的浓度是自动控制的，电镀液的浓度是通过比重计和 pH 酸度计来测量的，溶液的多少是通过液面计来测量的。整个自动控制系统如图 5-12 所示。

A 泵通过接收从比重计或 pH 值计来的信号进行工作，将具有高浓度的电镀液从沉淀槽中抽到循环槽中。pH 值达到上限值时，硫酸阀 C 打开以降低 pH 值。如果沉淀槽中的液面降到所规定值时，电液面计发出信号，B 泵就将电镀液从循环槽中打到反应槽中。电镀锌的电解液如表 5-4 所示。

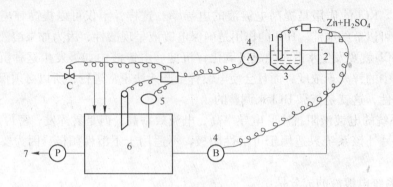

图 5-12　电镀液自动控制系统
1—液面计；2—反应槽；3—沉淀槽；4—泵；5—pH 计；6—循环槽；7—电镀槽

表 5-4　电镀锌的电解液

项　目	美国国家钢铁公司	日本新日铁
$ZnSO_4 \cdot 7H_2O/g \cdot L^{-1}$	380	300
$Na_2SO_4/g \cdot L^{-1}$	72	50
添加剂$/g \cdot L^{-1}$	$MgSO_4 \cdot 7H_2O$ 61	$Al_2(SO_4)_3 \cdot 18H_2O$ 30
pH 值	3.0~4.0	3.0~4.5
温度/℃	55~65	40~50
电流密度$/A \cdot dm^{-2}$	25~40	10~30

5.4.2　电镀阳极

　　无论哪一种电镀锌方法，带钢都作为阴极，而阳极有两种性质的阳极，即可溶性阳极和不溶性阳极。所谓可溶性阳极就是锌块作阳极。由于锌块在酸性的电镀液中通过电流后就失去两个电子变成锌离子而溶解到电镀液中去，所以称作可溶性阳极。

　　锌阳极作成长方形的锌块，尺寸按照电镀槽的宽度确定，每块30kg 左右。阳极在带钢上下两层，每一层阳极由若干块小锌块组成，放置在电极框架上，如图 5-13 所示。

　　可溶性阳极一方面作导电的阳极，另一方面不断向电镀液中供应锌离子，所以锌阳极不断溶解，不

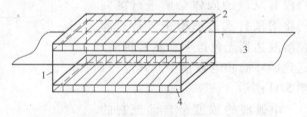

图 5-13　电镀槽阳极
1—阳极架；2—上阳极；3—带钢；4—下阳极

断变小。当电流密度下降，电镀液中锌离子浓度降低时，就必须更换阳极。更换上电极时，将锌阳极用钢绳一起吊出，然后再将新的阳极吊到阳极架上即可。更换下阳极时除了要将上阳极吊出外，还要将带钢剪断，然后再将旧阳极吊出换上新阳极。可溶性阳极 3~4 天就要更换一次，更换时间占操作时间的 3%左右。

　　不溶性阳极即铅-锡阳极，它不溶解到电镀液中去，只起导电作用。外界配制好的新

电镀液不断供给电镀槽。不溶性阳极也是上下各一块阳极，阳极尺寸为 1.6m 宽、1.5m 长、35mm 厚。宝钢电镀锌机组采用的是不溶性阳极，是在钢板外面镀铅-锡合金。

可溶性阳极和不溶性阳极各有其特点，比较如下：

（1）对电镀锌板质量的影响。采用可溶性阳极，电镀锌质量较好，而采用不溶性阳极则电镀锌质量较差，这是因为铅-锡阳极并不是绝对不溶于电镀液之中，根据试验证明，当电流密度为 $50A/dm^2$ 时，铅的溶解大约是 $50g/(m^2 \cdot h)$，所以，在电镀液中含有一定量的铅离子，这样就影响到电镀锌板的质量，而采用可溶性锌阳极就没有这个问题。

（2）对操作的影响。可溶性阳极的最大缺点就是要经常更换阳极，一般 3~4 天就要更换一次，更换时必须停车，因而影响作业率和生产的连续性。而不溶性阳极可使用半年左右，一般只要在机组检修时更换或修理即可。这样操作方便，不必考虑更换阳极问题。

（3）对电镀液的要求。采用可溶性阳极，所用的电镀液可以采用 $ZnSO_4$ 或 $ZnCl_2$ 或者混合电镀液。而不溶性铅-锡阳极，电镀液只适用于 $ZnSO_4$ 系统，而 $ZnCl_2$ 系统不适用，因为它能产生有害的氯气。

（4）对锌纯度的要求。可溶性阳极对锌的纯度要求很高，一般要达到 99.97%。这是因为锌阳极要直接溶解到电镀液中去，如果含有杂质，这些杂质也要溶解到电镀液中去，从而影响电镀锌的质量。不溶性阳极对锌的纯度要求较低，甚至可以利用热镀锌的锌渣，这是因为它有一套溶解系统，不是直接溶解到电镀液中去，有些杂质在溶解过程中可以形成沉淀，经过滤可以将其除去。

这两种阳极各有其优缺点，目前世界各国对这两种阳极都有使用。可溶性阳极是传统工艺，时间较长，用的作业线较多；不溶性阳极工艺较新，目前使用较少，但很有发展前途。

5.4.3 锌层厚度控制

电镀锌的锌层厚度与热镀锌相比要薄得多，电镀锌和热镀锌的锌层厚度比较如图 5-14 所示。

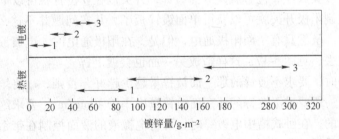

图 5-14 热镀锌与电镀锌的镀锌量比较
1—薄镀层；2—标准镀层；3—厚镀层

热镀锌的锌层厚度是依靠气刀来控制的。而电镀锌的锌层厚度则是依靠控制电流密度和带钢速度来控制的，即增加电流密度、降低带钢速度可以提高锌层厚度。但是，这是有一定限度的，因为当带钢速度很低，而电流密度又高时，镀层表面会变得毛糙，而影响镀层质量。带钢速度和电流密度对质量的影响如图 5-15 所示。

所以，在电镀过程中为了获得较厚的镀层，不是采用降低速度的方法，而是采用高速度两次电镀的办法来解决。

5.4.4 单面镀锌

所谓单面镀锌就是带钢两面中的一面镀锌而另一面不镀锌。对于单面镀锌，用热镀锌工艺是很难办到的。有人采用将带钢的一面涂上不和锌浸润的物质再热镀锌的办法，从而获得单面镀锌板。但是，这种工艺十分麻烦，而且也很难获得单面镀锌板。而采用电镀锌工艺就很容易达到这一目的。

单面电镀锌的方法就是使上、下阳极其中一个阳极通电，另一个阳极不通电，如图 5-16 所示。

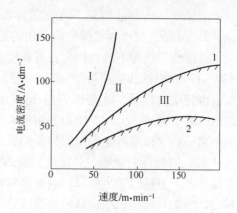

图 5-15 电镀条件与质量的关系
Ⅰ—最差；Ⅱ—较差；Ⅲ—质量好；
1—喷射槽；2—立式槽

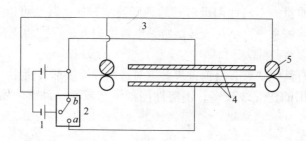

图 5-16 单面电镀锌电流控制开关
1—整流器；2—选择开关；3—板极电流回路；4—阳极；5—导电辊

如果将选择开关放在 a 位置就是双面镀锌，开关放在 b 位置就可以单面镀锌。

似乎只要控制阳极开关就可以获得单面镀锌板了，其实问题并不这么简单。这是因为在单面电镀锌时，虽然只有一面阳极通电，但是，在阳极通电时，电镀液中的电流线仍然会流到另一面上去，见图 5-17，这样造成另一面也会镀上锌。

单面电镀锌时，要求不镀锌的那一面镀锌量越少越好，否则，一将增加锌消耗，二将影响油漆美观。一般要求不镀锌的那一面镀锌量应小于 $40mg/m^2$，要求绝对没有锌是很难办到的。鉴于目的，在卧式槽中电镀锌时，可将电镀液的液面控制在带钢的中心线处，这时电镀电流就不易通过另一面，如图 5-18 所示。

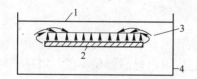

图 5-17 单面电镀锌电流线分布图
1—带钢；2—电极；3—电流线；4—电镀槽

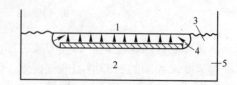

图 5-18 降低液面之后的电流线分布图
1—带钢；2—电极；3—电镀液；4—电流线；5—电镀槽

在卧式槽中电镀锌时，这种方法可使不镀锌那面的镀锌量小于 $20mg/m^2$。而在立式槽中就无法降低电镀液的液面，所以它的不镀锌那面的镀锌量可达到 $500\sim1000mg/m^2$，所以在立式槽中要获得理想的单面镀锌是较困难的。

为了获得较好的单面镀锌板，除降低电镀液的液面外，还应使阳极的宽度略小于带钢的宽度，这样也可以避免电流线流到另一面上去。

单面镀锌可以下面镀，也可以上面镀，如果要上面镀而下面不镀，就要采用喷射电镀液的方法，上电极通电，下电极不通电，另外，在带钢上面喷射电镀液，下面不喷射。采用上面镀锌的好处是氯气气泡减少，因为气体向上跑，这样有利于电镀的进行。

5.4.5 电镀锌过程中气泡的排除

在电镀反应中会产生大量气泡，这些气泡如不及时排除，就会滞留在带钢表面和阳极之间。这样阳极及带钢表面被气体层覆盖而影响导电，造成带钢表面局部镀不上，所以，在电镀过程中产生的气泡必须及时排除。镀液的流速大大影响气体的排出。电镀液的流动速度与带钢和阳极表面残留气体的长度的试验工作曲线如图 5-19 所示。从图 5-19 看出，镀液的流速必须保持在 15m/min 以上，这时气体可以全部排除，即对镀层没有影响。

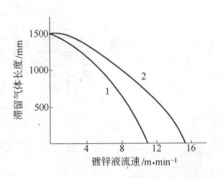

图 5-19　镀液的流速与滞留气体长度的关系
1—带钢表面；2—阳极表面

5.4.6 镀后处理

5.4.6.1 镀后处理的目的和处理过程

电镀锌后处理的主要目的是改善镀锌板的表面涂漆性能和抗腐蚀性能，以延长镀锌板的使用寿命。

电镀锌的后处理主要包括磷化处理和铬化处理。为了很好地完成这些处理，需要在处理之前进行活化处理、喷射清洗和漂洗等工序，宝钢电镀锌机组的后处理工序如下：

活化处理→磷化处理→水冲洗→铬化处理→气刀擦净→烘干→空气冷却。

电镀锌板如果作为彩色涂层板的原料就不必进行这些后处理，如果作为成品出厂就必须根据不同的用途进行不同的后处理。

5.4.6.2 磷化处理

电镀锌表面十分光滑，这样涂油漆就十分困难，为了改善电镀锌板的涂漆性能，就必须进行磷化处理。

磷化处理就是使电镀锌板的表面生成一层凹凸不平的结晶，见图 5-20。

磷化层表面结晶大小很不均匀。这样大小不均匀的结晶，虽然对涂漆性能有所改善，但是表面很不均匀，不仅造成表面不美观，而且其结晶体之间的空隙大小也不均匀，这样就给

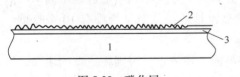

图 5-20　磷化层
1—钢基体；2—磷化层；3—镀锌层

后道工序的密封处理带来困难。为了使磷化层的结晶细小均匀，在磷化前先进行活化处理。

活化处理就是在磷化处理之前，先使电镀锌板表面形成小结晶种。由于形成了这些细小晶种，所以在磷化时沿着这些结晶种上就会形成磷化层，从而获得细小而均匀的磷化层。

活化液的成分是：TiO_2 为 0.03g/L、P_2O_5 为 0.08g/L；溶液温度为 30~60℃；处理时间是 2s。

活化处理是在活化槽内进行的。活化槽由槽体、夹送辊、密封辊、循环槽、泵和传动系统构成（见图 5-21）。

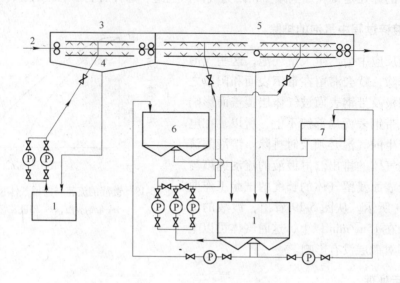

图 5-21　活化和磷化处理系统
1—循环槽；2—带钢；3—活化槽；4—喷嘴；5—磷化槽；6—调配槽；7—过滤槽；P—泵

活化槽是 5m 长、2.1m 宽的水平式槽，是用不锈钢焊接而成的。夹送辊和密封辊为 $\phi300mm×1800mm$ 的衬氯丁橡胶辊，辊膜上带有轴承，安装在焊接钢架上，并且可以上下移动，辊的抬起和压下是依靠汽缸来完成的。底辊用直流电机驱动，顶辊是被动的。活化液由循环槽用泵打到两排喷嘴中，每排有 5 个喷嘴，将溶液均匀喷到镀锌板面的两面。

活化反应后，电镀锌带钢表面生成极薄的活化层，实质是在带钢表面撒下磷化处理的结晶种，为下一步磷化处理打下基础。活化处理后，带钢立即进入磷化槽进行磷化处理。磷化层厚度为 1.0~2.0g/m²。

磷化处理液的成分如下：Zn^{2+}：2.4g/L；Ni^{2+}：0.3g/L；P_2O_5：6.2g/L；NO_3^-：1.8g/L；pH 值：2。

磷化槽的构造与活化槽完全一样，其不同之处就是尺寸大小和喷嘴数目不同。槽的宽度相同，而长度比活化槽长一倍，为 10.5m，喷嘴也是两排，但是每排有 10 个喷嘴，也是比活化槽多一倍。

另外，在磷化处理过程中会产生淤泥，这些淤泥必须清除，否则将把喷嘴堵塞，给产品质量带来影响，所以必须经过过滤处理，因此，在磷化处理系统中增加一套过滤器，过滤器是屏网形式的过滤器。

5.4.6.3 密封处理和铬化处理

经过磷化处理的电镀锌带钢表面涂漆性能大大改善了，但是在磷化层中有许多孔隙（见图5-22）。磷化层的结晶无论怎么小、怎么均匀，其表面都有空隙，这些空隙不密封起来，将大大降低电镀锌板的抗腐蚀能力，所以在磷化处理后必须进行密封处理。所谓密封处理就是采用CrO_3的稀溶液将磷化层的孔隙密封。

铬化处理是为了提高电镀锌带钢的防腐蚀能力，使带钢表面形成一层极薄的钝化层。钝化层的厚度为$15\sim40mg/m^2$。如果电镀锌表面没有钝化膜保护，当锌层与外界的水分接触时，锌表面就会生成一种"白锈"，从而缩短了电镀锌板的使用寿命。其效果可以通过盐水喷雾试验得到证明，没有钝化处理的镀锌板$3\sim5h$就产生"白锈"，而经过铬化处理的镀锌板$24h$没有产生"白锈"（见图5-23），因此，最后的铬化处理是提高电镀锌板质量的重要手段。

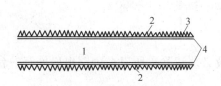

图 5-22 放大后的磷化层孔隙

1—带钢；2—孔隙；3—磷化层；4—锌层

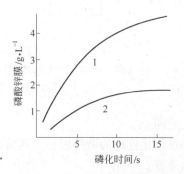

图 5-23 有机磷对磷化膜的影响

1—未加有机磷；2—3g/L 有机磷

铬化处理液与密封处理液的成分基本相同，就是浓度不同（见表5-5）。

表5-5 铬化和密封处理液的成分与浓度

成 分	密 封 处 理	铬 化 处 理
$CrO_3/g \cdot L^{-1}$	0.12	10
$Zn^{2+}/g \cdot L^{-1}$	0.004	2
$Cl^-/g \cdot L^{-1}$	0.005	2.5
$BF_4/g \cdot L^{-1}$	0.014	6.0
pH 值	4.0	1.5
溶液温度/℃	45	25~35
处理时间/s	3	5

密封处理和铬化处理都在同一个垂直式的密封铬化槽中进行。该槽分为三段，即密封段、铬化段和冲洗段，其结构如图5-24所示。

密封铬化槽由槽体、转向辊和喷嘴组成。槽体高5.8m、宽2m，由不锈钢焊接而成。转向辊是直径为200mm、长为1800mm的钢辊，外面衬有25mm厚的海帕伦橡胶，转向辊由直流电机驱动。喷嘴的材质为不锈钢，分为三段，密封段两边各3个，铬化段两边各5个，清洗段两边各一个喷嘴。溶液由循环槽用泵通过喷嘴喷向带钢的两面，从而完成密封

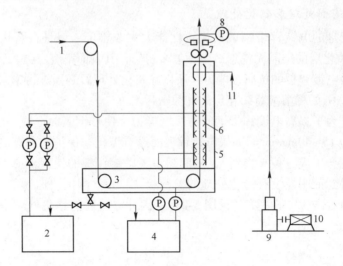

图 5-24　密封和铬化处理系统

1—带钢；2—铬化循环槽；3—转向辊；4—密封循环槽；5—槽体；6—喷嘴；7—气刀；
8—压力表；9—鼓风机；10—马达；11—软水；P—泵

和铬化处理。

经过铬化处理的镀锌板表面残留有少量的溶液必须清除，所以在带钢出口处有一台气刀清除装置。

气刀装置由气刀、鼓风机和托辊组成（见图 5-24）。气刀是一个吹气口，它与带钢的距离和角度可以通过手轮、蜗杆、蜗轮进行调整，气刀嘴的开缝大小也可以调节，以控制风量。鼓风机的风量是 $50m^3/min$，由交流电机驱动。托辊是 $\phi150mm \times 1800mm$ 的钢辊，用来固定带钢，不使带钢碰到气刀嘴。

5.4.6.4　烘干和冷却

经过化学处理的电镀锌板表面虽然由气刀吹去大部分的水分，但是表面仍然存在极薄的水膜，此水膜如不除去将影响后工序的除油工艺。去除水膜的方法是热空气烘干。

烘干是在烘干机内进行的，烘干机由干燥器、热空气发生器和鼓风机构成（见图 5-25）。

干燥器由钢板外面包有绝热材料的外壳和热空气 V 形喷嘴构成。当电镀锌带钢进入干燥器时，喷嘴喷出 300℃ 的热空气将带钢表面水膜蒸发烘干。被蒸发的水蒸气和废热空气一起从烟囱排入大气。喷嘴的方向可以手动调整，并能控制热风量。风量调节是不连续的，分大、小两档。干燥器的最大处理能力为 100t/h。

热风发生器是加热空气用的，它由混

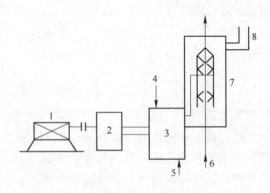

图 5-25　烘干机

1—马达；2—鼓风机；3—热空气发生器；4—空气；
5—煤气；6—带钢；7—干燥器；8—烟囱

合煤气燃烧嘴、燃烧风扇和稀释风扇组成。燃烧风扇将混合煤气吹进燃烧嘴进行燃烧加热空气。稀释风扇的作用是吹冷空气来调节燃烧温度。

燃烧风扇的容量为35m³/min，压力为15kPa，稀释风扇容量为240m³/min，压力为8.5kPa。

经过干燥的电镀锌带钢温度有75℃左右，在进入出口段时必须将带钢冷却到55℃。冷却器是采用气喷式冷却器，包括喷气头、鼓风机、气流调节器。

喷气头共4个，带钢每面各两个，喷气方向与带钢的夹角为30°（见图5-26），这样排列具有气垫作用，确保带钢沿喷气嘴中心线运动，而不至于碰到喷嘴，这是因为在正常情况下带钢在喷嘴的中心线运行。这时带钢左右两面受力面积相等，受力也相等（见图5-27a），如果外力作用使带钢向右移动（见图5-27b），这时，右面的压力就大于左面的压力，又将带钢推到中心线，使带钢两面受力面积相等。同理，带钢向左运动，左面的压力大于右面压力，就将带钢向右推动，使带钢沿中心线运动。

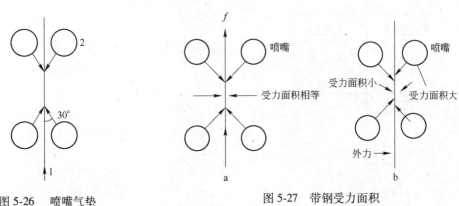

图5-26　喷嘴气垫
1—带钢；2—喷气头

图5-27　带钢受力面积

经过冷却的电镀锌带钢，其后处理工序全部完成，通过3号张力辊将带钢送到出口段。

5.5 出　口　段

5.5.1　出口段的作用和操作

出口段的任务是保证带钢在连续电镀锌操作情况下，进行检查、涂油、打印、分卷和卷取工作。出口段的工艺流程如下：

3号张力辊→出口活套车→4号张力辊→打印机→检查台→切头剪→涂油机→张力卷取机。

出口段的操作过程如下：

经过工艺处理的带钢由3号张力辊送到出口活套车，当出口段带钢需要分卷而将速度减慢或停车时，工艺段仍然保持恒速运行，此时就把带钢贮存在活套车内。当出口段带钢分卷完毕后，出口段的速度较工艺段为快，使出口活套中贮存带钢全部放空后，再保持与工艺段等速运行。4号张力辊将带钢送往传动部分，同时给予带钢张力。带钢通过检查后，用检查镜对带钢进行目测检查，然后由转子鼓形带钢打印机在带钢上打印厂名、商标、规格，经涂油后进行带钢分卷。当前一卷已卷好后，由切头剪将带钢剪断。带钢由张力卷取机进行卷取，卷取过程是半自动的。卷好的钢卷由钢卷小车自动卸下，放到负载台架上。

5.5.2　涂油

作为成品出厂的电镀锌板，为了防止在运输和存放过程中有水分接触带钢表面而产生白锈，所以必须在电镀锌表面涂油。

涂油有两种方法，一种是静电涂油，另一种是辊式涂油。静电涂油是使油形成雾状，通高压电使油的微粒带正电、带钢带负电，而使油粒被吸附到镀锌板表面（见图5-28）。

辊式涂油是通过油辊直接向带钢表面涂油的。辊式涂油装置由涂油辊和供油系统组成，如图5-29所示。

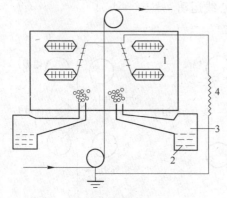

图 5-28　静电涂油

1—电极；2—油；3—空气；4—线圈

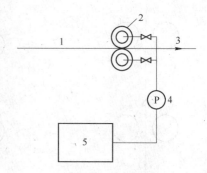

图 5-29　辊式涂油

1—带钢；2—涂油辊；3—开闭器；4—泵；5—油箱

涂油辊是在钢辊外面套上羊毛毡套，尺寸为 $\phi200mm \times 1800mm$，其结构如图5-30所示。

油通过泵打入涂油辊内浸到羊毛毡上，并被涂到带钢表面。

另一种辊式涂油是先将油粒撒到带钢表面，然后再用涂油辊将油粒压平和使油膜均匀，见图5-31。

静电涂油所得油层较薄而且均匀，但是设备复杂，稳定性差。辊式涂油所得油膜较厚，但设备简单、稳妥可靠、操作方便，适合于高速运转的电镀锌机组。

图 5-30　涂油辊

1—羊毛毡；2—钢辊；3—压紧盖；4—轴

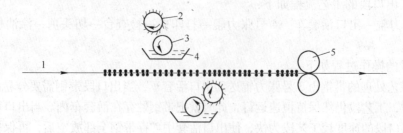

图 5-31　压辊式涂油

1—带钢；2—刷辊；3—浸油辊；4—油槽；5—压油辊

5.5.3 张力卷取

张力卷取是电镀锌作业线的最后一道工序，作用是将已镀完的带钢重新卷取起来。卷取机由机座、传动装置、推钢机和传感器组成（见图 5-32）。

固定机座是卷取机的基础，用螺帽固定在地基上，整个卷取机的设备都固定在机座上面。卷筒与开卷机相似，正常尺寸是 $\phi610mm$，缩径是 $\phi590mm$，卷筒长度为 1650mm。传动系统由直流马达通过齿轮减速箱进行传动。

推钢机由推钢挡板和液压缸构成，用来推动钢卷，使钢卷在卷筒上对准机组中心线。传感器的作用是使电镀锌带钢错边卷取。由于电镀锌带钢边部增厚，所以钢卷卷取后就

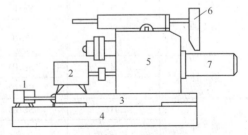

图 5-32　张力卷取机
1—液压缸；2—马达；3—浮动机座；4—固定机座；
5—齿轮减速箱；6—推钢机；7—卷筒

会产生中间空的毛病，当卷增大时，带钢就要产生中间凹的现象，通过传感器使带钢边部交错卷取，这就可以消除这一毛病。

宝钢连续电镀锌作业线的特点主要是：

（1）自动化程度高。钢卷在入口和出口段的操作是全自动化的，镀锌量和镀液里的离子浓度都是自动控制的。

（2）电镀槽是采用水平式不溶性阳极喷射槽。这种槽具有下列优点：

1）水平式设计带钢穿带容易，镀槽支撑简单；

2）喷射系统允许高电流密度，为高速生产提供了可能性；

3）不需要更换阳极；

4）镀层品种多、质量好、操作方便。

（3）能量和溶液消耗低。该机组的各种溶液全部采用高压喷射方法，可将溶液消耗减少到最低限度。

（4）反冲槽型的磷化槽。这种结构的磷化槽可加速反应的完成，允许带钢高速通过，并且没有淤泥堵塞现象。

5.6　电镀锌板的质量标准

电镀锌板的质量要求包括外观缺陷、镀锌量、尺寸、板形和力学性能等方面，各国的标准不一样，根据日本 JISG3313 标准，电镀锌板的质量要求主要有以下几个方面。

5.6.1　电镀锌板的种类和记号

电镀锌成品分板和卷两类，其种类和记号如表 5-6 所示。
电镀锌板和卷表面处理的种类和记号如表 5-7 所示。

表 5-6　电镀锌板和卷的种类及其记号

种　类		记　号	摘　要		
			主要用途	使用原板	
				热轧原板	冷轧原板
第 1 种	H	SEHC	一般用	SPHC	
	C	SEHC			SPCC SPCCT
第 2 种	H	SEHD	拉深用	SPHD	
	C	SEHD			SPCD
第 3 种	H	SEHE	强拉深用	SPHE	
	C	SEHE			SPCE SPCEN

表 5-7　电镀锌板和卷的表面处理种类及其记号

表面处理的种类	证　号
铬酸系处理	C
磷酸盐系处理	P
涂　油	O

5.6.2　镀锌量

板及板卷有两面镀锌量相同（即等厚镀锌）和两面镀锌量不同（即差厚镀锌）两种。差厚镀锌的表示方法如下：

（1）板：镀在板上面的标准镀锌量/下面的标准镀锌量。一般下面的标准镀锌量为 $20g/m^2$。

（2）卷：卷外侧的镀锌量/内侧的镀锌量，例如 3/20，即表示卷的外侧镀锌量为 $3g/m^2$，内侧镀锌量为 $20g/m^2$。

为了区别等厚镀锌与差厚镀锌，有时在差厚镀锌量后面附加 D 字，例如 1/10D。板及板卷的标准镀锌量及最小镀锌量标准如表 5-8 所示。

表 5-8　电镀锌板和卷的标准镀锌量及最小镀锌量标准

标准镀锌量（单面）/g·m^{-2}	最小镀锌量（单面）/g·m^{-2}		参考锌层厚度（单面）/μm
	等厚镀锌	差厚镀锌	
10	8.5	8	1.4
20	17	16	2.8
30	25.5	24	4.2
40	34	32	5.6
50	42.5	40	7.0

镀锌量小于 $10g/m^2$ 的标准镀锌量可由订货者与制造者之间协议商定。参考镀层厚度是用锌的密度为 $7.1g/cm^3$ 按数值的归纳法为小数点以下一位而确定的。

5.6.3 外观

板及卷在使用上不得存在有害的未镀锌、孔及破损等缺陷，不容许包括若干不正常部分和焊接部分。

5.6.4 几何尺寸

板及卷的标准厚度规格如表5-9所示。板的宽度和长度、卷的宽度按用户要求确定。

表5-9 电镀锌板和卷的标准厚度　　　　　　（mm）

标准厚度	0.4	0.5	0.6	0.7	0.8	0.9	1.0	1.2	1.4	1.6
标准厚度	1.8	2.0	2.3	2.5	2.8	3.2	3.6	4.0	4.5	

大于1.8mm采用热轧板，小于1.8mm用冷轧板，2.5mm以上的规格宝钢不生产。热轧原板的电镀锌板厚度允许误差见表5-10。

表5-10 热轧原板的电镀锌板厚度允许误差　　　　　　（mm）

厚　度	宽　度				
	<800	800～<1000	1000～<1250	1250～<1600	≥1600
1.00～1.25	±0.14	±0.14	±0.15	±0.16	
1.25～<1.60	±0.15	±0.15	±0.16	±0.17	
1.60～<2.00	±0.17	±0.18	±0.19	±0.20	±0.21
2.00～<2.50	±0.20	±0.21	±0.22	±0.23	±0.25
2.50～<3.15	±0.23	±0.24	±0.25	±0.27	±0.30
3.15～<4.00	±0.26	±0.27	±0.28	±0.31	±0.35
4.00～<5.00	±0.29	±0.30	±0.36	±0.35	±0.40

冷轧原板的电镀锌板厚度允许误差见表5-11。

表5-11 冷轧原板的电镀锌板厚度允许误差　　　　　　（mm）

厚　度	宽　度				
	<630	630～<1000	1000～<1250	1250～<1600	≥1600
<0.40	±0.04	±0.04	±0.04		
0.40～<0.60	±0.05	±0.05	±0.05	±0.06	
0.60～<0.80	±0.06	±0.06	±0.06	±0.07	±0.08
0.80～<1.00	±0.07	±0.07	±0.08	±0.09	±0.10
1.00～<1.25	±0.08	±0.08	±0.09	±0.10	±0.12
1.25～<1.60	±0.09	±0.10	±0.11	±0.12	±0.14
1.60～<2.00	±0.10	±0.11	±0.12	±0.14	±0.16
2.00～<2.50	±0.12	±0.13	±0.14	±0.16	±0.18
2.50～<3.15	±0.14	±0.15	±0.16	±0.18	±0.20
≥3.15	±0.16	±0.17	±0.19	±0.20	

板与板卷的宽度允许误差见表 5-12。

表 5-12 电镀板卷的宽度允许误差   （mm）

宽　度	允　许　误　差	
	热轧板	冷轧板
<1250	+10 −0	+7 −0
≥1250	+10 −0	+10 −0

板的长度允许误差见表 5-13。

表 5-13 电镀板卷的长度允许误差   （mm）

长　度	允　许　误　差	
	热轧板	冷轧板
≤2000	+25 −0	+10 −0
2000～<4000	+25 −0	+15 −0
4000～<6000	+25 −0	+20 −0

5.6.5 板形

衡量板形好坏有两个指标，即平直度和镰刀弯。

（1）平直度。将电镀锌板放在平台上面，最高峰的高度与电镀锌公称厚度之差称为平直度。板的平直度最大允许值如下：

1）热轧原板电镀锌板的平直度见表 5-14。

表 5-14 热轧原板电镀锌板的平直度   （mm）

厚　度	宽　度		
	<1250	1250～<1600	≥1600
<1.60	18	20	
1.60～<4.00	16	18	20
≥4.00	14	16	18

2）冷轧原板电镀锌板的平直度见表 5-15。

表 5-15 冷轧原板电镀锌板的平直度   （mm）

宽　度	应　变　种　类		
	翘度波纹	边缘波纹	中央波纹
<1000	12	6	6
1000～<1250	15	10	8
1250～<1600	15	12	9
≥1600	20	14	10

（2）镰刀弯。如图5-33所示，任何部位1m长度上弯曲的毫米数称为镰刀弯。

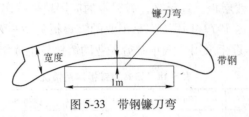

图5-33 带钢镰刀弯

板和板卷镰刀弯的最大允许值如下：

1）热轧原板电镀锌板和卷的镰刀弯见表5-16。

表5-16 热轧原板电镀锌板和卷的镰刀弯的最大允许值 （mm）

宽 度	长 度			卷
	板			
	<2500	2500~<4000	≥4000	
<630	5	8	12	任意长度每 2000mm 加上 5mm
630~<1000	4	6	10	
≥1000	3	5	8	

2）冷轧原板电镀锌板和卷的镰刀弯见表5-17。

表5-17 冷轧原板电镀锌板和卷的镰刀弯的最大允许值 （mm）

宽 度	长 度		卷
	板		
	<2000	≥2000	
<630	4	任意长度每2000mm 加上 4mm	
≥630	2	任意长度每2000mm 加上 2mm	

5.7 镀锌板的耐蚀性及应用

镀锌板表面的锌层可以防止腐蚀介质接触钢基体，从而防止钢基体被腐蚀。锌层的耐腐蚀性在于它具有一层极薄的氧化膜隔绝空气。即使部分锌层脱落，它也因与钢基体形成局部微电池而可进行阳极保护。因此，在干燥的环境下镀锌板能够长期使用。这是因为锌表面露出个别部分的钢基体时，由于锌的电极电位（-0.76V）比铁的电极电位(-0.44V)要低，所以，形成锌-铁微电池。此时，锌失去电子而被氧化，而铁没有被腐蚀（这一点与镀锡板正好相反）。

电镀锌板的使用寿命与周围环境有很大关系，在农田区可用10年以上，而在城市或沿海地区只用5年，这是因为城市空气中含有 SO_2 等腐蚀性气体，加速了锌层的腐蚀。为了延长镀锌板的使用寿命，除采用钝化处理外，往往在镀锌板外再进行有机涂层或有机复层处理。这样不仅延长了使用寿命，而且大大提高表面的装饰性。

　　由于镀锌板具有良好的抗腐蚀性能，而且锌的来源比较容易，价格也比较便宜，所以镀锌板的生产优于其他镀层板。近年来，镀锌板的应用越来越广泛，而且越来越多地用于汽车制造工业。例如美国 1979 年用于汽车工业的镀锌板为 260 万吨，而到 1985 年就增至 330 万~370 万吨。日本近年来用于汽车制造工业的镀锌板也逐年增加，见表 5-18。

表 5-18　日本镀锌板应用情况　　　　　　　　　　　　　　（万吨）

应　用	1973 年	1974 年	1975 年	1976 年	1977 年	1978 年
车　辆	23	18	28	32	41	43
电　气	19	18	21	26	23	24
建　筑	18	19	26	18	14	15
其　他	40	45	25	24	22	18

镀锌板的应用范围如下：

（1）建筑业：外墙壁、内墙壁、屋顶、天花板、电梯、百叶窗。

（2）汽车工业：车身、底板、架子等。

（3）电气工业：各种开关箱、电气柜、仪表盘等。

（4）化学工业：油箱、化工包装料。

（5）日用工业：洗衣机、电冰箱、家具、柜子等。

（6）其他方面：集装箱等。

* *

思　考　题

5-1　连续电镀锌机组有哪些类型？电镀原理是什么？

5-2　电镀锌为何要对带钢进行预处理？预处理的目的是什么？带钢清洗的主要形式有哪些？

5-3　电镀锌的后续处理有哪些？其发展方向是什么？有何意义？

6 电镀锡及锡合金

6.1 电 镀 锡

6.1.1 概述

锡（Sn）是银白色金属，相对原子质量118.7，密度7.3g/cm³，熔点232℃，维氏硬度HV12，电导率9.09MS/m，具有抗腐蚀、耐变色、无毒、易钎焊、柔软和延展性好等优点。二价锡（Sn^{2+}）的电化当量为2.214g/(A·h)，四价锡（Sn^{4+}）为1.107g/(A·h)。

锡镀层有如下特点和用途：

（1）化学稳定性高。在大气中耐氧化不易变色；与硫化物不起反应；与硫酸、盐酸、硝酸的稀溶液几乎无反应，即使在浓硫酸和浓盐酸中也要在加热条件下才缓慢反应。

（2）在电化学中锡的标准电位比铁正，对钢铁来说是阴极性镀层，只有在镀层无孔隙时才能有效地保护基体。但在密闭条件下，在有机酸介质中，锡的电位比铁负，具有电化学保护作用，溶解的锡对人体无害，故常作食品容器的保护层。

（3）锡的导电性好，易钎焊。在强电部门常以锡代替银作导电镀层；在弱电部门电子元器件的引线、印刷电路板也镀锡。铜导线上镀锡除提供可焊性外，还有隔离绝缘材料中硫的作用。轴承金属镀锡可起密合和减摩作用。汽车工业上活塞环镀锡和汽缸壁镀锡可防止滞死和拉伤。

（4）锡从-13℃起结晶开始发生变异，到-30℃将完全转变为一种非晶型的同素异构体（α锡或灰锡），俗称"锡瘟"，此时已失去金属锡的性质。但锡与少量锑或铋（0.2%~0.3%）共沉积时可有效地抑制这种变异。

（5）锡同锌、镉镀层一样，在高温、潮湿和密闭条件下能长成"晶须"，称为"长毛"，这是镀层存在内应力所致。小型化的电子元件需防止晶须造成短路事故。电镀后用加热法除内应力或电镀时与1%的铅共沉积可避免这一特性。

（6）镀锡后在232℃以上的热油中重熔处理，可获得有光泽的花纹锡层，可作日用品的装饰镀层。

人们早在1843年就提出了第一个电镀锡专利，1930年之后才具备工业实用性。由于电镀锡层薄而均匀，能大大节约世界紧缺的锡资源，因而电镀锡得到迅速发展。据统计，目前电镀锡钢板占镀锡钢板总产量的90%以上。

镀锡溶液有碱性及酸性两种类型。我国在20世纪60年代以前几乎都采用高温碱性镀锡工艺，70年代开始启用弱酸性镀锡，20世纪80年代以来，随着光亮剂的不断开发，常温酸性光亮镀锡获得迅速发展。因其适用范围很宽，既可用于电子工业和食品工业制品的镀锡，也适合其他工业用的板材、带材、线材的连续快速电镀，故其产量远大于碱性镀锡，已趋于主导地位。

碱性溶液成分简单，并有自除油能力、镀液分散能力好、镀层结晶细致、孔隙少、易钎焊等优点，但是需要加热、能耗大、电流效率低，镀液中锡以四价形式存在，电化当量低，镀层沉积速度比酸性镀液至少慢一倍，且一般为无光亮镀层。

以亚锡盐为主盐的酸性镀液具有可镀取光亮镀层、电流效率高、沉积速度快、可在常温下操作、节能等优点，其缺点是分散能力不如碱性镀液，镀层孔隙率较大。

6.1.2 酸性镀锡

目前工业上应用的酸性镀锡液主要有硫酸盐镀液、氟硼酸盐镀液、氯化物-氟化物镀液、磺酸盐镀液等几种类型。

以硫酸亚锡为主的硫酸盐镀液在目前应用得最为广泛，其镀层质量良好、沉积速度快、电流效率高、镀液的分散能力好、原料易得、成本低。

氟硼酸盐镀液可采用高的阴极电流密度，镀层细致，可焊性好，常用于钢板、带及线材的连续快速电镀，但成本较高，特别是存在 BF_4^- 对环境的污染，所以应用受到限制。

有机磺酸盐镀液也是一种高速镀锡溶液，最大的优点是镀液稳定性好，对环境无氟化物等污染，是近年来酸性镀锡领域研究的热点之一。

氯化物-氟化物镀液为一种高速镀锡溶液，连续生产线的生产效率可选 400～600m/min，20 年前在国外主要用于带材的高速电镀。由于氯离子对设备的腐蚀及氟离子对环境的污染问题，未能得到广泛应用。

本节将主要以硫酸盐镀锡为例来介绍酸性镀锡液中各成分的作用及工艺特点。

6.1.2.1 硫酸盐镀锡

A 镀液成分及操作条件

硫酸盐镀锡液的主要成分为硫酸亚锡及硫酸，因采用的添加剂不同可形成各种配方，表 6-1 列出了国内部分硫酸盐无光亮镀锡（暗锡）和光亮镀锡的配方及操作条件。

表 6-1 某些硫酸盐无光亮镀锡和光亮镀锡的工艺规范

成分及操作条件	无光亮镀锡			光亮镀锡		
	1	2	3	4	5	6
硫酸亚锡 $SnSO_4/g \cdot L^{-1}$	40～55	60～80	45～60	40～70	50～60	35～40
硫酸 $H_2SO_4/mL \cdot L^{-1}$	60～80	40～70	80～120	140～170	75～90	70～90
β-苯酚/$g \cdot L^{-1}$	0.3～1.0	0.5～1.5				
明胶/$g \cdot L^{-1}$	1～3	1～3				
酚磺酸			60～80			
40%甲醛 $HCHO/mL \cdot L^{-1}$			4.0～8.0			3.0～5.0
OP-21/$mL \cdot L^{-1}$			6.0～10			
组合光亮剂/$mL \cdot L^{-1}$			4.0～20			
SS-820/$mL \cdot L^{-1}$				15～30		
SS-821/$mL \cdot L^{-1}$				0.5～1		
SNU-2AC 光亮剂/$mL \cdot L^{-1}$					15～20	

续表 6-1

成分及操作条件	无光亮镀锡			光亮镀锡		
	1	2	3	4	5	6
SNU-2BC 光亮剂/mL·L^{-1}					20~30	
BH911 光亮剂/mL·L^{-1}						18~20
温度/℃	15~30	20~30	10~20	10~30	5~45	8~40
阴极电流密度/A·dm^{-2}	0.3~0.8	1~4	0.3~8.0	1~4	1~4	1~4
搅拌方式		阴极移动	阴极移动	阴极移动	阴极移动	阴极移动

镀液的一般配制方法是：先边搅拌边将硫酸和酚磺酸缓缓倒入去离子水或蒸馏水中，水的体积大约为欲配制镀液体积的 1/2~1/3。此过程是放热反应。然后在搅拌下缓慢加入硫酸亚锡，待其完全溶解后，对溶液进行过滤。最后加入各种添加剂，加水至规定体积。其中，β-萘酚要用 5~10 倍乙醇或正丁醇溶解，明胶要先用适量温水浸泡使其溶胀，再加热溶解，将两者混合后，在搅拌下加入镀液中。市售的添加剂应按商品说明书添加。配制好的镀液在使用前，应进行小电流通电处理。

B 镀液各成分的作用

a 硫酸亚锡

硫酸亚锡是主盐，如在允许范围内采用上限含量可提高阴极电流密度，增加沉积速度；但浓度过高则分散能力下降、光亮区缩小、镀层色泽变暗、结晶粗糙。浓度过低则允许的阴极电流密度减小，生产效率降低，镀层容易烧焦。滚镀可采用较低浓度。

b 硫酸

具有抑制锡盐水解和亚锡离子氧化、提高溶液导电性和阳极电流效率的作用。

当硫酸含量不足时，Sn^{2+} 离子易氧化成 Sn^{4+} 离子。它们在溶液中易发生水解反应：

$$SnSO_4 + 2H_2O \longrightarrow Sn(OH)_2 \downarrow + H_2SO_4$$
$$Sn(SO_4) + 4H_2O \longrightarrow Sn(OH)_4 \downarrow + 2H_2SO_4$$

从上式可知，硫酸浓度的增加有助于减缓上述水解反应，但只有硫酸浓度足够大时才能抑制住 Sn^{2+} 和 Sn^{4+} 的水解。

c 光亮剂

各类光亮剂在镀液中能提高阴极极化作用，使镀层细致光亮。光亮锡镀层比普通锡镀层稍硬，并仍保持足够的延展性，其可焊性及耐蚀性良好。光亮剂不足时，镀层不能获得镜面镀层；光亮剂过多时，镀层变脆、脱落，严重影响结合力和可焊性。但目前光亮剂的定量分析还有困难，只能凭霍尔槽试验及经验来调整。

早期，光亮镀锡层的获得是将暗锡镀层经 232℃ 以上"重熔"处理。从 20 世纪 20 年代起人们就开始探索直接获得光亮电镀锡的方法，但直到 1975 年英国锡研究会以木焦油作为光亮剂，才为光亮镀锡工业化奠定了基础。近年来，镀锡光亮剂的研究很活跃，性能优良的添加剂不断涌现，我国在这方面的研究也取得了较大的进展。

目前的镀锡光亮剂都是多种添加剂的混合物，包括主光亮剂、辅助光亮剂和载体光亮剂三部分。

(1) 主光亮剂。常用的是芳香醛、不饱和酮、胺等，如 1, 3, 5-三甲氯基苯甲醛、O-

氯苯甲醛、苯甲醛、O-氯代苯乙酮、苯甲酰丙酮等。光亮剂的基本结构多为下列类型：

$$R_1 \overset{\underset{\displaystyle H}{|}}{\underset{}{C}} = \overset{\underset{\displaystyle H}{|}}{\underset{}{C}} - \overset{\underset{\displaystyle H}{|}}{\underset{}{C}} + R_2 \quad \text{或} \quad R_1 \overset{\underset{\displaystyle R_3}{|}}{\underset{}{C}} = \overset{\underset{\displaystyle R_4}{|}}{\underset{}{C}} - \overset{\underset{\displaystyle O}{\|}}{\underset{}{C}} + R_2 \quad \text{或} \quad R_1 \overset{\underset{\displaystyle H}{|}}{\underset{}{C}} = \overset{\underset{\displaystyle R_3}{|}}{\underset{}{C}} + R_2 \quad \text{或} \quad$$

上述结构通式中的 R_1、R_2、R_3 和 R_4 分别代表不同的取代基。对同一结构，改变 R，可以得到多种不同的有机化合物，它们都有一定的增光作用。主光亮剂大多不溶于水。

（2）辅助光亮剂。实验证明仅仅使用主光亮剂并不能获得高质量的光亮镀层，需要同时添加脂肪醛和不饱和羰基化合物，如甲醛、苄叉丙酮等。这些添加剂称为辅助光亮剂，能与主光亮剂一起起协同作用，使晶粒细化，扩大光亮区。

（3）载体光亮剂。由于大多数主光亮剂和部分辅助光亮剂难溶于水，在电镀过程中易发生氧化、聚合等反应而从溶液中析出，为此需要加入合适的增溶剂，通常为非离子型表面活性剂，如 OP 类及平平加类。这类增溶剂称为载体光亮剂，也可称载体分散剂。载体光亮剂同时具有润湿和细化晶粒的作用。

目前国内所采用的镀锡光亮剂多为技术保密的专利或商品。如表 6-1 所列 SS-820、SS-821 光亮剂的基本组成相似，是不饱和醛（或酮）、芳香醛（或酮）和聚氧乙烯壬基醚等非离子表面活性剂的加成物，并包含有甲醛。

组合光亮剂的制备方法为：将对,对-二氨基二苯甲烷 20~30g 溶于水（加热），再溶于 100mL 乙醇中；另用 100mL 乙醇溶解苄叉丙酮 40~60mL，在搅拌下，将上述两种溶液缓慢加入 300~400mL 的 OP-21 乳化剂中（天冷时 OP-21 易凝固，应先在水浴中加热使其熔化）；再加入 40% 甲醛溶液 100~200mL；最后用乙醇稀释至 1L（严禁用水稀释），充分混合均匀即成。

d　稳定剂

镀液不稳定、易浑浊是硫酸盐镀锡的主要缺点。如果不加稳定剂，镀液在使用或放置过程中，颜色逐渐变黄，最终发生浑浊、沉淀。镀液混浊后，镀层光泽性差、光亮区窄、可焊性下降，难以镀出合格的产品；且该混浊物呈胶体状态，难以除去和回收，导致锡盐浪费。

镀液混浊的原因相当复杂，一般认为主要是镀液中 Sn^{4+} 离子的存在及其水解的结果。即 Sn^{4+} 离子浓度达到一定值时，将发生水解反应：

$$Sn^{4+} + 3H_2O \longrightarrow \alpha\text{-}SnO_2 \cdot H_2O \downarrow + 4H^+$$

水解产物 $\alpha\text{-}SnO_2 \cdot H_2O$ 会进一步转化为 $\beta\text{-}(SnO_2 \cdot H_2O)_5$。$\alpha\text{-}SnO_2 \cdot H_2O$ 可溶于浓硫酸，而 $\beta\text{-}(SnO_2 \cdot H_2O)_5$ 不溶于酸与碱，并很容易与镀液中的 Sn^{2+} 离子形成一种黄色复合物，进而转变为白色的 β-锡酸沉淀。

此外，非离子表面活性剂在镀液温度高于其浊点温度时，将与增溶的光亮剂一起从镀液中析出，也是使镀液混浊的一种原因，但选择浊点高的非离子表面活性剂就可避免。因此，稳定剂的选择原则主要是防止 Sn^{4+} 离子的生成和水解。镀液中的 Sn^{4+} 离子主要通过以下两种途径生成。

（1）镀液中的 Sn^{2+} 离子被溶解氧或阳极反应氧化：

$$2Sn^{2+} + O_2 + 4H^+ \longrightarrow 2Sn^{4+} + 2H_2O$$

或 $$Sn^{2+} \longrightarrow Sn^{4+} + 2e$$

（2）锡阳极溶解过程中直接生成 Sn^{4+} 离子：

$$2Sn（阳极） \longrightarrow Sn^{2+} + Sn^{4+} + 6e$$

为此，可从以下方向着手选择稳定剂：合适的 Sn^{4+}、Sn^{2+} 的配合剂以抑制锡离子的水解和 Sn^{2+} 离子的氧化，如酒石酸、酚磺酸、磺基水杨酸等有机酸和氟化物；比 Sn^{2+} 更容易氧化的物质（抗氧化剂）以阻止 Sn^{2+} 氧化，如抗坏血酸、V_2O_5 与有机酸作用生成的活性低价钒离子等；Sn^{4+} 的还原剂，使 Sn^{4+} 还原为 Sn^{2+}，如金属锡块；以及上述物质相互组合的混合物。

e 其他添加剂

目前仍有不少产品使用无光亮酸性镀锡。该类镀液多选择明胶、β-萘酚、甲酚磺酸等为添加剂，以使镀层细致、可焊性好。

β-萘酚起提高阴极极化、细化晶粒、减少镀层孔隙的作用。由于这类添加剂是憎水的，含量过高时会导致明胶凝结析出，并使镀层产生条纹。

明胶的主要作用是提高阴极极化和镀液分散能力、细化晶粒。与 β-萘酚配合时有协同效应，使镀层光滑细致。明胶过高会降低镀层的韧性及可焊性，故镀锡层要求高可焊性时不应采用明胶，即使是普通无光亮镀锡溶液，明胶的加入量也要严加控制。

C 操作条件的影响

（1）阴极电流密度。根据镀液中主盐浓度、温度和搅拌情况等的不同，光亮镀锡的电流密度可在 $1\sim4A/dm^2$ 范围内变化。电流密度过高，镀层变得疏松、粗糙、多孔，边缘易烧焦，脆性增加；电流密度过低，则得不到光亮镀层，且沉积速度降低，而影响生产效率。

（2）温度。无光亮镀锡一般在室温下进行，而光亮镀锡宜在 $10\sim20℃$ 下进行。因为 Sn^{2+} 的氧化和光亮剂的消耗均与温度有关。温度过高，Sn^{2+} 的氧化速度加快，混浊和沉淀增多，锡层粗糙，镀液寿命降低；光亮剂的消耗亦随温度升高而加快，使光亮区变窄，镀层均匀性差，严重时镀层变暗，出现花斑和可焊性降低。温度过低，工作电流密度范围变小，镀层易烧焦，并使电镀的能耗增大。加入性能良好的稳定剂可提高工作温度的上限值。

（3）搅拌。光亮镀锡应采用阴极移动或搅拌，阴极移动速率为 $15\sim30$ 次/min，这有助于镀取镜面光亮镀层和提高生产效率。但为防止 Sn^{2+} 氧化，禁止用空气搅拌。

（4）阳极。酸性镀锡通常采用99.9%以上的高纯锡。纯度低的阳极易产生钝化，会促进溶液中 Sn^{2+} 离子被氧化成 Sn^{4+} 离子，从而导致 Sn^{4+} 的积累和镀液混浊。为防止阳极泥渣影响镀层质量，可用耐酸的阳极袋。

（5）有害杂质的去除。Cl^-、NO_3^-、Cu^{2+}、Fe^{2+}、As^{3+}、Sb^{3+} 等杂质对酸性光亮镀锡层的质量有明显影响，使镀层发暗、孔隙增多，要注意防止。金属离子杂质可用小电流密度（如 $0.2A/dm^2$）长时间通电处理去除，但尚无有效去除 Cl^-、NO_3^-的方法。酸性光亮镀锡对 NH_4^+、Zn^{2+}、Ni^{2+}、Cd^{2+} 等不敏感。

许多光亮剂含有苯胺类及其衍生物。这些芳香族胺类可被氧化成对苯醌，导致镀液变黄。有机杂质过多会使镀液黏度明显增加，镀液难以过滤，镀层结晶粗糙、发脆，出现条纹和针孔等疵病。可用 1~3g/L 活性炭除去有机杂质，处理时需将镀液加温至 40℃ 左右，并充分搅拌，待完全静止后过滤。

锡盐的水解产物是呈胶体状态，难以过滤，可加入聚乙烯酰胺等助凝剂，使水解物凝聚后过滤除去。

此外，镀锡后需焊接的钢铁零件要先镀铜（约 3μm）以增强结合力；铜及铜合金镀锡要带电入槽；黄铜直接镀锡时由于合金中锌的影响会出现斑点或镀层发暗，应先镀铜及镍。

6.1.2.2　氟硼酸盐镀锡

氟硼酸盐镀锡可采用很高的阴极电流密度并有相当宽的阴极电流密度范围，沉积速度快，分散能力好，镀层结晶细致，洁白而有光泽，可焊性好，适用于挂镀、滚镀和线材电镀，常用于钢板、带及线材的连续快速镀锡；但镀液成本较高，买不到氟硼酸亚锡时需自行配制，溶液中的 BF_4^- 对环境造成污染，所以应用不广泛。镀液成分及操作条件列于表 6-2。镀液中的氟硼酸亚锡和 Sn^{2+} 为主盐，适量的游离氟硼酸可以保持镀液稳定，硼酸可抑制游离氢氟酸的产生，β-萘酚、明胶等添加剂的作用与在硫酸盐镀锡液中的作用类似。

表 6-2　某些氟硼酸盐镀锡的工艺规范

成分及操作条件	无光亮镀锡	光亮镀锡
	1	2
氟硼酸亚锡 $Sn(BF_4)_2/g \cdot L^{-1}$	200（100~400）	50（40~60）
$Sn^{2+}/g \cdot L^{-1}$	80（40~160）	20（15~25）
游离氟硼酸 $HBF_4/g \cdot L^{-1}$	100（50~250）	100（80~100）
明胶$/g \cdot L^{-1}$	6（2~10）	
β-萘酚$/g \cdot L^{-1}$	1（0.5~1）	
37%甲醛 $HCHO/mL \cdot L^{-1}$		5（3~8）
胶-醛系光亮剂$/mL \cdot L^{-1}$		26（15~30）
OP-15		10（8~15）
温度/℃	20（15~40）	17（10~25）
阴极电流密度$/A \cdot dm^{-2}$		
挂镀	3.0（2.5~12.5）	2（1~10）
滚镀	1.0	1（0.5~5）
极限阴极电流密度$/A \cdot dm^{-2}$		
20℃、搅拌	25	
40℃、搅拌	45	
阴极移动$/m \cdot min^{-1}$	适宜	1.5（1~2）
阳极	99.9%以上纯锡	99.9%以上纯锡
阴、阳极面积比	1:2	1:2

镀液的配制方法为：将氟硼酸亚锡溶入去离子水或蒸馏水中，水的容积大约为欲配制镀液容积的 1/2~2/3；加入已用热水溶解好的硼酸；加入氟硼酸，调整溶液 pH 值至规定

值；然后在强烈搅拌下加入各种添加剂。其中，β-萘酚要先用5~10倍乙醇或正丁醇溶解、OP-15预先用水溶解。

氟硼酸亚锡的自制方法为：在计算量的氢氟酸中缓慢加入略过量的硼酸，以生成氟硼酸；加热溶液，缓慢加入计算量的氧化铜或碱式碳酸铜，以生成氟硼酸铜，搅拌至完全溶解；搅拌下缓慢加入锡粉至溶液的蓝色完全消失，以发生反应 $Cu(BF_4)_2 + Sn \rightarrow Sn(BF_4)_2 + Cu$，过滤溶液。清液即为氟硼酸亚锡 $Sn(BF_4)_2$ 溶液。

氟硼酸盐镀锡的阴、阳极电流效率均接近100%，溶液的主要成分很容易自动保持平衡，因此，镀液维护简单。生产中通常简单地以相对密度为1.17、pH值为0.2作为溶液控制的指标；当镀层结晶粗大时可补充添加剂；使用较长时间后，可采用活性炭处理，并重新添加添加剂。需要注意的是，阳极袋不能用尼龙和氯丁橡胶制造，应采用聚丙烯或氯乙烯-丙烯腈共聚物（Dynel）；不能采用空气搅拌；为了防止生成氟硅酸盐而导致阳极泥的生成，过滤镀液时不能用含硅的助滤剂，可用橡胶衬里的过滤机，过滤介质用滤纸。

6.1.2.3 有机磺酸盐镀锡

有机磺酸盐镀液是近年来开发的一种高速镀锡溶液，目前是酸性镀锡领域研究的热点之一。其最大优点是镀液稳定性好、对环境无氟化物污染。

有机磺酸盐镀锡的工艺规范列于表6-3。

表6-3 有机磺酸盐镀锡的工艺规范

成分及操作条件	配方	
	1	2
硫酸亚锡 $SnSO_4/g \cdot L^{-1}$	64	30~40
硫酸 $H_2SO_4/g \cdot L^{-1}$		70~90
酚磺酸 $C_6H_4HSO_3H/g \cdot L^{-1}$		20~60
氨基磺酸 $H_2NSO_2OH/g \cdot L^{-1}$	50	
二羟基二苯砜 $(C_6H_4OH)SO_2/g \cdot L^{-1}$	5	
聚乙二醇 $(M \geqslant 6000)/g \cdot L^{-1}$		2~3
酒石酸钾钠 $NaKC_4H_4O_6/g \cdot L^{-1}$		2~4
40%甲醛 $HCHO/mL \cdot L^{-1}$		3~7
硫酸钴$/g \cdot L^{-1}$		0.08~0.15
温度/℃	50	15~35
阴极电流密度/$A \cdot dm^{-2}$	增大至27	0.3~2
阴、阳极面积比		(1~2):1

上海永生助剂厂开发的甲磺酸盐锡镀液添加剂。配方及操作条件为：70%甲磺酸，MSA 180~210g/L，甲磺酸锡，MSS 150~300g/L，MS-3A光亮剂34~45mL/L，MS-3B光亮剂10~20mL/L；温度10~25℃；阴极电流密度2~20A/dm²；阴极移动15m/min；循环过滤。

6.1.2.4 氯化物-氟化物镀锡

氯化物-氟化物镀液为又一类高速镀锡溶液，连续生产线的生产效率可达400~600m/

min，30 年前在国外主要用于带材的连续高速电镀。由于氯离子对设备的腐蚀及氟离子对环境的污染问题，一直应用不多。氯化物-氟化物镀锡的工艺规范见表6-4。

表6-4 氯化物-氟化物镀锡的工艺规范

成分及操作条件	配 方		
	挂 镀	滚 镀	带钢连续镀
氯化亚锡 $SnCl_2 \cdot 2H_2O/g \cdot L^{-1}$	40	55~60	40
氟化氢铵 $NH_4HF/g \cdot L^{-1}$			
氟化钠 $NaF/g \cdot L^{-1}$	20	100~120	32
氟化氢钠 $NaHF_2/g \cdot L^{-1}$			20
氯化钠 $NaCl/g \cdot L^{-1}$			50
柠檬酸 $C_6H_8O_7/g \cdot L^{-1}$		25~30	
氨三乙酸 $N(CH_3COO)_3/g \cdot L^{-1}$	15		
聚乙二醇（$M=4000~6000$）$/g \cdot L^{-1}$	6	1.5~2.0	
平平加 $O-20/g \cdot L^{-1}$	1		
亚铁氰化钾 $/g \cdot L^{-1}$			0.4
ST-97 光亮剂 $/g \cdot L^{-1}$			
pH 值	4~5	5	3.4
温度/℃	室温	室温	60
阴极电流密度/$A \cdot dm^{-2}$	0.1~0.3		5.0

6.1.3 碱性镀锡

碱性镀锡液以锡酸钠（或锡酸钾）与氢氧化钠（或氢氧化钾）为主要组成，成分简单，溶液相对容易控制，镀液的分散能力和覆盖能力比酸性镀锡好。镀层结晶细致、孔隙少、易钎焊。镀液对钢铁设备无腐蚀性，又具有一定的除油能力，很适合于复杂形状零件电镀。因而，长期以来是工业上获取无光亮镀锡层的主要工艺。

碱性镀锡的主要缺点是：镀液中锡以四价形式存在，电化当量低，且电流效率较低（70%左右），故镀层沉积速度比酸性镀液至少慢一倍；加之镀液的工作温度较高、需要加热，因而能耗大；镀层光亮性差，如要降低锡镀层表面粗糙度，提高光亮度及抗氧化能力，则必须在碱性镀锡后加一道热熔工序。需热熔的锡镀层厚度一般为 $3~8\mu m$，镀层过厚，熔融态锡的表面张力将大于锡与基体的结合力，从而产生不润湿现象；镀层过薄，则可能局部发暗。

6.1.3.1 镀液成分及操作条件

碱性镀锡溶液有钠盐和钾盐两大类。两者的主要区别是钾盐体系的溶液性能比钠盐体系好。这是由于锡酸钾在水中的溶解度较高，且随温度升高而增加，而锡酸钠正相反。故钾盐体系可采用高浓度锡酸钾，使用高的工作温度和阴极电流密度，阴极电流效率和溶液导电性也比较高。但钾盐溶液成本高。所以，用哪一种体系，要根据产品特点和生产条件来确定。具体的镀液成分与工艺条件列于表6-5。

表 6-5　碱性镀锡的工艺规范

成分及操作条件	配 方			
	1	2	3	4
锡酸钠 $Na_2SnO_3 \cdot 3H_2O/g \cdot L^{-1}$	95~110	20~40		
氢氧化钠 $NaOH/g \cdot L^{-1}$	7.5~11.5	10~20		
锡酸钾 $K_2SnO_3/g \cdot L^{-1}$			95~110	195~220
氢氧化钾 $KOH/g \cdot L^{-1}$			13~19	15~30
醋酸钠或磷酸钾 $/g \cdot L^{-1}$	0~20	0~20	0~20	0~20
温度/℃	60~85	70~85	65~90	70~90
阴极电流密度/$A \cdot dm^{-2}$	0.3~3.0	0.2~0.6	3~10	10~20
阳极电流密度/$A \cdot dm^{-2}$	2~4	2~4	2~4	2~4
槽电压/V	4~8	4~12	4~6	4~6
锡阳极纯度/%	>99	>99	>99	>99
阴、阳极面积比	(1.5~2.5):1	(1.5~2.5):1	(1.5~2.5):1	(1.5~2.5):1

镀液的配制方法为：将氢氧化钠（钾）溶解在相当于欲配制溶液体积 2/3 的去离子水或蒸馏水中，将锡酸钠（钾）调成糊状，缓慢加入苛性碱溶液中，再加入已溶解好的醋酸钠（钾），加水至配制体积。过滤溶液并通电处理。镀液配制后应试镀，若出现海绵状镀层，可加入 30%的过氧化氢 0.1~0.5g/L，然后通电处理。

配方 1 及 4 适用于快速电镀；配方 2 适用于滚镀、复杂件及小零件镀锡，挂镀时可适当提高锡酸钠含量；配方 3 适用于挂镀、滚镀时要相应提高游离碱含量。

6.1.3.2　碱性镀锡的电极反应

A　阴极反应

碱性镀锡液中锡以 $[Sn(OH)_6]^{2-}$ 配离子形态存在。它通过下列反应生成：

$$Na_2SnO_3 + 3H_2O \longrightarrow Na_2[Sn(OH)_6]$$

$$Na_2[Sn(OH)_6] \Longleftrightarrow 2Na^+ + [Sn(OH)_6]^{2-}$$

阴极反应主要是配离子在阴极上还原为锡：

$$[Sn(OH)_6]^{2-} + 4e^- \longrightarrow Sn + 6OH^-$$

镀液中的 Sn^{2+} 离子与氢氧化钠作用生成的 $[Sn(OH)_4]^{2-}$ 配离子，比 $[Sn(OH)_6]^{2-}$ 更容易在阴极还原，并使镀层质量恶化。故防止 Sn^{2+} 的干扰，是碱性镀锡获得正常镀层的关键。阴极过程的负反应是析氢反应：

$$2H_2O + 2e \longrightarrow 2OH^- + H_2$$

因此，碱性镀锡的阴极电流效率在 60%~85%之间，钾盐镀液高于钠盐镀液。

B　阳极反应

碱性镀锡液中的 Sn^{2+} 离子主要来源于阳极的不正常溶解，故必须掌握阳极溶解特性。在阳极电势较低时，随电势升高，电流密度明显增大，此时阳极以亚锡形态溶解：

$$Sn + 4OH^- \longrightarrow [Sn(OH)_4]^{2-} + 2e$$

阳极表面呈灰白色，镀层是疏松、粗糙、多孔的灰暗层或海绵层。

当电流密度达到某一临界值时，电势急剧升高，阳极上形成了金黄色膜，并以正常的锡酸盐（即 Sn^{4+}）形式溶解：

$$Sn + 6OH^- \longrightarrow [Sn(OH)_6]^{2-} + 4e$$

该临界 Sn 电流密度即是锡阳极的致钝电流密度。如果阳极电流密度继续增加，金黄色膜将逐渐转变为黑色膜，使阳极完全处于钝化状态而不再溶解，阳极上只发生析出氧气的反应：

$$4OH^- \longrightarrow O_2\uparrow + 2H_2O + 4e$$

这时，因锡离子得不到补充，镀液中的锡盐浓度下降，影响溶液的稳定性和镀层质量。黑膜太厚时需用酸溶液除去。

由上可知，电镀时必须首先使阳极电流密度达到并略高于阳极致钝电流密度，然后调整到规定的工作电流密度范围，使阳极经常保持金黄色膜，才能保证阳极溶解的是 Sn^{4+}。这是生产中工艺操作中的关键。致钝电流密度值取决于镀液的组成及温度。增加游离碱和提高温度，能使致钝电流密度增大；降低游离碱及温度则反之。

通常最佳阳极电流密度范围为 2.5~3.5A/dm^2，镀液中的锡含量、碳酸盐、醋酸盐等对此几乎无影响。

6.1.3.3 镀液中各主要成分的作用及操作条件的影响

A 锡酸盐

锡酸钠（钾）是主盐。主盐浓度增高有利于提高阴极电流密度，加快沉积速度。但主盐浓度过高时，阴极极化作用降低，镀层粗糙，溶液的带出和其他损耗均增加，成本提高；主盐浓度过低时，虽能提高溶液的分散能力，镀层洁白细致，但阴极电流密度、阴极电流效率和沉积速度都明显下降。一般以控制主盐中锡的含量在 40g/L 左右为好（快速电镀中可高达 80g/L，滚镀时则适当低些），此时既有较好的镀液分散能力，又可得到结晶细致的镀层。锡酸钠的含锡量应在 41% 以上，锡酸钾的含锡量应在 38% 以上，以保证主盐的质量。

B 氢氧化钠（钾）

苛性碱是碱性镀锡不可缺少的成分，除能提高溶液导电性外，其主要作用如下：

（1）防止锡酸盐的水解。锡酸钠（钾）是弱酸强碱盐，易水解，反应如下：

$$Na_2SnO_3 + 2H_2O \longrightarrow H_2SnO_3\downarrow + 2NaOH$$
$$K_2SnO_3 + 2H_2O \longrightarrow H_2SnO_3\downarrow + 2KOH$$

在镀液中保持一定量的游离碱，可使上述水解反应向左进行，从而防止锡酸盐的水解，起到稳定溶液的作用。

（2）使阳极正常溶解。当阳极电流密度和镀液温度在规定范围内时，保持一定游离碱量可使阳极以 Sn^{4+} 形式正常溶解，即进行如下阳极反应：

$$Sn + 6OH^- \longrightarrow SnO_3^{2-} + 2H_2O + 4e$$

游离碱含量过高时，阴极电流效率降低，阳极不易保持金黄色，出现 Sn^{2+} 的阳极溶解，镀层质量下降，镀液不稳定；而其含量过低时，阳极易钝化，镀液分散能力下降，镀层易烧焦，同时镀液中还会出现锡酸盐的水解。通常控制游离碱量在 7~20g/L 为宜。

（3）抑制空气中二氧化碳的有害影响。镀液中的$[Sn(OH)_6]^{2-}$配离子能吸收空气中的二氧化碳，按下式分解：

$$[Sn(OH)_6]^{2-} + CO_2 \longrightarrow SnO_2 + CO_3^{2-} + 3H_2O$$

保持一定量的游离碱可吸收空气中的二氧化碳，生成碳酸钠（钾），可抑制二氧化碳对主盐的影响。

C 醋酸钠（钾）

某些镀锡溶液中加入醋酸盐，以期达到缓冲作用，实际上碱性镀锡液的 pH 值为 13，呈强碱性，醋酸盐不可能起缓冲作用。但是，生产中常用醋酸来中和过量的游离碱，起控制游离碱的作用，故在镀液中总是有醋酸盐存在。

D 过氧化氢

过氧化氢是在生产中出现阳极溶解不正常的现象，产生 Sn^{2+} 离子时作为补救措施而加入的，以防止形成灰暗甚至海绵状的沉积层，因为过氧化氢可以将溶液中的 Sn^{2+} 氧化成 Sn^{4+}。少量过氧化氢在镀液中会很快分解而不永久残留，其加入量视 Sn^{2+} 的多少而定，一般为 1~2mL/L，如加入过多会降低阴极电流效率。也可以加入少量（如 0.2g/L）过硼酸钠来氧化 Sn^{2+}。

E 阴极电流密度

提高阴极电流密度可相应提高沉积速度，但阴极电流密度过高时，阴极电流效率显著下降，而且镀层粗糙、多孔及色泽发暗；阴极电流密度过低时，沉积速度减小。阴极电流密度的高低应根据镀液温度、锡酸盐浓度、游离碱含量及锡酸盐的类型（钠盐或钾盐）确定。

F 温度

提高温度能使阳极和阴极电流效率增加，并可得到较好的镀层。但温度过高，能源消耗大，镀液损耗多，同时阳极也不易保持金黄色膜，易产生 Sn^{2+} 而影响镀层质量和镀液稳定性；温度过低将影响阳极的正常溶解，并使阴极电流效率及沉积速度下降。降低温度时，必须相应地降低阴极电流密度，才能保证镀层质量。碱性镀锡溶液一般工作温度在 60~90℃，钾盐体系镀液允许采用的温度较钠盐体系略高。

G 镀液维护与外来杂质的去除

锡酸盐镀液对外来杂质不敏感，主要有害杂质是 Sn^{2+} 离子。Sn^{2+} 的含量超过 0.1g/L，就会明显影响镀层质量。所以，碱性镀锡液相当稳定，只要控制好游离碱及防止 Sn^{2+} 的产生，一般不会出现故障。

生产中可通过下列现象来判别 Sn^{2+} 是否生成：

（1）阳极周围缺少泡沫，这意味着 Sn^{2+} 开始生成。

（2）槽电压低于 4V 时，应注意阳极上是否有金黄色膜形成，因为阳极钝化时的槽电压一般在 4V 以上。

（3）镀液颜色呈异常的灰白色或暗黑色，这是由亚锡酸盐水解，胶状氢氧化亚锡开始沉淀引起的，正常的镀液应为无色的草黄色。

生产中可采取以下方法使锡阳极保持金黄色，以 Sn^{4+} 形态正常溶解，防止产生 Sn^{2+}：

（1）阳极带电入槽，并始终保持阴、阳极面积比，电镀过程中不能断电。因为，不通电或阳极电流密度小时阳极以 Sn^{2+} 形态溶解。因此，当第一槽零件入槽时，应先打开电源，把零件挂在阴极导电棒上（必须注意不能先挂阳极），再按阴、阳极面积比立即挂入阳极；零件出槽时，取出一挂时应立即补充另一挂，交替进行，以便不降低电流密度，不断电；最后一槽零件出槽时，应先取出部分锡阳极，然后再相应地取出零件，逐步地降低电流，直到完全取出零件才切断电源。

（2）阳极与导电棒一定要接触良好。

（3）阳极出现黑色时应立即取出，用盐酸浸蚀后刷净黑膜再使用。镀液补充水时，为防止锡酸盐水解，应加碱性水。

6.1.3.4 碱性镀锡工艺流程

碱性镀锡工艺流程见表6-6。

表6-6 碱性镀锡工艺流程

工序	工序名称	溶液成分		操作条件			备 注
		组成	含量/g·L⁻¹	电流密度/A·dm⁻²	温度/℃	时间/min	
1	验收零件						按工艺文件要求进行
2	除油	汽油					除去零件的油污
3	装挂						用铜丝或挂具

4	化学或电化学除油	氢氧化钠
		碳酸钠
		磷酸钠
		硅酸钠
			5~15
			20~25
			30~70
			3~10
				3~10	50~70	(1) 阴极 3~10
						  阳极 1~2;
						(2) 阴极 5
						  阳极 0.5
							(1) 钢铁件电化学除油；
							(2) 铜件电化学除油；铜件不化学除油；化学除油时间以表面水膜连续为准

5	热水洗				40~50		
6	冷水洗						
7	光化	铬酐 硫酸	280~300 25~30		室温	15~30s	钢铁件不进行
8	冷水洗						
9	弱腐蚀	硫酸 a 硫酸 b 盐酸	50~100 50~80 20~30		室温	1~2	硫酸 a：对钢铁件 硫酸 b：对铜件
10	冷水洗						
11	中和	碳酸钠	30~50		室温		
12	镀铜	氰化亚铜 氰化钠 碳酸钠 氢氧化钠 酒石酸钾钠	20~30 7~15 10~80 10~15 30~60	2	50~60	5~10	钢件不进行
13	冷水洗						

续表 6-6

| 工序 | 工序名称 | 溶液成分 | | 操作条件 | | | 备 注 |
		组成	含量/g·L⁻¹	电流密度/A·dm⁻²	温度/℃	时间/min	
14	镀锡	锡酸钠 氢氧化钠 醋酸钠 过硼酸钠或 过氧化氢	50~100 10~15 0.3~0.5 0.5	1.5	70~80		锡阳极纯度大于99.9%，带电下槽和出槽，镀槽停止工作时立即取出锡阳极，浸入冷水中； 根据产品要求，可采用其他镀锡配方，相关的注意事项按各配方的工艺说明书进行
15	热水洗						
16	冷水洗						
17	干燥						用压缩空气吹干
18	卸挂						
19	检验						

6.1.3.5 碱性镀锡的一般故障及纠正方法

碱性镀锡的一般故障及纠正方法见表6-7。

表 6-7 碱性镀锡的一般故障及纠正方法

故障现象	可能产生的原因及纠正方法	故障现象	可能产生的原因及纠正方法
零件深凹处无镀层	游离碱太少，分析补充	镀层发暗，凸出部位粗糙	(1) 镀液温度太低； (2) 阴极电流密度太高
镀层灰暗，呈海绵状	(1) 镀液中有二价锡，加过氧化氢氧化，检查阳极； (2) 电流密度太高	锡阳极发黑	(1) 游离碱低，分析补充； (2) 阳极电流密度过高
镀层疏松多孔，阴极上大量析氢	(1) 游离碱太高，用醋酸中和一部分； (2) 锡酸钠含量偏低，分析补充	阳极呈灰白色	(1) 阳极电流密度低； (2) 镀液温度太高

6.1.4 镀层检验、缺陷分析及不合格镀层退除

6.1.4.1 镀层质量检验

镀层质量的检验依产品性质不同而异，需按产品的技术指标或工艺文件进行。生产中通用的一般性快速检验项目有以下几种：

(1) 外观。用目视法检验，合格的锡镀层应为灰白色、结晶细致、结合力良好，没有粗糙不平、边缘过厚凸起、烧焦、起泡、剥皮等现象。

(2) 厚度。生产中可用点滴法快速检验。钢件和铜件上镀锡所适用的点滴液组成如下：三氯化铁 $FeCl_3 \cdot 6H_2O$ 75g/L，硫酸铜 $CuSO_4 \cdot 5H_2O$ 50g/L，盐酸 HCl 300mL/L。

检测方法：向水平放置的清洁的锡镀层表面滴一滴点滴液，记录时间，30s后用滤纸

吸干，再向同一位置滴一滴溶液，如此反复进行，直到露出基体金属铜或基体金属钢上呈现暗红色斑点时为止。然后按以下公式计算镀层厚度：

$$\delta = (n-1)K$$

式中，δ 为测试部位的镀层厚度，μm；n 为消耗的点滴液滴数；K 为温度系数，μm，其值列于表 6-8。

表 6-8　不同温度下的 K 值

温度/℃	9	15	19	23	25
K/μm	0.88	0.94	1.02	1.10	1.14

（3）孔隙率。采用贴滤纸法，以滤纸与镀层接触面上每 $1cm^2$ 内的因孔隙引起的斑点数目为该镀层的孔隙率，其试验规范列于表 6-9。

表 6-9　孔隙率检测规范

基体金属	镀层	检测液组成	贴滤纸时间/min	斑点特征
铜	锡	铁氰化钾 $K_3Fe(CN)_6$ 2g/L 氯化钠 NaCl 5g/L	60	蓝色斑点

（4）耐腐蚀性。按 ASTM B117 标准进行中性盐雾试验。试验溶液为（5±0.1）%NaCl，温度为 35℃±1℃，连续喷雾，24h 为 1 个试验周期。试验结果可根据与产品相关的行业标准评定。例如，按 MIL-T-1072C 标准评定为 1 个试验周期后，在 $9.29dm^2$ 表面积上肉眼可见的基体腐蚀点超过 6 个或有 1 个腐蚀点的直径大于 1.95mm 时，为镀层耐蚀性不合格；国内对电连接件通常以 1 个试验周期后主要表面无灰黑色腐蚀产物为合格。也可以根据产品质量要求进行相应的其他腐蚀试验。

（5）结合力。采用弯曲试验法进行 180°的反复弯曲，或用划痕法划至基体，用 4 倍放大镜观察试验表面。如果试验中出现起皮、剥落现象，则镀层结合力不合格。

6.1.4.2　不合格镀层的退除

退除不合格锡镀层的方法列于表 6-10。

表 6-10　不合格镀层的退除

基体材料	退　除　方　法			
	化　学　法		电　化　学　法	
钢铁	（1）氢氧化钠 　　亚硝酸钠 　　温度	500~600g/L 200g/L 沸腾	氢氧化钠 温度 阳极电流密度	80~100g/L 80~100℃ 1~5A/dm²
	（2）氢氧化钠 　　间硝基苯磺酸钠 　　温度	75~90g/L 70~90g/L 80~100℃		
	（3）硫酸 　　硫酸铜 　　温度	100mL/L 50g/L 室温至50℃		
	（4）三氯化铁 　　硫酸铜 　　冰醋酸 　　过氧化氢（需加速时用） 　　温度	80g/L 125g/L 956mL/L 少许 室温		

基体材料	退 除 方 法	
	化 学 法	电 化 学 法
铜	同上 (2) ~ (4)	同上工艺，但在电解除锡后需用盐酸清除零件表面的黑膜
铝	硝酸　　　　　　　　　500~600g/L 温度　　　　　　　　　室温	

6.2 电镀锡合金

工业应用最早、最广的锡合金镀层是锡铅合金，主要应用于要求良好耐腐蚀性和焊接性能的产品上。近年来，随着各工业领域对镀层质量与功能性提出了更高更新的需求，以及电镀理论与技术本身的发展，锡合金镀层的种类越来越多，应用越来越广泛。目前开发和应用较多的有锡镍、锡钴、锡锌、锡铈、锡银等系列的二元或三元锡合金镀层。在发展方向上，除了对镀层功能性的要求外，注重开发无氟镀液，以利于环境保护。

6.2.1 电镀锡铅合金

锡铅合金镀层呈浅灰色，有金属光泽，较柔软，孔隙率比相同厚度的锡镀层或铅镀层小，可防止"锡晶须"的生长。目前广泛使用的是氟硼酸盐镀液。近年来，锡铅合金电镀新工艺的发展方向是无氟电镀，既要提高镀层性能，又要避免对环境的污染。正在研究和应用的镀液品种相当广泛，如柠檬酸盐、焦磷酸盐、氨基或有机磺酸盐、氯化物等类型的镀液，其中以氨基或甲烷磺酸盐镀液的应用前景最好。

由于合金中锡、铅比例可以任意变化，习惯上也常将这类合金统称为铅锡合金，而不区分是锡基合金还是铅基合金。锡含量不同，合金镀层的性能和用途也不同。例如，6%~10% Sn 的合金镀层可作为轴瓦、轴套等的减摩镀层；5%~15% Sn 的镀层可作为钢带表面的防护、润滑和助焊镀层；45%~55% Sn 的镀层可作为防护性镀层，常用于防海水腐蚀；10%~40% Sn 的镀层可提高电子元器件引线的可焊性；60%~63% Sn 和 60%~90% Sn 的镀层可分别作为印制电路板和电子元器件的抗蚀和可焊性镀层，代替传统的镀银层，从而降低成本，广泛应用于电子工业。

6.2.1.1 氟硼酸盐镀锡铅合金

这类镀液的成分简单，改变镀液成分可以得到各种成分组成的镀层：加入适当的添加剂能得到光亮镀层，镀锡容易维护，可使用锡铅合金阳极。但是，氟硼酸的毒性大，既危害操作人员的健康，又污染环境，而且目前含氟污水的处理还有一定的困难。典型的氟硼酸盐镀锡铅合金镀液的成分及操作条件列于表 6-11。

镀液配制方法：将氟硼酸亚锡浓缩液与氟硼酸铅浓缩液混合，顺序加入氟硼酸和胨，用去离子水或蒸馏水稀释到配制量即可。光亮镀液（配方5）则在加入氟硼酸后，顺序加入硼酸、添加剂和甲醛。

表 6-11   氟硼酸盐镀锡铅合金的工艺规范

成分及操作条件	减摩镀层	可焊性镀层	印制电路板镀层	防护镀层	光亮镀层
	配方 1	配方 2	配方 3	配方 4	配方 5
氟硼酸亚锡 $Sn(BF_4)_2/g \cdot L^{-1}$	15	128	30~50	70~95	44~62
氟硼酸铅 $Pb(BF_4)_2/g \cdot L^{-1}$	162	55	15~26	55~85	15~20
游离氟硼酸 $HBF_4/g \cdot L^{-1}$	100~200	100~200	350~500	80~100	260~300
胨/$g \cdot L^{-1}$	0.5	5.0	2.0~7.0		
β-萘酚 $C_{10}H_8O/g \cdot L^{-1}$					3.0
游离硼酸 $H_3BO_3/g \cdot L^{-1}$					30~35
2-甲基醛缩苯胺/$mL \cdot L^{-1}$					30~40
40%甲醛 $HCHO/mL \cdot L^{-1}$					20~30
平平加/$mL \cdot L^{-1}$					30~40
明胶				1.5~2.0	
温度/℃	15~37	15~37	15~37	室温	10~20
阴极电流密度/$A \cdot dm^{-2}$	3.2	3.2	1~2.7	0.8~1.2	3.0
阳极或镀层 Sn 含量/%	7	60	60	45~55	60
搅拌方式	阴极移动	阴极移动	阴极移动	阴极移动	阴极移动

氟硼酸亚锡与氟硼酸铅可自行配制；氟硼酸铅配制时先用蒸馏水或去离子水将氧化铅或碱式碳酸铅调成糊状，在搅拌下缓慢加入到氟硼酸中，直至完全溶解，该溶液即为氟硼酸铅溶液。

镀液中各成分的作用及操作条件的影响为：

（1）氟硼酸亚锡、氟硼酸铅。铅和锡以氟硼酸盐 $Sn(BF_4)_2$ 和 $Pb(BF_4)_2$ 的形式加入，是镀液的主盐，提供金属离子。即氟硼酸亚锡和氟硼酸铅在溶液中存在着下列离解反应：

$$Pb(BF_4)_2 \longrightarrow Pb^{2+} + 2BF_4^-$$
$$Sn(BF_4)_2 \longrightarrow Sn^{2+} + 2BF_4^-$$

通过 Sn^{2+}、Pb^{2+} 离子在阴极放电而得到 Sn-Pb 合金镀层。

铅和锡的标准电极电势分别为 $\varphi^0(Pb^{2+}/Pb) = -0.126V$ 和 $\varphi^0(Sn^{2+}/Sn) = -0.136V$，由于电势如此接近，Sn-Pb 合金的电沉积机理属于平衡共沉积。其特征是在较低的电流密度下，镀层中的金属比等于镀液中的金属比，即使用单盐镀液电镀，也会得到任意组分配比的镀层。表 6-12 列出了在 $3A/dm^2$ 的阴极电流密度下和有添加剂胨时，镀液中 Sn 和 Pb 的含量与镀层成分的关系，证明了镀层的成分比是受镀液中 Sn^{2+}、Pb^{2+} 比例的控制的。

表 6-12   镀液中的 Pb、Sn 含量与镀层成分的关系

镀液序号	镀层及阳极组成/%		镀液成分/$g \cdot L^{-1}$			
	Sn	Pb	Sn^{2+}	Pb^{2+}	游离 HBF_4	胨
1	5	95	4	85		
2	7	93	6	88		
3	10	90	8.5	90		
4	15	85	13	80		
5	25	75	22	65	100~200	5
6	40	60	35	44		
7	50	50	45	35		
8	60	40	52	30		

同时，在氟硼酸盐镀液中，阴极和阳极的电流效率近似相等，因而在生产中只要控制好镀液和阳极的铅、锡含量比，即可控制好镀层成分。显然，可以根据需要调整主盐浓度与含量比，获得不同成分和用途的 Sn-Pb 合金镀层。

主盐的总金属离子浓度对阴极电流密度的影响很大。总金属离子浓度升高，允许使用的阴极电流密度值增大，阴极极化作用降低，镀液分散能力下降。反之，降低总金属离子浓度，允许的阴极电流密度减小，溶液的分散能力提高。

（2）游离氟硼酸。镀液中含有一定量的游离氟硼酸可以防止 Sn^{2+} 的氧化和水解，保持镀液稳定。氟硼酸亚锡的水解反应为：

$$Sn(BF_4)_2 + H_2O \Longrightarrow Sn(OH)BF_4\downarrow + HBF_4$$

提高镀液中游离氟硼酸的浓度，可增加镀液分散能力，有利于印刷线路板的电镀。印刷板通孔镀 Sn-Pb 合金时，游离氟硼酸要控制在 400g/L 左右。氟硼酸含量过高，将使镀层粗糙、光亮性变差；而且氟硼酸浓度越高，所带出的污水对环境的污染也越严重。

（3）添加剂。加入胨和胶类添加剂可提高阴极极化作用和镀液分散能力，使镀层结晶细致均匀，不影响镀层成分，但不会增加光亮性。

加入甲醛、乙醛、2-甲基醛缩苯胺、平平加、β-萘酚等光亮剂，可以在一定的电流密度范围内获得光亮的 Sn-Pb 合金镀层，但也会改变镀层成分（即锡、铅比例）。所以，使用光亮剂时，要注意相应地改变镀液中 Sn^{2+}、Pb^{2+} 的比例，才能保证得到需要成分的 Sn-Pb 合金镀层。

（4）阴极电流密度。提高阴极电流密度可以提高镀层的沉积速度，但过高的电流密度将导致镀层粗糙、疏松，甚至呈树枝状烧焦。此外，当电流密度提高时，将偏离平衡共沉积，有利于电位较负的 Sn 析出，镀层中锡的相对含量增加，但增加量很小。

（5）温度。升高镀液温度，会加速 Sn^{2+} 的氧化反应而生成 Sn^{4+}，同时也会加速添加剂的分解和光亮剂的消耗，致使镀液混浊和镀层粗糙。所以，通常将温度控制在 15~20℃ 范围内。目前国内外已在开发高温光亮剂，其镀液温度可适当提高。

（6）阳极。电镀过程中，阳极溶解电流效率接近 100%，几乎不发生阳极钝化现象。因此合金阳极的成分应与要镀的镀层成分大致相同，阳极纯度应在 99.9% 以上。在光亮镀 Sn-Pb 合金时，阳极电流效率高于阴极，为防止镀液中的金属浓度升高，可使用石墨或镀铂钛板等不溶性阳极。另外，为了减少 Sn^{4+} 的生成，也应避免采用空气搅拌。

6.2.1.2　柠檬酸光亮镀锡铅合金

柠檬酸体系镀液避免了氟硼酸镀液污染环境的缺点，且镀液稳定，对各类杂质的敏感性小，维护方便，镀层光亮、细致、均匀，可焊性好，能满足各种条件的使用要求，抗二氧化硫腐蚀能力优于镀银。对不同材料，应选用不同的中间镀层（如镀镍、镀铜）以提高耐蚀能力，并可防止产生"锡扩散、锡晶须"现象。这种体系的镀 Sn-Pb 合金已获得了实际应用。典型镀液成分及操作条件列于表 6-13。

镀液中，氯化亚锡和醋酸铅是主盐。其浓度取决于所需镀层的成分。但应注意，添加剂的加入会改变离子的阴极析出方式，故铅的沉积速度往往低于锡的沉积速度，因此，溶液中的锡铅比要低于镀层的锡铅比（见表 6-13）。

表 6-13 柠檬酸光亮镀锡铅合金的工艺规范

成分及操作条件	配 方		
	1	2	3
氯化亚锡 $SnCl_2/g \cdot L^{-1}$	40~50	30~45	61
醋酸铅 $Pb(CH_3COO)_2/g \cdot L^{-1}$	2~20	5~25	29
柠檬酸 $C_6H_8O_7/g \cdot L^{-1}$	60		150
柠檬酸铵 $NH_4HC_6H_5O_7/g \cdot L^{-1}$		60~90	
氢氧化钾 $KOH/g \cdot L^{-1}$	40		
醋酸铵 $CH_3COONH_4/g \cdot L^{-1}$	60	60~80	
硼酸 $H_3BO_3/g \cdot L^{-1}$		25~30	
氯化钾 $KCl/g \cdot L^{-1}$		20	
EDTA-2Na $/g \cdot L^{-1}$			50
稳定剂 $/mL \cdot L^{-1}$	30~50	25~100	15
BD 光亮剂 $/mL \cdot L^{-1}$	15		
YDZ-7 光亮剂 $/mL \cdot L^{-1}$		16	
YDZ-8 光亮剂 $/mL \cdot L^{-1}$		16	
pH 值	5~6	5	5~6
温度/℃	10~25	10~30	室温
阴极电流密度/$A \cdot dm^{-2}$	0.5~2.5	1~2	1~2
搅拌方式	阴极移动	阴极移动	阴极移动
阳极成分（Sn/Pb）		（90~80）/（10~20）	6/4
镀层成分（Sn/Pb）		（90~80）/（10~20）	7/3

柠檬酸是锡的配合剂，与 Sn^{2+} 形成 $[SnH_2(C_6H_5O_7)_2]^{4-}$ 配离子，其不稳定常数 $K_{不稳} = 5.0 \times 10^{-20}$；醋酸铵或 EDTA-2Na 是铅的配合剂，与 Pb^{2+} 形成 $[Pb(EDTA)]^{2-}$ 配离子，其 $K_{不稳} = 3.3 \times 10^{-17}$。

pH 值过低，柠檬酸配合能力减弱，造成镀层粗糙；pH 值过高，镀液的稳定性降低，镀液浑浊，镀层外观质量下降。因此硼酸作为缓冲剂加入，以保持一定的溶液 pH 值，柠檬酸与醋酸铵也有一定的缓冲作用。对于光亮镀 Sn-Pb 合金镀层来说，镀液中必须加入一定的光亮剂。温度对光亮剂在阴极上的吸附有明显影响，提高温度可适当减少光亮剂的用量；温度超过 35℃ 时，镀液不稳定、出现浑浊，镀层外观变差。镀液温度最好控制在 10~25℃。

电流密度增加，可导致镀层中 Sn 量增加；由于阳极电流效率大于阴极电流效率，电流密度的增大，也将导致镀液中金属离子浓度增加过快，易造成镀液中锡铅比例失衡，因此，应将电流密度控制在工艺规范确定的范围内。

6.2.1.3 其他锡铅合金电镀工艺

除了氟硼酸盐、柠檬酸体系电镀 Sn-Pb 合金工艺外，还有一些如焦磷酸盐、烷（羟）基磺酸盐、氨基磺酸、酚磺酸等电镀 Sn-Pb 合金工艺。这些工艺消除了氟对环境的污染，通过加入适当的添加剂，可以获得电流密度范围宽、结合力好、延展性好、任意合金组成的可焊性光亮 Sn-Pb 合金镀层。具体工艺列于表 6-14。

表 6-14 其他锡铅合金电镀的工艺规范

镀液类型	溶液组成与含量		操作条件		备 注
焦磷酸盐体系	氯化亚锡 $SnCl_2$	$50\sim60g/L$	温度	室温	镀层通常比较光亮细致，但由于镀液成本较高、镀液维护复杂等而没有广泛应用
	碳酸铅 $PbCO_3$	$16\sim20g/L$	阴极电流密度	$1\sim3A/dm^2$	
	焦磷酸钾 $K_4P_2O_7$	$200\sim250g/L$	镀层 Sn/Pb 比	60/40 左右	
	EDTA	$70\sim80g/L$			
	焦磷酸 $H_4P_2O_7$	$15\sim25g/L$			
	硫脲 $(NH_2)_2CS$	$25\sim35g/L$			
	盐酸肼 $N_2H_4 \cdot HCl$	$5\sim8g/L$			
	木工胶	$0.4\sim0.7g/L$			
酚磺酸体系	Sn^{2+}	$15\sim20g/L$	温度	$10\sim20℃$	光亮剂配制：2% 碳酸钠与 280mL 乙醛缩苯胺，106mL 对甲苯铵在15℃下反应 10 天，所得沉淀用异丙醇溶解成 20% 溶液
	Pb^{2+}	$0.8\sim1.2g/L$	阴极电流密度	$2A/dm^2$	
	游离酚磺酸 $OHC_6H_4SO_3H$	$80\sim120g/L$	镀层 Sn/Pb 比	95/5	
	乙醛缩苯胺	$4\sim8mL/L$			
	光亮剂	$15\sim40mL/L$			
	OP-15	$15\sim40g/L$			
羟乙基磺酸盐体系	羟乙基磺酸锡（Ⅱ）	$15g/L$	温度	$15\sim25℃$	
	羟乙基磺酸铅（Ⅱ）	$10g/L$	阴极电流密度	$3A/dm^2$	
	2-甲基醛缩苯胺	$20mL/L$			
	OP-15	$10g/L$			
	乙醛 CH_3CHO （20%）	$5mL/L$			
甲基磺酸盐体系	SY-Sn	$210mL/L$	温度	$25℃$	
	SY-Pb	$15mL/L$	阴极电流密度	$1\sim4A/dm^2$	
	SY-Mu-1 开缸剂	$80mL/L$	阳极 Sn/Pb 比	90/10	
	SY-Mu-2 开缸剂	$20mL/L$			
	SY-A 补充剂	$20mL/L$			

6.2.2 电镀锡镍合金

锡镍合金镀层是粉红色而略带黑色的难以变色的镀层，耐蚀性特别好，因而适合于应用在自行车、汽车、电子等产品上。变化合金组成可获得从光亮青白色、粉红略带黑到光亮的黑色等不同的颜色，而且可以做到色泽均匀一致，既可作装饰镀层代替传统的铜镍铬体系，又可作机能镀层。含锡 65%~72% 的锡镍合金结构是单一的中间相 NiSn。NiSn 相是在热平衡状态图上没有的准稳定相。镀层硬度高（HV600 以上）、耐磨性好，抗氧化变色、抗化学药品腐蚀、抗大气腐蚀等性能均优于单层镍和锡层。在锌铜、镍铁、铜锡或光亮铜、镍上施镀薄层的锡镍合金可代替装饰镀铬。该合金有良好的焊接性，可作磷青铜弹簧板、熔断器帽和接线板以及印刷电路板的导电、钎焊镀层。

自 1951 年 Parkinson 开发氯化物酸性镀液以来，曾作为专用镀液而广泛应用，该镀液分散能力好，沉积速度快，镀液成分变化对合金组成影响小，可获得组成为 Sn：Ni＝65：35 的合金。但是该镀液存在含氟量高，对环境污染重的问题。含高氟的酸性镀液对电镀设备腐蚀严重，一般的过滤机和滚筒不能用。因镀液存在温度高、能耗大，酸雾挥发、劳动条件差等缺陷，因此，现在大都改用焦磷酸盐等镀液。锡镍合金电镀的工艺规范见表 6-15。

表 6-15　锡镍合金电镀的工艺规范

成分及操作条件	配方				
	1	2	3	4	5
氯化亚锡 $SnCl_2 \cdot 2H_2O/g \cdot L^{-1}$	45~50	28	25~30	25~30	20~30
氯化镍 $NiCl_2 \cdot 6H_2O/g \cdot L^{-1}$	280~310	30	30~35	30~35	25~45
氟化氢铵 $NH_4HF_2/g \cdot L^{-1}$	55~60				
焦磷酸钾 $K_4P_2O_7/g \cdot L^{-1}$		200	180~280	280~300	200
氨基乙酸/$g \cdot L^{-1}$		20			22
氨水 $NH_3 \cdot H_2O/mL \cdot L^{-1}$		5			6~9
光亮剂/$mL \cdot L^{-1}$	1				
α-氨基酸/$g \cdot L^{-1}$			5~20		
有机胺或其衍生物/$mL \cdot L^{-1}$			5~15		
铜配位化合物/$mL \cdot L^{-1}$				35~40	
发黑调整剂/$mL \cdot L^{-1}$				30	
ZrO_2 粒径/μm					2.1~2.5
pH 值	2.0~2.5	8	7.5~9.5	8~8.5	
温度/℃	60~70	50	45~50	35~45	室温
阴极电流密度/$A \cdot dm^{-2}$	1~2	0.1~1.0	0.1~2.0	0.5	1.2
阳极	镍板	镍板	镍板	石墨板	石墨
阴、阳极面积比				1:1	

配方 1 为氟化物配方，是工业应用最早的锡-镍合金镀液类型，其标准镀层含锡 65%、镍 35%，外观色泽稍带淡粉红色。镀液分散能力良好，镀液浓度和电解条件可在比较广的范围内变化，而镀层成分改变很小。但镀液中的总含氟量必须四倍于亚锡离子，如含氟量过低，镀层光泽将变差；当镀液 pH 值过高时，镀层的光亮范围也将变窄。通常采用单独的镍阳极，故镀液中的锡离子需依靠添加氯化亚锡补充，氯化亚锡的消耗量约为 1.7g/$(A \cdot h)$。

配方 2 为焦磷酸盐类型配方，消除了氟化物对环境的污染和设备的腐蚀，工业应用较为广泛，镀层大约含锡 72%、镍 28%。其内应力比较大，延展性较差，且镀层越薄，延展性越差。

配方 3、4 分别是近年研究较多的黑色光亮锡镍合金和锡镍铜合金电镀的配方。它改变 Sn、Ni、Cu 二元或三元合金元素浓度（摩尔）比，例如 Sn:Ni:Cu=(0.5~1.5)mol:(0.5~1.5)mol:(0.01~0.1)mol。加入发黑剂含硫含氮化合物，如硫基丙氨酸、胱氨酸、含硫氨基酸等，能得到似黑非黑，发出幽幽冷光的黑珍珠、枪黑色等。在合金中少量钢的介入使色调更迷人，具有优良的耐蚀性、耐磨性，硬度也更高（HV500~700）。这种黑色调深受人们喜爱，广泛用于日用五金、自行车、灯具、首饰等装饰。

配方 5 则是为进一步提高耐磨性和力学性能而开发的锡-镍-ZrO_2复合镀层。

6.2.3　电镀锡钴合金

锡钴合金镀层的色泽近似于铬镀层，所以也常用于代铬。其镀层色泽接近铬镀层，且阴极电流效率可高达 90%以上，并且锡钴合金镀层的色泽与其镀层成分密切相关，合金中随钴含量变化色泽亦不同：钴小于 20%呈白色光亮；钴为 20%左右近似于铬的青白色；钴大于 30%就成暗黑色镀层。因此，如何控制好镀层成分是电镀锡钴合金工艺配方研究中的关键问题之一。

与铬镀层相比，锡钴合金镀层的主要缺点是硬度低（一般为 HV400～500）、耐磨性差，故只能替代装饰性铬镀层。在一些硬度和耐磨要求不是很高的制品上用锡钴代铬是合理的，尤其是小零件和复杂件可以滚镀和挂镀，镀液分散能力和覆盖能力优良，用以代铬可大大提高产品的合格率。

锡钴合金镀层与铬镀层基本性能的比较，列于表 6-16。

表 6-16　锡钴镀层与铬镀层的比较

项　目	镀 层 类 别			项　目	镀 层 类 别		
	Sn：Co＝80：20 铬色调	Sn：Co＝60：40 黑色调	铬镀层		Sn：Co＝80：20 铬色调	Sn：Co＝60：40 黑色调	铬镀层
硝　酸	良	良	良	硬度 HV	500	600	900
硫　酸	可	可	不可	磁　性	非磁性	非磁性	非磁性
盐　酸	不可	不可	不可	耐热性	250℃以下无变化	250℃以下无变化	良
耐变色性	良	可	良				

镀锡钴合金镀液有焦磷酸盐型、锡酸钠型、氟化物型和有机酸型等，工业上应用最多的是前两种。

（1）锡钴合金电镀工艺规范见表 6-17。

表 6-17　电镀锡钴合金的工艺规范

工 艺 规 范	焦磷酸盐型		锡酸钠型
	配方 1	配方 2	
氯化钴 $CoCl_2$/g·L^{-1}	15～50	30	6～10
氯化亚锡 $SnCl_2 \cdot 2H_2O$ /g·L^{-1}	15～50		
锡酸钠 Na_2SnO_3/g·L^{-1}			60～70
焦磷酸钾 $K_4P_2O_7$/g·L^{-1}	200～300	250	150～200
焦磷酸亚锡 $Sn_2P_2O_7$ /g·L^{-1}		15	
聚乙烯亚胺（相对分子质量 3000 以上）/g·L^{-1}	10～30		
乙烯乙醇/g·L^{-1}	1～10		

工 艺 规 范	焦磷酸盐型		锡酸钠型
	配方 1	配方 2	
氨水 NH_4OH/mL·L^{-1}		70	
甘氨酸/mL·L^{-1}		10	
EDTA 二钠盐/g·L^{-1}			10~15
酒石酸钾钠/g·L^{-1}			15~20
温度/℃	55	55	
pH 值	8~9	10	10~11
阴极电流密度/A·dm^{-2}	0.3~1	0.5~2	1~2 或 150~170A/桶
阳极	石墨	石墨	石墨
阴极移动	需要	需要	需要
镀层含锡/%	70~80	80	80

（2）两种镀液的特点和操作注意事项。焦磷酸盐镀液具有优良的分散能力，可获得色泽均匀一致的代铬镀层，适合于滚镀和挂镀。操作中注意：锡盐浓度高，镀层发白，反之钴多则发黑。该镀液二价锡易氧化，采用石墨阳极则更甚，应经常加过氧化氢处理。要特别防止铜杂质的污染。该镀液工作电流密度不宽，一般用 0.7A/dm^2，1A/dm^2 时沉积速度为 0.15μm/min，一般产品镀 1~5min。

以锡酸钠作主盐的镀液，镀液稳定，不存在亚锡氧化问题，锡、钴盐含量对色泽的影响与焦磷酸盐镀液相同。必须控制 pH>10，防止 pH 值降低而产生氧化锡沉淀；金属杂质影响不明显，但有机杂质影响大，经常用活性炭处理过滤。

（3）锡钴合金镀后钝化处理的工艺规范见表 6-18。

表 6-18　锡钴合金镀层钝化的工艺规范

名 称	化 学 法	电 解 法
重铬酸钾 $K_2Cr_2O_7$/g·L^{-1}		12~15
铬酐 CrO_3/g·L^{-1}	40~60	
氢氧化钠 NaOH/g·L^{-1}		调 pH 值至 12.5
醋酸/mL·L^{-1}	2~5	
温度/℃	室温	60~90
阴极电解/A·dm^{-2}		0.2~0.5
钝化时间/s	30~60	20~40

注：电解钝化效果优于化学钝化。

6.2.4　电镀锡锌和锡锌锑合金

锡锌合金镀层通常为银白色，其电极电势处于锌与铁之间，故作为钢铁的防护性镀层时有优良的耐蚀性；同时锡锌合金镀层具有优良的可焊性。因此，近年来作为代镉或代银镀层得到了重视和深入研究，已广泛应用于汽车部件、电子电气产品等工业领域。锡锌合金镀层的耐蚀性与锌含量有关，以含20%~30%锌的镀层耐蚀性最好。但锡含量越高，镀后钝化处理越困难，影响镀层的耐蚀性和外观。

锡锌合金镀液有碱性氰化镀液、无氰碱性镀液、有机酸镀液、焦磷酸盐镀液和氟硼酸盐镀液等多种类型，表6-19列出了一些无氰电镀锡锌合金的配方。配方5是滚镀光亮锡锌锑合金焦磷酸盐型的配方，其镀层的主要成分是锡，少量为锌和锑。镀层表面经浸锡处理后，呈均匀光亮的银白色，适用于日用小五金制品的表面装饰。

表6-19 锡锌合金电镀的工艺规范

成分及操作条件	配方				
	1	2	3	4	5
硫酸亚锡 $SnSO_4/g \cdot L^{-1}$	30~35		25	·	
氯酸亚锡 $SnCl_2 \cdot 2H_2O/g \cdot L^{-1}$		50			10~15
硫酸锌 $ZnSO_4 \cdot 7H_2O/g \cdot L^{-1}$	32~36		30~50		30~35
氯化锌 $ZnCl_2/g \cdot L^{-1}$		75			
柠檬酸 $C_6H_8O_7 \cdot H_2O/g \cdot L^{-1}$	100~120		80~90		
硫酸铵 $(NH_4)_2SO_4/g \cdot L^{-1}$	60~80				
柠檬酸 $Na_3C_6H_5O_7 \cdot 2H_2O/g \cdot L^{-1}$		100			
柠檬酸铵 $(NH_4)_3C_6H_5O_7/g \cdot L^{-1}$			60~65		
醋酸铵 $NH_4CH_3COO/g \cdot L^{-1}$		50			
EDTA$/g \cdot L^{-1}$		30			
添加剂$/mL \cdot L^{-1}$					
稳定剂 WDZ-1		80~100			
光亮剂 WDZ-2$/mL \cdot L^{-1}$		50~80			
添加剂 SN-1$/mL \cdot L^{-1}$			15~20		
三乙醇胺$/mL \cdot L^{-1}$			10		
甲烷磺酸锡$/g \cdot L^{-1}$				20	
甲烷磺酸锌$/g \cdot L^{-1}$				3	
甲烷磺酸 $CH_3SO_3H/g \cdot L^{-1}$				80	
十二胺$/g \cdot L^{-1}$				10	
焦磷酸钾 $K_4P_2O_7/g \cdot L^{-1}$					200~300
氟化铵 $NH_4F/g \cdot L^{-1}$					3~5
明胶$/g \cdot L^{-1}$					0.1~0.5
pH 值					7.2~7.8
温度$/℃$		5~35	15~25	20	15~25
阴极电流密度$/A \cdot dm^{-2}$		1.0~1.5	1.5~3.0	2	90~150A/桶
镀层 Zn 含量$/\%$	25	1~30	15~20		96%Sn-2%Zn-2%Sb

配方5的溶液配制方法：分别将焦磷酸钾、氟化氨倒入槽中，加入约为1/2镀槽容积的热水使其完全溶解，再依次加入已溶解好的氯化亚锡、硫酸锌和酒石酸锑钾，

充分搅拌均匀；将硫酸肼用沸水溶解后加入槽中；加入碱化明胶；最后用水稀释槽液至规定体积，调整 pH 值后，试镀合格即可生产。碱化明胶的配制：用 200mL 水浸泡 1g 明胶 1h，然后加入 30%~40% 的碱液约 1mL，加热煮沸至完全溶解，待冷却后用磷酸调节 pH 值至 3~4。

6.2.5　电镀锡铋合金

随着电子工业和焊接技术的发展，如印刷电路板趋于细线化、小孔化、多层化，以及人们对环境问题的日益重视，均要求提供分散能力好，无铅和氟污染的低共熔点高可焊性镀层。传统 Sn-Pb 合金达不到这些要求。为此，近年来开发了作为代锡或锡铅合金的锡铋合金镀层。它具有低共熔点、高可焊性、不产生晶须、耐蚀性好、镀液分散能力好、不含污染环境的铅与氟等优点。锡铋合金镀层的铋含量在 0.1%~75% 之间变化，但通常认为含 30%~53% Bi 的合金镀层性能较好。从防止晶须角度，也成功开发了 0.2%~2.0% Bi 的合金镀层（见表 6-20 配方 4）。表 6-20 列出了若干锡铋合金电镀工艺。

表 6-20　锡铋合金电镀的工艺规范

成分及操作条件	配　方			
	1	2	3	4
硫酸亚锡 $SnSO_4$/g·L^{-1}	22.5	10		50~60
硫酸铋 $Bi_2(SO_4)_3$/g·L^{-1}	7.5	7.5		
谷氨酸/g·L^{-1}	120			
氯化钠 NaCl/g·L^{-1}	80			0.3~0.8
丙二酸/g·L^{-1}		120		
烷基壬酚醚/g·L^{-1}	5			
醋酸铵 NH_4CH_3COO/g·L^{-1}		80		
胨/g·L^{-1}		1		
硝酸铋 $Bi(NO)_3$/g·L^{-1}				0.5~1.5
硫酸 H_2SO_4/g·L^{-1}				110~130
添加剂 1/g·L^{-1}				0.5~0.6
添加剂 2/mL·L^{-1}				0.5~0.6
甲烷磺酸锡 $Sn(CH_3SO_3)_2$/g·L^{-1}			19.5	
甲烷磺酸铋 $Bi(CH_3SO_3)_3$/g·L^{-1}			130	
70%甲烷磺酸(CH_3SO_3H)/mL·L^{-1}			45	
添加剂/g·L^{-1}			适量	
pH 值	3.5	6.0		
温度/℃	25	25	室温	室温
阴极电流密度/A·dm^{-2}	5.0	5.0	0.2~1.9	0.5~1.0
阳极	Sn-1	Sn-1	高纯铸铋	Sn-1 装入尼龙袋
镀层 Bi 含量/%	36.5	56.2	58	0.2~2.0

6.2.6 电镀锡银合金

锡银合金以其优良的耐蚀性、可焊性，光亮的外观和无铅污染而成为主要的代锡铅合金镀层，已得到较广泛的工业应用。从经济角度考虑，宜采用低银（不大于 20%Ag）的锡银合金镀层。表 6-21 列出了几种无氰电镀锡银合金的工艺规范。

表 6-21 锡银合金电镀的工艺规范

成分及操作条件	配方				
	1	2	3	4	5
硫酸亚锡 $SnSO_4/g \cdot L^{-1}$	43				
硫酸银 $Ag_2SO_4/g \cdot L^{-1}$	1.6				
焦磷酸钾 $K_4P_2O_7/g \cdot L^{-1}$	264		99		
碘化钾 $KI/g \cdot L^{-1}$	249	249	332		
三乙醇胺/$g \cdot L^{-1}$	60	22			
2-氯甲基氯化铵与水杨酸反应物/$g \cdot L^{-1}$	2.0				
氯化亚锡 $SnCl_2 \cdot 2H_2O/g \cdot L^{-1}$		34		43	
氯化银 $AgCl/g \cdot L^{-1}$		0.4			
柠檬酸钠 $Na_3C_6H_5O_7 \cdot 2H_2O/g \cdot L^{-1}$		275			
焦磷酸锡 $Sn_2P_2O_7/g \cdot L^{-1}$			123		
焦磷酸银 $Ag_4P_2O_7/g \cdot L^{-1}$			30		
N-甲基乙醇胺与水杨醛反应物/$g \cdot L^{-1}$			30		
表面活性剂/$g \cdot L^{-1}$			0.1		
抗坏血酸/$g \cdot L^{-1}$			10		
硝酸银 $AgNO_3/g \cdot L^{-1}$				10	
硫代苹果酸/$g \cdot L^{-1}$				45	
50%D-葡萄糖酸溶液/$mL \cdot L^{-1}$				80	
甲烷磺酸锡 $Sn(CH_3SO_3)_2/g \cdot L^{-1}$					30
甲烷磺酸银 $AgCH_3SO_3/g \cdot L^{-1}$					1
甲烷磺酸 $CH_3SO_3H/g \cdot L^{-1}$					100
壬酚醚（含 12mL 环氧乙烷）/$g \cdot L^{-1}$					8
pH 值	4.5	4.5	5.0	0.7(KOH : NH₄OH= 1 : 1 调节)	
温度/℃	25	25	25	25	20
阴极电流密度/$A \cdot dm^{-2}$	2.0	2.0	2.0	1.0	2.0

6.2.7 电镀锡铈合金

在镀液中加入稀土铈化合物，可得到含铈的合金镀层。锡铈合金镀层结晶细致，有更高的抗氧化性和可焊性，可在某些场合作为代锡铅合金或银镀层。其工艺规范列于表 6-22。

表 6-22　锡铈合金电镀的工艺规范

成分及操作条件	配方			
	1	2	3	4
硫酸亚锡 $SnSO_4/g \cdot L^{-1}$	35~40	40	25~60	40
硫酸高铈 $Ce(SO_4)_2 \cdot 4H_2O/g \cdot L^{-1}$	10~20	10	3~8	10
硫酸 $H_2SO_4/g \cdot L^{-1}$	120~160	140	140~180	140
SS-820/mL $\cdot L^{-1}$	15	15		15
SS-821/mL $\cdot L^{-1}$	1			
稳定剂/mL $\cdot L^{-1}$	20~30			
酒石酸锑钾 $KSbC_4H_4O_6/g \cdot L^{-1}$		0.1~0.6		
开缸剂 A/mL $\cdot L^{-1}$			14~18	
补加剂 B/mL $\cdot L^{-1}$			0~1	
走位剂 C/mL $\cdot L^{-1}$			5	
稳定剂 D/mL $\cdot L^{-1}$			30~40	
稳定剂 NSR-8405				15
温度/℃	<40	室温	10~40	室温
阴极电流密度/A $\cdot dm^{-2}$	1~3	滚镀80~90 A/桶(每桶1~2kg)		
转速/r $\cdot min^{-1}$		12~20		
阳、阴极面积比	2:1			≥2:1
阳极	纯锡 Sn-1	纯锡 Sn-1	纯锡 Sn-1	纯锡 Sn-1

6.2.8　不合格镀层的退除

退除不合格锡合金镀层可采用如下水溶液：

氟化氢铵：250g/L；

柠檬酸：30g/L；

过氧化氢：50g/L；

时间：退除干净为止。

6.2.9　镀后钝化处理

某些锡合金镀层在空气中有氧化倾向，会影响镀层的焊接性能。通常用镀后钝化处理的办法来抑制镀层氧化。钝化处理工艺列于表 6-23。

表 6-23　锡合金镀层的镀后钝化处理

镀层种类	钝 化 工 艺	
锡-铅合金	重铬酸钾 $K_2Cr_2O_7$	$8\sim10g/L$
	碳酸钠 Na_2CO_3	$18\sim20g/L$
	温度	室温
	钝化时间	$2\sim10min$
锡-钴合金	铬酐 CrO_3	$40\sim60g/L$
	醋酸 CH_3COOH	$2\sim5g/L$
	温度	室温
	钝化时间	$30\sim60s$
锡-铈合金	铬酐 CrO_3	$50\sim60g/L$
	硫酸 H_2SO_4	$2\sim3g/L$
	温度	室温
	钝化时间	$20\sim30s$

＊＊＊＊＊＊＊＊＊＊＊＊＊＊＊＊＊＊＊＊＊＊＊＊＊＊＊＊＊＊＊＊＊＊＊＊＊

思 考 题

6-1　镀锡层有哪些特点?

6-2　酸性镀锡有哪些方法?

6-3　电镀锡合金主要有哪些种类? 各有什么特点?

6-4　电镀锡合金镀后钝化处理的原因及工艺是什么?

7 电镀镍及镍合金

7.1 电 镀 镍

7.1.1 概述

镍是一种带微黄的银白色金属，密度 $8.9g/cm^3$，相对原子质量 58.69，熔点 1452℃，二价镍离子（Ni^{2+}）的电化当量为 $1.095g/(A \cdot h)$，标准电极电势为 -0.250V。在电镀中，由于镍镀层具有很多优异性能，其加工量仅次于锌镀层而居第二位，其消耗量约占镍总产量的 10% 左右。

镍在空气中或在潮湿空气中比铁稳定得多，而且在空气中很易形成透明的钝化膜而不再继续氧化，耐蚀性好。镍在有机酸中很稳定，在硫酸、盐酸中溶解缓慢，在浓硝酸中处于钝化状态，但在稀硝酸中则不稳定。

对钢铁基体来说，由于镍的标准电极电势比铁正，钝化后电势更正，镍镀层是阴极镀层。镍镀层孔隙率较高，只有当镀层厚度超过 25μm 时，才是无孔的，所以，一般不单独作为钢铁的防护性镀层，而是作为防护装饰性镀层体系的中间层和底层。在工程领域里，也有镀 50μm 以上的厚镍镀层来防止钢铁件的腐蚀或用来修复被磨蚀的零部件。

镀镍的类型很多，若以镀液种类来分，有硅酸盐、硫酸盐-氯化物、全氯化物、氨磺酸盐、柠檬酸盐、焦磷酸盐和氟硼酸盐等。由于镍在电化学反应中的交换电流密度（I_0）比较小，在单盐镀液中，就有较大的电化学极化，故镀液种类虽多，但它们的共同特点是均由单盐组成（见表 7-1）。若以镀层外观来分，有无光泽镍（暗镍）、半光亮镍、全光亮镍、缎面镍、黑镍等。若以镀层功能来分，有保护性镍、装饰性镍、耐磨性镍、电铸（低应力）镍、高应力镍、镍封等。不同类型的镀镍层分别满足工业上不同的用途。

表 7-1 部分镀镍电解液的成分、操作条件及主要用途

类 型	镀液组成	含量/g·L^{-1}	pH 值	温度/℃	阴极电流密度 /A·dm^{-2}	主要用途
硫酸盐-氯化物	$NiSO_4 \cdot 6H_2O$ $NiCl_2 \cdot 6H_2O$ H_3BO_3	330 45 38	1.5~4.5	45~65	2.5~10	多数镀镍电解液的基础，可用于预镀，滚镀，镀厚镍等
硬镍	$NiSO_4 \cdot 6H_2O$ NH_4Cl H_3BO_3	180 25 30	5.6~5.9	43~60	2.0~10	硬度可达 HV350~500，用作耐磨镀镍
氯化物	$NiCl_2 \cdot 6H_2O$ H_3BO_3	300 38	2.0	50~70	2.5~10	用于镀厚镍，修复磨损工具、电铸；高应力镍的基础液

类 型	镀液组成	含量/g·L^{-1}	pH 值	温度/℃	阴极电流密度/A·dm^{-2}	主要用途
硫酸盐	$NiSO_4·6H_2O$ H_3BO_3	300 40	3~5	46	2.5~10	主要用于印刷线路镀金前的底层电镀（采用不溶性阳极）
氨磺酸盐	$Ni(NH_2SO_3)_2$ H_3BO_3	450 30	3~5	40~60	2~30	用于镀厚锌和电铸镍，镀层内应力低
氟硼酸盐	$Ni(BF_4)_2$ HBF_4 H_3BO_3	300~450 5~40 30~40	2.6~3.5	30~50	4~10	可用于镀厚镍和电铸镍，镀层内应力低，排出物对环境有污染
焦磷酸盐	$Ni_2P_2O_7$ $Na_4P_2O_7·10H_2O$ KCl $(NH_4)_3C_6H_5O_7$	70~80 200~250 10~15 15~20	8~10	50~60	2~4	镀液呈微碱性，主要用于锌压铸件上直接镀锌

7.1.2 普通镀镍

普通镀镍即镀暗镍。根据使用目的不同，通常可分为预镀镍和常规镀镍两类。即使同样是预镀液，也因机体材料情况不同而采用不同的组分。

7.1.2.1 镀液的组成及操作条件

采用预镀镍的目的主要是保证镀层与基体有良好的结合力，因而，要根据基体材料的特性而选用不同的预镀液，如表 7-2 所示。对预镀层不要求过厚，但结晶应细致，以保证整个镀层体系表面平滑、光洁。

表 7-2　几种预镀液的组成及操作条件

成分及操作条件	配　方		
	弱酸性预镀液	强酸性冲击预镀液	中性预镀液
硫酸镍 $NiSO_4·6H_2O/g·L^{-1}$	120~150		120~180
氯化钠 $NaCl/g·L^{-1}$	7~12		
硼酸 $H_3BO_3/g·L^{-1}$	30~45		
硫酸钠 $Na_2SO_4/g·L^{-1}$	60~80		
十二烷基硫酸钠 $C_{12}H_{25}SO_4Na/g·L^{-1}$	0.05~1		
氯化镍 $NiCl_2·6H_2O/g·L^{-1}$		240~260	10~20
盐酸 $HCl(38\%)/mL·L^{-1}$		120~130	
柠檬酸钠 $Na_3C_6H_5O_7·2H_2O/g·L^{-1}$			15~230
硫酸镁 $MgSO_4·7H_2O/g·L^{-1}$			10~20
pH 值	5.0~5.6		6.6~7.0
温度/℃	25~35	10~35	35~40
阴极电流密度/A·dm^{-2}	0.8~1.5	5~20	0.5~1.2
时间/min	3~5	2~4	4~6
适用的基体材料	钢铁	不锈钢	锌合金及铝合金经浸锌处理的表面

镀暗镍工艺，主要用于电镀某些只要求保持本色的零件，或仅考虑防腐蚀作用而不需要考虑外观装饰的零件。暗镍镀液也用于电铸等方面。常规的暗镍镀液的组成及操作条件，如表 7-3 所列。

表 7-3 几种暗镍镀液的组成及操作条件

成分及操作条件	配　方		
	常温镍液	瓦茨镍	滚镀镍
硫酸镍 $NiSO_4 \cdot 6H_2O/g \cdot L^{-1}$	150~250	250~320	200~250
氯化钠 $NaCl/g \cdot L^{-1}$	8~10		8~12
氯化镍 $NiCl_2 \cdot 6H_2O/g \cdot L^{-1}$		40~50	
硼酸 $H_3BO_3/g \cdot L^{-1}$	30~35	35~45	40~50
硫酸钠 $Na_2SO_4/g \cdot L^{-1}$	60~80		
硫酸镁 $MgSO_4 \cdot 7H_2O/g \cdot L^{-1}$	50~80		
十二烷基硫酸钠 $C_{12}H_{25}SO_4Na/g \cdot L^{-1}$		0.05~0.1	
pH 值	4.8~5.4	3.8~4.4	4.0~4.6
温度/℃	15~35	45~60	45~50
阴极电流密度/$A \cdot dm^{-2}$	0.8~1.5	1~3	1~1.5

在常温镀液中，由于含硫酸钠和硫酸镁等导电盐，所以，可在常温下操作，具有操作方便和节能的特点。

1916 年，由 O. P. Watts 提出的镀镍溶液原配方为硫酸镍 240g/L，氯化镍 20g/L，硼酸 20g/L，实质是一种硫酸盐-低氯化物的镀镍配方。表 7-3 中所列"瓦茨镍"与当初瓦茨提出的配方略有出入，但却是现在工业上普遍采用的暗镍工艺，而且是目前许多如半光亮镍、光亮镍、高硫镍、缎面镍等镀镍溶液的基础。

滚镀镍主要用于小零件生产，以提高生产效率，加快生产速度。

7.1.2.2 镀镍中主要成分的作用及操作条件对镀层性能的影响

具体如下：

（1）硫酸镍。硫酸镍是镀液的主要成分，是镍离子的来源，在暗镍镀液中，一般含量是 150~300g/L。硫酸镍含量低，镀液分散能力好，镀层结晶细致，易抛光，但阴极电流效率和极限电流密度低，沉积速度慢，硫酸镍含量高，允许使用的电流密度大，沉积速度快，但镀液分散能力稍差。

（2）氯化镍或氯化钠　只有硫酸镍的镀液，通电后镍阳极的表面很易钝化，影响镍阳极的正常溶解，镀液中镍离子含量迅速减少，导致镀液性能恶化。加入氯离子，能显著改善阳极的溶解性，还能提高镀液的电导率，改善镀液的分散能力，因而氯离子是镀镍液中不可缺少的成分。但氯离子含量不能过高，否则会引起阳极过腐蚀或不规则溶解，产生大量阳极泥，悬浮于铸液中，使镀层粗糙或形成毛刺。因此，氯离子含量应严格控制。在常温暗镍镀液中，可由氯化钠提供氯离子。但有人对镀镍层结构的研究表明，镀液中的钠离子影响镍镀层的结构，使镀层硬而脆，内应力高，因此，在其他镀镍液中为避免钠离子的影响，一般用氯化镍为宜。

（3）硼酸。在镀镍时，氢离子在阳极上放电，会使镀液的 pH 值逐渐上升，当 pH 值过高时，阳极表面附近的氢氧根离子会与金属离子形成氢氧化物夹杂于镀层中，使镀层外观和力学性能恶化。加入硼酸后，硼酸在水溶液中会解离出氢离子，对镀液的 pH 值起缓冲作用，保持镀液.pH 值的相对稳定。除硼酸外，其他如柠檬酸、醋酸以及它们的碱金属盐类也具有缓冲作用，但以硼酸的缓冲效果最好。如镀液中硼酸含量过低，缓冲作用太弱，pH 值不稳定；如含量过高，因硼酸的溶解度小，在室温时容易析出，造成镀层出现毛刺等，故一般应根据温度控制在 30~45g/L 之间。

（4）导电盐。硫酸钠和硫酸镁是镀镍液中良好的导电盐。它们加入后，最大的特点是使镀暗镍能在常温下进行。另外，镁离子还能使镀层柔软、光滑、增加白度。一般来说，镀镍液中主盐浓度较高，因此，主盐兼起着导电盐的作用。含氯化镍的镀液，其电导率更高，因此，目前除低浓度镀镍液外，一般不另加导电盐。

（5）润湿剂。在电镀过程中，阴极上往往发生着析氢副反应。氢的析出，不仅降低了阴极电流效率，而且由于氢气泡在电极表面上的滞留，镀层会出现针孔。为了防止针孔产生，应向镀液中加入少量润湿剂，如十二烷基硫酸钠。它是一种阴离子型的表面活性剂，能吸附在阴极表面上，降低了电极与溶液间界面的张力，从而使气泡容易离开电极表面，防止镀层产生针孔。对使用压缩空气搅拌镀液的体系，为了减少泡沫，也可加入如辛基硫酸钠或 2-乙基已烷基硫酸钠等低泡润湿剂。

（6）镍阳极。除硫酸盐型镀镍时使用不溶性阳极外，其他类型镀液均采用可溶性阳极。镍阳极的种类很多，常用的有电解镍、铸造镍、含硫镍、含氧镍等。在暗镍镀液中，可用铸造镍，也可将电解镍与铸造镍搭配使用。为了防止阳极泥进入镀液，产生毛刺，一般用阳极袋屏蔽。

（7）pH 值。一般情况下，暗镍镀液的 pH 值可控制在 4.5~5.4 范围内，因此，对硼酸的缓冲作用最好。当其他条件一定时，镀液 pH 值低，溶液导电性增加，阴极极限电流密度上升，阳极效率提高，但阴极效率降低。如瓦茨液的 pH 值在 5 以上时，镀层的硬度、内应力、抗拉强度将迅速增加，伸长率下降。因此，对瓦茨液来说，pH 值一般应控制在 3.8~4.4 较适宜，通常只有在常温条件下使用的镀液才允许使用较高的 pH 值。

（8）温度。根据暗镍镀液组成的不同，镀液的操作温度可在 15~60℃ 内变化。添加导电盐的镀液可以在常温下电镀。而使用瓦茨液的目的是加快沉积速度，因此，可采用较高的温度。若其他条件相同，通常提高镀液温度，可使用较大的电流密度而不致烧焦，同时镀层硬度低，韧性较好。

（9）阴极电流密度。在瓦茨液中，通常阴极电流密度的变化对镀层内应力的影响不显著，从生产效率方面考虑，只要镀层不烧焦，一般都希望采用较高的电流密度。

7.1.2.3 镀镍的电极反应

镀镍时发生的电极反应为：

（1）阴极反应。镀镍时，阴极上的主反应是镍离子还原为金属镍：

$$Ni^{2+} + 2e === Ni$$

由于暗镍镀液为微酸性，因此，阴极上还有 H^+ 离子还原为 H_2 的副反应发生：

$$2H^+ + 2e === H_2\uparrow$$

（2）阳极反应。镀镍时，阳极上的主反应为金属镍的电化学溶解：

$$Ni - 2e === Ni^{2+}$$

当阳极电流密度过高，镀液中又缺乏阳极活化剂时，将会发生阳极钝化，并有析出氧气的副反应：

$$2H_2O - 4e \Longrightarrow 4H^+ + O_2 \uparrow$$

加入氯离子可以防止阳极钝化，但也可能发生析出氯气的副反应：

$$2Cl^- - 2e \Longrightarrow Cl_2 \uparrow$$

7.1.2.4　暗镍镀液的配制

暗镍镀液的配制方法为（以瓦茨镍为例）：

（1）在预备槽中放入所需 1/2 的水量，加入计算过的硫酸镍、氯化镍等，边加温、边搅拌至全部溶解。

（2）在另一容器中溶解计算出的所需的硼酸，可适当提高液温，至硼酸全部溶解后倒入已溶解好的镍盐溶液中。

（3）维持液温在 50℃左右，用稀硫酸降低 pH 值至 3.5，加 H_2O_2（30%）3mL/L，搅拌1h，提高液温至 65~70℃，维持 2h，使残余 H_2O_2 分解。

（4）加化学纯活性炭 3g/L，搅拌 1h，用稀氢氧化钠溶液调节 pH 值到 5，搅拌 1h，待活性炭沉淀。

（5）用过滤机把镀液从预备槽里过滤到镀槽中，加入十二烷基硫酸钠（应先用蒸馏水溶解并煮沸数分钟直至溶液呈透明状后待用，切不可以粉状物直接加入镀液）。搅拌均匀后，即可试镀。

7.1.2.5　暗镍镀层的质量检验

暗镍镀层的质量检验包括：

（1）外观。应是结晶细致，呈略带淡黄色彩的银白色。不应有烧焦、裂纹、起泡、脱皮、暗斑、麻点及条纹等缺陷。不应有未镀上的地方（夹具印除外）。

（2）厚度检查。镀层厚度可用千分尺、深度规等直接测量，也可按 GB6462 规定用显微镜法测定，或按 GB4955 规定用阳极溶解库仑法测定。

（3）结合力。按 GB5270 规定进行试验后，镀层与基体、镀层与底层之间结合良好，不应有任何分离。

（4）孔隙率。钢铁零件上镀镍层孔隙率的试验方法为：将有一定湿强度的滤纸条浸入一微热（约35℃）的含 50g/L 氯化钠和 50g/L 明胶的溶液中，然后将其干燥备用。试验时，先将滤纸浸入含 50g/L 氯化钠和 1g/L 非离子型润湿剂的溶液中。然后取出滤纸，将其紧密地贴附在净化后待试验的镍表面上，用氯化钠溶液保持滤纸润湿，经 10min 后，取下滤纸，立刻将其浸入到含 10g/L 的铁氰化钾溶液中，取出观察滤纸上的蓝色印痕，进行评级。评级方法与 GB 9797 附录 B 加速腐蚀实验结果的评价方法相同，如果没有其他规定，其评级不应低于 8 级（钢铁基体上镀过暗镍后，镍层不可避免存在着孔隙，若不再进行其他镀镍，容易生锈。为了提高防护性能，在镀镍后于下述溶液和条件下进行钝化：$K_2Cr_2O_7$ 50~80g/L，温度 70~80℃，时间 5~10min。然后经清洗、干燥）。

7.1.3　光亮镀镍

光亮镀镍镀液在目前镀镍工艺中应用得最普遍、最广泛。它的特点是依靠不同光亮剂的良好配合，能够在镀液中直接获得全光亮并具有一定平整性的镀层，不仅能够达到原来暗镍镀层经抛光后的装饰性，而且省去了中间的抛光工序，有利于连续生产，同时，还可以降低劳动强度，改善操作环境，提高劳动生产率和降低生产成本，因而得到了迅速发展。现代光亮镀镍工艺，绝大多数是在瓦茨型镀镍液中加入光亮剂。早期使用的光亮剂是一些金属盐类，如锌、镉、汞、铅、铋等。之后，陆续出现了很多种有机光亮剂。有机光亮剂的特点是，添加量少，光亮效果显著。有的光亮剂还兼具平整及清除应力或使镍层之间产生不同电势等作用。当今镀镍的进展，实际上是光亮剂研制的进展，特别是组合成光亮剂的一些中间体研制的进展。

7.1.3.1 镀镍光亮剂

根据光亮剂的作用，一般将镀镍光亮剂分成两类，即初级光亮剂（或称第一类光亮剂）和次级光亮剂（或称第二类光亮剂）。

A 初级光亮剂

初级光亮剂具有显著细化镀层晶粒的作用，使镀层产生柔和的光泽，但不能产生镜面光泽。镀液中加入初级光亮剂后，会使镀层出现压应力，加入量适当，可以抵消原来镀暗镍时产生的张应力。另外镀层中添加次级光亮剂后，也会产生张应力，因此，初级光亮剂也能抵消次级光亮剂所产生的张应力。如果两种光亮剂的量配合得当，能大大降低镀层的内应力，从而提高镀层的韧性和延展性。因此，有人把初级光亮剂也称之为去应力剂或柔软剂。初级光亮剂对阴极极化的影响比较小，当浓度较低时，一般使阴极超电势增加 $5 \sim 45\mathrm{mV}$；浓度提高时，超电势不再明显增加。初级光亮剂大都为含有 $=\mathrm{C}{-}\mathrm{SO_2}{-}$ 结构的有机含硫化合物。

其中糖精是使用最广泛的镀镍初级光亮剂，后来出现的双苯-磺酰亚胺，除具有与糖精相似的作用，即细化晶粒，使镀层产生压应力，提高镀层的韧性及与基体的结合力之外，还能增加镀液对杂质的容忍度，扩大光亮电流密度范围等，但价格较贵。初级光亮剂参与电极反应后，分子中的硫被还原成硫化物，以硫化镍（NiS 或 $\mathrm{Ni_2S_3}$）的形式进入镀层，是镀层中含硫的来源。

B 次级光亮剂

次级光亮剂必须与初级光亮剂配合使用，才能获得具有镜面光泽和延展性良好的镍镀层，若单独使用，虽然可获得光亮镀层，但光亮区电流密度范围狭窄，镀层张应力和脆性大。有些次级光亮剂还兼具整平作用，对基体表面原有的微细粗糙处（包括抛光过程中产生的丝痕）起到补漏、填平作用。次级光亮剂能大幅度提高阴极极化，有的可达数百毫伏；因此，能较好地改善镀液的分散能力。次级光亮剂的种类很多，特征是分子中存在着不饱和基团，常见的有 $-\mathrm{C}{\equiv}\mathrm{C}-$ ， $\mathrm{C}{=}\mathrm{C}$ ， $\mathrm{C}{=}\mathrm{N}-$ 等。目前，市场上出售的次级光亮剂，多半属组合型。中间体中多数是炔醇与环氧化合物的缩合物及氮杂环化合物的衍生物。表 7-4 列出了部分中间体的名称及在镀液中的参考用量。

表 7-4 部分中间体的名称及在镀液中的参考用量

名　　称	简称	用　　途	参考用量/$g \cdot L^{-1}$
1，4-丁炔二醇	BOZ	弱型次级光剂	0.1~0.2

名　称	简称	用　途	参考用量/g·L^{-1}
二乙氧基丁炔二醇	BEO	中强型次级光剂	0.02~0.05
丙氧基丁炔二醇	BMP	中强型次级光剂	0.05~0.15
乙氧基丙炔醇	PME	强次级光剂，整平剂	0.01~0.03
丙氧基丙炔醇	PAP	强次级光剂，整平剂	0.01~0.03
二乙基丙炔胺	DEP	强次级光剂，整平剂	0.001~0.01
硫酸丙烷吡啶	PPS	光亮剂，特效整平剂	0.1~0.3

其中 1，4-丁炔二醇的环氧合成物，价格较低，具有光亮和弱整平作用，镀层脆性小，是用得较多的一种次级光亮剂。丙炔醇与环氧的化合物，有很好的光亮和整平作用，只需很少用量即可产生明显的效果。炔胺类具有良好的光亮整平作用，用量极少就能起到明显的效果。吡啶衍生物具有优异的整平能力，尤其在高、中电流密度区，即使在镀层很薄的情况下，也有较好的整平能力，但它的脆性较大，用量必须控制。

除以上两类光亮剂之外，还有一些被人们称之为辅助光亮剂的有机物。它们的特点是，在分子中既含有初级光亮剂的 C—S 基团，又含有次级光亮剂的 C＝C 基团。它们在单独使用时并不能得到光亮镀层，但与其他光亮剂配合使用时，却有如下几方面的作用：

（1）改善镀层的覆盖能力。

（2）降低镀液对金属杂质的敏感性，减少针孔。

（3）缩短获得光亮和整平镀层所需的电镀时间，即所谓出光速度加快，有利于采用厚铜薄铸工艺。

（4）降低次级光亮剂的消耗量。

这些辅助光亮剂中间体的名称和在镀液中的参考用量，列于表 7-5。

表 7-5　部分辅助光亮剂中间体的名称、分子式及参考用量

名　称	分子式	简　称	参考用量/g·L^{-1}
烯丙基磺酸钠	$CH_2＝CH—CH_2SO_3Na$	ALS	3~10
乙烯磺酸钠	$CH_2＝CH—SO_3Na$	VS	2~4
炔丙基磺酸钠	$HO≡C—CH_2SO_3Na$	PS	0.005~0.15

其中炔丙基磺酸钠在改善镀液在低电流密度区的整平能力，分散能力和抗杂质影响方面的效果尤为显著。

C　有机光亮剂的消耗

镀镍有机光亮剂的消耗主要发生在电镀过程中的分解。如前所述，初级光亮剂多半含有 C—S 基团，次级光亮剂则一般含有不饱和键，辅助光亮剂则两者兼有。它们的分解是通过两极上的反应进行的。初级光亮剂的 C—S 键在阴极上新生镍的催化作用下与原子氢作用而分解的现象，称为氢解。例如苯亚磺酸的氢解：

$$\text{\LARGE\bigcirc}—SO_2H + 2H \longrightarrow \text{\LARGE\bigcirc} + H_2SO_2（次硫酸）$$

苯磺酰胺的氢解：

$$\langle\!\!\!\rangle—SO_2NH_2 + 2H \longrightarrow \langle\!\!\!\rangle + HSO_2NH_2（氨基亚磺酸）$$

分解产物中所含的—SO_2—，可以继续被氧还原为硫化物，并以硫化镍的形式进入镀层：—SO_2— $\longrightarrow S^{2-} \longrightarrow NiS$（或 Ni_2S_3）

次级光亮剂中的不饱和键会与阴极上的氢进行加成反应而称为氢化，例如 1，4-丁炔二醇在阴极上加氢后形成丁烯二醇：

$$HOCH_2— C\equiv C—CH_2OH+H_2 \longrightarrow HOCH_2—CH=CH—CH_2OH$$

丁烯二醇可继续氧化成丁二醇：

$$HO—CH_2—CH=CH—CH_2OH+H_2 \longrightarrow HO—(CH_2)_4—OH$$

这些氢化物会对镀层产生不利影响，如引起镀层脆性增加，低电流密度区发暗等。另外，有机光亮剂也会在阳极上被氧化而消耗。

7.1.3.2 光亮镀镍液

A 镀液组成及操作条件

常见的光亮镀镍液的组成及操作条件为：

硫酸镍 $NiSO_4 \cdot 6H_2O/g \cdot L^{-1}$	280~340	光亮剂❶	适量
氧化镍 $NiCl_2 \cdot 6H_2O/g \cdot L^{-1}$	40~50	pH 值	3.5~4.5
硼酸 $H_3BO_3/g \cdot L^{-1}$	40~50	温度/℃	55~65
十二烷基硫酸钠/$g \cdot L^{-1}$	0.1~0.2	阴极电流密度/$A \cdot dm^{-2}$	3~5
糖精/$g \cdot L^{-1}$	1~3	搅拌	阴极移动或压缩空气搅拌（12~20r/min）

B 镀液组成及操作条件的影响

光亮镀镍液的组成包括主盐、缓冲剂、阳极活化剂、润湿剂等，与暗镍镀液相同。它们对电镀过程的影响也与暗镍相同。以下只就与暗镍不同之处，补充说明几点：

（1）光亮镀镍液中，必须加入光亮剂。而且光亮剂中必须包括初级光亮剂和次级光亮剂两类（有时还加入一定量的辅助光亮剂）。初级光亮剂（或称柔软剂）经常用的是糖精，也有以糖精为主，再复配一些其他成分；次级光亮剂品牌虽多，但都是以提高镀层的光亮度和整平性为目的的。次级光亮剂的质量和价格差别较大，用户可根据产品要求，谨慎选择。

（2）从操作条件比较来看，光亮镀镍的 pH 值比暗镍的要低，温度则比暗镍高，加上采用搅拌镀液的措施，故允许用的电流密度比暗镍大，因此沉积速度也比暗镍快。

（3）虽然电解镍和铸造镍是常用的阳极材料，但对光亮镍来说，含硫阳极具有更好的效果。它不仅溶解电压低，溶解性能好，而且阳极中所含的微量硫，随阳极溶解而进入镀液，可以使镀液中的铜杂质等以沉淀方式析出，有净化镀液中某些金属杂质的作用。

7.1.4 电镀多层镍

对钢铁来说，镀镍层是阴极镀层，且多孔隙，故电镀单层镍只有靠增加镀层的厚度来提高对基体材料的防护性。经过长期试验和研究发现，多层镍比单层镍对基体的防护性要

---

❶ 镀锌光亮剂品牌众多，国内的如武汉风帆的 N-100.101，上海永生 1~5 号镀镍光亮剂，江苏梦得的 NI3000等；国外引进的如永星化工有限公司的 NALDO R-33.36.66，阿托公司的 NIKOTECT HT-LEV 等。

好得多，且可减薄镀层厚度，节约材料和工时。

7.1.4.1　镀双层镍和三层镍

所谓双层镍是在铜铁基体上先镀一层低硫（$w(S)<0.005\%$）的半光亮镍，再在半光亮镍上镀一层含硫（$0.04\%<w(S)<0.15\%$）的光亮镍，表面再镀铬。在双层镍之间，由于含低硫镍的半光亮镍的电势较正，当腐蚀介质穿过铬及光亮镍层的孔隙到达半光亮镍时，在光亮镍和半光亮镍层之间，就产生了电势差，形成了腐蚀电池，含硫较高的光亮镍成为阳极，半光亮镍成为阴极，光亮镍成为牺牲阳极而被腐蚀，从而延缓了腐蚀介质向基体垂直穿透的速度，显著提高了镀层对基体的防蚀保护作用。因而，维持双层镍之间的电势差，是提高镀层耐蚀性的关键。通常这个电势差要求在 120mV 以上。电势差的形成是靠使用不同含硫量的光亮剂来实现的。

双层镍的耐蚀性，除受上述电势差的影响外，还同时受光亮镍和半光亮镍厚度比的影响。对钢铁基体而言，半光亮镍的厚度占镍镀层总厚度的 2/3 时，耐蚀性最好。

所谓三层镍，就是在半光亮镍和光亮镍之间，再冲击镀一层约 $1\mu m$ 厚的高硫镍（$w(S)>0.15\%$），最后镀铬。因为高硫镍层中的含硫量比光亮镍更高，在三层镍中电势最负，当腐蚀介质通过铬、光亮镍、高硫镍的孔隙，到达半光亮镍表面时，半光亮镍与高硫镍之间的电势差比双层镍更大，而且相对于光亮镍来说，高硫镍是阳极镀层，它能牺牲自己，保护光亮镍和半光亮镍不受腐蚀，从而进一步延缓腐蚀介质沿垂直方向穿透的速度。所以三层镍的防护性比双层镍更为优越。

7.1.4.2　多层镍镀液的组成及操作条件

光亮镀镍工艺已如前述，表 7-6 仅列出了半光亮镍及高硫镍的镀液组成及操作条件。

表 7-6　半光亮镍及高硫镍的镀液组成及操作条件

成分及操作条件	配方	
	半光亮镍	高硫镍
硫酸镍 $NiSO_4 \cdot 6H_2O/g \cdot L^{-1}$	240~280	280~300
氯化镍 $NiCl_2 \cdot 6H_2O/g \cdot L^{-1}$	35~40	35~40
硼酸 $H_3BO_3/g \cdot L^{-1}$	35~40	35~40
十二烷基硫酸钠/$g \cdot L^{-1}$	0.1~0.2	0.1~0.2
半光亮镍添加剂/$mL \cdot L^{-1}$	适量	
高硫镍添加剂/$mL \cdot L^{-1}$		适量
温度/℃	45~60	45~60
pH 值	4.2~4.8	3~3.5
阴极电流密度/$A \cdot dm^{-2}$	3~5	3~5
搅拌	需要	需要
厚度/μm	大于总厚度的 60%	1~2（高硫+光亮小于总厚度的 40%）

7.1.4.3　多层镍的质量控制

从镀液维护的角度来看，多层镀镍时，含硫光亮剂绝对不可以带入半光亮镍镀液中，这是保证多层镍镀层有良好耐蚀性的关键。

为了确保各层之间电势差及各层厚度是否达到要求，应定期测定多层镍之间的电势差及各层厚度，作为多层镍质量控制的重要措施。常用的方法是 STEP 法，即一种同时测量多层镍中各层镍的厚度及各层镍之间电势差的试验方法，所用的仪器是测量镀层厚度的阳极溶解库仑法（见 GB4955）的扩充应用。

7.1.5 镍封闭

7.1.5.1 概述

所谓镍封闭，其实质是一种复合电镀工艺，目的是获得微孔铬层，使镀层的耐蚀性进一步提高。镍封工艺是在普通的光亮镀镍液中，加入某些非导体微粒（粒径控制在 0.01～0.5μm），通过搅拌，使这些微粒悬浮在镀液中，在电流作用下，将这些微粒与金属镍发生共沉积，形成镍与微粒组成的复合镀层，然后在这一复合镀层上镀铬。由于微粒不导电，铬不能在微粒表面沉积，使铬镀层上形成大量微孔，即所谓微孔铬。镍封层的微孔数在 20000～40000 个/cm² 最为理想，微孔数过少，耐蚀性提高不明显；微孔数过多（如达 80000 个/cm²），铬层出现倒光现象，影响装饰性。同时铬层厚度也不能过厚，一般为 0.25μm 左右。如镀层过厚，会在微孔上出现"搭桥"现象，把微粒表面遮住，达不到微孔铬的目的。

在电化学腐蚀过程中，铬是阴极，镍是阳极，当铬层表面微孔大大增加时，阳极镍的腐蚀电流密度大为降低，也即减慢了镍层的腐蚀速度，使镀层体系的耐蚀性明显提高。

7.1.5.2 镍封镀液组成及操作条件

镍封工艺采用的固体微粒有二氧化硅、三氧化二铝、硫酸钡等。早期镍封工艺采用硫酸钡微粒较多，现在则采用二氧化硅较多，并加入一定量的共沉积促进剂。镀液组成及操作条件如表 7-7 所列。

表 7-7　镍封镀液的组成及操作条件

成分及操作条件	配方	
	1	2
硫酸镍 $NiSO_4 \cdot 6H_2O/g \cdot L^{-1}$	280～320	250～300
氯化镍 $NiCl_2 \cdot 6H_2O/g \cdot L^{-1}$	40～60	50～60
硼酸 $H_3BO_3/g \cdot L^{-1}$	35～45	40～45
糖精/$g \cdot L^{-1}$	1.2～2.5	1.5～2.5
光亮剂/$g \cdot L^{-1}$	适量	适量
乙二胺四乙酸二钠盐/$g \cdot L^{-1}$	10～15	6～10
硫酸铝 $Al_2(SO_4)_3 \cdot 18H_2O/g \cdot L^{-1}$		0.6～1
硫酸钡 $BaSO_4(0.2～0.4\mu m)/g \cdot L^{-1}$	10～20	
二氧化硅 $SiO_2(0.02\mu m)/g \cdot L^{-1}$		10～20
pH 值	4～4.5	3～4
温度/℃	55～60	50～55
阴极电流密度/$A \cdot dm^{-2}$	4～5	4～6
时间/min	3～5	2～5
搅拌	空气搅拌	空气搅拌

7.1.5.3　镍封操作的注意事项

镍封操作的注意事项为：

（1）固体微粒（以 SiO_2 为例）的含量以 15~25g/L 为宜。微粒与镍共析量，不但与微粒的含量有关，还与添加剂浓度、pH 值、搅拌强弱等因素有关。

（2）微孔数在 5000~10000 孔/cm^2 时，镀层抗蚀性能开始增加，在 10000~30000 孔/cm^2 时抗蚀性能更佳，进一步增加微孔数，虽能再提高抗蚀性能，但会影响镀层的光亮度。

（3）零件入镀槽前应先将镀液搅拌均匀，使微粒均匀分布在镀液中。零件取出后要清洗干净，以免将微粒带入铬槽。

（4）采用机械搅拌或阴极移动装置的效果不好，必须使用空气搅拌，并要设计合理的空气搅拌管，使微粒能均匀地分布在镀液内。

（5）电镀零件必须牢靠地挂在挂具上，避免在空气搅拌时脱落，并要注意零件的悬挂位置，尽可能使微粒均匀地分布在零件表面。

7.1.6　镀高应力镍

7.1.6.1　概述

所谓高应力镍是在特定的镀镍液中加入适量的添加剂，获得应力较大的容易龟裂成微裂纹的镍层。其目的是利用高应力的特性，在镀铬后获得光亮的微裂纹铬镀层，最终目的也是提高整个镀层体系的耐蚀性。具体工艺过程是在镀亮镍后的表面，再镀一层厚约 $1\mu m$ 的高应力镍，然后镀约 $0.25\mu m$ 的普通铬，就可以获得网状裂纹的微裂纹铬。裂纹数目约为 250~800 条/cm。在电化学腐蚀过程中，与微孔铬相似，能够分散镍铬镀层间的腐蚀电流，使镀层的耐蚀性显著提高。微裂纹铬工艺与微孔铬工艺相比，优点是镀液稳定，容易控制，裂纹重现性好，目前主要用于电镀汽车保险杠等零件。

7.1.6.2　镀液组成及操作条件

高应力镍镀液的组成及操作条件列于表 7-8。

表 7-8　高应力镍镀液的组成及操作条件

成分及操作条件	配　方		
	1	2	3
氯化镍 $NiCl_2 \cdot 6H_2O/g \cdot L^{-1}$	180~220	200~240	160~200
氯化铵 $NH_4Cl/g \cdot L^{-1}$	160~200		
醋酸铵 $NH_4C_2H_3O_2/g \cdot L^{-1}$	40~60		
醋酸 CH_3COOH（96%）$/mL \cdot L^{-1}$	15~20		
醋酸钠 $NaC_2H_3O_2/g \cdot L^{-1}$		60~80	
异烟肼$/g \cdot L^{-1}$		0.15~0.3	
2-乙基己基硫酸钠$/mL \cdot L^{-1}$		1~3	1~2
4-吡啶丙烯酸$/mL \cdot L^{-1}$			0.3~0.5
pH 值	3.8~4.2	3~4	3.4~4.0
温度/℃	15~25	35~45	35~50
阴极电流密度/$A \cdot dm^{-2}$	4~8	3~10	3~10
时间/min	0.5~10	0.5~3	0.5~3

为确保沉积的镍镀层具有高应力，应明确以下几点：

（1）表7-7已指出，含氯化物镀镍液是高应力镍的基础液，故镀镍中的镍盐均选用氯化镍。

（2）铵离子、钠离子和醋酸根具有增加镀层应力的效果。

（3）低温、低pH值、高电流密度有利于增加镀层应力。

（4）异烟肼等有机添加剂的加入，可以在较高液温下获得高应力镍。

还需指出，电镀高应力镍的零件经镀铬后，应用热水浸渍，使镀层的应力能充分释放完全，否则零件在存放过程中，由于残余应力的作用会产生大裂纹，造成产品大量返工。同时，高应力镍镀液中含有大量氯离子，零件从高应力镍镀液中取出后，必须充分水洗，以防止氯离子带入镀铬液，造成镀铬液出现故障。

7.1.7 镀缎面镍

7.1.7.1 概述

从外观来看，缎面镍介于暗镍和光亮镍之间。它的光泽既不像光亮镍层那样镜面般光亮，也不像暗镍层那样黯然无光，而是色泽柔和美观，犹如绸缎状，故名为缎面镍。缎面镍不仅外表美观，而且具有良好的防腐性能。可直接作为防护装饰性镀层的表层。缎面镍的应用范围很广，如汽车内部装饰件，摩托车零部件，照相机零件，家用电器装饰件，室内装饰件等。缎面镍的电镀工艺与镀镍封层相同，仅在于选用微粒的直径比镀镍封的要大一些。一般为0.03～3μm之间，基础液可以选用镀光亮镍或半光亮镍的镀液。近年来，新开发出的缎面镍工艺，已不再需要在基础液中添加微粒，而是在基础液中加入适当的表面活性剂，在规定的浊点温度上，形成均匀的乳浊液，从而和微粒作用类似，镀取表面细致的缎面镍层。

7.1.7.2 镀液的组成及操作条件

缎面镍镀液的组成及操作条件，列于表7-9。

表7-9 缎面镍镀液的组成及操作条件

成分及操作条件	配 方	
	1	2
硫酸镍 $NiSO_4 \cdot 6H_2O/g \cdot L^{-1}$	300～350	300～350
氯化镍 $NiCl_2 \cdot 6H_2O/g \cdot L^{-1}$	45～90	25～35
硼酸 $H_3BO_3/g \cdot L^{-1}$	40～45	35～40
微粒/$g \cdot L^{-1}$	20～80	
促进剂	适量	
光亮剂	适量	
ST-1/$mL \cdot L^{-1}$		3～4
ST-2/$mL \cdot L^{-1}$		0.4～0.6
温度/℃	55～65	50～60
pH值	3.5～4.5	4.4～5.2
阴极电流密度/$A \cdot dm^{-2}$	4～7	3～5
搅拌	强烈空气搅拌	阴极移动
时间/min	5～10	10～20

配方1为复合镀法，通常可以直接镀在光亮（半光亮）铜或光亮（半光亮）镍上以获得较暗的缎面镍层。与光亮镍层同样厚度的缎面镍层，其抗蚀性能较光亮镍为优。这是因为在缎面镍层上镀铬，具有微孔铬的作用。为了获得更高的抗蚀性能，在镀缎面镍前采用双层镀镍，效果更佳。

配方2为乳浊液法，所使用的ST型添加剂，经一段时间电镀后会产生凝聚现象，使镀层表面粗糙，较简单的处理办法是用活性炭连续过滤吸附。但此法所需周期较短，一般4~8h后就需要过滤，给生产带来不便。也有人采取冷却—过滤—加热—入槽的连续循环法，使用期可不受限制。

7.1.8　镀黑镍

7.1.8.1　概述

黑镍镀层是Ni-Zn或Ni-Mo等合金镀层，从Ni-Zn黑镍镀液中镀得的黑镍镀层，大致上含镍40%~60%（质量分数）、锌20%~30%、硫10%~15%、有机物10%左右。在电镀过程中，硫氰酸离子中的硫转变为硫离子，并与镍生成黑色的硫化镍。硫氰酸盐的分解产物则是镀层中有机物的主要来源，因此黑镍是镍、锌、硫化镍、硫化锌和有机物的混合体。

黑镍镀层具有很好的消光性能，常用于光学仪器和摄影设备零部件的镀覆和装饰仿古镀层（如灯饰、仿古饰品）等。黑镍镀层对太阳能的辐射有较高的吸收率，可用于太阳能集热板。20世纪80年代以后，以装饰为目的的黑色镀层和转化层，使黑镍镀层的应用领域不断扩大。黑镍镀层的耐磨性及耐蚀性较差，而且直接在钢铁件上镀黑镍，镀层与基体的结合力差。因此，一般都是先镀暗镍或亮镍再镀黑镍，或者用镀锌层或镀铜层做中间层。黑镍镀层很薄，因此若底层光亮，则能获得带光泽的黑色镀层，若底层为无光泽的表面，则黑镍为无光泽的暗黑色。为了增加其耐磨性和耐蚀性，一般在镀黑镍之后可进行浸油或浸水溶性涂料。

7.1.8.2　镀液的类型及工艺规范

镀液的类型及工艺规范如下：

（1）硫氰酸盐类。配方及操作条件为：

硫酸镍 $NiSO_4 \cdot 6H_2O/g \cdot L^{-1}$	80~110	硼酸/$g \cdot L^{-1}$	25~35g/L
硫酸锌 $ZnSO_4 \cdot 7H_2O/g \cdot L^{-1}$	40~60	pH值	4.5~5.5
硫酸镍铵 $NiSO_4(NH_4)SO_4 \cdot 6H_2O/g \cdot L^{-1}$	40~50	温度/℃	30~36
硫氰酸铵 $NH_4CNS/g \cdot L^{-1}$	40~50	阴极电流密度/$A \cdot dm^{-2}$	0.1~0.4

（2）钼酸铵类。配方及操作条件为：

硫酸镍 $NiSO_4 \cdot 6H_2O/g \cdot L^{-1}$	100~150	pH值	4.5~5.5
钼酸铵 $(NH_4)_4Mo_7O_{24} \cdot 4H_2O/g \cdot L^{-1}$	30~40	温度/℃	30~50
硼酸 $H_3BO_3/g \cdot L^{-1}$	20~25	阴极电流密度/$A \cdot dm^{-2}$	0.5~2

（3）氯化物类。配方及操作条件列于表7-10。

表 7-10 氯化物镀黑镍的工艺规范

成分及操作条件	配方	
	1	2（滚镀）
氯化镍 $NiCl_2 \cdot 6H_2O/g \cdot L^{-1}$	75	67.5
氯化铵 $NH_4Cl/g \cdot L^{-1}$	30	67.5
氯化锌 $ZnCl_2/g \cdot L^{-1}$	30	11.25
硫氰化钠 $NaCNS/g \cdot L^{-1}$	15	
氯化钠 $NaCl/g \cdot L^{-1}$		22.5
酒石酸钾钠 $KNaC_4H_4O_6 \cdot 4H_2O/g \cdot L^{-1}$		11.25
pH 值	5.0	6.0~6.3
温度/℃	24~32	24~38
阴极电流密度/$A \cdot dm^{-2}$	0.15	0.1~0.2

镀黑镍时要带电下槽，中途不能断电。由于镀黑镍的许用电流密度比暗镍和光亮镍低得多，一般只能获得薄镀层（在 $2\mu m$ 以下）。镀黑镍后，浸油或涂保护漆之前为防止镀层变色（工序间变色）可进行钝化：CrO_3 2.5~5g/L；pH 1.5~5.0（用 H_2SO_4 或 Na_2CO_3 调）；温度 10~30℃；时间 10~20s。

7.1.9 滚镀镍

小零件的防护装饰性电镀采用滚镀方式进行。瓦茨镀镍液和光亮镀镍液均可用于滚镀镍。不同的是滚镀镍中氯化物含量较高，并加入一定量的硫酸钠和硫酸镁，以提高溶液的导电性。滚镀镍时，如果镍作为表面层，曾采用无机光亮剂，如 $CdCl_2$，这时所得镍镀层在使用过程中不会变暗。如果镍作为中间镀层时，可用有机光亮剂。为了降低镀层的应力，防止滚镀镍层起皮脱落，应提高初级光亮剂的含量，降低次级光亮剂的含量。滚筒转速为 5~12r/min。滚镀镍的工艺规范列于表 7-11。

表 7-11 滚镀镍的工艺规范

成分及操作条件	配方		
	1	2	3
硫酸镍 $NiSO_4 \cdot 6H_2O/g \cdot L^{-1}$	200~250	300~350	280~300
硫酸镁 $MgSO_4/g \cdot L^{-1}$	20~25		
氯化镍 $NiCl_2.6H_2O/g \cdot L^{-1}$		40~50	
硫酸钠 $Na_2SO_4/g \cdot L^{-1}$			30~40
氯化钠 $NaCl/g \cdot L^{-1}$	15~20		12~15
硼酸 $H_3BO_3/g \cdot L^{-1}$	30~35	35~40	35~40
糖精/$g \cdot L^{-1}$	0.5~1.0	0.5~0.8	0.2~0.4
光亮剂/$g \cdot L^{-1}$		适量	适量
氯化镉 $CdCl_2/g \cdot L^{-1}$	0.001~0.01		
pH 值	5.4~5.6	4.8~5.0	4.8~5.6
温度/℃	20~35	40~50	25~45
阴极电流密度/$A \cdot dm^{-2}$	0.5~1.0	0.5~1.0	0.5~1.0

7.1.10　镀液的维护与净化

镀液中常常会出现一些杂质而影响镀层的质量。在多数情况下，是在镀层质量变坏后才发现有杂质存在的，而对其来源却难以确定。其实，杂质进入镀液的渠道多数是可以预见的。原因有：（1）用的药品、水和阳极不纯；（2）零件前处理不彻底；（3）零件掉入槽中，未及时捞出；（4）导电杠腐蚀产物、夹具绝缘胶、阳极袋未清洗干净；（5）空气中带入的铬雾、酸雾、粉尘、溶液溅落等。只要堵塞这些渠道，就能减轻杂质对镀液的污染。镀镍液的常见杂质主要有金属离子、硝酸根和有机物，另外就是一些固体微粒。下面就它们对镀液的影响及净化方法作一介绍。

（1）铜杂质。当镀镍液中 Cu^{2+} 含量达 5mg/L 以上，钢铁及锌合金压铸件电镀时就会产生置换铜，造成结合力不良，特别在电流中断及低电流密度区最易发生。铜杂质往往使低电流区镀层外观呈灰色，甚至黑色，常常出现粗糙、疏松、呈海绵状等不良镀层。

去除方法为：1）电解法，可用 $0.2\sim0.4A/dm^2$ 低电流密度电解除去。如果剧烈搅拌镀液，可用稍大电流密度处理铜杂质。2）化学法，可用仅对 Cu^{2+} 有选择性沉淀的药剂来去除。如加入铜含量（摩尔分数）两倍左右的喹啉酸，可使铜含量下降到 1mg/L 以下。也可加入亚铁氰化钾，2-巯基苯并噻唑等能与 Cu^{2+} 形成沉淀的物质，然后过滤除去。

（2）锌杂质。光亮镀镍液中含微量锌就能使镀层呈白色；如含量再提高，低电流密度处呈灰黑色，镀层呈条纹状。在 pH 值较高的镀液中，锌的存在还会使镀层出现针孔。锌允许的极限量因光亮剂种类而异，通常允许在 20mg/L 之内。

去除方法为：1）电解法。Zn^{2+} 含量较低时，用瓦楞形铁板作阴极，在搅拌条件下，以 $0.2\sim0.4A/dm^2$ 电解除去。2）化学法。当 Zn^{2+} 含量较高时，可用稀 NaOH 溶液调 pH 值至 6，再加入 $5\sim10g/L$ 的 $CaCO_3$，此时，pH 值为 6.2，加热至 $65\sim70℃$，搅拌 $1\sim2h$，再调 pH 值稳定在 6.2，静置 4h 以上，过滤，以除去 $Zn(OH)_2$ 及 $CaCO_3$ 沉淀。此法镍盐损失较大。

（3）铅杂质。镀液中铅含量大于 5g/L 时，将得到灰色甚至黑色镀层，且与基体结合不良。

去除方法为：低电流密度电解除去。

（4）铁杂质。溶液中铁是主要杂质。Fe^{2+} 和 Ni^{2+} 会发生共沉积。当镀液 pH 值大于3.5 时，阴极附近 pH 值更高，Fe^{3+} 可形成 $Fe(OH)_3$ 夹杂于镀层中，使镀层发脆、粗糙，是形成斑点或针孔的原因之一。在较高 pH 值的镀液中，铁杂质应控制在 0.03g/L 以下；pH 值较低时，不得超过 0.05g/L。

去除方法为：1）电解法。以 $0.2\sim0.4A/dm^2$ 低电流密度进行电解。2）化学法。用稀硫酸将镀液 pH 值调至 3，加 $H_2O_2(30\%)$ $0.5\sim1mL/L$，加热至 $65\sim75℃$，使二价铁转变成 Fe^{3+}，并除去多余的 H_2O_2，用 $CaCO_3$、$NiCO_3$ 或 $Ba(OH)_2$ 调 pH 值至 6，搅拌 2h，重调 pH 值使之稳定在 6，静置过滤。若处理铁的同时还要去除有机杂质，可在加 H_2O_2 后，再加入活性炭 $2\sim4g/L$。

（5）铬杂质。主要来自铬雾散落或从未洗净的夹具上带入。当 Cr^{6+} 含量达 $3\sim5mg/L$时，在低电流密度区的镍就难以沉积，含量再增高，就会使镀层产生条纹，引起镀层剥落及低电流密度处于镀层等弊病。

去除方法为：一般是用还原剂连二亚硫酸钠 $Na_2S_2O_4$（又称保险粉）或硫酸亚铁把 Cr^{6+} 还原成 Cr^{3+}，然后提高 pH 值使之形成氢氧化铬沉淀（硫酸亚铁中的铁则以氢氧化铁形式沉淀）而过滤除去。以硫酸亚铁法为例，具体操作为：先用稀硫酸将镀液的 pH 值降至 3~3.5。加硫酸亚铁 1g/L，搅拌 1h，使 Cr^{6+} 充分还原为 Cr^{3+}。再加过氧化氢 H_2O_2（30%）0.5mL/L，使过量的亚铁氧化成三价铁，然后用稀 NaOH 或 $Ba(OH)_2$ 提高镀液的 pH 值至 6.0~6.2，加热至 65~70℃，在 4h 内不断搅拌，并维持此 pH 值，使铬杂质与铁同时形成氢氧化物沉淀，过滤除去。

（6）硝酸根。硝酸根的混入主要是由于硫酸镍的质量不纯。它使镀镍的阴极电流效率显著降低。微量 NO_3^- 使镀层呈灰色而脆，低电流区无镀层。当含量达到 0.2g/L 以上时，镀层呈黑色。

去除方法为：通常采用电解法，以低 pH 值和高温为佳。具体操作为：先用稀硫酸降低镀液的 pH 值到 1~2，增加阴极面积，加热使镀液温度升至 60~70℃。先用大电流（$1A/dm^2$）电解，逐渐降低至 $0.2A/dm^2$，一直电解至正常为止（电极反应为 $NO_3^- + 9H^+ + 8e = NH_3 + 3H_2O$）。

（7）有机杂质。有机杂质的种类很多，引起的故障也各不相同。有的使镀层亮而发脆，有的则使镀层出现雾状、发暗，也有的使镀层产生针孔或呈橘皮状。

去除方法为：1）过氧化氢-活性炭处理，将镀液加温至 50~60℃，加入 H_2O_2（30%）1~3mL/L，在不断搅拌下，加入活性炭 1~3g/L，继续搅拌 30min，静止，过滤后试镀；适用于轻度污染；2）高锰酸钾–活性炭处理，用稀硫酸调节镀液的 pH 值至 2~3，加温至 50℃左右，在搅拌下，加入溶解好的化学纯高锰酸钾，加入量为 1~5g/L（有机物含量高时，还可大于此量），以在 5min 内紫色不退为好。加入活性炭 3~5g/L（视情况还可多加），搅拌 30min，静置 24h，此时如溶液仍呈紫红色，可加入过氧化氢使其退色，过滤后，用 NaOH 调镀液 pH 值至正常，即可试镀。适用于重污染。

（8）固体微粒杂质。包括空气中的尘埃及阳极不规则溶解时产生的细小镍微粒。它们悬浮于镀液中，会黏附于零件表面，使镀层产生粗糙、结瘤。去除的办法是过滤。

7.1.11 不合格镍镀层的退除

镍镀层的退除比较困难，目前常用的方法有化学退除法和电解退除法。

7.1.11.1 化学退除法

具体如下：

（1）钢铁件上退除镍镀层：

1）
间硝基苯磺酸钠/g·L^{-1}	75~80	氰化钠/g·L^{-1}	75~80
柠檬酸三钠/g·L^{-1}	10	氢氧化钠/g·L^{-1}	60
温度/℃	100	退速/μm·h^{-1}	5~10

2）
间硝基苯磺酸钠/g·L^{-1}	100	氢氧化钠/g·L^{-1}	100
乙二胺/mL·L^{-1}	120	十二烷基硫酸钠/g·L^{-1}	0.1
温度/℃	60~80		

3）
浓硝酸	10 份	浓盐酸	1 份
温度	室温	时间	退尽为止

退除后表面挂灰可在下列溶液中退除：NaOH 30g/L，NaCN 30g/L；室温。

（2）铜基上退除镍层

间硝基苯磺酸钠/g·L^{-1}	60~70	硫氰酸钾/g·L^{-1}	0.1~1
硫酸（浓）/g·L^{-1}	100~120	温度/℃	80~90
时间	表面由黑变棕色为止		

零件清洗后，可在上述退除挂灰溶液中退除棕色膜。

7.1.11.2 电化学退除法

具体如下：

（1）钢铁件上退除镍层：

铬酐/g·L^{-1}	250~300	硼酸/g·L^{-1}	40
阳极电流密度/A·dm^{-2}	3~4	温度/℃	50~80

不允许有 SO_4^{2-}，不能用铜挂具。

（2）钢铁件上铜/镍/铬层一次退除：

硝酸铵/g·L^{-1}	80~150	温度/℃	20~60
阳极电流密度/A·dm^{-2}	10~20	阳极	铜板

（3）铜件上退除镍镀层：

1）硫酸（98%）/mL·L^{-1}	800	甘油/g·L^{-1}	20~30
温度/℃	35~40	阳极电流密度/A·dm^{-2}	5~7
阴极	铅板		
2）硫氰酸钠/g·L^{-1}	90~110	亚硫酸氢钠/g·L^{-1}	90~110
温度	室温	阳极电流密度/A·dm^{-2}	2~3

由于电解法的阳极电流密度分布不均匀，低处未退净，而高处过腐蚀，故一般采用化学退除法的较多。

7.2 电镀镍合金

7.2.1 概述

镀镍层有良好的装饰性、耐蚀性，并具有较好的耐磨性和磁性等多种功能，从应用方面来看，研究镍合金电镀层的目的，无非是想发挥镍镀层原有的性能优势，加入某些新的元素，使合金镀层的功能比单一镍镀层的功能获得进一步的改善。本章仅以镍铁、镍钴、镍磷、镍钨、镍钼为例，简述它们的电镀工艺及其镀层的有关性质和用途。

7.2.2 电镀镍铁合金

7.2.2.1 概述

含镍79%，铁21%的镍铁合金镀层，作为一种磁性合金，早在电子工业中作记忆元件镀层而得到应用。1971年装饰性镍铁合金工艺问世。由于该合金具有良好的物理化学性质，在国际上迅速普及，广泛用作汽车、自行车、缝纫机、家用电器、金属家具、日用五金和文化用品的防护-装饰性镀层。其优点如下：

（1）用廉价的铁代替部分镍，可节省镍约25%。而且镀液浓度比亮镍低1/3~1/2，也减少了镍盐的带出损失。

（2）镀层外观比亮镍白。特别容易套铬，镀铬覆盖能力与亮镍相同。

（3）镀层硬度比亮镍高，为HV550~HV650。虽硬度高，韧性和延性仍非常好，可进行镀后加工。

（4）镀层与基体结合牢固，可在钢铁基体上直接镀取全光亮高整平的镀层。镀液整平能力优于亮镍。镀层的耐蚀性与亮镍相当。

（5）对镀镍特别有害的铁杂质变成了有用成分，镀液管理容易。光亮镀镍液转化为镍铁合金镀液很方便。

根据不同的使用环境可采用单层、双层或三层镍铁合金体系。采用多层合金时，常将含铁25%~35%的高铁合金作底层，约占总厚度的70%~80%，含铁10%~15%的低铁合金作表层。这样搭配是为了防止加速试验中高铁合金产生黄色斑点（即合金中的铁腐蚀之故）。

初期国内多用柠檬酸盐作稳定剂，并沿用镀镍的光亮剂。近年来已涌现出第三代、第四代稳定剂和镍铁合金专用光亮剂，浓度也在向低浓度转化。

7.2.2.2 光亮镀镍铁合金的工艺规范

光亮镀镍铁合金的工艺规范见表7-12。

表 7-12 电镀镍铁合金的工艺规范

成分及操作条件	挂 镀			
	配方 1	配方 2	配方 3	配方 4
硫酸镍 $NiSO_4 \cdot 6H_2O/g \cdot L^{-1}$	180~230	180~220	180~220（200）	180~250（200）
氯化镍 $NiCl_2 \cdot 6H_2O/g \cdot L^{-1}$	40~55		30~50（40）	50~70（60）
氯化钠 $NaCl/g \cdot L^{-1}$		25~30		
硼酸 $H_3BO_3/g \cdot L^{-1}$	45~55	40~45	40~50（45）	40~60（50）
硫酸亚铁 $FeSO_4 \cdot 7H_2O/g \cdot L^{-1}$	15~30	高铁 30~40 低铁 10~20	10~20	10~30（20）
柠檬酸钠 $Na_3C_6H_5O_7 \cdot 2H_2O/g \cdot L^{-1}$				
糖精/$g \cdot L^{-1}$			3	3~4
NT 安定剂/$mL \cdot L^{-1}$	12~20			
NT-10 主光亮剂/$mL \cdot L^{-1}$	0.6~0.9			
NT-2 辅光剂/$mL \cdot L^{-1}$	14~18			
NT-3 防光剂/$mL \cdot L^{-1}$	30~40			
NT-17 湿润剂/$mL \cdot L^{-1}$	2.5~4.5			
DNT-1 辅光剂/$mL \cdot L^{-1}$			10~15	
DNT-3 稳定剂/$mL \cdot L^{-1}$			20~30	
DNT-2 主光剂/$mL \cdot L^{-1}$			0.6~1.0	
开缸剂 LY-922A/$mL \cdot L^{-1}$				10
补充剂 LY-922B/$mL \cdot L^{-1}$				1

成分及操作条件	挂 镀			
	配方 1	配方 2	配方 3	配方 4
稳定剂 LY-922C/mL·L^{-1}				25
湿润剂 RS932/mL·L^{-1}			0.5~1.5	
湿润剂/mL·L^{-1}				2~4
温度/℃	58~68	60~65	55~60	50~60
阴极移动	需要连续过滤	阴极移动	阴极移动	阴极移动
pH 值	3~4	3.2~3.9	3~3.8	3.5~4.0
阴极电流密度/A·dm^{-2}	2~10	2~5	2~5	2~10 (4)
阳极 Ni∶Fe（面积比）	(6~8)∶1	(6~8)∶1	(7~8)∶1	(6~7)∶1

7.2.2.3 镀液的配制方法

镀液的配制方法为：

（1）将硫酸镍、氯化镍和氯化钠、硼酸溶于 60~70℃ 的热水中。

（2）将稳定剂溶于另一容器的温水中，加入硫酸亚铁，搅拌溶解。

（3）将（2）液在搅拌下倒入（1）液中搅匀，过滤于生产槽中。

（4）其他光亮剂和辅助剂用水溶解后加入槽中，稀释至总体积，调整 pH 值后搅匀，即可试镀。

7.2.2.4 镀液成分和工艺参数的影响

A 镍铁离子浓度比的影响

离子浓度比是影响合金组成的主要因素，它比离子的绝对浓度的影响要大得多。金属离子浓度比和镀液总铁量（二价和三价铁之和）对合金成分的影响见表 7-13。

表 7-13 金属离子浓度比和镀液中总铁量对合金成分的影响

镀液中 $w(Ni^{2+})/$ $[w(Fe^{2+})+w(Fe^{3+})]$	合金镀层中含 Fe 量/%	镀液中总 Fe^{2+}/g·L^{-1}	镀层含 Fe 量/%
4	63	1	10.9
4.7	54	2	19.8
6.3	44.7	3	27.5
8	33.7	4	36.8
10.6	32.4	6	56.8
14	27		
18.8	18		
30	11.7		
35	10		

由表 7-13 可知 $w(Ni)/w(Fe)$（镀层）小于 $w(Ni)/w(Fe)$（镀液），即贱金属铁优先沉积，这是一种典型的非正规共析形式。当镍含量不变时，增加铁离子浓度，镀层中铁含量成线性增加，每增加 1g/L 的铁离子，镀层含铁比例大约增加 10%。在生产中主要是通过控制镀液中的金属离子比值来控制合金层的成分。

B　稳定剂的影响

铁在镀液中是以亚铁离子形态存在的，容易氧化成三价铁，Fe^{3+}在 pH 值 2.5 以上时就会生成 $Fe(OH)_3$ 胶状沉淀物，由于镍铁合金镀层有磁性，故容易吸附于阴极表面，是造成镀层针孔、毛刺和脆性的主要因素。当 Fe^{3+} 占总铁量在 40% 以上时，就难以正常生产。加入稳定剂的目的在于络合铁离子，防止产生氢氧化铁沉淀。作为稳定剂还必须具有化学性质稳定，不易老化，不影响光亮剂、整平剂发挥正常作用，以及不恶化镀层的物理性能等特点。

从软硬酸碱规则可知，三价铁属硬酸，它与含有羟基和羧基的化合物能形成稳定的配合物（这类物质属硬碱）。例如葡萄糖酸盐、柠檬酸盐、酒石酸盐、抗坏血酸等。工艺规范中列举的 BNF-1、FN-C、RC 等稳定剂就是这些化合物中的一种或数种相搭配而成的。这类稳定剂含量高时将降低整平能力，故稳定剂浓度不宜高。

在连续使用时由于三价铁在阴极还原，一般能控制在总铁的 20% 以下；但若停镀时间长，三价铁会自然氧化而含量升高，重新开镀时要采用大阴极面积先电解数小时，方能正常生产。

C　光亮剂和整平性

原则上说对光亮镀镍有效的光亮剂也适用于镀镍铁合金。研究表明，用糖精作镍铁合金的第一类光亮剂是无可非议的。但作为第二类光亮剂用 791 还是不理想，一方面用量大、比亮镍多 3~5 倍，且消耗速度达 $0.05~0.1mL/(A \cdot h)$；另一方面 791 光亮剂的整平能力尚不理想。近年来国内新研制了如 BNF-2、FN-A 等光亮剂和整平剂，用量减少，效能更高。FN-A 的消耗速度为 $(80~100)mL/(1000A \cdot h)$。

糖精的含量宜取中上限，糖精不足，镀层脆性明显，甚至于爆裂。苯亚磺酸钠、FN-B 等是辅助光亮剂，防止低电流区发暗，零件较复杂时宜取上限。

D　缓冲剂的影响

镍铁合金溶液的 pH 值控制比镀镍还重要。当 pH 值大于 3.5 时，亚铁氧化加快，氢氧化铁的吸附和夹杂导致镀层毛刺、发脆，故 pH 值以 3.1~3.4 为宜。硼酸的缓冲作用不是对溶液本体，而只是在双电层中起缓冲作用。为控制溶液本体的 pH 值，尚需开发新的缓冲剂。生产中 pH 值会逐渐升高，降低 pH 值可用硫酸或硫酸与盐酸混合使用。

E　电流密度的影响

镍铁合金可采用比光亮镍高一倍的电流密度。电流密度高，光亮度和整平性亦提高，沉积速度快，可提高生产效率。电流密度对合金的组成影响甚微。

F　搅拌的影响

搅拌与金属离子浓度比相似，也是影响合金组成的主要因素之一，这一点与一般合金镀不尽相同。随搅拌加剧，电位负的铁含量显著增加。不同搅拌方式增加合金中铁含量的顺序是空气搅拌>阴极移动>静止镀。利用这一特点，可在同一槽中采用不同的搅拌方式获得高铁和低铁镀层。空气搅拌应采用低压弱搅拌，防止铁氧化加速。同时必须连续过滤，因为固体粒子更容易导致镀层产生毛刺。采用空气搅拌，亚铁含量和稳定剂均可降低，这对提高镀液的整平能力和稳定性极为有利。

G　温度的影响

温度对合金的组成无明显影响，但会影响整平能力。镀液温度为63℃时，整平能力和电流效率都达到最佳值。温度低时，光亮度和整平性下降；超过70℃将加速亚铁的氧化和光亮剂的分解。

7.2.2.5　杂质的影响

对镍铁合金有危害的金属杂质是铜、铅和铬。铜含量不得超过0.04g/L，铜杂质多则光亮度降低，光亮电流密度区变窄，凹处发黑。铅杂质大于0.04g/L时，影响与铜杂质相似。少量的六价铬会降低光亮电流密度范围。此外硝酸根大于0.16g/L也使光亮电流密度范围变窄。

7.2.2.6　故障及排除方法

故障及排除方法见表7-14。

表7-14　故障和排除方法

故障现象	可能产生的原因及排除方法	故障现象	可能产生的原因及排除方法
镀层脆性大，甚至爆裂	(1) 镀液pH值高； (2) Fe^{3+}高，大阴极电解，或加还原铁粉处理； (3) 糖精太少，酌情补加	镀液整平能力差	(1) pH值低； (2) 温度低； (3) Fe^{3+}过高，电解或用还原铁粉处理； (4) 光亮剂少
镀层发花	(1) 前处理不良； (2) 润湿剂添加不当或质量低劣，用活性炭处理，过滤	凹处发黑	(1) 铜、铅杂质多，电解处理； (2) 有机杂质多，活性炭处理； (3) Fe^{3+}高
镀层发灰	(1) 苯亚磺酸钠等次级辅助光亮剂不足； (2) 温度过高	镀层产生针孔、毛刺	(1) 镀液不净、固体杂质多、过滤； (2) Fe^{3+}高； (3) 润湿剂不足
光亮度低	(1) 光亮剂不足； (2) 温度太低； (3) 电渣密度太低； (4) pH值太低		

7.2.2.7　不合格镀层的退除

镍铁合金成品率可达95%~98%，退镀件少。镀层不亮、局部发花、局部毛刺或镀铬后脆裂等可不必全退，可修复。已套铬者，用1:1盐酸退铬后稍抛光，重镀薄层低铁合金再套铬，这样可将不合格率降到最低程度。退镀方法为：

(1) 浓硝酸　1000mL，氯化钠　15g/L，室温，退完为止。

零件要干燥，不带水，否则易发生过腐蚀。

(2) 先在浓硝酸中退除1/3~2/3的合金层，然后在下列溶液中退净：

防染盐/g·L^{-1}　　40　　柠檬酸/g·L^{-1}　　60

乙二胺/g·L^{-1}　　40　　温度/℃　　　　　60~80

pH值　　9，退净为止

上述两法均需先用盐酸退铬后进行。

7.2.3 电镀镍钴合金

7.2.3.1 概述

镍钴合金可作为装饰合金和磁性合金。在镀镍液中加入钴盐可获得任何比例的合金层，含钴 30% 以下的镍钴合金具有白色金属外观，硬度较高，有良好的耐磨性和化学稳定性。通常装饰用含钴 15% 以下的合金，低钴合金矫顽力低不会影响手表走时，主要用作手表零件的电镀。含钴 5% 左右的镍钴合金可代替镍作电铸模，比镍电铸层硬度和机械强度高，从氨基磺酸盐镀液中镀取。

作磁性镀层的含量要超过 30%。镍钴合金具有较高的剩余磁通密度，一般为 0.5~1T，是 $\gamma\text{-}Al_2O_3$ 磁胶的一倍。用作磁性镀层必须严格控制合金成分、厚度和外观，而且还要严格控制镀层结晶过程，因为结晶不同其磁性差别很大。

在镍合金基体上电镀高钴的镍钴合金广泛用作电子数字计算机的磁鼓和磁盘的表面磁性镀层，以达到体积小，质量轻和存贮密度大的要求。

7.2.3.2 镍钴合金的工艺规范

镍钴合金的工艺规范见表 7-15。

表 7-15 镍钴合金的工艺规范

成分及操作条件	装饰用镀层		磁性镀层		
	配方1	配方2	配方3	配方4	配方5
硫酸镍 $NiSO_4 \cdot 6H_2O/g \cdot L^{-1}$	180~220		128	70	
氯化镍 $NiCl_2 \cdot 6H_2O/g \cdot L^{-1}$		260		50	160
硫酸钴 $CoSO_4 \cdot 6H_2O/g \cdot L^{-1}$	5~8		115	80	
氯化钴 $CoCl_2 \cdot 6H_2O/g \cdot L^{-1}$		14			40
氯化钠 $NaCl/g \cdot L^{-1}$	10~13				
硫酸钠 $Na_2SO_4 \cdot 7H_2O/g \cdot L^{-1}$	25~30				
硼酸 $H_3BO_3/g \cdot L^{-1}$	28~32	15	30	30	30~40
甲酸钠 $HCOONa/g \cdot L^{-1}$	20				
甲醛 $HCHO/g \cdot L^{-1}$	0.8~1.2				
氯化钾 $KCl/g \cdot L^{-1}$			15		
蔗糖/$g \cdot L^{-1}$				1	
香豆素/$g \cdot L^{-1}$				0.5	
对甲苯磺酰胺/$g \cdot L^{-1}$				1	1~1.2
十二烷基硫酸钠/$g \cdot L^{-1}$				0.5	0.001~0.005
pH 值	5.6~6	3	4~5	4~5	3~3.5
温度/℃	5~30	20	50~60	60	15~25
阴极电流密度/$A \cdot dm^{-2}$	1~1.2	1.6	1~2	1~2 (正：反=3：2)	2
阳极	镍板	镍板	镍板	镍板	镍板

7.2.3.3　镀液的配制方法

镀液的配制方法为：

（1）将计算量的镍盐、钴盐和各种导电盐（氯化钠、氯化钾、硫酸钠和甲酸钠等）混合，用热水溶解后倒入槽内。硼酸加入热槽液中搅拌至完全溶解。

（2）稀至总体积，加入 1~2g/L 活性炭，充分搅拌，静置 8~12h 后过滤。

（3）调整 pH 值和温度，采用小电流密度电解数小时。

（4）将十二烷基硫酸钠用热水溶解，煮沸 30min，稀释后倒入槽内搅匀；其他光亮剂用水或乙醇溶解后加入槽中搅匀即可试镀。

7.2.3.4　镀液维护

具体如下：

（1）镍和钴沉积电位接近，只要调节其浓度即可镀取不同比例的合金层。

（2）对甲苯磺酰胺或糖精的加入不但细化结晶，增加光泽，而且使镀层磁性能大为提高，尤其会使镀层的磁滞回线的矩形比提高，但过多会使磁阻加大。

（3）配方 4 镀层的矫顽力为 16000~20000A/m，配方 5 为 12000~16000A/m，矩形比为 0.75~0.85。

（4）镀液的组分浓度及各种工艺条件对镀层的磁性都有影响，故必须控制好。

7.2.4　电镀非晶态镍磷合金

7.2.4.1　概述

用电镀方法可以方便地获得含磷量十分稳定的高磷（14%±0.5%）和低磷（10%±0.5%）的镍磷合金。经 300℃热处理 2h 可得到高硬质合金，这时合金以 Ni_2P、Ni_3P 等结构的金属间化合物散布于镍基质之中，镀层致密光亮，孔隙率很低。

电镀非晶态合金是提高材料功能的一个工程学科分支，引起了人们广泛的重视。非晶态材料的结构内部没有晶界，从而大大提高了材料的耐蚀性和热稳定性。在非晶态电镀中镍磷合金是主要的研究和开发的对象。镀层的结构与镀层磷含量有关：含磷 1% 的合金是过饱和固溶体结晶的非平衡合金；含磷 3% 晶粒就显著细化；含磷 8% 以上是单相的非晶态合金，没有晶界等缺陷，耐蚀性极高；当磷含量在 15% 以上时，镍原子 3d 不对称电子层由 P 层提供的电子填满，玻尔磁子消失。

镍磷合金的磁性随含磷量而变化，含磷小于 8% 属于磁性镀层，随含磷量升高而磁性减弱，含磷大于 14% 属于抗磁体。

镍磷合金具有许多优良的物理化学性能，在电子工业、化工、机械、核能等工业中有广泛的用途，也是高温焊接的优良镀层。

镍磷合金与镀硬铬、光亮镍综合性能比较列于表 7-16。

表 7-16　Ni-P 合金与硬铬及光亮镍的比较

项　　目	化学镀 Ni-P	电镀 Ni-P	硬　铬	光亮镍
镀后	500~750	600~700	800~1100	400 左右
硬铬（HV）300~400℃热处理	900~1300	800~900	750~850	

续表 7-16

项 目		化学镀 Ni-P	电镀 Ni-P	硬 铬	光亮镍
沉积速度		15~20μm/h（93℃ pH值4.5）	1μm/min（60℃10A/dm²）	0.3μm/min（50℃ 20A/dm²）	1μm/min（55℃ 4A/dm²）
电流效率/%		—	50	15	95
分散能力		极优	良	最差	良
镀液管理		较难	容易	容易	容易
镀层应力		压应力	张应力	很大张应力	压应力
耐药品性	盐酸	良	良	不可	不良
	硫酸	良	良	不良	不良
	硝酸	良	良	良	良
耐腐蚀性	盐雾试验	优	优	良	良
	CASS	良	良	不良	不良
	SO₂ 气体	良	良	最差	最差
耐磨性		良	良	优	不良
密度/g·cm⁻³		8	8	7.2	8.9

由表 7-16 可知，镍磷合金可代硬铬，许多性质优于硬铬和亮镍。电镀镍磷比化学镀易管理、成本明显降低，将是获得镍磷合金的主要工艺方法。

7.2.4.2 电镀镍磷合金的工艺规范

电镀镍磷合金的工艺规范见表 7-17。

表 7-17 电镀镍磷合金的工艺规范

成分及操作条件	高磷（P 14%）			低磷（P 10%）			
	配方1	配方2	配方3	配方4	配方5	配方6	配方7
硫酸镍 NiSO₄·6H₂O/g·L⁻¹	180~200	240	130~150	180~200	150~200	150~200	160~200
氯化镍 NiCl₂·6H₂O/g·L⁻¹	15	45	10	15	40~45		10~15
硫酸钠 Na₂SO₄/g·L⁻¹	35~40			35~40			
次磷酸钠 NaH₂PO₂·H₂O/g·L⁻¹	6~8		6			20~30	10~20
亚磷酸 H₃PO₃/g·L⁻¹		15		4~8	4~8		
磷酸 H₃PO₄/g·L⁻¹			50		50	25~35	
硼酸 H₃BO₃/g·L⁻¹		30				20	20~30
氯化钠 NaCl/g·L⁻¹						20	添加剂适量
pH 值	2~3.5	1.25	1.5~2.5	1~1.5	1~2.5	2~2.5	2~3.5
温度/℃	70~80	70	75	70~80	7.5	70~80	65±2
阴极电流密度/A·dm⁻²	1~3	3	3~10	1~2	3~10	10~15	1~3
镀层含磷量/%	14	15	14~15	10±5	8~10	10 以下	10~12
阳极	Ni+Ti	Ni+Ti	Ni+Ti	Ni+Ti	Ni+Ti	Ni+Ti	Ni
阳极移动	需要	需要	需要	需要	需要	需要	空气搅拌

7.2.4.3　主要成分和工艺参数的影响

主要成分和工艺参数的影响为：

（1）硫酸镍。提供被镀金属的主盐，只有当镍离子达到一定浓度时，镍和磷才能发生共沉积。随镍盐提高，阴极电流效率提高，镀层质量改善，但镍过高，镀层粗糙，含磷量降低，以 130~200g/L 为宜。

（2）次磷酸盐和亚磷酸。是镀层中磷成分的来源，它们在阴极还原生成的磷进入镀层：

$$H_2PO_2 + 2H^+ + 2e \longrightarrow P + 2H_2O$$

$$H_3PO_3 + 3e \longrightarrow P + 3OH^-$$

次磷酸盐在阳极上氧化成亚磷酸，配方 7 加入适当添加剂能抑制其氧化反应。

有些配方，如配方 1、配方 3 中次磷酸盐和亚磷酸总计超过 15g/L，则镀层与基体结合力差。

镀层中的磷随次磷酸盐和亚磷酸的增加而提高，镀层光亮度亦提高，当次磷酸钠达 25g/L 时，镀层中磷含量几乎不再变化。用亚磷酸比用次磷酸盐的稳定性好些。

（3）pH 值的影响。这是电镀镍磷合金的关键参数，pH 值由 3 升高到 4，镀层中的含磷量直线下降，镀层硬度和耐蚀性下降。配方 7 当 pH 值为 2~3，采用 2~3 A/dm² 电镀可获得含磷 10%~12% 的光亮镍磷合金，阴极电流效率也超过 90%。由于亚磷酸盐溶解度低，所以电镀必须在低 pH 值下进行。

（4）温度的影响。温度对镀层质量特别是内应力产生重要影响。在室温下镀层内应力大，镀层边缘会龟裂剥落。随镀液温度升高，镀层内应力降低，沉积速度加快。一般控制在 65℃±2℃ 左右。

（5）电流密度。随电流密度提高，镀层中磷含量相应降低，过高产生边缘效应甚至"烧焦"，产生镀层色泽不均匀脱落现象。电流密度在 2~3A/dm² 之间含磷在 10% 以上。

（6）添加剂。以次磷酸钠作磷的来源时，在电镀过程中次磷酸易被阳极氧化成亚磷酸，积累到一定浓度则有亚磷酸镍析出，添加剂能有效地抑制亚磷酸盐沉淀，提高了镀液的化学稳定性。同时添加剂还有利于提高镀层的性能，减少麻点，降低内应力等作用。

7.2.5　电镀非晶态镍钨合金

7.2.5.1　概述

钨可与镍族金属发生诱导共沉积，在一定条件下形成镍钨非晶态合金。它在高温下耐磨损、抗氧化，具有自润滑性能和抗腐蚀性能。可用于内燃机汽缸、活塞环、热锻模、接触器和钟表机芯等工件上。镍钨非晶态合金的镀液组成及工艺条件见表 7-18。

表 7-18　镍钨非晶态合金的镀液组成及工艺条件

镀液组成及工艺条件		镀液组成及工艺条件	
硫酸镍 $NiSO_4 \cdot 6H_2O/g \cdot L^{-1}$	8~60	电流密度/$A \cdot dm^{-2}$	5~25
钨酸钠 $Na_2WO_4 \cdot 2H_2O/g \cdot L^{-1}$	60	pH 值	3~9
有机酸配合物/$g \cdot L^{-1}$	50~100	温度/℃	30~80
氨基配合物/$g \cdot L^{-1}$	50~150		

7.2.5.2 镀液组成和工艺条件对合金镀层成分的影响

具体如下：

(1) 镀液中 W 含量对镀层中 W 含量的影响。随着镀液中 W 含量的增加，镀层中 W 含量上升，并趋于稳定。镀层结构由晶态逐渐转变为非晶态，当镀层中 W 含量大于 44% 时，镀层是非晶态。

(2) 配合剂对镀层成分的影响。有机酸与氨基配合物是镀液中两种主要的配合剂，有机酸配合剂是作为 Ni^{2+} 和 WO_4^{2-} 的配合剂而添加的，其加入量必须大于镀液中（Ni+W）摩尔数之和，以防止镀液中钨酸沉淀析出，当有机酸的加入量从（Ni+W）摩尔数的 1.0 倍增加到 1.4 倍时，镀层中 W 含量及阴极电流效率略有降低，而镀层的光亮度增加，有机酸的添加量取镀液中（Ni+W）摩尔数的 1.0~1.2 倍为适当。

(3) 氨基配合物的影响。氨基配合物是一种含（NH_4^+）基团的化合物，其添加是为了提高阴极电流效率，加速 Ni-W 合金共沉积。随着镀液中氨基化合物的增加，镀层中 W 含量开始明显减少，继续增加氨基化合物的加入量，镀层中的 W 含量基本不变，阴极电流效率明显增大。当氨基化合物的量继续增加时，阴极电流效率也基本不变。

(4) 镀液 pH 值对镀层组成的影响。当镀液的 pH 值为 5.7 时，镀层为非晶态结构，此时镀层中 W 含量大于 44%。而当 pH 值不大于 4 及 pH 值不小于 8 时，镀层均为晶态结构。可见，只有在弱酸性和中性溶液中才能获得 Ni-W 非晶态镀层。

(5) 镀液温度对镀层中 W 含量的影响。随着温度的升高，镀层 W 含量升高，当镀液温度大于 50℃时，镀层均为非晶态结构，此时镀层 W 含量均大于 44%。而当温度低于 40℃时，只能获得晶态镀层，镀层中 W 含量在 44% 以下，当 W 的含量达到 44% 时，形成 Ni-W 非晶态合金结构，Ni 和 W 均以零价态形式存在，且应力变小，缺陷减少。可见，决定镀层结构的关键因素是镀层中的 W 含量，当达到 44% 以上时，镀层结构由晶态过渡到非晶态。

7.2.6 电镀非晶态镍钼合金

7.2.6.1 概述

非晶态 Ni-Mo 合金镀层具有优异的耐蚀性能、耐磨性能、力学及电磁学性能。用电沉积制备 Ni-Mo 系非晶态合金镀层是最为简便经济的方法，Mo 不能单独从水溶液中沉积出来，但它能与镍族金属共沉积，即所谓诱导共沉积。国内目前研究开发的主要为柠檬酸型，其镀液组成及工艺条件见表 7-19。

表 7-19 Ni-Mo 非晶态合金的镀液组成及工艺条件

镀液组成及工艺条件	配方 1	配方 2	配方 3	配方 4
	含量/mol·L^{-1}	含量/g·L^{-1}		含量/mol·L^{-1}
硫酸镍 $NiSO_4 \cdot 7H_2O$	0.15	60	60	0.15
钼酸铵 $(NH_4)_2MoO_4 \cdot 2H_2O$	0.1			0~0.2
柠檬酸三钠 $C_6H_5O_7Na_3 \cdot 2H_2O$	0.3	50	50	0.3
氯化钠（NaCl）	0.3	20		0.3
氨水 $NH_3 \cdot H_2O$/mL·L^{-1}	25			25
氯化镍 $NiCl_2 \cdot 6H_2O$		20		

镀液组成及工艺条件	配方 1	配方 2	配方 3	配方 4
	含量/mol·L^{-1}	含量/g·L^{-1}		含量/mol·L^{-1}
钼酸钠 Na$_2$MoO$_4$·2H$_2$O		10	10	
钨酸钠 Na$_2$WO$_4$·2H$_2$O			30	
磷酸二氢钠 NaH$_2$PO$_4$				0~0.2
pH 值	9	9~10	9~10	9
电流密度/A·dm^{-2}	12	4~16	4~16	
温度/℃	30	48	48	30

Ni-Mo 合金镀层非晶态的转变点为 $w(\text{Mo}) > 25\%$，但当 $w(\text{Mo}) \geqslant 40\%$ 时，易获得非晶态结构。针对镀层中铜含量增加带来的镀层发黑、脱皮这一矛盾，宜采取镀前小电流电解措施来改善。

7.2.6.2　镀液组成和工艺条件对合金镀层成分的影响

具体如下：

（1）镀液中金属浓度比的影响。随着阴极电流密度的增加，镀层中 Mo 含量略有下降，镀液中金属浓度比 $c(\text{Mo})/[c(\text{Mo})+c(\text{Ni})]$ 较低时，随着镀液中 Mo 含量的上升，镀层中 Mo 含量也随之上升，这意味着 Mo 与 Ni 有着相同的沉积倾向。当金属浓度比较高时，Mo 在镀层中的含量上升较快，但电流效率急剧下降。

（2）铵离子的影响。氯化铵在 Ni-Mo 共沉积中起了重要的作用。它大大提高了阴极电流效率，同时也降低了镀层中 Mo 的含量。

（3）电流密度的影响。阴极电流密度对镀层中 Mo 含量的影响不大，随着电流密度的升高，Mo 含量略有下降。在相当宽的金属浓度比范围内，镀层成分基本恒定，随着电流密度的升高，Mo 含量仅略有下降。

（4）pH 值的影响。高电流密度下在 pH 值为 9 左右时取得最低的 Mo 含量，而低电流密度下则随着 pH 值的上升 Mo 含量下降。柠檬酸是一种较弱的多元酸，pH 值对其电离有很强烈的影响，从而会影响到金属配离子的形成和种类，这是 pH 值有上述影响的主要原因。

（5）温度的影响。提高温度可使 Mo 含量上升，电流效率下降，特别是当电流密度较高时更甚。因此，对于所研究的电解液体系，温度控制在室温为宜。因此，必须将镀液温度严格控制在工艺范围内。

（6）搅拌的影响。中等强度的搅拌使 Mo 含量上升大约 3%，低电流密度（3~8A/dm^2）时，对电流效率几乎无影响，高电流密度（12~20A/dm^2）时，电流效率大约上升 6%，搅拌有利于 Mo 的沉积。

* *

思考题

7-1　电镀镍包括哪些类型？各有什么特点？

7-2　不合格镍镀层有哪些退除方法？

7-3　电镀镍合金包括哪些类型？

7-4　电镀非晶态合金的优点是什么？

8　电镀铜及铜合金

8.1　铜及铜合金的前处理

8.1.1　概述

铜及铜合金在工业及其他方面的应用极为广泛，尤其是在电子及电器行业，零件表面常常需要电镀或转化处理，进行装饰及赋予其他功能，最简单也要光亮处理和钝化。零件表面如果有油污或厚氧化皮，应先进行有机溶剂除油或化学除油，浸蚀清除氧化皮，而后进入前处理流程（水洗工序略）。

光亮浸蚀、化学抛光或电抛光—钝化，适用于不需要电镀的零件。

化学或电解除油—浸蚀—电镀，适用于一般零件在酸性溶液中电镀；如果是氰化镀液，应预浸氰（NaCN 15g/L）后直接电镀。

电解除油—光亮浸蚀—电镀，适用于装饰性电镀，在含铬溶液中浸蚀后应用盐酸除钝化膜。

化学除油—光亮浸蚀—体积分数为10%～20%的氟硼酸，室温浸渍—电镀，适用于铅青铜零件在氟硼酸盐镀液中电镀，若是氰化镀液应再预浸氰。

化学除油—硝酸450mL/L，氟化氢铵80g/L溶液中浸渍3～5s—电镀，适用于铝青铜零件。

化学除油—光亮浸蚀—重铬酸钠200g/L，硫酸40mL/L溶液中室温浸渍2min—电镀，适用于铍青铜零件。

8.1.2　铜及铜合金除油和浸蚀

铜及铜合金化学除油溶液的氢氧化钠含量应较低或不加，因其腐蚀性强，易使黄铜变色。常用的化学除油工艺规范列于表8-1。

表 8-1　铜及铜合金的化学除油工艺规范

成分及操作条件	配　方	
	1	2
氢氧化钠 NaOH/g·L^{-1}	10～15	
碳酸钠 Na$_2$CO$_3$/g·L^{-1}	20～30	10～20
磷酸钠 Na$_3$PO$_4$·12H$_2$O/g·L^{-1}	50～70	10～20
硅酸钠 Na$_2$SiO$_3$/g·L^{-1}	5～10	5～10
OP-10 乳化剂/g·L^{-1}		2～3
温度/℃	80～90	70～80

铜及铜合金的电解除油工艺规范列于表8-2。

表8-2　铜及铜合金的电解除油工艺规范

成分及操作条件	配　方	
	1	2
氢氧化钠 NaOH/g·L^{-1}	5~15	
碳酸钠 Na$_2$CO$_3$/g·L^{-1}	20~30	20~40
磷酸钠 Na$_3$PO$_4$·12H$_2$O/g·L^{-1}	50~70	20~40
硅酸钠 Na$_2$SiO$_3$/g·L^{-1}	5~10	3~5
温度/℃	70~80	70~80
电流密度/A·dm^{-2}	3~8	2~5
阴极时间/min	5~8	1~3
阳极时间/min	0.3~0.5	

铜及铜合金在加工成型过程中表面会产生氧化膜，其主要成分是 Cu$_2$O，呈 Cu（基体）/Cu$_2$O/CuO 结构。铜及铜合金的浸蚀通常在硫酸、硝酸和少量盐酸的混合液中进行，当零件表面有较厚的氧化皮时，需先在 10% ~ 20%硫酸溶液中于 40~60℃ 下进行疏松氧化皮处理，然后再浸蚀。

铜合金的各组分在不同酸溶液中溶解速度不同，应根据合金成分来选择浸蚀液中各种酸的比例，才能获得良好效果。通常硝酸对铜的溶解速度较大，而盐酸对锌、锡的溶解速度较大。浸蚀液中盐酸含量过低，黄铜表面呈淡黄色，说明表面锌多；盐酸含量过高，黄铜表面出现棕褐色斑点，说明锌溶解过度而铜溶解不足。浸蚀液中硝酸含量过高时，黄铜表面发灰，过低时发红。浸蚀锡青铜时可以不加硫酸，而硝酸的浓度应该高一些。

薄壁零件为避免过腐蚀，通常不用浓硫酸和盐酸，而是在稍高温度（40~50℃）下采用不太浓的硫酸溶液浸蚀，这时溶解铜的氧化物快而溶解钢缓慢。如果适当加一些铬酸或铬酸盐将低价 Cu$_2$O 氧化成高价 CuO，可以促使表面溶解更均匀。

常用铜及铜合金的浸蚀液配方及操作条件列于表8-3。

表8-3　铜及铜合金的浸蚀工艺规范

成分及操作条件	配　方			
	1	2	3	4
硫酸 H$_2$SO$_4$(d=1.84)/g·L^{-1}	150~250	700~850	600~800	
盐酸 HCl(d=1.19)/g·L^{-1}		2~3		
硝酸 HNO$_3$(d=1.40)/g·L^{-1}		100~150	300~400	750
氢氟酸 HF(质量分数40%)/g·L^{-1}				100
氯化钠 NaCl/g·L^{-1}			3~5	20
温度/℃	40~60	≤45	≤45	室温

配方 1 适用于铜及铜合金一般浸蚀；配方 2 为光亮浸蚀，适用于铜及黄铜；配方 3 的光亮浸蚀适用于铜、黄铜、低锡青铜及磷青铜；配方 4 适用于铜铸件。

8.1.3 铜及铜合金化学抛光和电化学抛光

铜及铜合金通常在磷酸-硝酸-醋酸或硫酸-硝酸-铬酸溶液中进行化学抛光。为减轻污染，应少用或不用硝酸，可采用过氧化氢-乙醇型溶液以及某些添加剂替代。通常的化学抛光工艺规范列于表 8-4。

表 8-4　铜及铜合金的化学抛光工艺规范

成分及操作条件	配　方		
	1	2	3
磷酸 $H_3PO_4(d=1.70)$ /mL · L^{-1}	540		
硝酸 $HNO_3(d=1.40)$ /mL · L^{-1}	100	40~50	30
硫酸 $H_2SO_4(d=1.84)$ /mL · L^{-1}		250~280	400
冰醋酸 CH_3COOH/mL · L^{-1}	300		
盐酸 $HCl(d=1.19)$ /mL · L^{-1}		3	5
铬酐 CrO_3/g · L^{-1}		180~200	
N-1 光亮剂/g · L^{-1}		·	10
温度/℃	55~60	20~40	15~45
时间/min	3~5	0.2~3	0.5~1.5

配方 1 适用于铜及黄铜；配方 2 适用于较精密的零件；配方 3 的硝酸含量低，也可用硝酸钠 70g/L 而不用硝酸，产生的氢氧化物较少。

铜及铜合金电化学抛光通常采用单一的磷酸溶液或磷酸-铬酸、磷酸-硫酸溶液，其工艺规范列于表 8-5，阴极材料用铅；单一磷酸溶液时阴极材料可用铜。

表 8-5　铜及铜合金的电化学抛光工艺规范

成分及操作条件	配　方			
	1	2	3	4
磷酸 $H_3PO_4(d=1.70)$/mL · L^{-1}	700	420	670	470
硫酸 $H_2SO_4(d=1.84)$/mL · L^{-1}			100	200
铬酐 CrO_3/g · L^{-1}		60		
水/mL	300	200	300	400
溶液密度/g · cm^{-3}	1.55~1.60	1.60~1.62		
温度/℃	20~40	20~40	20	20
时间/min	15~20	1~3	15	15

配方 1 适用于纯铜及多种铜合金，溶液中加入 0.5g/L 苯骈三氮唑，可防止抛光表面变暗；配方 2 适用于铜及黄铜；配方 3 适用于铜及含锡低于 6% 的铜合金；配方 4 适用于含锡大于 6% 的铜合金。

新配溶液适当通电处理产生少量铜离子，可以提高抛光效果，如配方 1 通电量 5A · h/L，溶液中含铜量为 3~5g/L。配方 2 溶液中三价铬含量以 Cr_2O_3 计超过 30g/L 时，应进行通电处理。阴极表面的铜粉应经常去除，最好套上耐酸的布袋，以防污染溶液。

8.2　电　镀　铜

8.2.1　概述

铜为粉红色富延展性、柔软可塑的金属，相对原子质量 63.54，密度 8.93g/cm^3。一价铜的电化当量为 2.372g/(A·h)，二价铜的电化当量为 1.186g/(A·h)。铜易溶于硝酸、铬酸和热的浓硫酸，遇碱易被侵蚀。具有良好的导电性能和导热性能。铜在空气中会被氧化而失去光泽，在潮湿空气中与二氧化碳作用生成碱式碳酸铜（即铜绿）。

铜镀层一般用作钢铁件、铜合金件、锌压铸件和塑料制品的防护装饰电镀的中间镀层。由于它的稳定性较差，如果用作表面装饰镀层时，必须经过钝化或着色处理，并涂以有机涂料。

铜镀层用化学或电化学着色处理可以获得多种色彩，如黑、褐、绿、蓝、红等，因此，被广泛用作一些仿古工艺品、灯具、玩具、纽扣和其他小商品的装饰。

由于铜的电势比铁和锌的电势正，所以在铁和锌上面的铜镀层属阴极性镀层。在大气环境下，如果铜镀层受损伤或因其表面上有孔隙，裸露的基体金属便成为阳极而很快被腐蚀。因此，铜镀层只能依靠其机械保护作用，而不起电化学保护作用。

此外，铜镀层也用于局部防止渗碳，增加导电性能和润滑性能，电铸以及印刷电路板孔金属化等。

镀铜溶液的种类虽然很多，但在生产中常用的主要为氰化物、酸性硫酸盐和焦磷酸盐这三种镀液。

为了保证铜镀层和基体金属有良好的结合力，钢铁件和锌压铸件在酸性硫酸盐和焦磷酸盐等镀液中镀铜前必须先在氰化物镀铜溶液中预镀一层薄铜（约 3μm）或预镀一层薄镍，然后，再在酸性硫酸盐或焦磷酸盐镀液中加厚，这是因为铜和铁、锌等的标准电极电势相差较大，当钢铁件或锌压铸件浸入酸性硫酸盐镀铜溶液或焦磷酸盐镀铜溶液中时，在电流未接通前便会产生置换反应，在钢铁或锌基体上生成疏松的置换铜膜。这种铜膜与钢铁或锌基体毫无结合力。

8.2.2　氰化物镀铜

氰化物镀铜溶液由铜氰化钠（钾）和游离氰化钠（钾）组成，可以直接在钢铁件和锌压铸件表面上镀铜而不发生置换反应。镀液具有优良的分散能力和覆盖能力。铜镀层结晶细致，用作中间镀层时，可以在基体金属表面覆盖一层结合力良好的铜镀层，而且，还能够改善后面镀层的覆盖能力。镀液中的氰化钠对镀件还有去油和活化作用，既能解决有时因前处理去油不够彻底的缺陷，又可以增强铜镀层与基体金属的结合力。

氰化物剧毒，对人体有害且污染环境，生产时必须制订严格的安全技术制度并设置槽边排风设备和废水，废气治理设施。

8.2.2.1　工艺规范

工艺规范见表 8-6。

表 8-6 氰化物镀铜的工艺规范

成分及工作条件	配方						
	1	2	3	4	5	6	7
氰化亚铜 CuCN/g·L⁻¹	8~35	35~45	50~70	55~85		53	53~71
红铜盐/g·L⁻¹					130~200		
氰化钠 NaCN/g·L⁻¹	12~54	50~72	65~92			83	73~98
游离氰化钠 NaCN(游离)/g·L⁻¹				10~15	10~15		
酒石酸钾钠 KNaC₄H₄O₆·4H₂O/g·L⁻¹		30~40	10~12				
硫氰酸钾 KSCN/g·L⁻¹		8~12	10~20				
氢氧化钠 NaOH/g·L⁻¹	2~10	8~12	15~20	0~15		3	
氢氧化钾 KOH/g·L⁻¹							1~3
碳酸钠 Na₂CO₃/g·L⁻¹		20~30					
硫酸锰 MnSO₄·5H₂O/g·L⁻¹			0.08~0.12				
911 光亮剂/mL·L⁻¹				10~12	10~12		
诺切液 Necchel/mL·L⁻¹						30~50	
CL-3 光亮剂/mL·L⁻¹						5~7	
CL-4 光亮剂/mL·L⁻¹						5	
KUBRITE KC-3 调整剂/mL·L⁻¹							30~50
KUBRITE KC-1 光亮剂/mL·L⁻¹							5~7
KUBRITE KC-2 光亮剂/mL·L⁻¹							5
温度/℃	18~50	50~60	55~65	55~65	55~65	55~65	45~60
阴极电流密度/A·dm⁻²	0.2~1	0.5~2	1.5~3	1~3	1~3	2~5	0.5~5
阴极移动	用或不用	用或不用	需要	需要	需要	需要	需要
周期换向电流			需要				
用 途	预镀钢	挂镀和滚镀	挂镀光亮铜	挂镀和滚镀光亮铜			
生 产 单 位				上海永生助剂厂		阿托科技股份有限公司	永星化工有限公司

8.2.2.2 镀液的配制方法

镀液的配制方法如下:

(1) 在良好的通风条件下,将氰化钠溶解于 30~40℃所需体积 2/3 的去离子水或蒸馏水中。

(2) 用水将氰化亚铜调成糊状,在不断搅拌下慢慢地加到氰化钠溶液中,使其溶解,此时溶液会发热。如果温度升至 60℃时,需待冷却后方可继续加入氰化亚铜以避免溶液过热溅出。

(3) 待氰化亚铜完全溶解后,再逐一加入已用少量水溶解好的其他成分,最后加去离子水或蒸馏水至所需体积。

(4) 加入活性炭 1~2g/L,搅拌 2~3h,静置过夜,过滤溶液。

（5）分析校正。

（6）电解试镀。

8.2.2.3 镀液中各成分的作用

镀液中各成分的作用为：

（1）氰化亚铜。氰化亚铜是镀液中供给铜离子的主盐，不溶于水，溶于氰化钠（钾）中生成配合物铜氰化钠（钾）。在镀液中同时存在 $[Cu(CN)_2]^-$、$[Cu(CN)_3]^{2-}$ 和 $[Cu(CN)_4]^{3-}$ 三种铜氰配离子。但一般因游离氰化物含量不会很高，所以，主要以 $[Cu(CN)_3]^{2-}$ 形式存在。采用钾盐可以提高阴极电流效率，但价格较高，故多用钠盐。氰化亚铜含量过低时将使阴极电流密度上限和阴极电流效率下降；过高则影响高电流密度区光泽。

（2）游离氰化钠。配制氰化物镀铜溶液所用的氰化钠量必须大于其溶解氰化亚铜的量。这过量的氰化钠称游离氰化钠。根据氰化亚铜和氰化钠配合反应，1g 氰化亚铜约需1.1g 的氰化钠进行配合，因此，配方中所用的总氰化钠含量减去氰化亚铜含量的 1.1 倍即为游离氰化钠含量。游离氰化钠可以使镀液稳定和增大阴极极化作用，使铜镀层细致，改善镀液的分散能力和覆盖能力，并促进阳极溶解。游离氰化钠含量过高时将降低阴极电流效率，因此，要提高阴极电流效率，游离氰化钠含量应低一些。但过低的游离氰化钠含量又会使阳极钝化，因此，游离氰化钠含量对阴极和阳极反应所引起的作用完全相反。为了达到最佳效果，预镀铜溶液中的游离氰化钠可控制在 5~11g/L，一般镀铜和光亮镀铜控制在 7.5~20g/L；用于锌压铸件和铝制件的冲击镀铜时控制在 5~11g/L。氰化钠易与空气中的二氧化碳作用生成碳酸钠而损耗，同时阳极上产生的氧也会促使氰化钠分解成碳酸钠。

（3）氢氧化钠和碳酸钠。氢氧化钠可以提高镀液的导电性能，改善分散能力，促进阳极溶解。在有酒石酸钾钠的镀液中，氢氧化钠含量为 10~20g/L，在没有酒石酸钾钠的预镀铜溶液中，氢氧化钠含量为 2~10g/L。

碳酸钠可以提高镀液的导电性能，并用作缓冲剂使 pH 值易于控制，起到稳定镀液的作用，还可以减轻阳极钝化。除非镀液中有适量的氢氧化钠，否则碳酸钠在高浓度镀液中并无好处。其含量过高时，镀液的阴极电流效率下降，阳极钝化和产生粗糙暗红色的铜镀层。

（4）酒石酸钾钠。在镀液中作为辅助配合剂。当镀液中的游离氰化钠不足时，可以暂时配合在电解过程中阳极表面所产生的氧化铜阳极膜，所以，它是良好的阳极去极化剂。此外，还可以在阴极膜上生成碱性配合物使铜镀层光滑细致。加入酒石酸钾钠后可以适量减少游离氰化钠的含量。酒石酸钾钠的用量一般为 30~60g/L。在采用硫氰酸钾时为 10~20g/L。

（5）硫氰酸钾。可以促进阳极溶解，因此，也是阳极去极化剂。它还可以抵消镀液中锌杂质的影响。加入硫氰酸钾后可以适当减少酒石酸钾钠的含量。硫氰酸钾的用量一般为 10~20g/L。

（6）硫酸锰。与酒石酸钾钠和硫氰酸钾联合使用并配以周期换向电源可以镀取光亮铜镀层。硫酸锰的用量一般为 0.08~0.12g/L。配制方法为将硫酸锰 50g 和酒石酸 50g 共溶于 1L 水中，用量为 3~5mL/L。硫酸锰含量过低时光亮不足，过高则铜镀层发脆。

（7）阳极。氰化物镀铜应使用经过压延的高纯度电解铜作阳极。铸造铜阳极中杂质过多会使钢锭层粗糙，不宜使用，也不能用含磷铜阳极。铜阳极的金相结构对铜阳极的溶解起重要作用，最好选择大晶粒结构的铜阳极。阳极与阴极的面积比可控制在 2∶1 的范围。为避免阳极泥渣混入镀液中需用阳极袋。

8.2.2.4 操作条件的影响

操作条件的影响为：

（1）温度。操作温度随镀液浓度高低而异。浓度较低控制在 20~60℃，高浓度控制在 50~80℃。温度高时可以提高阴极电流效率，但会降低阴极极化和引起氰化钠分解，从而产生碳酸钠和氨。为了缩短电镀时间，一般采用 50~65℃；预镀温度为 30~40℃。

（2）电流密度。提高阴极或阳极的电流密度都会降低阴极或阳极的电流效率。为了缩短电镀时间，提高阴极电流密度的同时必须提高镀液中的铜含量，适当降低游离氰化钠含量和提高镀液的操作温度以及加入适量的阳极去极化剂。

（3）周期换向电源。采用周期换向电源进行氰化物镀铜可以改善铜镀层的整平性能，又可以减少铜镀层的孔隙率。配合使用硫酸锰作光亮剂时，便可以获得整平性能良好的光亮铜镀层。常用的换向周期阴极与阳极比为 10s∶1s、20s∶5s 或 25s∶5s 等。阳极周期的电流密度应比阴极周期的电流密度略低一些。

8.2.2.5 杂质的影响和消除办法

杂质的影响和消除办法为：

（1）碳酸钠。碳酸钠的含量超过 75g/L 时可将镀液冷却至 0~5℃，让其自行结晶析出后除去。用此方法会损失一部分金属盐。另一方法是将镀液加热至 60~80℃，在不断搅拌下加入氢氧化钙（按每 10g 碳酸钠加 7g 氢氧化钙计算），继续搅拌 1~2h，然后将碳酸钙沉淀滤去。此时镀液中的氢氧化钠会升高，可以在镀槽内挂入部分钢板作阳极，使氢氧化钠在电镀过程中逐步降低。也可以用酒石酸中和，但成本较高，同时要注意排风。钾盐镀液不宜用冷冻法，只能用氢氧化钙。

（2）六价铬。镀液中的六价铬含量超过 0.3mL/L 便会产生明显的影响。它使铜镀层呈猪肝色，产生条纹，严重时发脆，并降低镀液的阴极电流效率，甚至镀不出镀层。因此，必须注意避免因挂具上的镀铬溶液清洗不彻底而被带入氰化物镀铜溶液中。处理时先将镀液加热至 60℃，在搅拌下加入低亚硫酸钠（$Na_2S_2O_4 \cdot H_2O$，又称连二亚硫酸钠，商品名保险粉）0.2~0.4g/L，继续搅拌 0.5h，趁热过滤。如果镀液中含有酒石酸钾钠时，与三价铬配合不生成沉淀，需再加入 0.2~0.4g/L 的茜素，搅拌后再用活性炭吸附便可过滤除去。

（3）锌和铅。镀液中的锌含量不允许超过 0.1g/L。如果镀液中含有硫氰酸钾时，虽可以和锌离子配合而起掩蔽作用，但锌含量过高时便会影响铜镀层的色泽，出现条纹或粗糙。0.015~0.03g/L 的铅可以用作光亮剂，但超过 0.1g/L 时便影响铜镀层的色泽，发脆和粗糙。高达 0.5g/L 时铜镀层呈海绵状。锌和铅均可用硫化钠除去。处理时将镀液加热至 60℃，在不断搅拌下慢慢加入 0.2~0.4g/L 的硫化钠，再加入 2~4g/L 的活性炭，继续搅拌 2h，静置后过滤。锌还可以用 0.3~0.5A/dm² 的低电流密度电解处理除去。处理前应先分析锰液的游离氰化钠含量，如果不足，需补充至所需量后方可加入硫化钠，以避免镀液中的铜与硫化钠作用生成硫化亚铜沉淀而造成浪费。

8.2.3 焦磷酸盐镀铜

焦磷酸盐镀铜溶液的分散能力和覆盖能力均较好，阴极电流效率也较高，但由于成本较高和废水不易处理，其应用日渐减少。

8.2.3.1 工艺规范

工艺规范见表8-7。

表 8-7 焦磷酸盐镀铜的工艺规范

成分及操作条件	配方			
	1	2	3	4
焦磷酸铜 $Cu_2P_2O_7/g \cdot L^{-1}$	55~70	70~90	70	75~95
焦磷酸钾 $K_4P_2O_7 \cdot 3H_2O/g \cdot L^{-1}$	300~350	350~400	250	250~320
柠檬酸铵 $(NH_4)_2HC_6H_3O_7/g \cdot L^{-1}$	20~25	20~25		
二氧化硒 $SeO_2/g \cdot L^{-1}$		0.008~0.02		
2-巯基苯并咪唑/$g \cdot L^{-1}$		0.002~0.004		
氨水 $NH_4OH/mL \cdot L^{-1}$			2~4	2~5
PL 焦铜开缸剂/$mL \cdot L^{-1}$			2~3	
PL 焦铜光亮剂/$mL \cdot L^{-1}$			0.2~0.4	
R. S. 751 焦铜光剂/$mL \cdot L^{-1}$				1~3
pH 值	8.3~8.8	8.3~8.8	8.6~8.9	8.5~8.9
温度/℃	40~50	40~50	50~55	50~60
阴极电流密度/$A \cdot dm^{-2}$	1~1.5	1~1.5	1~6	1~3.5
搅 拌	空气或阴极移动			
过 滤	连续过滤			
用 途	普通镀铜	光亮镀铜		
生 产 单 位			阿托科技股份有限公司	永星化工有限公司

8.2.3.2 镀液的配制方法

镀液的配制方法为：

（1）将焦磷酸铜加到所需体积2/3的焦磷酸钾去离子水或蒸馏水溶液中，不断搅拌使完全溶解，然后加入用去离子水或蒸馏水溶解好的柠檬酸铵。pH 值用柠檬酸或氢氧化钾调整。加入 1~2mL/L 的30%过氧化氢和 3~5g/L 的活性炭，将溶液加热至50℃左右，搅拌 1~2h，静置后过滤，加去离子水或蒸馏水至所需体积。

（2）采用光亮镀铜溶液时加入二氧化硒和 2-巯基苯并咪唑。

（3）分析校正。

（4）电解试镀。

8.2.3.3 镀液中各成分的作用

镀液中各成分的作用为：

（1）焦磷酸铜 是供给镀液铜离子的主盐。焦磷酸铜最好自制，因市售商品的质量不易保证。自制方法如下：用 54g 无水焦磷酸钠和 100g 五水硫酸铜可以反应生成约 60g 的焦磷酸铜。配制时可按上述比例将焦磷酸钠和硫酸铜分别溶解在 40~50℃ 的热水中，在不断搅拌下将焦磷酸钠溶液慢慢地加到硫酸铜溶液中生成焦磷酸铜沉淀。此时上层溶液基本无色透明，pH 值为 5 左右。如果上层溶液呈蓝绿色或 pH 值偏低，可再加入焦磷酸钠溶液使焦磷酸铜完全沉淀，但不能加入过多，因为过多的焦磷酸钠会配合焦磷酸铜，又使它溶解。将沉淀过滤，用含少量磷酸，pH 值为 5 的温水洗涤沉淀至洗水不含硫酸根为止。

普通焦磷酸盐镀铜溶液的铜含量一般控制在 20~25g/L。光亮焦磷酸铜溶液的铜含量一般控制在 25~35g/L。铜含量过低时会影响铜镀层的光亮度和镀液的整平性能，并缩小阴极电流密度范围；过高时，用于配合铜的焦磷酸钾含量也相应提高，增加了成本，同时镀件从镀槽中带出的镀液量亦随之增多，造成不必要的损失。

（2）焦磷酸钾是镀铜溶液中的主配合剂。它和焦磷酸铜配合成焦磷酸铜钾。焦磷酸钾的溶解度比焦磷酸铜大，可以提高镀液中的铜离子浓度，使铜镀层结晶细致和提高阴极电流密度。因此，配制焦磷酸盐镀铜镀液应采用焦磷酸钾。

为了使镀液稳定和有较高的分散能力，以及使铜镀层结晶细致和阳极溶解正常，镀液中的焦磷酸钾的含量必须大于它与铜离子生成络盐的量。过量的焦磷酸钾称作游离焦磷酸钾。由于焦磷酸盐镀铜溶液中加入了其他辅助配合剂（如柠檬酸铵），游离焦磷酸钾的含量不易分析准确，为了掌握镀液的变化，一般仅分析镀液中的焦磷酸钾总量，并同时控制 $P_2O_7^{4-}$ 与 Cu^{2+} 之比。通常在 pH 值为 8.3~8.8 时，这个比例最好是 $P_2O_7^{4-} : Cu^{2+} = (7~8) : 1$。如果低于 7:1 时，将使铜镀层粗糙或产生条纹和阳极溶解差；高于 8.5 时，则镀液会产生正磷酸盐，严重时将缩小铜镀层的光亮范围和降低阴极电流效率。

（3）柠檬酸铵在焦磷酸盐镀铜液中既是辅助配合剂，又是阳极去极化剂。它可以提高镀液的分散能力，增强镀液的缓冲作用，改善阳极溶解，防止产生"铜粉"和提高铜镀层的光亮度。其用量一般为 15~30g/L。过低便达不到效果并产生"铜糟"，过高会使光亮铜镀层发乌。

（4）正磷酸盐镀液中的焦磷酸钾在生产过程中慢慢水解而生成正磷酸盐（在高温低 pH 值和 $P_2O_7^{4-}$ 与 Cu^{2+} 的比值高时尤甚）。少量正磷酸盐的存在对镀液的 pH 值有良好的缓冲作用和促进阳极溶解，但它的浓度超过 100g/L 时便会缩小光亮范围，降低阴极电流密度的上限和阴极电流效率，使铜镀层出现条纹和粗糙，因此，必须严格控制工艺条件以减少焦磷酸钾的水解。

（5）光亮剂。2-巯基苯并咪唑是良好的光亮剂，既有光亮作用，又有整平作用，并能提高阴极电流密度。其用量为 0.001~0.005g/L。低值时光亮度较好，但整平性能较差；高值时则相反，一般采用中间值。使用前用稀氢氧化钾的纯水溶液配成 0.5g/L 的溶液备用。

为了获得更好的光亮度和降低铜镀层的内应力，可加入二氧化硒作辅助光亮剂。其用量为 0.006~0.02g/L。过低则达不到效果；过高会产生暗红色雾状的铜镀层。使用前用纯水配成 0.5g/L 溶液备用。操作时需戴橡胶手套以防二氧化硒灼痛皮肤。

（6）阳极。焦磷酸盐镀铜可用经过延压的电解铜作阳极。在生产过程中铜阳极表面有时会产生"铜粉"，这可能是由于铜阳极的不完全氧化，产生一价铜离子；或铜阳极与镀液中的二价铜离子接触时产生歧化反应生成一价铜离子。这些一价铜离子与氢氧根作用生成氧化亚铜（"铜粉"）黏附在镀件上使铜镀层产生毛刺，影响镀层质量。发现这种情况后可以加强过滤和加入用一倍水稀释的30%过氧化氢，使一价铜氧化成二价铜，后者再与焦磷酸根配合。阳极与阴极的面积比可控制在2∶1的范围内。如果阳极面积过少，表面会生成浅棕色的钝化膜。为了防止"铜糟"影响铜镀层质量，必须使用阳极炉框或阳极袋。

8.2.3.4　操作条件的影响

操作条件的影响如下：

（1）温度。操作温度一般控制在40~50℃。温度过低会降低阴极电流密度和阴极电流效率。过高会使铜镀层粗糙和焦磷酸盐分解成正磷酸盐。

（2）pH值。以8.3~9为佳。pH值过低时，铜镀层产生毛刺并有黑色条纹，深凹处发暗，镀液中的焦磷酸盐容易水解成正磷酸盐和阳极溶解不良；过高时，会降低允许阴极电流密度上限、镀液的分散能力和阳极电流效率，铜镀层光亮度差并呈暗红色，甚至粗糙有针孔。

（3）搅拌。空气搅拌或阴极移动均可以提高阴极电流密度和铜镀层的光亮度。采用空气搅拌时应注意空气净化，可参阅8.2.4.5中（3）。在搅拌的同时需采用连续过滤，清除镀液中的机械杂质以免影响铜镀层质量。阴极移动速度一般为25~30次/min，移动幅度为100~150mm。

（4）直流电源。一般宜用单相全波、单相半波或周期换向等。

8.2.3.5　杂质的影响和消除方法

由于焦磷酸盐镀铜溶液的黏度比较大，无论处理和过滤都十分困难。因此，必须细心维护，尽量避免有影响的杂质带入。

（1）氰化物。主要从预镀氰化物镀铜后清洗不彻底所带入。镀液中含有5mg/L的氰化钠就足以使铜镀层粗糙，光亮范围开始缩小。除去氰化物的方法是，将镀液加热至50~60℃，加入30%的过氧化氢1~2mL/L，搅拌1~2h除去过剩的过氧化氢，补加光亮剂后则可试镀。如果镀液中同时存在有机杂质，可再加入3~5g/L的活性炭，搅拌1~2h，静置后过滤，分析调整和试镀。

（2）铅离子。为了避免铅离子的影响，加热管不能用铅管。铅离子会使铜镀层色泽变暗，表面粗糙。其极限浓度为100mg/L。可用0.1~0.3A/dm²的电流密度电解除去，但速度比较慢。

（3）氯离子。除原材料不纯外，还可能由自来水或从预镀高氯化镍后清洗不彻底所带入。氯离子所产生的故障现象近似铅离子。它的极限浓度为2g/L。因此，必须预防在前。镀铜前加一道纯水清洗，镀前活化不用稀盐酸而用稀硫酸。

（4）六价铬。由挂具未彻底洗净带入。镀液中含有10mg/L的六价铬便会使铜镀层产生条纹，降低镀液的阴极电流效率和使阳极钝化。处理时先将镀液加热至50~60℃，加入0.1~0.5g/L的低亚硫酸钠，搅拌0.5h，趁热过滤。在镀液中加入适量的过氧化氢使过量的低亚硫酸钠氧化成硫酸盐。

8.2.4 硫酸盐镀铜

硫酸盐镀铜溶液具有成分简单、稳定性能好、阴极电流效率高和成本低等优点，但存在分散能力差和镀层粗糙、不光亮等特点。必须加入光亮剂，才能镀出镜面光亮、整平和延展性能良好的镀层。

我国于1978年研究成功以 M、N、SP 等为组合光亮剂，操作温度可以提高至40℃。以后又陆续开发了几种新型光亮剂，使硫酸盐镀铜光亮剂的性能更好。

8.2.4.1 工艺规范

工艺规范见表8-8。

表 8-8 硫酸盐光亮镀铜的工艺规范

成分及操作条件	配 方							
	1	2	3	4	5	6	7	8
硫酸铜 $CuSO_4 \cdot 5H_2O$/g·L^{-1}	150~220	150~220	200~240	200~240	200~240	160~240	160~240	100
硫酸 H_2SO_4(d=1.84)/g·L^{-1}	50~70	50~70	55~75	50~65	50~65	40~90	40~90	200
2-四氢噻唑硫酮(H-1)/g·L^{-1}	0.0005~0.001							0.001
苯基聚二硫丙烷磺酸钠/g·L^{-1}	0.01~0.02							
聚乙二醇(相对分子质量6000)/g·L^{-1}	0.03~0.05	0.05~0.1						
氯离子 Cl$^-$/mg·L^{-1}	10~80	10~80	30~100	70~150	70~150	30~120	30~120	40
十二烷基硫酸钠(或 AEO 乳化剂)/g·L^{-1}	0.05~0.1	0.05~0.1 (或 0.01~0.02)						
2-巯基苯并咪唑(M)/g·L^{-1}		0.0003~0.001						
乙撑硫脲(N)/g·L^{-1}		0.0002~0.0007						
OP-21/g·L^{-1}								0.3
聚二硫二丙烷磺酸钠(SP)/g·L^{-1}		0.01~0.02						0.02
201 硫酸镀铜光亮剂 /mL·L^{-1}	开缸剂		3~5					
	A 剂		0.6~1					
	B 剂		0.3~0.5					
ultra 开缸剂/mL·L^{-1}				5~10				
ultra A 填平剂/mL·L^{-1}				0.3~0.8				
ultra B 光亮剂/mL·L^{-1}				0.5				
210 开缸剂/mL·L^{-1}				5~10				
210 补充剂/mL·L^{-1}				0.3~0.8				
210 补充剂/mL·L^{-1}				0.5				

续表 8-8

成分及操作条件	配 方							
	1	2	3	4	5	6	7	8
910A/mL·L⁻¹						0.3~1		
910B/mL·L⁻¹						0.1~0.6		
910MU/mL·L⁻¹						2~5		
210A/mL·L⁻¹							0.4~1	
210B/mL·L⁻¹							0.2~0.5	
210MU/mL·L⁻¹							3~6	
温度/℃	10~25	10~40	15~38	20~30	20~30	18~35	18~35	15~20
阴极电流密度/A·dm⁻²	2~3	2~4	1.5~8	1~6	1~6	1.5~8	1.5~8	1~2
磷铜阳极的含磷量/%	0.03~0.075							
空气搅拌或阴极移动	需要(如果加入十二烷基硫酸钠只能用阴极移动)							
连续过滤	需要							
用 途	光亮镀铜						印刷电路板孔金属化镀铜	
生 产 单 位		上海永生助剂厂	阿托科技股份有限公司			永星化工有限公司		

8.2.4.2　镀液的配制方法

镀液的配制方法为:

(1) 将所需量的硫酸铜溶解在所需体积 2/3 的热去离子水或蒸馏水中,冷却后加入 1mL/L 30% 的过氧化氢,搅拌 0.5~1h 以除去过氧化氢,然后加入 3g/L 的粉末活性炭,继续搅拌 1h。静置一段时间,过滤。

(2) 在搅拌下,慢慢加入所需量的化学纯浓硫酸(稀释后加入)。冷却后,边搅拌边加入所需光亮剂,待完全混合或溶解后加去离子水或蒸馏水至所需体积。

(3) 分析校正。

(4) 电解试镀。

镀液中加入 AEO 乳化剂就不能加十二烷基硫酸钠。

新配制的基础镀液中的硫酸铜若用活性炭处理过,则需先测定其中的氯离子含量,然后决定是否加入氯离子,因为一般活性炭中含有氯离子。

采用配方 1 和配方 2 的光亮剂可按下面方法配制:

1) 2-四氯噻唑硫酮。用热去离子水或蒸馏水配成 0.5g/L 溶液。

2) 乙撑硫脲(N)。用热去离子水或蒸馏水配成 0.5g/L 溶液。

3) 2-巯基苯并咪唑(M)。用热去离子水或蒸馏水配成 0.2g/L 溶液。为加速 M 的溶解,加入 0.2g/L 的氢氧化钠,并加热至沸。加至镀液前需先用同体积的去离子水或蒸馏水稀释,然后边剧烈搅拌边慢慢地加入。

4) 苯基聚二硫丙烷磺酸钠。用热去离子水或蒸馏水配成 10g/L 溶液。

5) SP。用热去离子水或蒸馏水配成 10g/L 溶液。

6）聚乙二醇。用热去离子水或蒸馏水配成 10g/L 溶液。

7）十二烷基硫酸钠。用热去离子水或蒸馏水煮沸配成 10g/L 溶液。

8.2.4.3 除膜处理

有些表面活性剂（如 AEO 乳化剂）会在铜镀层表面生成一层肉眼看不见的憎水膜。为了不影响铜镀层与镍镀层的结合力，在镀镍前先将镀铜件浸 30~60℃ 的由氢氧化钠 30~50g/L 和十二烷基硫酸钠 2~4g/L 所组成的溶液中 5~15s 除膜。除膜后经过充分清洗和用稀硫酸活化后才可以镀光亮镍。

8.2.4.4 镀液中各成分的作用

镀液中各成分的作用如下。

A 硫酸铜

硫酸铜是提供镀铜溶液铜离子的主盐。其含量范围为 150~220g/L，一般控制在 180~190g/L。硫酸铜含量过低将降低阴极电流密度上限和铜镀层的光亮度。过高可以提高阴极电流密度上限，但会降低镀液的分散能力且硫酸铜容易结晶析出。

B 硫酸

加入硫酸可以提高镀液的电导率，并通过共同离子效应，降低铜离子的有效浓度，从而提高阴极极化作用，改善镀液的分散能力和使铜镀层结晶细致。此外，硫酸的加入还有防止镀液中的硫酸亚铜水解而生成氧化铜的作用。因此，可以避免产生氧化亚铜的疏松镀层，提高了镀液的稳定性能。硫酸的含量为 50~70g/L。含量过低将影响镀液的分散能力和产生疏松铜镀层。过高虽可以提高镀液的分散能力，但铜镀层的光亮度稍有下降。将硫酸的含量提高到 180~220g/L，硫酸铜的含量降低到 80~120g/L，镀液的分散能力便大大提高，加入适当光亮剂后可用于印制电路板的孔金属化镀铜。

C 光亮剂

硫酸盐镀铜溶液用的光亮剂一般由下面几种材料组合而成：

（1）含硫基杂环化合物或硫脲衍生物。这类光亮剂的强吸附作用阻化铜的电沉积过程，影响铜晶体的生长，提高成核速度，使铜镀层晶粒显著细化。它们的吸附是浓差扩散控制的，所以，具有正整平作用，既是光亮剂又是整平剂。有代表性的光亮剂为 2-四氢噻唑硫酮、乙撑硫脲（N）、2-巯基苯并咪唑（M）、2-巯基苯并噻唑、甲基咪唑烷硫酮、乙基硫脲等。

（2）聚二硫化合物。这种化合物的吸附作用比硫脲衍生物弱，但能与铜离子配合，可以阻化铜离子的放电过程，影响控制电结晶过程的吸附原子浓度及其表面扩散速度，所以，是良好的光亮剂。有代表性的光亮剂为苯基聚二硫丙烷磺酸钠、聚二硫二丙烷磺酸钠（SP）、聚二硫丙烷磺酸钠、甲苯基聚二硫丙烷磺酸钠、二羟基聚二硫丙烷磺酸钠、四甲基秋兰姆化二硫等。

（3）聚醚化合物。这类化合物属载体光亮剂，为非离子型表面活性剂。它们能够在阴极和镀液界面上定向排列和产生吸附作用，从而提高了阴极极化作用，使铜镀层的晶粒更为均匀、细致和紧密，并扩大光亮电流密度范围。它们的润湿作用还能够消除铜镀层产生的针孔或麻砂现象。常用的聚醚化合物为聚乙二醇、AEO 乳化剂、OP 乳化剂、聚乙二醇缩甲醛等。部分非离子型表面活性剂（如 AEO 乳化剂）会在阴极表面产生一层憎水膜，清洗时不易除去，在镀镍前，铜镀层必须经过除膜处理。

以上三种成分选择与组合恰当并加入适量的氯离子便可以镀出镜面光亮、整平性能和延展性良好的铜镀层。

（4）聚乙烯亚胺的季胺化生成物。这类物质可以改善低电流密度区的光亮度和提高操作温度。聚乙烯亚胺的季铵盐和丙烷磺内酯或卤代烷的反应产物、非离子型表面活性剂、有机硫化合物和氯离子等的组合，在硫酸盐镀铜溶液中可以提高操作温度和获得光亮范围宽、整平性能及延展性能良好的铜镀层。

（5）染料。在含有有机硫化合物和聚醚化合物的硫酸盐镀铜溶液中加入某些有机染料，如甲基紫、甲基蓝、亚甲蓝、藏花红、偶氮二甲基苯胺、酞菁染料的衍生物等可以改善铜镀层低电流密度区的光亮范围和镀液的整平性能，同时又可以提高镀液的操作温度，关于含有染料的镀铜光亮剂在镀液中陈化后会产生微小悬浮物黏附在镀件表面上的问题，有研究表明，钠盐会造成甲基紫凝聚而出现上述故障，建议尽量避免向镀液中引入钠离子。

（6）氯离子。在含有光亮剂的硫酸盐镀铜镀渣中缺少氯离子便镀不出镜面光亮的铜镀层。这是因为氯离子可以与镀液中的一价铜生成不溶于水的氯化亚铜，从而消除了一价铜的影响。此外，它还可以降低甚至消除光亮剂夹杂在铜镀层而引起的内应力，有利于提高铜镀层的延展性能。氯离子的含量为 $10 \sim 80 \text{mg/L}$。如果含量过高便会使铜镀层的光亮度下降，镀液的阴极电流密度范围变窄和整平性能下降，严重时铜镀层粗糙，并产生毛刺或烧焦，为了避免镀液中的氯离子积累过多，无论配制或补充镀液时必须用纯水，同时在镀铜前的活化不能用盐酸而用硫酸。氯离子过量时可以用下列方法之一除去：

1）银盐除氯法。硫酸银或碳酸银都可以与过多的氯离子反应生成氯化银沉淀而将氯除去。去除 10mg 氯离子需硫酸银 45mg 或碳酸银 31mg。此方法效果好，但费用较高。

2）锌粉除氯法。锌粉可以将二价铜离子还原为一价铜离子和金属铜粉，一价铜离子与氯离子反应生成氧化亚铜沉淀而将氯除去。去除 10mg 氯离子需 27mg 锌粉。处理时先将分析纯的锌粉用水调成糊状，边搅拌边加入到 $20 \sim 30 \text{℃}$ 的镀液内，静置 30min，再加入 1.5g/L 的粉末活性炭，搅拌 0.5h，静置数小时后过滤。此法虽费用较低，但锌离子在镀液中积累，当其含量达 20g/L 时，便使阴极电流密度范围变窄。

不论采用何种方法，处理前均应先将镀槽内的阳极和阳极袋或炉框取出。

（7）阳极　硫酸盐光亮镀铜的阳极必须使用含磷铜阳极，因为电解纯铜阳极很容易溶解，阳极电流效率大于理论值。这样，镀渣中的铜含量便逐渐增加，使硫酸铜大量积累，很快便超过了上限而失去平衡。另外，纯铜阳极在溶解时会产生少量一价铜离子，在镀液中很不稳定。通过歧化反应分解成为二价铜离子和金属铜粉，后者附在阳极表面，部分又从阳极脱落成为泥渣，在电镀过程中通过电泳沉积在铜镀层上面成为毛刺。此外，一价铜的存在还会影响铜镀层的光亮度和镀液的整平性能。在纯铜中加入少量的磷作阳极时，在硫酸盐光亮镀铜溶液中通过短时间的电解后，阳极表面便生成一层具有导电性能的 Cu_3P 黑色胶状膜。该膜的孔隙可以允许铜离子自由通过，降低了阳极极化，加快了一价铜的氧化，阻止了一价铜的积累，又可使阳极的电导率稍有下降。在电镀时阳极的铜有 98% 转化成镀层（用纯铜只有 85%），使阴阳极两者的电流效率趋于接近。它还阻止了歧化反应，几乎不产生铜粉，极少泥渣。这样，铜镀层便不会产生毛刺。根据美国联邦规范 QQ-A-673B 的建议，含磷铜阳极的含铜量为 99.9% ~ 99.94%，含磷量为 0.04% ~ 0.06%。；含磷过高，黑色胶膜增厚不易溶解，导致镀液中的铜含量下降，低电流密度区光亮度变差。严重时黑色胶膜从阳极上掉下，污染镀液，还会堵塞阳极袋造成槽电压升高，铜镀层产生细麻砂状。广东省南海市西江电子铜材有限公司引进了国外技术和设备，可以大批量地生产含铜量为99.9%和含磷量为0.03%~0.075%的含磷铜阳极。阳极与阴极的面积比可控制在2∶1的范围。阳极炉框或阳极袋可用737涤纶布和747聚丙烯布。

8.2.4.5 操作条件的影响

操作条件的影响体现在：

（1）温度。操作温度一般控制在10~40℃之间。温度过低，阴极电流密度随之降低，同时硫酸铜会结晶析出；过高，将使光亮范围缩小，甚至铜镀层不光亮，发乌或粗糙，且光亮剂分解过快。操作温度范围应根据所选用的光亮剂来决定。

（2）阴极电流密度。提高镀液的浓度、操作温度和增加搅拌，可以提高阴极电流密度。

（3）搅拌。可以采用空气搅拌或阴极移动。通过搅拌可以使阴极附近镀液中的铜离子浓度保持正常。降低浓差极化和提高阴极电流密度，加快沉积速度。在搅拌的同时应采用连续过滤以清除镀液中的机械杂质。镀液中如果加入十二烷基硫酸钠，则不能用空气搅拌而用阴极移动。电镀车间周围的空气中，会引入部分油脂和水蒸气，所以应使用低压鼓风机。用压缩空气搅拌时，在空气进入镀液前至少经过二次油水分离器以确保空气质量。阴极移动速度一般为25次/mm，移动幅度为100~150mm。用空气搅拌时，空气中的氧在镀液中氧化一价铜时会消耗一部分硫酸，要及时分析调整。

8.2.4.6 镀液的净化处理

镀液的净化处理包括：

（1）日常净化。由于镀液中会产生一价铜，用空气搅拌时可以使一价铜氧化为二价铜，但采用阴极移动无此作用，必须每个班次在镀液中添加用一倍去离子水或蒸馏水稀释的30%过氧化氢0.2~0.4mL/L，以便将一价铜氧化成二价铜。但此时镀液中的硫酸浓度会逐渐下降，应通过分析，及时调整。

（2）定期净化镀液。使用较长时间后，需进行定期净化处理。处理时将镀液加热至70℃，在不断搅拌下加入1~2mL/L的30%过氧化氢，充分搅拌1h，再慢慢地加入3~5g/L的粉末活性炭，继续搅拌0.5h，静置，待镀液澄清后过滤。按化学分析和赫尔槽试验结果调整其成分和补充光亮剂后，试镀。

8.2.5 镀铜层钝化处理

若镀铜后不再镀覆其他镀层或只是在镀铜层表面进行有机覆盖层涂覆的零件，为了防止铜镀层变色，可进行钝化处理。钝化处理的工艺方法有电解钝化法和化学钝化法。

（1）电解钝化法工艺规范：

重铬酸钠 $Na_2Cr_2O_7 \cdot 2H_2O/g \cdot L^{-1}$	70~80	电流密度/$A \cdot dm^{-2}$	0.1~0.2
冰醋酸 CH_3COOH	调整 pH = 2.5~3	时间/min	2~10
温度	室温	阳极	与镀铬相同

（2）化学钝化法工艺规范：

铬酐 $CrO_3/g \cdot L^{-1}$	80~100	温度	室温
硫酸 $H_2SO_4/g \cdot L^{-1}$	25~35	时间/min	2~3

氯化钠 NaCl/g·L⁻¹   1.5~2

8.2.6 不合格铜镀层的退除

（1）钢铁件上铜镀层的化学退除：

铬酐/g·L⁻¹	400	硫酸/g·L⁻¹	50
温度	室温		

（2）钢铁件上铜镀层或铜镍镀层的化学退除：

1）间硝基苯磺酸钠/g·L⁻¹   70   氰化钠/g·L⁻¹   20
     温度/℃   80~100

2）浓硝酸/mL   1000   氯化钠/g·L⁻¹   40
     温度/℃   60~70

（3）钢铁件上铜镀层的电化学退除：

硝酸钾/g·L⁻¹	100~150	温度/℃	15~50
pH 值	7~10	阳极电流密度/A·dm⁻²	5~10

（4）钢铁件上铜镀层或铜镍镀层的电化学退除：

硝酸钾/g·L⁻¹	10~200	温度	室温
硼酸/g·L⁻¹	40	阳极电流密度/A·dm⁻²	7~10

pH 值（用硝酸调）5.4~5.8

8.3 电镀铜合金

电镀铜合金在生产中应用较多的为铜锌合金（黄铜）、仿金和铜锡合金（青铜）。

8.3.1 电镀铜锌合金

铜锌合金镀层俗称黄铜镀层，一般含铜 68%~75%，含锌 25%~32%。具有金黄色的外观，故广泛用作装饰性镀层，例如建筑五金装饰、皮革五金装饰等。锌和铝压铸件、冲压件所镀黄铜，是良好的强化结合力的底层或中间层。在亮镍上闪镀黄铜，或含少量锡的三元合金，是应用较多的仿金镀层，可仿制 18K 金合金和 24K 纯金层。铜锌合金的另一特点是在其表面上可以进行化学着色，以达到特殊的装饰效果。

黄铜镀层与橡胶有较好的黏结力，在工业上被广泛用作钢铁零件与橡胶热压时的中间镀层。

铜锌合金镀层在大气中很快变色，因此，镀后必须用流动水和纯水分别清洗干净，然后进行钝化或着色处理和涂覆有机涂料。

8.3.1.1 工艺规范

工艺规范见表 8-9。

表 8-9 电镀铜锌合金的工艺规范

成分及操作条件	配 方						
	1	2	3	4	5	6	7
氰化亚铜 CuCN/g·L⁻¹	26	30~40	26~33	4~8	6~10		

续表 8-9

成分及操作条件	配方						
	1	2	3	4	5	6	7
氰化锌 $Zn(CN)_3$/g·L⁻¹	11.3	6~8	4~6				
总氰化钠 NaCN/g·L⁻¹	45	55~75	42~60	6.5~12	9~14		
游离氰化钠 NaCN（游离）/g·L⁻¹	6~7	15~21	8~16	1.5	1.5~4		
酒石酸钾钠 $KNaC_4H_4O_6·4H_2O$/g·L⁻¹		10~30	20~30	20~30	20~30		
焦磷酸锌 $Zn_2P_2O_2$/g·L⁻¹				4~8	6~12		
焦磷酸钾 $K_4P_2O_7·3H_2O$/g·L⁻¹				100~140	100~140		
碳酸钠 Na_2CO_3/g·L⁻¹			15~30				
氢氧化钠 NaOH/g·L⁻¹			4~6				
氨水 NH_4OH/mL·L⁻¹		5~8		1~3	2~4		
醋酸铅 $Pb(CH_3COO)_2·3H_2O$/g·L⁻¹			0.01~0.02				
894 光亮黄铜盐/g·L⁻¹						130~140	90~95
894A 光亮剂/mL·L⁻¹						18~20	17~19
894B 光亮剂/mL·L⁻¹						2~4	2~3
pH 值	12.6	9~11	9~11	9~11	9~11	11~12	11~12
温度/℃	30~50	20~38	50~55	25~36	18~25	40~45	38~42
阴极电流密度/A·dm⁻²	0.5	0.2~0.4		0.2~0.4		0.5~1	0.2~0.4
滚筒转速/r·min⁻¹			12~14		12~15		8~12
阳极成分（Cu:Zn）	70:30	70:30	70:30	70:30	70:30	70:30	70:30
用 途	粘接镀胶	挂镀	滚镀光亮铜锌合金	挂镀	滚镀	挂镀光亮铜锌合金	滚镀光亮铜锌合金
生 产 单 位						上海永生助剂厂	上海永生助剂厂

8.3.1.2 镀液的配制方法

镀液的配制方法为：

（1）高氰化物镀铜锌合金镀液的配制。在良好的通风条件下，将氰化钠溶解在 30~40℃所需体积 2/3 的去离子水或蒸馏水中。

1）用水将氰化亚铜和氰化锌分别调成糊状，在不断搅拌下分别慢慢地加入氰化钠溶液中，使其溶解。此时溶液会发热，如果温度升至 60℃时，需待冷却后方可继续加入，以避免溶液过热溅出。

2）逐一加入已用少量水溶解好的其他成分，搅拌均匀，然后加入氨水，加去离子水或蒸馏水至所需体积。

3）分析校正。

4）电解试镀。

（2）微氰镀铜锌合金镀液的配制。配制步骤基本同上，只是将氰化亚铜和焦磷酸锌分别溶解于氰化钠和焦磷酸钾溶液中，然后再合并。

8.3.1.3　镀液中各成分的作用

镀液中各成分的作用为:

(1) 氰化亚铜和氰化锌是镀液中供给铜和锌离子的主盐。它们分别以氰化物络盐 $Na_2[Cu(CN)_3]$ 和 $Na[Zn(CN)_4]$ 的形式存在。铜和锌离子浓度的高低影响镀层中各该金属含量的高低和色泽的变化。镀层中的铜和锌的比例除了与铜和锌的离子浓度有关外,还与镀液中的氰化钠、氢氧化钠和氨水的含量有关。操作条件的改变亦有影响。因此,必须综合考虑调整才能镀出理想色泽的镀层。

(2) 游离氰化钠。氰化钠除了生成铜和锌的络盐外,还必须有适当的游离量,即游离氰化钠。它可以使镀液稳定和保证铜与锌按所需比例析出,并能使阳极溶解正常。游离氰化钠过低时,镀层中的铜含量增加,色泽向暗红色转变,严重时粗糙起泡,阳极钝化,镀液混浊。过高时,镀层中的铜含量减少,阴极电流效率下降,甚至镀件严重析氢。

(3) 碳酸钠。适量的碳酸钠可以提高镀液的导电性能和分散能力。在生产过程中由于氰化钠的分解和镀液吸收空气中的二氧化碳,碳酸钠会逐渐增加。其含量过高时,会使阳极钝化和降低阴极电流效率,必须及时除去。

(4) 氢氧化钠。加入氢氧化钠可以增加镀液的导电性能,但会使锌不容易析出,一般仅在滚镀时加入少量。

(5) 氨水。可以扩大镀液的阴极电流密度范围和有利于获得色泽均匀的铜锌合金镀层。氨水含量高时,镀层中的锌含量增加,因此,调节镀液中的氨水含量,可以控制铜和锌在铜锌合金镀层中的比例和外观色泽。

(6) 酒石酸钾钠。酒石酸钾钠是阳极去极化剂,可以溶解阳极上的碱性钝化膜。

(7) 焦磷酸钾。主要用于微氰镀铜锌合金溶液以配合锌离子。

(8) 阳极。一般采用与铜锌合金镀层同样比例的铜锌合金做阳极,不能含有铁和铅等杂质。铸造后再经过延压的阳极效果较好。使用前先在 $650℃±10℃$ 退火 $1\sim2h$,再用 5% 硝酸溶液侵蚀后刷洗干净。在生产过程中要定期刷洗阳极。阳极与阴极的面积比控制在 $(2\sim3):1$。

8.3.1.4　操作条件的影响

操作条件的影响体现在:

(1) pH 值。pH 值对铜锌合金镀层的外观有明显的影响。pH 值高时,镀层中的锌含量提高,反之则铜含量增加。提高 pH 值则用碳酸氢钠溶液或酒石酸。必须在良好的排风条件下操作,因反应时会产生剧毒的氰化氢。

(2) 温度。温度对铜锌合金镀层中的金属组成和外观色泽均有影响。温度高时,含金镀层中的铜含量增加,同时也会加速氰化钠的分解,必须严格控制。

(3) 阴极电流密度。阴极电流密度高时合金镀层中的锌含量增加,并降低镀液的阴极电流效率。

8.3.1.5　铜锌合金镀层的后处理

铜锌合金镀层在大气中很容易变色或泛色。镀后必须立即进行钝化处理和涂覆透明有机涂料。

钝化处理工艺如下:重铬酸钾 $40\sim60g/L$,用醋酸调 pH 值至 $3\sim4$;温度 $30\sim40℃$;时

间 5~10min。

透明有机涂料的种类很多，如丙烯酸清漆、聚氨酯清漆、水溶性清漆、有机硅透明树脂等等。固化温度一般为 80~160℃。市售专用涂料很多，可根据不同要求选用。

8.3.1.6 不合格铜锌合金镀层的退除

（1）铬酐 150~250g/L，浓硫酸 5~10g/L；温度 10~40℃。

（2）浓硫酸的体积分数为 75%；浓硝酸的体积分数为 25%。

8.3.2 电镀仿金

仿金镀层具有真金的色泽，既雍容华贵又价廉物美，因此深受人们的喜爱。首饰、钟表、灯具、眼镜、工艺品等民用商品镀仿金镀层后可以提高它的装饰性。价值稍高的商品镀仿金镀层后再镀一层极薄的金或金合金镀层则更可以提高它的稳定性能和商品价值。所谓仿金镀层其实就是镀铜锌合金，或在镀液中加入某些第三种金属（如锡、镍、钴等）来改变镀层的外观，以期镀取接近各种成色黄金的色调。

仿金镀层一般镀 1~2μm。为了提高它的光亮度和耐腐蚀性能，大多数在镀仿金镀层前先镀光亮镍作中间镀层。不应在光亮铜镀层上面直接镀仿金镀层，因为它会使仿金镀层泛红色。

采用光亮镍作中间镀层时，为了提高仿金镀层与镍镀层的结合力，镀件镀光亮镍后必须经过阴极电解去油 3~5min，清洗后用 50g/L 的硫酸溶液活化再经清洗干净才可进入镀仿金液槽。

为了防止仿金镀层泛色或变色，镀仿金后的镀件要经过多次流动水清洗和纯水清洗，并进行钝化处理后再涂覆透明有机涂料。

（1）工艺规范见表 8-10。

表 8-10 电镀仿金的工艺规范

成分及操作条件	配方		
	1	2	3
氰化亚铜 $CuCN$/g·L^{-1}	15~18		
氰化锌 $Zn(CN)_2$/g·L^{-1}	7~9		
锡酸钠 $Na_2SnO_3 \cdot 3H_2O$/g·L^{-1}	4~6		
总氰化钠 $NaCN$/g·L^{-1}			50
游离氰化钠 $NaCN$（游离）/g·L^{-1}	5~8		
碳酸钠 Na_2CO_3/g·L^{-1}	8~12		
酒石酸钾钠 $KNaC_4H_4O_6 \cdot 4H_2O$/g·L^{-1}	30~35		
895 仿金盐/g·L^{-1}		150~160	
895A 光亮剂/mL·L^{-1}		20	
895B 光亮剂/mL·L^{-1}		2	
BH 代金盐（开缸剂）/g·L^{-1}			50
pH 值	11.5~12	10~12	

成分及操作条件	配　方		
	1	2	3
温度/℃	20~35	25~35	45~55
阴极电流密度/A·dm⁻²	0.5~1	0.2~0.5	0.5~5
时间/min	1~2	2~5	0.66~2
阳　极	7:3 黄铜	7:3 黄铜	不锈钢
用　途	金黄色金	金黄色金	金色和玫瑰色金
生产单位		上海永生助剂厂	广州市二轻研究院

（2）镀液的配制方法。除加入锡酸钠外，配制步骤与高氰化物镀铜锌合金相同，参阅8.3.1.2 中（1）。锡酸钠另外用稀氢氧化钠热溶液溶解，煮沸过滤后加入。在不断搅拌下加 3~5g/L 活性炭，搅拌 2h，静置一段时间后过滤。分析校正后电解试镀。

1）镀液中各成分的作用和操作条件的影响。锡离子起调整金色色调的作用。为了获得所需要的仿金色泽，必须通过试验来确定各成分的配比和工艺规范，生产时严格控制，否则可能引起色差。

由于镀液的成分含量、pH 值、温度和阴极电流密度等均对仿金镀层的色调产生影响，在生产中有时难以掌握和控制。在这种情况下，可以将经过喷涂有机涂料的仿金镀件浸 BH 代金胶处理。代金胶有 18K 金色，24K 金色和玫瑰金色三种不同型号。它们具有兼容性，可以通过调节其比例在一定范围内达到"无极调色"。

一般仿金镀层很难达到 24K 色调。我国电镀工作者经过多年的努力，现已总结出按表 8-11 的配方和表 8-12 的 24K 仿金镀液组成比，用定时电流控制器来达到这个目的。

电流分为高、中、低（即冲击电流、过渡电流、仿金电流），参考阴极电流密度（A/dm²）分别为 3~5、1~2 和<1。电流的电镀时间分别为总电镀时间（20~30s）的 20%~30%、40%~45% 和 30%~35%。镀层的色泽由浅到微黄色，最后接近 24K 金色。为了镀取满意的色调，还必须细心调整镀液中各成分的比例和操作条件。

表 8-11　24K 仿金镀液配方

成　分	配　方		
	低浓度	中浓度	高浓度
金属铜/g·L⁻¹	13~15	30~40	50~60
金属锌/g·L⁻¹	2~3	4~5	5~7
金属锡/g·L⁻¹	0.8~1.2	1.2~1.5	2~3
游离氰化钠/g·L⁻¹	20~24	25~32	40~55
氢氧化钠/g·L⁻¹	4~6	6~7	8~10
碳酸钠/g·L⁻¹	0~30	0~30	0~30
酒石酸钾钠/g·L⁻¹	10~20	20~30	30~40
硫酸钴等	适量	适量	适量

表 8-12 24K 仿金镀液的组成比

组 成 比	比值范围	组 成 比	比值范围
Cu/Zn	6.5~10	Zn/氢氧化钠	0.4~0.7
Zn/Sn	2.5~3.3	Sn/氢氧化钠	0.1~0.2
Cu/游离氰化钠	0.65~1.25	铜/酒石酸钾钠	0.5~2.0
Zn/游离氰化钠	0.11~0.20		

2）仿金镀层的后处理。除参考 8.3.1.5 铜锌合金镀层的后处理方法外，亦可以采用 BH-仿金电解钝化粉处理：

BH-仿金电解钝化粉/g·L^{-1}	50~100	温度	常温
阴极电流密度/A·dm^{-2}	1~1.5	阳极	不锈钢
pH 值	12.5~14.0	时间/min	1~1.5

3）不合格仿金镀层的退除。除了仿金镀层出现粗糙、起泡、脱皮或烧焦等必须退出重镀外，一般均可以用稀盐酸活化后清洗干净重镀光亮镍和仿金镀层。

8.3.3 氰化物镀低锡铜锡合金

电镀铜锡合金按镀层含锡量不同分为三种类型，即含锡量 8%~16% 称低锡铜锡合金，16%~23% 称中锡铜锡合金，40%~45% 称高锡铜锡合金。外观色泽分别为粉红、金黄和银白。对钢铁件来说它属阴极性镀层，但当其厚度达 20μm 时几乎无孔隙，所以，能够很好地保护基体金属。它在大气中容易变色，故只能用作底镀层，上面必须镀铬。中锡铜锡合金因含锡较高，镀铬后易发花，所以，很少在生产上应用。高锡铜锡合金色泽银白似铑，硬度高，耐磨性能好，不易变色。代替镀镍不会像镍镀层那样造成皮肤过敏。但镀层脆性很大，不能用于镀后经受变形的镀件。

常用的电镀低锡铜锡合金镀液的组成有氰化物和焦磷酸盐两种。生产中大多采用氰化物，因为它具有良好的分散能力和覆盖能力，镀液容易维护控制和废水易处理等优点。二价锡镀液镀出的含锡 10% 的镀层呈黄金色，故有些工厂将其用作仿金镀层。但由于这种镀液具有阴极电流密度较低，沉积速度慢，且容易因成分中有二价铜离子被二价锡离子还原成一价铜形成"铜粉"，使镀层产生毛刺，生产时不配合使用间歇电流便得不到色泽均匀的镀层等缺点，加上近年来仿金电镀工艺已有很大的提高，所以这个工艺的应用已日渐缩减。四价锡镀液虽比二价锡镀液稳定，沉积速度亦较快，且不会产生"铜粉"，但因具有分散能力差和镀层中的含锡量较低，镀层色泽偏红等缺点，应用较少。

氰化物镀低锡铜锡合金有高氰化物和低氰化物两种工艺。高氰化物镀液具有分散能力和覆盖能力均较好，镀层成分和色泽易于控制等优点。但其缺点为氰化物含量高。相对来说，低氰化物镀液的氰化物污染较轻，但分散能力较差。

由于氰化物镀液吸收空气中的二氧化碳和受阳极上产生的氧的作用生成碳酸钠，当其积累到一定浓度时，阴、阳极的电流效率便明显下降，合金镀层产生毛刺或粗糙。

8.3.3.1 工艺规范

工艺规范见表 8-13。

表 8-13　氰化物镀低锡铜锡合金的工艺规范

成分及操作条件	配　方			
	1	2	3	4
氰化亚铜 CuCN/g·L^{-1}	35~42	20~30	30~35	25~35
锡酸钠 Na$_2$SnO$_3$·3H$_2$O/g·L^{-1}	30~40	60~70	25~30	16~20
游离氰化钠 NaCN(游离)/g·L^{-1}	20~25	4~6	25~30	14~18
氢氧化钠 NaOH/g·L^{-1}	7~10	25~30	7~10	
游离氢氧化钠 NaOH(游离)/g·L^{-1}				6~9
三乙醇胺 N(CH$_2$CH$_2$OH)$_3$/g·L^{-1}		50~70		
酒石酸钾钠 KNaC$_4$H$_4$O$_6$·4H$_2$O/g·L^{-1}			20~40	
OP-10/g·L^{-1}			0.05~0.2	
明胶/g·L^{-1}			0.1~0.3	
碱式硫酸铋 (BiO$_2$)$_2$SO$_4$·H$_2$O/g·L^{-1}			0.01~0.03	
893-A(开缸剂)/mL·L^{-1}				8~10
温度/℃	55~60	55~60	60~65	55±3
阴极电流密度/A·dm^{-2}	1~2	1~1.5	1~1.5	1.5~4
阳极含锡量/%	10~12	10~12	10~12	10~12
用　途	一般镀铜锡合金	一般镀铜锡合金	光亮铜锡合金	光亮铜锡合金
生产单位				上海永生助剂厂

8.3.3.2　镀液配制方法

镀液的配制方法如下:

(1) 在良好通风条件下将所需的氰化钠(按氰化亚铜量的 1.1 倍加游离氰化钠的量)溶解在 30~40℃ 的去离子水或蒸馏水中。

(2) 将氰化亚铜用水调成糊状,在搅拌下慢慢地加到氰化钠溶液中,并使其完全溶解。此时溶液会发热。如果温度升至 60℃,需待冷却后方可继续加入氰化亚铜以避免溶液过热溅出。

(3) 由于锡酸钠可能含有游离碱,为避免镀液中含碱量过多,先用配方量 3/4 的氢氧化钠溶于去离子水或蒸馏水中。将固体锡酸钠在搅拌下慢慢地加入热氢氧化钠溶液中,并使溶解。

(4) 将锡酸钠溶液加入到氰化亚铜溶液中,搅拌均匀。

(5) 如需添加三乙醇胺和酒石酸钾钠时,可以直接加入混合溶液中,搅拌使其混合与溶解。

(6) 为防止溶液发生混浊,用含微量氢氧化钠的温热去离子水或蒸馏水补充至所需体积,过滤。

(7) 配制光亮镀低锡铜锡合金镀液时加入已溶解的 OP-10 和配置好的明胶及碱式硫酸铋。

(8) 分析校正。

(9) 电解试镀。

（10）明胶的配制。将40g的明胶和25g的氢氧化钠共溶于1L去离子水或蒸馏水中，加热至沸，放置数分钟后即可按所需量加入。

（11）碱式硫酸铋的配制。将20g的碱式硫酸铋和80g的酒石酸钾钠共溶于500mL的去离子水或蒸馏水中，加热至沸，稀释至1L后按所需量加入。

8.3.3.3　镀液中各成分的作用

镀液中各成分的作用体现在：

（1）氰化亚铜和锡酸钠。是供给镀液铜和铬离子的主盐。其浓度不同，铜锡合金镀层的组成也不同。铜离子浓度高时，铜锡合金镀层中的铜含量也增加，色泽偏红，容易产生毛刺。锡离子浓度高时，铜铬合金镀层中的锡含量也增加；锡含量过高时在其上面镀铬便有困难。

（2）氰化钠和氢氧化钠。氰化物镀低锡铜锡合金镀液是用氰化钠和氢氧化钠两种配合剂分别配合铜和锡的。游离氰化钠可以使铜氰配离子更为稳定，并能促进阳极正常溶解。游离氰化钠含量过低时镀层中的铜含量偏高，镀层粗糙，阳极钝化；过高，则镀层中的锡含量增加，阴极电流效率下降。

氢氧化钠除配合锡离子外，还应有过量的氢氧化钠。过量的氢氧化钠称游离氢氧化钠。它可以确保镀液中的锡酸钠稳定。游离氢氧化钠过低时镀层中的锡含量增加，色泽变黄并容易粗糙；严重时，部分锡酸钠会水解生成不溶于水的偏锡酸，使镀液混浊。过高时，镀层中铜含量增加，色泽变红。

（3）三乙醇胺。在低氰化物镀液中加入三乙醇胺作铜的辅助配合剂时有利于调节铜离子的放电速度，从而清除因游离氰化钠减少后铜镀层粗糙的弊病。它还可以与电解液中积累的碳酸钠结合成复合物而析出，减少碳酸钠的影响，使镀液趋向稳定。

（4）酒石酸钾钠。是良好的阳极去极化剂，可以配合因游离氰化钠含量低时阳极表面生成的碱性钝化膜。

（5）OP-10。是非离子表面活性剂，可以降低镀液前表面张力，防止镀层产生针孔。同时又可以提高阴极极化，使镀层结晶细致光亮。

（6）明胶。可以提高阴极极化，使镀层结晶细致，但它会夹杂在镀层中，过多时，会导致镀层产生脆性。

（7）碱式硫酸铋。在镀液中用作光亮剂，用量过多会使镀层产生脆性。

（8）阳极。氰化物镀低锡铜锡合金采用含锡 10%～12% 的铜锡合金板作阳极。合金阳极浇铸后需在 700℃ 中遇火 2～3h，然后在空气中冷却。在电镀过程中为了避免生成二价锡，阳极应处于半钝化状态。即在开始时使阳极电流密度高达 $4A/dm^2$，待至阳极表面产生一层半钝化的黄绿色膜后，再将阳极电流密度降至正常范围。即使如此，由于镀件的几何形状使电流在镀件表面分布不同，阴极电流密度低处仍可能产生二价锡，因此，一般每工作 4h 加入用水稀释 5～10 倍的 30%过氧化氢 0.05～0.1mL/L。阳极与阴极的面积比控制在(2～3)：1 的范围。必须使用阳极袋或阳极护框。

8.3.3.4　操作条件的影响

操作条件的影响表现为：

（1）温度。操作温度高时合金镀层中的锡含量增加，阴极电流效率亦同时提高。温度过高时氰化钠会迅速分解；温度低时合金镀层中的锡含量减少，阴极电流密度和阴极电流效率均降低。一般控制在 55~60℃ 为宜。

（2）阴极电流密度。阴极电流密度高时合金镀层中的锡含量增加，但使阴极电流效率下降。阴极电位密度小于 $0.5A/dm^2$ 时，铬不易析出，镀件凹处镀层色泽偏红。

8.3.3.5 不合格低锡铜锡合金镀层的退除

具体如下：

（1）化学法：

氰化钠/g·L^{-1}	70~80	间硝基苯磺酸钠/g·L^{-1}	70~80
温度/℃	80~100	时间	退尽为止

本方法不腐蚀钢铁基体，但操作温度较高，且含有氰化钠，必须在良好的通风条件下进行。

（2）电化学法：

氢氧化钠/g·L^{-1}	60~75	三乙醇胺/g·L^{-1}	60~70
硝酸钠/g·L^{-1}	15~20	温度/℃	35~50
阳极电流密度/A·dm^{-2}	1.5~2.5（最好阳极移动）		

本方法如果退镀时间过长对钢铁基体稍有影响。

＊＊＊＊＊＊＊＊＊＊＊＊＊＊＊＊＊＊＊＊＊＊＊＊＊＊＊＊＊＊＊＊＊＊＊＊

思 考 题

8-1 电镀铜及铜合金的前处理流程是什么？

8-2 电镀铜的类型有哪些？有哪些用途？

8-3 镀铜层的钝化处理目的和方法分别是什么？

8-4 电镀铜合金的类型有哪些？各有什么特点和用途？

9 涂镀层钢板及其在汽车制造中的应用

9.1 汽车制造用钢板

9.1.1 汽车制造对钢板的要求

9.1.1.1 对钢板性能的要求

现代汽车的发展趋势是减重、节能、防腐、防污染、防噪声和安全舒适等。为了适应这一发展的需要，对汽车用钢板的要求除了传统的结构性能、经济性能之外，还必须满足新的一系列质量上的特殊要求。

（1）优良的成型性能。汽车在制造中钢板的成型性能极为重要，这就要求钢板满足高的塑性应变比 r 值，高的均匀伸长率 δ_α，高的总伸长率 δ_1，低的屈服强度 σ_s，低的时效指数 AI 和低的屈服伸长率等要求，只有具备了以上性能的钢板，才能够用于冲制复杂的汽车覆盖件。

（2）良好的抗凹陷能力和足够的结构刚度。这样既可避免在制造和使用中出现凹陷情况，特别是在突发的冲撞事故中能够最大限度地吸收冲击能量，保护乘员的安全。这就要求钢板有较高的强度和足够的刚性，即高的抗拉强度 σ_b 和适当的烘烤硬化与加工硬化能力。

（3）良好的焊接性能。一辆汽车通常有 3000~4000 个焊接点，钢板良好的焊接性能可以保证零件有效连接及焊点和焊点周边区域（热影响区）的强度和性能不发生大的变化。

（4）优良的表面形貌和低粗糙度。汽车制造中的最后工序是涂装，钢板的表面形貌和粗糙度极大地影响汽车最后的涂装效果。良好的涂装性能和对油漆涂层的附着性能对保证汽车的外表美观和其寿命是重要的。这就要求钢板表面均匀光滑，不存在孔、凹坑、锈斑、擦划伤和压痕等，汽车厂磷化或电泳底漆后表面无污点。钢板表面形貌主要体现为表面粗糙度，常用中心线平均度 R_a 值表示。一些汽车外板要求表面粗糙度 R_a 为 0.7~1.3μm，$R_{max} \leqslant 12\mu m$；峰值 $P_c \geqslant 60$；波纹度 $W_{ca} \leqslant 0.6\mu m$。

（5）高的耐蚀性能。汽车在各种大气环境和道路环境中运行，都将发生各种形式的腐蚀。汽车腐蚀是影响汽车服役寿命的最重要因素。钢板的耐蚀性能的优劣很大程度上决定着汽车耐蚀性能的好坏，日本、美国、欧盟等国家提出 10 年耐穿孔腐蚀，5 年耐外观腐蚀的要求。采用镀锌钢板是提高汽车耐蚀性最常用和最有效的方法。

（6）良好的板形和板面平直度。严格的尺寸精度和性能均匀性也是汽车用钢板的重要性能。

（7）为减少汽车在行驶中的雷鸣效应，部分零件用钢板应该具有吸声减震效果。

9.1.1.2　对钢板品种的要求

现代汽车高性能化、多样化和高级化的发展趋势，促使冶金行业发展并不断完善具有不同特点的汽车用冷轧钢板系列，例如：

（1）以减重节能为目标的高强度钢板系列；

（2）以提高成型性能为目标的深冲钢板系列；

（3）以提高汽车防腐能力为目标的表面处理钢板系列；

（4）以发展高性能汽车为目标的减震消音用复合钢板和改善外观质量、提高反光性的镜面钢板等。

9.1.2　汽车用冷轧钢板的发展

汽车用冷轧钢板的发展，经历了从低深冲到高深冲，从低强度到高强度，从氮氢罩式炉生产到连续退火炉或全氢罩式退火炉生产的过程，而且从等厚等强常规焊接向差厚差强激光拼焊方向发展。

从冲压性能看，冷轧汽车板由沸腾钢、低碳铝镇静钢逐步发展到 IF 钢，从冲压级别（DQ）逐步发展到深冲级别（DDQ）、超深冲级别（EDDQ）和特超深冲级别（SEDDQ），并且随冲压级别的提高，冷轧板的 r 值和伸长率都大幅提高。

早期冷轧高强钢主要通过添加磷来实现，近年来由于真空脱气技术的发展，可在生产无间隙原子（IF）钢的基础上，生产具有超深冲性能的烘烤硬化（BH）钢板。在连续退火中可生产出高级冷轧相变诱发塑性（TRIP）钢。日本 NKK 公司生产出 980MPa、1170MPa 超高强度冷轧商品钢板，开发了 1370MPa 和 1560MPa 超高强度冷轧钢板，图 9-1 汇总了各类冷轧高强度钢板的发展历程。

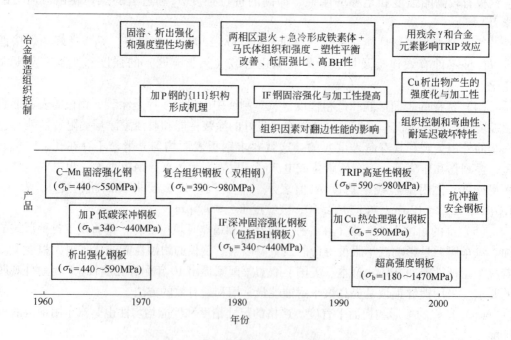

图 9-1　各类冷轧高强度钢板的发展历程

目前世界各国轿车车身用钢的微观组织及其特征汇总于表9-1。

表9-1 国外轿车车身用钢的微观组织和特征

钢种	微观组织	特征
软钢	铁素体	低碳钢（LC）：无合金化铝镇静低碳钢、超深冲级 无间隙原子钢（IF）：微合金化超深冲级
高强钢	铁素体	烘烤硬化钢（BH）：在油漆烘烤处理中通过控制碳的析出增加钢的强度 高强无间隙原子钢（IF-HS）：添加 Mn 和 P 合金元素提高钢强度 含 P 钢（P）：P 合金化高强度钢 各向同性钢（IS）：各向同性中等屈服强度，用 Ti 或 Nb 微合金化 碳锰钢（CMn）：增加 C、Mn 和 Si 含量固溶强化高强度钢 低合金高强度钢：低合金高强度钢通过 Nb 或 Ti 微合金强化
先进高强度钢	铁素体+马氏体 铁素体+贝氏体+残余奥氏体 马氏体+铁素体 铁素体+贝氏体+马氏体	双相钢（DP）：铁素体和5%~30%（体积分数）马氏体 相变诱发塑性钢（TRIP）：具有铁素体、贝氏体和残余奥氏体 马氏体钢（PM）：部分或全部马氏体钢 复相钢（CP）：铁素体、贝氏体和马氏体复合强化钢
高锰钢	奥氏体或高比例奥氏体	高锰-相变诱发塑性钢（HMS-TRIP）：合金化原理是发生应变诱发 $\gamma \rightarrow \varepsilon \rightarrow \alpha'$ 转变 高锰-孪晶诱发塑性钢（HMS-TWIP）：合金化原理是在应变中出现机械孪晶化

9.1.3 汽车用钢板的分类

汽车用钢板是技术含量最高，种类繁多，性能指标众多，质量要求严格的产品。汽车用钢板分类如下：

（1）按冶炼脱氧方式分为沸腾钢、镇静钢和半镇静钢。

（2）按钢种和化学成分分为低碳钢、低合金高强度钢、加磷钢、超低碳无间隙原子（IF）钢等。

（3）按强度级别分为普通强度级和高强度级。

（4）按冲压级别分为商用级（CQ）、普通冲压级（DQ）、深冲压级（DDQ）和超深冲压级（EDDQ）。图9-2 显示了各种级别钢板的 n 值、r 值性能范围。图9-3 表示了各种级别钢板的伸长率 δ 值和 r 值性能范围。

（5）按冲压的复杂程度分为 P 级——普通延伸，S 级——深拉伸，Z 级——最深拉延，F 级——复杂冲压，HF——较复杂冲压，ZF——最复杂冲压。

此外，还有按性能或组织分类等。实际上人们习惯综合考虑脱氧方式、钢种、强度和冲压级别等因素进行分类，一般分为：

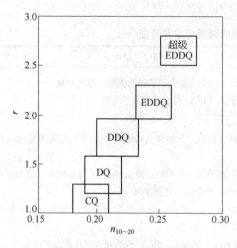 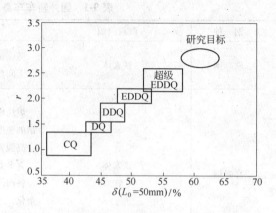

图 9-2 各种冲压级别钢板拉伸性能范围   图 9-3 各种级别钢板伸长率 δ 和 r 性能范围

（1）深冲钢板。深冲钢板包括沸腾钢型普通冲压级钢板及铝镇静型深冲压级钢板。

（2）高强度钢板。高强度钢板包括各种低合金高强度钢板（HSLA）、加磷钢板、烘烤硬化钢板（BH）、双相钢板（DP）和相变诱导塑性钢（TRIP）。

（3）超低碳超深冲钢板。超低碳超深冲钢板包括无间隙原子钢板（IF）、超深冲高强钢板、超深冲烘烤硬化钢板。

（4）复合钢板。复合钢板包括轻质夹层复合板和树脂减震钢板等。

9.1.4 汽车用钢板牌号及规格

汽车用钢板的牌号因各国汽车工业发展的情况不同而不同，大多数将之归于冷轧薄板或冲压用冷轧薄板。表 9-2 列出了中国、日本、德国、英国、前苏联等国家以及国际上常用深冲汽车板的牌号。

轿车用钢板在规格上其宽度一般大于或等于 1650mm，板厚主要为 0.75mm、0.8mm、0.9mm 和 1.0mm，当然也有厚度超过 1mm 的，有的可达 3mm。

表 9-2 部分汽车冲压板牌号

钢　种	中国	国际	日本	德国	英国	前苏联
沸腾钢	08F	CR1	SPCC	St12	CR1	BT
铝镇静钢	08Al-Z 08Al-F 08Al-HF 08Al-ZF	CR1 CR2 CR3 CR4	SPCC SPCD SPCE	St12 St13 St14 St15	CR1 CR2 CR3 CR4	BT CB OCB
高强度钢	P1、P2、P3 BPD-35		SANC390～590 SAFC490D～1180D SAFC340R～440R SAFC340E～440E SAFC340RB	PHZ 等		
无间隙原子钢	BIF1 BIF2 BIF3、WIF		KTUX1、KTUX2 SPDX、SSPDX	MST St16 St17		

9.2 汽车用涂镀层钢板

9.2.1 汽车工业的发展对涂镀层钢板的要求

随着社会的发展，对汽车制造业有着各种更高的要求，如汽车轻量化，以便适应燃料耗量的规定和对 CO_2 排放量的规定；提高撞车时的安全性及减少环境污染物的排放，降低汽车生产成本，提高汽车乘坐的舒适性等。这些要求必然影响到对涂镀层钢板的研发。图9-4 归纳了对汽车性能的要求及其对涂镀层钢板发展的影响。

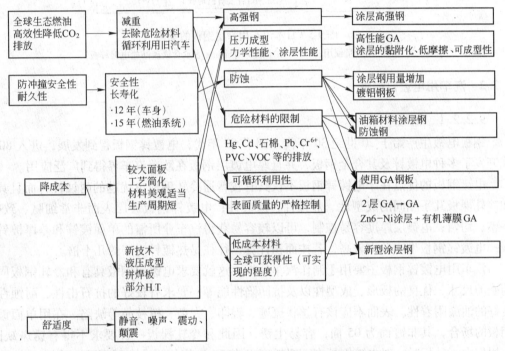

图 9-4 全球汽车性能总需求及其对涂镀层钢板的影响

汽车用钢板的耐蚀性是决定汽车运行寿命的主要因素。为提高汽车的防锈能力，一些国家从 20 世纪 70 年代末就陆续制订出汽车的防护标准，如表 9-3 所示。进入 90 年代一些汽车制造商的自主防锈目标是所谓 10 年不发生穿透腐蚀，5 年不出现表面生锈，90 年代后期德国甚至规定新车使用 12 年以上就要报废并回收利用。这些汽车对防锈的要求越来越严格，普通冷轧裸钢板显然无法达到这些要求，研发各类汽车用耐蚀涂镀层钢板成为各国钢铁企业努力追求的目标和重要课题。图 9-5 显示出日本汽车用各类涂镀钢的研发进程。

表 9-3 一些国家汽车防护标准

项 目	加 拿 大		美 国		日本
	1978~1980 年	1980 年以后	1989 年前	1989 年后	
外观锈蚀	1 年或 4 万千米	1.5 年或 6 万千米	参照加拿大	3 年	6 年
穿孔锈蚀	3 年或 12 万千米	5 年或 20 万千米	参照加拿大	6 年	10 年
结构穿孔	6 年或 24 万千米	6 年或 24 万千米	参照加拿大		

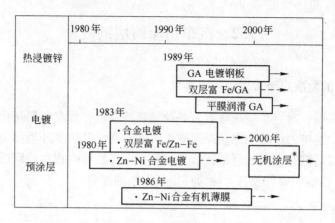

图 9-5　日本汽车用涂层钢板的变化

（—→表示大量使用；－－→表示减少用量；＊表示含镁磷酸盐电镀锌板）

9.2.2　汽车用电镀锌钢板

9.2.2.1　概述

钢板电镀生产始于 20 世纪 30 年代，到了 60 年代，电镀锌钢板得到发展，进入 80 年代开发了多种电镀锌及其合金钢板，并且厚电镀层钢板在欧美汽车界得到广泛应用。

电镀钢板的优点在于电镀锌钢板不仅具有较普通冷轧钢板更优越的耐蚀性，而且具有和冷轧裸板几乎相同的成型性、焊接性、涂装性；电镀锌钢板镀层表面非常细腻、致密、平整、均匀；电镀层厚度容易控制，可以较容易获得汽车业所需的单面镀锌和差厚镀锌钢板；电镀锌钢板生产效率较高，若按面积计算，往往是热镀锌生产的几十倍。

汽车用电镀锌钢板主要用于制作汽车外板，这就要求电镀锌钢板具有和冷轧钢板同样精确的尺寸、优良的板形、成型性以及抗凹陷性能等，要求有较好的抗石击性、耐蚀性和良好的油漆附着性。表面不应该有丝状斑迹、辊印、夹杂、树枝晶等缺陷。在用单面镀锌钢板的场合，其非镀面为 O5 面，容易生锈，因此和冷轧裸板一样要求不得有锈斑缺陷。在用作内、外板时，对电镀钢板表面粗糙度 R_a 值和 P_c 值的要求有所不同，希望 P_c 控制在一定范围之内，这对冲压有利。此外，随着环保意识的增强，对镀层中的 Pb、Cr^{6+} 等有害物质的含量也提出严格的要求。

电镀锌钢板的问题是：

（1）生产厚镀层时，导电辊（阴极）表面容易发生粘锌现象，严重影响产品质量。

（2）电镀锌预磷化汽车板要求把磷化膜质量控制在 $1 \sim 3g/m^2$，磷化膜过薄不利于冲压，过厚又影响点焊和电泳涂装。稳定控制难度大。

（3）电镀锌汽车板的表面粗糙度难以稳定控制在用户要求的范围内。

（4）电镀层的结晶取向、微观形貌对镀层性能（表面摩擦系数、耐蚀性）有影响，很难对其有效控制。

（5）无铬钝化要求越来越高，其他无机盐钝化效果不佳，有机膜钝化则需设备改造，成本上升。

（6）Zn-Ni 合金电镀层的耐蚀性好，但镀层脆性大，对钢带性能带来负面影响，基板性能劣化，在冲压过程易发生开裂。

（7）从镀纯锌层向镀 Zn-Ni 层切换时间长，成本高。

9.2.2.2　电镀锌合金钢板

A　Zn-Ni 合金镀层钢板

Zn-Ni 合金镀层钢板是日本在 20 世纪 80 年代为汽车制造业开发的专用电镀钢板，镀层 Ni 含量在 10%~15% 范围。对道路冬季防冻盐的腐蚀具有特优的抗蚀性，其防穿孔腐蚀能力是常规镀锌钢板的 6~10 倍。表 9-4 列出了几种电镀锌钢板的耐蚀性情况。

表 9-4　电镀锌钢板的耐蚀情况

镀　层	Zn	Zn-13%Ni	Zn-18%Ni-1%Co	Zn-10%Co
电极电位/V	-1.03	-0.86	-0.75	-1.00
腐蚀速度/g·m^{-2}·h^{-1}	1.0	0.37	0.32	0.40
腐蚀产物 ZnCl$_2$·4Zn(OH)$_2$	强	强	强	强
ZnO	强	无	无	无

根据镍含量的多少，锌镍合金镀层中有三种微观组织，即（γ+α）双相组织、γ 单相组织和（γ+η）双相组织。镀层中镍含量在 10%~16% 范围时，耐蚀性最好，大约是纯锌镀层耐蚀性的 6~10 倍。此时相结构为 γ 相的单相组织，当镍含量超出上述范围时，镀层则由（γ+α）双相组成，当低于上述范围时，镀层则为（γ+η）双相组织，其中（γ+η）双相组织具有一定的耐蚀性，而（γ+α）双相组织的耐蚀性最差。

在镀层为 γ 单相组织时的腐蚀过程中，由于锌优先溶解，表面层的镍得以浓集，并起到保护作用，因此耐蚀性较好。在双相组织的镀层中，有许多异相形成局部电池，因此比单相组织的耐蚀性差。（γ+η）两组织中的 η 相溶解之后，和 γ 单相组织的情况一样进行腐蚀，所以具有一定的耐蚀性能。α 相的腐蚀性电位比铁正，因此，当（γ+α）两相织中的 γ 相溶解完之后，镀层变为 α 单相组织，起不到牺牲阳极的保护作用，耐蚀性较差。

B　Zn-Fe 合金镀层钢板

Zn-Fe 合金镀层也为日本汽车制造业开发的电镀产品，其面世时间和 Zn-Ni 合金镀层钢板相近。镀层铁含量范围较宽，为 15%~80%。

Zn-Fe 合金镀层钢板亦具有优良的耐蚀性、加工性、涂装性、可焊性等，由于 Zn-Ni 合金镀层是金属间化合物，脆性较大，对钢板性能，如 r 值、伸长率、BH 值等存在负面影响，基板性能劣化，在冲压过程中易发生开裂，所以在实际应用中，常用 Zn-Fe 合金镀层与 Zn-Ni 镀层搭配，以 Zn-Ni 合金镀层打底，表面镀上 Zn-Fe 合金镀层，这样既可改善 Zn-Ni 合金镀层的冷加工冲压性能，又可进一步提高涂装上漆性能。

9.2.2.3　电镀高强度钢板

电镀锌钢板的生产是冷工艺，即在生产电镀锌钢板的过程中没有加热工序，这样汽车用高强度钢板的微观组织和力学性能不受影响。基于此，电镀锌汽车用钢板的强度级别的提高远早于并快于热镀纯锌（GI）和合金化热镀锌（GA）钢板，电镀锌 BH 钢、DP 钢以及 TRIP 钢已实现商业化。近年中国的钢铁公司开发的电镀锌双相钢"DI-FORM500"已被认为是汽车外板的理想候选材料，其抗凹陷性能比普通 BH 钢高 20%~40%，用 0.7mm 厚钢板替代 0.8mm 厚的 BH120 生产汽车门板时，该部件质量可减轻 12.5%，同时其抗凹陷性能却提高约 15%。

9.2.3　汽车用热镀锌钢板

9.2.3.1　概述

镀锌钢板的耐蚀性主要取决于镀锌层厚度。热镀锌钢板的镀锌层厚度一般远比电镀锌层厚，而且易受人为控制，从每平方米几十克到数百克均能生产。为了确保汽车的防锈性要求，用于汽车的镀锌钢板锌层厚度一般为 $100 \sim 200g/m^2$，电镀层不易达到或者成本过高。热镀锌技术的不断进步，使得热镀锌钢板的表面质量大为改善，接近或达到电镀层水平，满足汽车外板表面质量要求，热镀锌钢板于 1987 年首先被用于汽车车身外板之后，在汽车制造中热镀锌钢板所占份额越来越大。

为满足汽车制造对热镀锌钢板成型性、可焊接性、涂装性的要求，研究人员对热镀锌工艺进行不断改进，从而陆续生产出了汽车用单面镀锌钢板、差厚镀锌钢板、小锌花和无锌花热镀锌钢板。

在 20 世纪八九十年代，具有优良综合性能的合金化镀锌钢板（galvannealed，简称 GA）得到快速发展，并且很快在超深冲 IF 钢、高强钢的热镀锌中获得应用，生产出合金化热镀锌 IF 钢板和各种合金化热镀锌高强钢板，广泛用于汽车制造中。

合金化热镀锌钢板是在钢带连续热镀锌生产线上，将出锌锅镀锌钢带进行再加热、合金化退火处理，得到含 Zn-10%Fe 左右的合金化镀层钢板，该产品的镀层厚度约为 $40 \sim 60g/m^2$，其耐蚀性优良，$0.7\mu m$ 厚的 GA 镀层的耐蚀性相当于 $0.1\mu m$ 厚的 GI（热镀纯锌层）。

日本轿车制作一般采用厚镀层合金化热镀锌钢板。为保证外板的光亮和内板耐蚀，早期采用差厚热镀锌层，外表面镀层厚 $30g/m^2$，内侧面为 $60g/m^2$，到 20 世纪 90 年代后期，差厚镀锌钢板逐渐被淘汰。在欧洲，汽车企业多采用厚热镀纯锌钢板（GI）替代先前的电镀锌钢板。

9.2.3.2　合金化热镀锌钢板表面润滑膜

合金化热镀锌钢板的镀层由 γ 相、γ_1 相、δ_1 相和 ζ 相组织组成。目前存在的主要缺点是在冲压成型过程中，镀层不能跟随钢板塑性变形，存在镀层易发生粉末剥落的粉化现象。发生粉化的主要原因是 γ_1 相和 δ_1 相的延性差。此外合金化热镀锌钢板在冲压成型中还会发生鳞片状剥落问题，它是在高压情况下金属模与钢板之间产生滑动后，镀层表面就会发生鳞片状剥落现象，在 ζ 相多的情况下，材料流入不足时则发生冲裂纹。

为解决上述粉化和鳞片剥落问题，首先可在热镀锌工艺上尽可能减少 ζ 相的量，抑制 γ 相和 γ_1 相生成，例如降低合金化温度，但生成率将有所降低。合金化加热可采用感应加热，这便于改变合金化条件。

提高合金化热镀锌钢板的润滑性，也是改善合金化钢板粉化和鳞片剥落的重要途径。国外陆续开发了 GA 钢板润滑膜，如在 GA 钢板上再电镀上一薄层富铁层，效果较好，并已在日本应用。在 GA 钢板表面电镀一层 Fe-Zn 合金或者 Fe-P 合金，即可形成有两层镀层的 GA 钢板。结果表明铁系电镀层具有良好的摩擦特性，大大改进了 GA 钢板的润滑性能。

开发无机盐膜作为 GA 钢板的润滑膜也是解决 GA 钢板抗粉化问题的重要途径，例如 Mn-P 系氧化物膜、镍系膜以及磷系膜这几种表面润滑膜，除了能够改善 GA 钢板的冲压成型性能外，还可满足汽车制造者所要求的再涂装性能和焊接性能。

在 GA 钢板上涂上一层 Ni-Fe-O 无机涂层，称为"GA-N"，有着良好的润滑性能和焊接性能等。另一种无机涂层称为"GA-K"，它是由锌的化合物和固定它的黏结剂组成的，同样具有良好的润滑性。它们的性能比较示于表 9-5。

表 9-5　汽车用 GA-N、GA-K、双层膜 GA 和 GA 的性能

产品名称	冲压成型性	可焊性	附着相容性	可磷化性
GA-N	极好	极好	好	好
GA-K	极好	好	极好	好
双层膜 GA①	极好	好	好	好
GA	好	好	好	好

①在合金化热镀锌钢板（GA）面上再电镀一层富铁镀层。

在 GA 钢板上涂覆一层有机涂层以增加合金化热镀锌板的润滑性，改善其抗粉化性能也获得成功，有机树脂玻璃化转变温度（T_g）提高，表面膜得以强化，由于在其中添加了磷酸锌和聚乙烯，涂有有机涂层的 GA 钢板的冲压润滑性能和成型性能均得以提升。另外，一种能够在碱清洗工序中进行脱模的有机润滑膜也开发成功，是一种很有希望的加工成型润滑膜。

9.2.3.3　镀锌钢板无铬钝化技术

目前世界各国的环保要求日益严格，欧盟 2000 年就已颁布了限制 Cr^{6+}、Pb、Ga、Br 等有害物的禁令，这就使原用铬酸盐作钝化剂的镀锌钢板面临挑战，各国在研发新型无铬钝化技术方面做了大量工作。

（1）无机盐钝化类。例如 Cr^{6+}/Cr^{3+}、$Mo(MoO_4^{2+})$、$W(WO_4^{2+})$，其中钼酸盐/磷酸盐的防护效果取决于环境的 pH 值，在酸性环境中较好，但耐盐雾性差。

（2）螯合物类。如鞣酸（丹宁酸）、梧丹宁有许多氢氧根团（—OH），它们和表面金属锌结合形成螯合物，耐蚀性好，但表面状况不佳。

（3）聚合物类。利用无机化合物的聚合反应，如磷酸盐和硅酸盐与丙烯酸、环氧树脂等反应形成网状结构，具有较好的耐蚀性和再涂装性。

9.2.4　汽车用优质表面热镀锌钢板

作为汽车用外板，对热镀锌钢板表面质量要求越来越高，它要求钢板表面一无缺陷、二要平坦。有缺陷会在汽车涂装上漆后显现出来；表面平坦，则汽车涂装上漆后漆膜光亮，即具有高的鲜映性。国外近年开发了表面外观优越的热镀锌钢板。

为获得具有优越表面性能的热镀锌钢板，常采用的改进表面质量的方法有：

（1）消除皱纹花样。在热镀锌时，都采用空气或者氮气气刀来控制镀锌层附着量。由于气刀气体喷吹时会使钢带出现震动，而镀锌层也将发生不规则的热镀锌液流动，所以在热镀锌钢板表面产生波状皱纹花样。当此种热镀锌钢板作为汽车外装饰板时，有皱纹花样热镀锌板经涂装上漆后将严重影响汽车表面的平滑性。

日本川崎水岛制铁所在连续钢带热镀锌线上，采用了气刀吹送气体的最佳控制，即对吹送气体压力、喷嘴距离和喷嘴到镀液的高度进行调控，从而消除了镀锌钢板表面的皱纹状花样缺陷。

（2）改进锌花措施。附着在钢板上的热镀锌液体凝固时，会在凝固中心呈现树枝状结晶并成长成花样锌花，这种大锌花受到建筑业的欢迎，但在汽车上却不能使用，因为锌花在表面形成凹凸不平状，涂漆后外观受到损坏，油漆的附着性亦不好。汽车制作需要小锌花或无锌花镀锌钢板。锌花大小受锌锅锌液中 Pb、Sb 和镀锌层凝固速度的影响。如若将锌液中 Pb 含量控制到最小量，并提高热镀锌钢板的冷却速度，则可以生产出非常细小锌花的热镀锌钢板，满足汽车制造厂的要求。也可采用无铅镀锌，生产无锌花镀锌钢板。

（3）减小附着渣滓。热镀锌钢表面附着有渣滓时，在冲压时即可产生称之为"白斑"的缺陷。渣滓是在热镀锌液中溶出的铁和添加的铝及熔化的锌形成的 Fe-Al 系或 Fe-Zn 系金属间化合物。产生 Fe-Al 系的原因是用一个锌锅同时生产 GI 和 GA 钢板，当从 GA 热镀液转换成 GI 镀液时，因镀液中 Al 浓度增加而生成液面浮渣。

$$2FeZn_7（底渣） + 5Al \longrightarrow Fe_2Al_5（浮渣） + 14Zn \tag{9-1}$$

解决的办法是采用浓差电池式传感器测定铝在镀液中的化学电位．用此方法绘制 Zn-Fe-Al 系电位状态图，并对锅中渣流动进行分析，得出合适的锌锅形状和大小，使浮渣得以减少。采用增加一台镀锌锅，将 GA 和 GI 钢板生产分开的方法也可有效地控制浮渣含量。

为减少表面缺陷也还有其他一些措施，例如钢带进入加热炉前，先经碱水清洗可除去冷轧钢带产生的铁粉和轧制油；改用立式加热炉，可减少卧式炉炉辊黏附金属屑，改善钢带板形；也可将 NOF 式加热炉改为完全无氧气氛的直焰还原炉和全辐射管炉等。

9.2.5 汽车用高强度热镀锌钢板

为了减轻汽车质量，降低油耗，减少废气排放，提高汽车乘坐的安全舒适度，在过去 20 多年中，已开发了大量高强度钢。先进高强钢（AHSS）及其热镀锌钢板在近 10 多年间成为钢铁企业研发的热点。1994 年开始，全球 30 多家钢铁企业共同出资合作，开展了系列汽车轻量化——超轻车身（ULSAB）、超轻覆盖件（ULSAC）、超轻悬挂件（ULSAS）和超轻概念车（ULSAB-AVC）等项目的研发，至 2002 年项目完成，汽车用高强钢取得丰硕成果。我国宝钢也是参与该项目研发的成员之一。

目前，汽车制造中已大量采用高强度钢，轿车车身已有约 20% 用上高强度钢。据称高强度钢板每减薄 0.05mm、0.10mm、0.15mm，汽车车身相应可分别减轻 6%、12% 和 18%。

高强钢的强化机理如下：

（1）固溶强化。主要通过添加 P、Si、Mn 等置换型固溶元素或者 C、N 等间隙型固溶元素强化基体。

（2）析出强化。添加合金元素 Ti、Nb、V 等和 C、N 形成碳化物和氮化物微小析出物分散于马氏体中，提高钢的强度。

（3）组织强化（相变强化）。让珠光体、贝氏体、马氏体等硬质相分散在钢中基体内产生强化作用，组织强化可以产生相当宽的强度范围的材料。

含铁素体+马氏体的双相钢，具有强度高、延性好，适合拉伸加工的优点，但组织不够均匀，拉伸性能较逊色；贝氏体钢改善了其拉伸性能；TRIP 钢利用形变诱导相变从而提高其延展性，由于一定量的残余奥氏体在加工形变中变成马氏体，阻止变形局域化，结果显示出均匀变形性能，但深抗弯曲性能稍逊色；细晶强化不利于提高延展性；冷加工由于位错提高了钢的强度，但延展性大幅度下降，不适于加工成型要求高的高强度汽车用钢板。

用于汽车车身内外板的高强度冷轧薄板，其厚度一般为 0.5~1.2mm，强度级别为340~1470MPa，其强化机制主要是固溶强化、析出强化、固溶+析出强化、相变强化和析出+相变强化。表 9-6 列出了冷轧高强度钢板的强化机制及钢板特性。

表 9-6 冷轧高强度钢板的强化机制及钢板特性

强化机制	主要添加元素	强度级别 σ_b/MPa	冲压成型特性	
			一般特性	具体特性
固溶强化（低碳系）	P-Mn Si-Mn、P	340~440	一般冲压用 一般加工用	拉延成型性良好，有 BH 性
固溶强化（超低碳系）	P-Mn、P-Si Mn-P-Ti、Ti、Nb	340~590	深冲用	深冲性优良，有 BH 性
析出强化	Mn、Nb Si-Mn-Nb	390~590	一般加工用	焊接性良好
固溶+析出强化	Mn-Ti Si-Mn-P-Nb、Cu、Ti	490~590	一般加工用	适于弯曲加工，高 r 值型
相变强化（马氏体系）（M+B）	Mn-Si Mn-Si-P Mn、Si-Mn-Nb	390~1470	低屈服比型	适于高拉延加工，有 BH 性
相变强化（贝氏体系）	Mn-Cr	390~1470	高扩孔率型 高延伸型	适于拉伸成型
相变强化（残余奥氏体系）	Si-Mn	590~980	高残余奥氏体钢板（TRIP 钢）	TRIP 钢效果生产的高延伸高强度钢板
相变+析出强化	Mn-S-Ti Mn-Si-Ti-Mo	780~1470	超高强度钢板	高强度、加工性良好

9.2.6 汽车用其他耐蚀热镀钢板

众所周知，各个零部件所处环境和工作条件各不相同，对热镀层钢板的耐蚀性要求亦有差别。为全面提高汽车的防锈性能，国外不断地开发各类耐蚀热镀产品。表 9-7 列出了一些用于汽车的各种耐蚀热镀钢板及其典型用处。除了前面已述及的纯镀锌钢板（GI）和合金化镀锌钢板（GA）外，还有不少耐蚀性优良的热镀产品用于车制造业。

表 9-7 热浸镀金属涂层汽车钢板

涂 层	商品名称	主要要求	典型用途
Zn	Galvatite Permazinc Durgrip	标准热浸镀	车轮拱板，浅盘形地板

涂　层	商品名称	主要要求	典型用途
Fe-Zn 合金 （7%~12%Fe）	IZ Galvanneal Penfite	焊接性好，吸湿性好	浅盘形地板，车轮拱板
Al-Zn 合金（55%Al）	Galvalume Aluzink Zalutite Zinclume	耐蚀和耐热	只用于消音器和热反射器
Al	Aludip	耐　热	排气系统
Al-Si（7%~12%Si）	Alutite Alsheet	耐热和耐蚀	消音器和热反射器
Sn-Pb（<15%Sn）	Teme	好的成型性和焊接性	油箱和散热器条带
Sn-Pb-Ni 薄镀层 （7%~10%Sn）	TelTleX Niekel-teme	好的成型性和焊接性	油箱和散热器条带

9.2.6.1　热镀锌铝合金镀层钢板

20 世纪 70 年代末，由国际铅锌研究组织（ILZRO）开发了热镀 Zn-Al 合金镀层钢板，名为"Galfan"。镀层的化学组成为 95%Zn、5%Al 和微量稀土元素。该镀层不仅保持了镀锌钢板（GI）的各种优点，而且耐蚀性大大提高，与 GI 相比，耐蚀性提高 2~4 倍。图9-6 显示出 Galfan 镀层耐蚀性的明显提高。

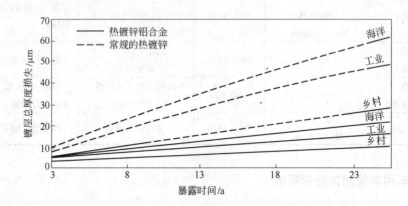

图 9-6　不同气候环境中 Galfan 镀层的耐蚀性比较

9.2.6.2　热镀铝钢板

热镀铝钢板包括两种类型，即热镀铝（通常称Ⅱ型）和热镀 Al-Si（通常称Ⅰ型）。

热镀铝钢板比普通热镀锌钢板具有更优秀的耐蚀性和耐热性，其原因一则是在其表面形成的铝的氧化膜非常致密，非常稳定，有极好的阻隔腐蚀环境的作用；再则是铝的标准电极电位（-1.66V）比铁（-0.44V）和锌（-0.76V）更负，在氯离子存在的环境中，镀铝层的牺牲阳极保护作用更强。

热镀 Al-Si（Ⅱ型）的化学成分为 Al-7.5%~9%Si。热镀 Al-Si 合金钢板和上述热镀铝（Ⅱ型）一样，在含有 SO_2、H_2S、NO_2、CO 等工业大气中具有独特的耐蚀性，在海洋大气及多雨的潮湿农村环境也显示出良好的耐蚀性。表 9-8 表示了热镀 Al-Si 镀层与锌镀层的耐蚀性对比。此表为美国钢铁公司 23 年的大气暴晒结果，同样表现出热镀 Al 良好的耐蚀性。此外热镀铝 I 型或 II 型，也具有优良的耐热性能。

表 9-8　两种镀层钢板 23 年的大气暴晒结果

暴晒试验地点	大气类别	腐蚀速率/$\mu m \cdot a^{-1}$		腐蚀速率之比
		镀锌层	镀 Al-Si 层	
北卡罗来纳州 Kure 海滨	海洋	1.549	0.305	5.1
新泽西州凯尔尼	工业	4.039	0.508	8.0
宾夕法尼亚州蒙纳里尔	半工业	1.702	0.254	6.7
宾夕法尼亚州	半农村	1.880	0.203	9.3
宾夕法尼亚州	农村	1.194	0.127	9.4

无论是热镀铝 I 型或者是热镀铝 II 型钢板，都具有良好的耐 SO_2、H_2S 及其他有机硫化物的腐蚀性。此外两种镀铝板对硝酸（HNO_3）、海水等也有很好的耐蚀性，耐盐水的性能也很优异，见表 9-9。

表 9-9　三种镀层钢板的腐蚀试验结果　　　　　　　　　　（mg/dm^2）

试验环境	试　验　条　件	镀锌钢板	镀铝 I 型板	镀铝 II 型板
SO_2	含 16%SO_2 的空气	2825	130.0	104.0
硝酸	含 20%HNO_3 水溶液	原形消失	2.0	3.0
人工海水	1/10mol/L 的 NaCl+0.3%H_2O_2 水溶液	172.6	18.0	107.0

热镀铝钢板常用于汽车废气排放系统、消音器和热反射器。日本为汽车油箱开发的镀铝或铝合金钢板（3%~13%Si，30~40g/m^2 厚），再经铬酸盐处理（钝化层 10~40mg/m^2），最后涂覆 1~10μm 有机复合树脂，使油箱寿命得以延长。

9.2.6.3　热镀 Zn-55%Al 合金镀层钢板

1972 年美国伯利恒钢铁公司开发出热镀 Zn-55%Al 合金镀层钢板，名为"Galvalume"，其化学组成为 55%Al、43.5%Zn、1.5%Si。该镀层钢板具有比热镀锌钢板更优秀的耐蚀性和耐热性，其耐蚀性是热镀锌钢板的 2~6 倍，其中耐海洋大气腐蚀性提高 2 倍，耐工业气氛腐蚀性提高 6 倍。与热镀铝钢板相比，热镀 Zn-Al 合金镀层钢板具有更好的电化学保护性能。该合金镀层兼有热镀锌和热镀铝的各自特点，并弥补了两者的某些缺点。热镀 Zn-55%Al 合金镀层具有较优的耐划伤和切边的保护性能。表 9-10 显示了普通镀锌层的腐蚀速率是 Zn-55%Al 镀层的 3~7 倍。图 9-7 显示了普通镀锌层和 Zn-55%Al 合金镀层的耐蚀性对比，Zn-55%Al 镀层在各种环境中的耐蚀性均优于普通镀锌层。

表 9-10　两种镀层钢板腐蚀损失的比值

试验地点	镀锌层损失值 / Zn-55%Al 镀层损失值	试验地点	镀锌层损失值 / Zn-55%Al 镀层损失值
Kure 沙滩（距海岸 24.4m）	4.2	Saylorsbur9，Pa	3.4
Kure 沙滩（距海岸 243.8m）	2.0	Bethlehem，Pa	6.2

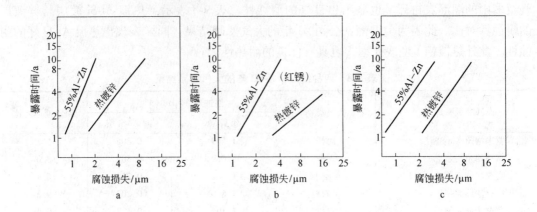

图 9-7　两种镀层在不同试验站暴露的腐蚀概率寿命（瑞典腐蚀研究所）

a—城市气氛，Stockholm Vanadis；b—工业气氛，Borregaard；c—海洋气氛，Bohus Malmön 近海 50m

热镀 Galvalume 常用于汽车消声器和热反射器。

9.2.6.4　热镀铅钢板

热镀铅钢板实际多为 Pb-Sn（<15%）合金钢板，它具有优良的耐蚀性、成型性和可焊性，是汽车油箱传统专用钢板，用 Pb-Sn 合金镀层制作的油箱寿命大大延长，此外还常用于汽车散热器条带等。

为了节省价格昂贵的锡消耗，进一步提高镀层钢板的耐蚀性，在热镀 Pb-Sn 镀层上再电镀一薄镍层，这不仅使 Pb-Sn 层大大减薄，而且耐蚀性能也有提高。

9.3　汽车用合金化热镀锌钢板概述

9.3.1　获得合金化热镀锌钢板的工艺装置

合金化热镀锌钢板的生产过程是钢带浸镀于加少量铝的锌液中，在钢表面上形成 Fe_2Al_5 化合物层，钢带离开锌液进入合金化炉，在 450~750℃ 下短时间加热时，表面纯锌层与钢基体之间发生合金化反应而形成由含铁量为 7%~15% 的 Fe-Zn 化合物构成的合金化镀层。

为生产优质的合金化热镀锌钢板，除在钢基体上采用深冲性优异的无间隙原子钢外，在热镀锌工艺及装备上也要做大量的改进和提高。因此，这是需要整体考虑的一项综合性的系统工程。

在热镀锌合金化设备和控制技术上，近十余年发展了高温退火炉，提高了钢带退火效率和改善了结晶均匀性；开发出镀锌层的高效气刀擦拭装置，使锌层厚度的均匀性更加提高；采用了高效的合金化技术，利用高频感应加热镀锌钢带和高效率的冷却方式，使合金化过程均匀地进行并取得所要求的合金相结构。

此外，为取得良好的板形，在高温退火炉内增设了高温张力辊以防止钢带热翘曲和冷翘曲，并对钢带温度进行高精度的测量和控制，同时在线设置光整机和拉弯矫直机等设备。

在合金化处理装备上，为制取具有良好镀层附着性的相结构和铁含量，开发出镀层均匀化技术和合金化控制技术。其中包括：（1）在合金化炉的加热区和保温区之间设置镀层反射因素测定器，以测定镀层表面的合金化程度，并控制钢带温度保持在 δ_1 相稳定形成的温度区间内；（2）在保温区和喷雾冷却区之间设置高温计和发射率测量器以便测量钢带温度和发射率；（3）经冷却后的钢带在适当的位置设置合金化镀层相结构传感器，以测量镀层中 γ、δ_1 和 ζ 等相层厚度及镀层中铁含量；（4）在气刀和合金化炉入口前以及在镀层相结构测定器之后均设置镀层厚度测定仪。

9.3.2　合金化热镀锌钢板性能与镀层相结构

用于汽车面板的合金化热镀锌钢板的最重要特性是其冲压加工性。采用 IF 钢作基板后，钢板的冲压加工性比以往的钢板得到极大的提高，但镀层却出现了大的问题，即在冲压时发生剥落。其剥落形式可分为两种：颗粒状的剥落称为粉化，成片状的剥落称剥离。粉化剥落下来的颗粒尺寸一般小于镀层厚度，而剥离脱落下来的颗粒均大于镀层厚度。

合金化镀锌层是由铁-锌金属间化合物构成的，它们比锌层硬而脆，在冲压时最易呈粉末状剥落。特别是铁含量较高的 γ 相，在加工时易产生龟裂，当 δ_1 相中的裂纹因外加应力的作用发生扩展达到 γ 相时，便呈粉末状脱落。另外，当镀层中铁浓度低时，ζ/δ_1 相的比例增大，在镀层表面存在着残余的 ζ 相。ζ 相具有一定的延展性，可阻止裂纹的传播，从而可提高其耐粉化性。然而，镀层中存在 ζ 相，在冲压成型时，特别在高的表面压力滑动成型时，由于其摩擦系数较大，不能随意滑动而产生剥离性脱落。

由此看出，合金化镀锌层的耐粉化性和耐剥离性是对立的。对合金化镀锌层破裂机理的研究表明，合金化镀锌层的耐粉化性与其中的铁含量有关。铁含量过高，则其硬度大，耐粉化性下降。γ 相的铁含量最大，硬度高，在压缩应力下，γ 相中的横向裂纹发展得较快而造成粉化。γ_1 相的铁含量较低且与钢基体的结合力强，不易形成裂纹，并可提高镀层的耐剥离性。

因此，为制取冲压成型性良好的合金化镀锌板，其镀层的最佳结构应以铁含量较低的 δ_1 相为主体，在 δ_1-钢基体界面上有 γ_1 相薄层存在的组织。镀层的平均铁含量在 10% 左右为宜。为此，除对锌液中 Al 含量、Zn 液温度、钢板入锅温度、合金化处理条件等因素进行有效控制外，钢基体的化学成分是十分重要的。大量的研究发现，钢基体（Ti-IF 钢）中增大磷含量有利于 γ_1 相的形成而阻碍 γ 相的形成。

通过对合金化镀锌板相结构和铁含量的研究，还得出了镀层铁含量与相结构的关系，从而可在生产上通过控制镀层铁含量来控制镀层的相结构。

在研究合金化镀层相结构与其加工性能的关系的实践中，也开发出几种在实验室条件下模拟实际冲压成型条件的试验方法。这些方法中有简单的和复杂的，其中最具代表性的当属 V 形弯曲和拉膜试验法（drawbead）。用它们来评价镀层的加工性与实际更接近。

9.3.3　热镀锌合金化处理相结构形成的反应机理

为了在合金化处理过程中取得最佳的相结构和铁含量，了解各合金相的形成和生长的反应机理及各种因素对反应过程的影响是十分必要的。

在 20 世纪 70 年代，欧洲一些国家以大学为中心发表了许多关于 Fe-Al 二元系和 Fe-

Al-Zn 三元系的反应机理的论文。80 年代后日本学者对合金化镀锌板的反应机理也开始进行研究，90 年代后随着汽车用内外面板的用量剧增，以及提高合金化镀锌板质量的要求，关于合金化反应机理的研究进一步深入，从而逐步揭开 Fe-Al 及 Fe-Zn 合金化反应机理的内在联系和反应规律，并应用于指导生产，取得了提高质量和扩大品种的效果。然而，虽然在合金化反应机理方面的研究取得了极大的进展，但仍然在一些理论方面存在着一些分歧和认识不清之处。

随着合金化镀锌钢基原板的开发，通过对各种钢基板热镀锌及合金化处理，了解到合金化反应受钢基体的化学成分的影响极大。特别是暴发式组织（outburst）的形成对无间隙原子钢（IF）十分敏感。因此人们对暴发式组织的形成机理进行了大量的研究，然而直到目前，对暴发式组织的形成机理仍然存在两种不同的观点。其一认为在钢基体的晶界部位由于 Fe-Al 反应量大而使其附近的锌液中铝浓度下降，从而在晶界处容易引起 Fe-Zn 化合物的成核，并在晶界上形成暴发式组织；其二认为浸镀初期在钢基体/锌液界面上 Al 优先反应形成以 Fe_2Al_5 为主的抑制层，同时在此层中有锌向钢基体扩散，与钢表面接触，在钢的晶界上发生 Fe-Zn 反应形成 Fe-Zn 化合物，并发生体积膨胀使 Fe_2Al_5 抑制层被破坏，锌液则通过开裂处侵入与铁发生剧烈反应而形成暴发式组织，破碎的 Fe_2Al_5 层碎片则分散于其周围的锌液中。钢基体中的磷可阻碍暴发式组织的形成，因此，用高含磷钢作为钢基体的合金化镀锌板日趋增多。

此外，人们对 Fe-Al 抑制层的化学式也有一些不同看法。大部分学者认为是 Fe_2Al_5，也有学者认为是 Fe_2Al_4Zn 或 $Fe_2(AlZn)_5$ 等。

最新的研究发现，Ti-IF 钢浸镀锌时，锌液中铝含量小于 0.15% 则不能形成 Fe_2Al_5 抑制层，而是首先形成 δ_1 相层，此 δ_1 相随浸镀时间延长，在其底部出现 ζ 相而将此 δ_1 相表层破坏。以后随浸镀时间增长，才逐次形成栅状 δ_1 和致密 δ_1 相层。当锌液中铝浓度提高到 0.20% 时，方可形成连续的 Fe_2Al_5 相层。并且发现此 Fe_2Al_5 相层在 SEM 观察下分为层状与透镜状两种形态，称层状 Fe_2Al_5 相为一次抑制相，透镜状 Fe_2Al_5 相为二次抑制相。

此外，还有关于钢基体中的磷对阻碍 Fe-Zn 化合物的形成机制的看法也有很大区别。一些学者认为磷在 α-Fe 晶界上偏析而阻碍 Fe-Zn 化合物的成核，即所谓晶界偏析理论；另一些学者认为磷在钢表面偏析是阻碍 Fe-Zn 反应的直接原因，即所谓表面偏析理论。

9.4　高强度钢镀锌工艺的其他进展

9.4.1　改善 DP 钢板热镀性的退火工艺

Wolfgang Bleck 等正在研发的气体-金属反应调节法是在镀锌线退火气氛中添加少量 NH_3 或 CO，使双相钢表面形成氮化层或碳化层，它们可阻止钢基体中的 Si、Mn 等易氧化元素向钢表面扩散，从而不致发生 Si、Mn 等元素的选择性氧化。不同退火炉气氛下退火和镀锌的图解说明示于图 9-8。

为在现有热镀锌生产线退火炉内实现此工艺，设想的可能的方案示于图 9-9。

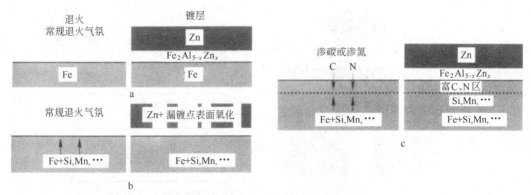

图 9-8 退火和镀锌时元素扩散与界面反应图解

a—低碳钢；b—双相钢；c—氮化或碳化气氛的双相钢

在立式退火炉的垂直段线路上，安装氮化或碳化密封反应器。钢带在经过此反应器时完成氮化或碳化过程。此法需要设计密封反应器，以便将反应器内的含 NH₃ 或 CO 的气体与炉内气氛隔离，防止其对炉内金属的附着性及材料的力学性能有较大影响，其最佳条件需进一步由试验确定。

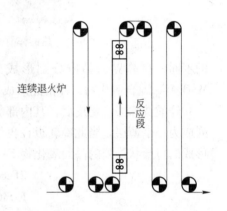

图 9-9 工业热镀锌线可采用的方案

9.4.2 改善 TRIP 钢板热镀性的预氧化-熟化-还原的预热工艺

X. VandenEynde 等正在研发中的 TRIP-Si 钢的预氧化-熟化-碳驱动自还原法是将钢带在镀锌生产线的预热段，用不含 H_2 的 N_2-1%空气（体积分数）的气氛进行预氧化，使钢表面形成薄的 FeO 等（$0.1 \sim 1g/m^2$）。然后，在 N_2 气氛中进行熟化处理（maturation）。最后在 N_2-5%H_2（体积分数）气氛中快速冷却到镀锌温度并进入锌锅镀锌。

这种预氧化法，由于首先便形成了 FeO 薄层，它使钢表面无选择性氧化发生，经还原后获得纯铁表面，而 Si、Mn 等元素仅在钢表面的内部发生氧化，而这种内部氧化物不会影响锌液的浸润性。TRIP-Si 和低碳钢的预氧化-熟化-还原过程示意图如图9-10所示。

应用预氧化法在实验室条件下成功地解决了锌液对各种 TRIP 钢的浸润性问题，获得了高质量的镀锌层。

由于在此种退火过程中使用性质不同的气氛，需要设计专门的闭锁装置，以便将退火分隔成几个密封的段。

9.4.3 改善超低碳高强度钢板热镀性的热轧钢热处理工艺

Yoichi Tobiyama 等提出了用热轧钢带在720℃下在氮气气氛中热处理8h的方法解决超低碳高强度钢板的热镀锌层的质量问题。此种热轧钢带热处理法可控制 Si、Mn 等易氧化元素在退火时在钢表面富集及发生选择性氧化。

热轧钢带表面形成的氧化皮由 Fe_2O_3、Fe_3O_4 和 FeO 构成。由于靠近钢带表面的 FeO 在720℃下的解离氧位能比钢表面下部表层的氧位能高，而向钢基体内扩散，并按氧位能

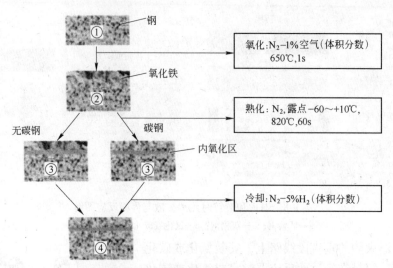

图 9-10　热镀锌前的预氧化-熟化-还原过程（①～④）示意图

的不同，在晶界和晶内分别形成 Fe-Si-Mn-O（$FeSiO_3$、$MnSiO_3$ 等）和 Si-Mn-O（SiO_2、MnO 等）混合氧化物，并由此形成了 Si、Mn 的耗尽区。此耗尽区降低了 Si、Mn 的活性。

经酸洗除去氧化皮后，其内部氧化层仍保留下来，经冷轧后，含 Fe 的晶界氧化物排列成为一个薄层。当此冷轧板在再结晶退火时，Si、Mn 等元素向外部扩散，并与冷轧时形成的薄层状排列的晶间氧化物 Fe-Si-Mn-O 发生氧化还原反应：

$$2FeSiO_3 + Si \longrightarrow 2Fe + 3SiO_2 \tag{9-2}$$

$$FeSiO_3 + Mn \longrightarrow Fe + MnO + SiO_2 \tag{9-3}$$

将扩散的 Si 和 Mn 氧化成为 SiO_2 和 MnO 而固定下来。

同样，$MnSiO_3$ 与 $FeSiO_3$ 一样也对扩散的 Si、Mn 等元素起氧化剂的作用。

这样，钢中的 Si、Mn 等易氧化元素便不能在钢表面富集，从而大大改善了钢的热镀锌性。热轧钢带热处理法对高强钢镀锌性的作用原理示于图 9-11。

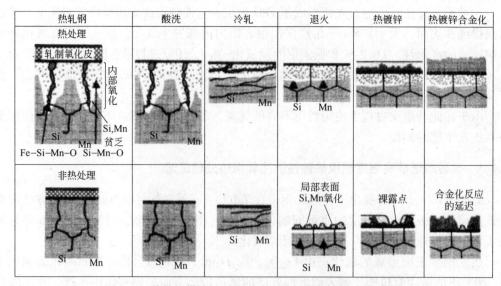

图 9-11　热轧钢带热处理法对选择性氧化和镀锌性的影响

9.5 热镀锌钢板在汽车制造中的应用

9.5.1 汽车用热镀锌钢板的性能要求

汽车用热镀锌板的性能要求如下：

（1）力学性能。在减重、节能的要求下，汽车内外板厚度在不断减薄的同时，要求具有优良的深冲性能、良好的抗凹陷能力和足够的强度，以适应复杂断面的成型加工要求，避免在制造和使用中产生凹陷，并有一定的防冲撞能力。主要力学性能指标体现在：高的塑性应变比 r 值、高的应变硬化指数 n 值、高的伸长率 δ 值、低的屈强比 σ_s/σ_b、低的时效指数（AI 值＝0）和适当的烘烤硬化值（BH 值为 40MPa 左右）等。为满足这些要求，目前常用的钢种材料有 IF 钢、BH 钢、DP 钢和 TRIP 钢。

（2）焊接性能。热镀锌汽车内外板要求镀层有良好的焊接性能，在一定的焊接条件内，必须达到规定的连续焊点数，且焊点周边材料的强度和性能不发生大的变化，保证材料的有效连接。纯锌层的焊接性能差，合金化镀层的焊接性能明显优于纯锌镀层，并且焊极寿命也高出许多。

（3）表面处理和涂装性能。热镀锌汽车板，特别是汽车外板可能要经过除油、清洗、活化、磷化、干燥、电泳、烘烤等表面处理，并要求镀层具有优良的涂装性能和涂漆后的鲜映性。这就对板形和粗糙度有严格的要求。

（4）镀层的附着性和成型性。热镀锌汽车板要求镀层与基体的附着性强，并要求镀层均匀，延展性好，在冲压成型时，无开裂、颈缩、起皱、拉毛、麻点等缺陷，纯锌镀层不发生剥落，合金化镀层的粉化量要少。另外，对防锈油的要求也高，除了具有良好的防锈和脱脂性能外，还要具有优良的润滑性能。

（5）表面质量。热镀锌汽车板特别是汽车外板要求单面无任何影响使用的表面缺陷，达到 05 板的表面质量要求。纯锌镀层表面不得有锌灰、辊印、漏镀点、云状缺陷、擦划伤、沉没辊条纹、气刀条纹等影响使用的缺陷。合金化热镀锌板表面不得有辊印、漏镀点、擦划伤、锌渣、沉没辊条纹、合金化条纹等影响使用的缺陷。对没有清洗设备的冲压生产线还要求板面清洁，不得有铁屑、皮带屑等污物。

（6）耐腐蚀性能。一些国家的汽车板要求 10 年耐穿孔腐蚀，5 年耐外观腐蚀，这也促使各汽车厂改用镀锌板。纯锌镀层的耐蚀性主要与镀层厚度有关，合金化镀层的耐蚀性还与镀层成分和相结构有关。目前各生产厂家主要通过提高镀层厚度、改善镀层配方和合金化等方法达到耐蚀性能的要求。

9.5.2 镀锌钢板用于汽车制造中的比例

钢铁材料具有强度高、易变形、韧性好、易焊接、易涂装、价格也低廉等优势，在轿车制造中依然是占有主导位置的材料。一般钢铁材料用量约占整车用材的 70% 以上。而钢铁材料中，薄型钢板是唱主角。通常一辆轿车薄板成型的零件约为 500～600 件，使用薄型钢板 600～800kg，见图 9-12 和图 9-13。

由图 9-12 还可看出，在一辆典型轿车中，使用镀锌钢板（包括热镀锌和电镀锌板）制作的零件数为 270 件左右，约占整车零件总数的 45%，其中采用热镀锌钢板制钢板制作的零件 236 件，占整车零件的 39%。由图 9-13 显示的情况也可获知，在一辆车中，镀锌钢板（含热镀锌和电镀锌）用量达 557kg，约占整车用钢量的 75%，其中热镀锌钢板用量为 336kg，占整车用钢量的 45%。

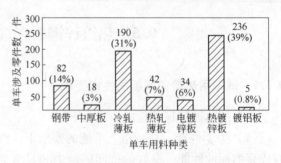

图 9-12　典型轿车单车涉及零件数目直方图
（百分数指各用料占全部用料量的比例）

汽车特别是轿车大量采用镀锌钢板制造零部件，促使汽车用涂镀层钢板在整个涂镀层钢板市场的消费中，占有很大份额。图 9-14 表示了日本 2001 年的统计数据，图 9-14 的数据说明，日本在 2001 年生产的涂镀钢板用于汽车制造的占 39%，位居第一。图 9-15 显示出日本汽车制造业使用涂镀钢板的变化情况。由图 9-15 可看出，日本汽车用涂镀钢板的量和比例都随年份增加，尤其 1989 年以后增加更为迅速。近年发达国家汽车用涂镀层钢板的量急剧上升，已达到约占汽车用薄板用量的三分之二以上。图 9-16 显示出欧洲 12 国（EU-12）1984 年以来用于汽车制造的镀层钢板和裸钢板用量的变化情况。从图 9-16 可看出，热镀锌和电镀锌板逐年增加，而且热镀锌增长速度更快些，增长量也更大些。

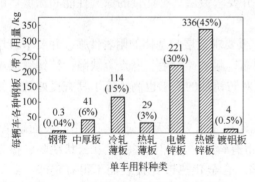

图 9-13　典型轿车单车用钢板量直方图
（百分数指各用料占全部用料量的比例）

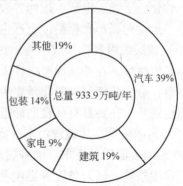

图 9-14　2001 年日本国内需求的涂层
钢板的订货百分比

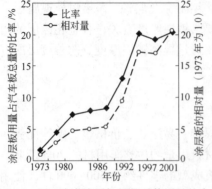

图 9-15　用于汽车涂镀层钢板相对使用量的变化
（引用数据由日本汽车制造协会提供）

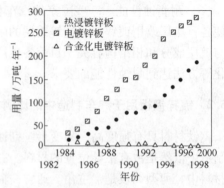

图 9-16　欧洲 12 国（EU-12）1984 年以来用于汽车
制造的镀层钢板和裸钢板用量的变化情况

9.5.3 用于汽车制造中的涂镀层钢板品种实例

热镀锌、电镀锌等涂镀层钢板用于汽车制造中的品种繁多，见表 9-11 和图 9-17。

表 9-11　用于汽车制造中的涂镀层钢板品种

种　类	涂镀材料	制造法	名　称
镀锌板	Zn	热镀	热镀锌钢板
		电镀	电镀锌钢板
	Zn-Al	热镀	热镀锌铝合金钢板
	Zn-Fe	热镀	合金化热镀锌钢板
		电镀	合金电镀锌钢板
		电镀锌 + 退火	合金化电镀锌板
	Zn-Ni	电镀	合金电镀钢板
	Zn-其他		
镀铝钢板	Al	热镀	镀铝钢板
镀铅钢板	Pb-Sn	热镀、电镀	镀铅钢板
镀锡钢板	Sn	电镀	镀锡板
镀铬钢板	Cr、CrO$_x$	电镀	TFS（镀铬板）
涂层钢板	有机树脂	涂层 + 烘烤	彩涂板
	树脂 +（导电剂）	涂层 + 烘烤	可焊接涂层板

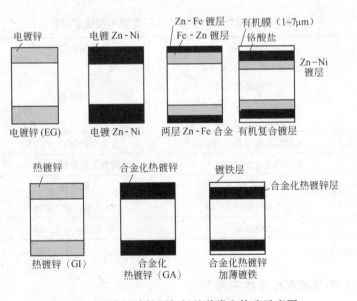

图 9-17　汽车用涂镀层钢板的种类和构造示意图

图 9-18 为用于汽车中的各种涂镀层钢板的耐蚀性能比较。

在我国引进的奥迪、富康、桑塔纳、捷达、标致、夏利、别克、切诺基等以及国，红旗轿车也都分别要求采用不同规格和数量的镀层钢板，见表 9-12。

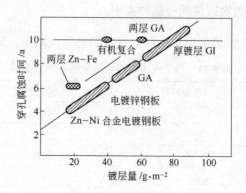

图 9-18　各种涂镀层钢板耐穿孔腐蚀性能及涂镀层板开发方向

表 9-12　中国引进主要轿车生产线用镀层板品种

单面热镀锌 /g·m^{-2}	双面热镀锌 /g·m^{-2}	单面电镀锌 /g·m^{-2}	双面电镀锌 /g·m^{-2}	镀铝板（总量） /g·m^{-2}
45，50，70，100，150，200	45/45，60/60，90/90 或双面总量 90，100，140，150，200，225，275，350，450	20，40，70～90，90～100	20/20，50/50，70/70，90/90 或双面总量 140～160	40，60，120，160，200

表 9-13 列出了美国、日本、德国的几个汽车厂家轿车用镀层钢板的一些实际情况。

表 9-13　国外几个主要汽车厂家轿车用镀层钢板

国别	厂家	外　板	内板及底部零件	镀层板/车身
日本	日产	两面有机复合镀层板每面三层 有机膜厚 1μm 铬酸盐处理层 75g/m^2 Zn-Ni 合金层 20g/m^2	同外板	45%
	丰田	两面电镀双层 Zn-Fe20/20[①]	合金化镀锌 GA45/45	45%
	三菱	单面合金化热镀锌 GA0/45	两面合金化镀锌 GA45/45	30%
	马自达	两面电镀 Zn-Ni30/30	同外板	45%
德国	奥迪	两面电镀锌 53/53	两面热镀锌 70/70	
美国	通用	两面电镀锌 70/70	两面热镀锌 65/65	

①镀层质量，单位为 g/m^2。

9.5.4　镀锌钢板制作的汽车零件实例

如前所述，在一辆汽车数百个零件中，采用镀锌钢板制造的零件数占整车零件数的 45%左右。

除汽车车身面板大量采用各种镀锌钢板之外，汽车中其他一些处于特殊腐蚀环境的零件，也可采用耐蚀镀层钢板制造，表 9-14 列出了几个例子。

表9-14 一些汽车零件采用耐蚀镀层钢板制造的一些实例

汽车零件名称	可采用的镀层钢板	镀层工艺
燃油箱	Pb-Sn	热 镀
	GI	热 镀
消音器及废气排放系统	Al	热 镀
	Al-8%Si	热 镀
	55%Al-43.5%Zn-1.5%Si	热 镀
热反射器	Al-8%Si	热 镀
	55%Al-43.5%Zn-1.5%Si	热 镀
车轮拱板	GA	热 镀
	GI	热 镀
过滤器	Sn	电 镀
	GI	热 镀

* *

思 考 题

9-1 汽车制造对镀层钢板有何特殊要求?

9-2 汽车用热镀锌钢板与电镀锌钢板相比有哪些优缺点?目前汽车用钢板有哪些优质表面涂层?

10　彩色涂层钢板技术

10.1　概　述

早期人们为防止钢制品的锈蚀，对制成品进行一定预处理后在钢制品表面涂以油漆或其他涂料，使表面上形成保护膜，将钢表面与外界环境隔离。但这种制成品的预处理和涂漆，不仅使涂料、化工原料、劳动力和能源等的消耗量变大而且对环境会造成污染。因此，为节约原料、减少污染以及降低制成品成本，而将这种涂饰工序转入钢板生产厂在生产线上进行，也就是在连续生产线上将钢带表面预处理后采用辊涂法涂上有机涂料或油漆，经在线烘烤，使涂料固化附着于钢板表面的有机涂层上。由于有机涂层钢板可制成各种色彩并可压印成各种花纹和图案，因而称为彩色钢板。

彩色涂层钢板是指将有机涂料涂敷于薄钢板表面获得的涂装产品。它兼有有机聚合物与钢板两者的优点。彩色钢板既有塑料、油漆的美观、耐蚀、抗污的优点，又具有钢板的机械强度高和易加工性能，可以很容易地进行冲裁、弯曲、深冲、铆接、焊接等加工的优点，彩色涂层钢板经冶金工厂集中进行生产，从而使薄钢板涂装产品的成本降低了 5% ~ 10%，节约能源 1/6 ~ 1/5，尤其是可以节约钢板表面预处理设备和涂装设备的大量投资。同时，由于集中生产，利于进行涂装生产过程中的环境保护工作。目前，彩色涂层钢板已有 1000 多个花色品种，其应用范围日益广泛。从最初的百叶窗发展到房屋顶板、门窗、天花板、建筑物内外壁及各种装饰板、车船蒙皮、各种容器和包装用材、仪器设备、交通设施、家电用品及办公用品等方面，目前其用途正不断扩大。

有机涂层钢板最早可追溯到 20 世纪 20 年代，1927 年美国建成世界第一条单张板彩涂钢板生产线，之后几年内出现了窄钢带连续彩涂生产线，到 1955 年才建成宽钢带连续彩涂生产线。以后世界上许多国家相继建设这种大型生产线。目前这种大型彩涂生产线约有300 余条，其中北美地区约占 50% 以上，亚洲日本约占 15% ~ 17%，其他分布在大洋洲和南美、东欧等地。世界产量约在 1000 万吨以上。我国 1969 年上钢三厂开始生产单张聚氯乙烯覆膜钢板，1982 年鞍钢开始生产成卷的聚氯乙烯覆膜钢带。

10.2　生产彩色涂层钢板对基板的一般要求

用于生产彩色涂层钢板的基板主要有两种，即冷轧钢板和镀锌钢板。前者作为基板不仅耐蚀性较低，更主要的是在切边处最易锈蚀，从而导致涂料膜层脱落。因此，目前越来越多地使用了镀锌板作为基板。它不仅整体耐蚀性好，而且在切边处，由于锌的电化学保护作用，永不锈蚀，使涂料膜层附着牢固。此外，还有电镀锌钢板、合金化镀锌板及热镀 Zn-Al 镀层钢板、镀锡钢板和无锡钢板（TFS）等。

在上述基板上进行涂敷的目的是对基板进行防腐蚀和装饰。特别要考虑到，用户是在对彩色涂层钢板进行加工后才进行使用的。因而对生产彩色涂层钢板所使用基板的要求，应从以下几方面考虑：一是基板的板形状态要有利于彩色涂层钢板生产过程中各工艺程序的进行；二是基板的表面状态有利于实现或保证彩色涂层钢板的表面质量；三是基板的机械加工性能满足彩色涂层钢板对各种机械加工性能的要求；四是基板具有良好的耐腐蚀性能。

10.2.1　板形

生产彩色涂层钢板时，要求基板必须有良好的板形。这是因为，现代化的彩色涂层钢板生产线，生产速度较高，对带钢的导向和对中要求高。而平直度差和"镰刀弯"较大的带钢，在高速度的生产线上运行时，会给带钢的导向与对中带来很大的困难。同时，使用板形差的基板时也不会得到涂膜均匀的产品，甚至于在带钢的边缘或局部造成漏涂而产生废品。在生产双面涂层的产品时，更要求带钢具有良好的板形。当带钢进行表面涂敷时，由于有支持辊的支撑，带钢在横向上也较平直，涂料涂敷的效果也比较好。而在对带钢背面进行涂敷时，由于带钢的一面已经涂上了涂料，但尚未干燥固化，不能用支持辊将带钢挤住。因此在生产彩色涂层钢板时，如果基板的板形较差，就会使带钢的边缘甚至于局部出现漏涂现象。所以对基板的宽度公差、"镰刀弯"和不平度都有一定的要求。

一般钢板不平度的测法是，将钢板自由地平放在平台上，不附加任何压力，将钢尺放在钢板上，测量钢板与钢尺间的最大距离。

为了使基板符合彩色涂层钢板生产的要求，所有用作涂层基板的产品在生产中都要进行拉伸矫直。此外，在许多彩色涂层钢板生产机组的入口段部位也设有平整或矫直设备，以便获得好的板形。

10.2.2　耐腐蚀性

生产彩色涂层钢板主要是为了增强钢板的耐腐蚀性和装饰性。彩色涂层钢板表面的涂层，自身具有较为完整的膜，能够隔绝钢板与环境的接触，同时彩色涂层自身也具有较好的抗老化性能，已经具有了较好的耐腐蚀能力。

但是，彩色涂层钢板的表面虽然经过涂层，在正面甚至是两次涂料的涂敷（乃至三次），仍不能消除贯穿涂层的气孔。也就是说，在微观上涂层并不能绝对地避免环境对其基板的作用，钢板仍将产生腐蚀。另外，绝大多数的彩色涂层钢板都是在经过成型加工后才使用的。加工过程中，在受力变形较为严重的部位，容易产生裂纹。还有，随着使用时间的推移，彩色涂层钢板表面的涂料层中的有机高分子聚合物也将逐渐老化，出现粉化、龟裂、剥落，使基板失去了彩色涂层的保护。当出现上述情况时，自然是使用耐腐蚀性能良好的基板的彩色涂层钢板使用寿命更长。

在生产彩色涂层钢板时，使用的基板有冷轧钢板、热浸镀锌及其合金类钢板、电镀锌及其合金类钢板，也有镀锡钢板和 TFS（tin free steel）。一般说来，它们的耐腐蚀能力的顺序是：冷轧钢板<镀锡钢板<TFS<电镀锌钢板<热浸镀锌钢板。

10.2.3 表面状态

为了体现彩色涂层的装饰性能，对彩色涂层钢板的表面质量有着严格的要求。因此，基板的任何表面缺陷或对彩色涂层钢板产品的表面状态有不良影响的表面，都被认为是不能接受的基板。诸如：基板表面的锈蚀、结瘤（颗粒）、漏镀、夹杂、厚边、划痕、气泡、边裂、穿孔、裂纹等，都在不能使用的范围之内。

10.2.4 加工性能

由于彩色涂层钢板是在加工后使用的，所以基板必须有良好的机械加工性能，同时还要考虑焊接性能。所使用的基板在机械加工和有关性能方面，都应符合对彩色涂层钢板产品性能中有关的规定；而且要在经过 200~300℃ 加热后，仍能达到在诸如弯折、深冲、冲击等方面的标准指标。在生产前，要对所用的基板进行这方面的抽检，以保证彩色涂层钢板产品的相关性能。

综上所述，生产彩色涂层钢板时使用的基板，要通过合同约定、目测认定、抽样检查、性能检验等多种方法来保证，其性能质量必须符合以上四个方面的要求。

10.3 涂装钢板生产工艺

10.3.1 预处理方法及涂料类别

10.3.1.1 预处理方法

彩色有机涂装钢板不仅要有美观、耐蚀、抗磨等性能，而且还应具有良好的成型性，能经受剪切、冲孔、钻孔、深冲、拉拔、折卷、焊接、黏合、铆栓时对涂层的损害。为了达到上述的综合性能，不仅要求涂装材料的性能优良，而且要求涂装材料与钢板表面具有良好的附着性。因此钢板在涂装前的预处理是十分重要的工序。

前已述及，对热镀锌钢板的预处理以磷酸锌为主要磷化膜是最合适的，然而在早期采用铬酸盐钝化预处理及碱性氧化物预处理的较多。前者因为环境污染问题，目前基本上舍弃。后者曾是广泛采用的方法，它采用含有钴、铁、镍等的碱性溶液进行预处理，形成的膜层由含有铁、钴或镍等重金属离子的氧化锌构成，该膜层的形成机制尚不清楚，然而它能有效地抑制腐蚀。

钢带的预处理首先是碱洗脱脂，碱洗液为以 NaOH 为主添加 Na_2PO_4、Na_2CO_3 的 70℃ 水溶液（内添加表面活性剂以清除矿物油），以高压（0.3MPa）喷射方式进行高效率脱脂。

这种液态清洗剂有利于用计数泵或电磁阀配合电导控制器进行自动配料。这种连续不断地添加少量化学剂的配料方法能使清洗液保持最佳的成分，减少药品的浪费。

脱脂后进行磷化处理。镀锌板通常采用磷酸二氢锌为主的磷化液进行磷化处理，其中添加促进剂和催化剂（NaF）加速磷化及形成微细的磷酸锌结晶。其总反应式为：

$$Zn(H_2PO_4)_2 + 2Zn + O_2 \longrightarrow Zn_3(PO_4)_2 + 2H_2O \qquad (10\text{-}1)$$

　　磷化液的成分、处理工艺条件对磷化膜的结构、致密性及厚度有大的影响,磷化膜厚度与涂装钢板的性能有直接关系。磷化膜越薄弱,成型性越好,但耐蚀性及涂装面的光泽度越差。一般将磷化膜控制在 $1 \sim 1.5 \mu m$。

　　为提高磷化处理效率,同样采用高压下喷射法进行,它比浸渍法快许多倍。在预处理线上采用电导率自动控制系统来监控工作液体的浓度,并配合使用泵和电磁阀进行自动控制。

　　预处理后用热风吹干磷化膜层,进入涂料涂覆工序,对于液态涂料通常采用辊涂法涂覆。

　　为了达到良好的涂装膜层的附着性,涂装钢板必须有一定的结构(图10-1)。

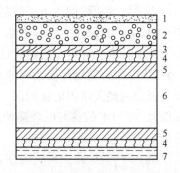

图 10-1　彩色涂装钢板涂层结构示意图
1—可剥性护面膜(500~1000μm);
2—涂料(50~100μm)或漆(10~25μm);
3—底漆或助黏剂(5~10μm);
4—磷化膜(约1μm);5—镀Zn层;
6—钢基;7—保护漆

10.3.1.2　涂料类别

　　用于有机涂装钢板的涂料有两种:底层涂料(也称底漆)和面层涂料(也称面漆)。底层涂料主要由树脂和铬酸盐防锈颜料构成。铬酸盐防锈颜料为铬酸锶、铬酸锌等,具有一定的水溶性。可使铬酸盐离子吸附于钢表面,从而可使原来的磷化膜更加致密,并可抑制腐蚀的扩展。它们在涂装层的损坏部位可提供铬酸盐离子(Cr^{6+}),从而抑制腐蚀的进行。

　　对底层涂料的成分加以调整可以改善涂装层的黏结性、覆盖性及焊接性。

　　对于底层涂料,通常采用耐碱性并对金属附着性较强的环氧树脂。这种底层黏附性好,可防止涂装层的脱落。但它们的耐候性和耐磨损性较差,对太阳光线和紫外线敏感,容易变质分解,导致其自身的脱落。这需要面层涂料来隔离太阳光和紫外线,同时使涂装层具有良好的综合性能。

　　面层涂料大致有4类:富锌漆料、液体涂料、薄膜和可剥离薄膜。然而大量使用的是液体涂料,液体涂料的分类如下:

　　(1)热固性涂料,如醇酸树脂、硅改性丙烯酸酯、环氧树脂、硅改性聚酯等。

　　(2)热塑性涂料,如聚氯乙烯、聚乙烯聚合物、聚氟乙烯、聚偏二氟乙烯等。

　　在上述面层材料中,应该说聚偏二氟乙烯涂装层的综合性能最好,其涂装层的物理性能和力学性能如下:

熔点/℃	158~160
定形温度/℃	150
抗拉强度/MPa	43.6
断裂伸长率/%	300
冲击功(无切口试样)/J	19.6
肖氏硬度	75
抗磨强度(按 ASTM D968)	100~120L/25μm(沙子)
易燃性(按 UL94)	V-0

　　这种含氟涂料的英文缩写字为 PVDF 或 PVF_2,于 1963 年开发出来,到 1983 年使用量

扩大到 7%~8%。几乎所有的液态含氟聚合物涂料的主要成分均为聚偏二氟乙烯的聚合物。

这种含氟的聚合物的典型特征是碳-氟结合的化合物。由于氟的特殊的原子结构，其与碳形成强劲的化学键。由于氟的原子微小以及具有高的电磁性，其键能达到 462kJ（相当于 110kcal）数量级。其分子结构的长度比其他涂料化合物短得多。这样，就使这种相对小的分子具有一种内在的稳定性，从而显示出上述的优异的综合的物理和力学性能。

将 PVF$_2$ 聚合物用热塑性丙烯酸盐调制并添加不退色颜料及一些添加剂，就可获得用于金属表面的经久耐用的保护层。这种涂层有很高的化学稳定性，优异的力学性能和抗紫外线能力。PVDF 的良好的性能使之能抗粉化、风化、变形、退色、污垢及黑斑，并抗菌类生长。

使用 PVF$_2$ 做涂装面料时应注意：（1）添加的颜料必须具有相应的覆盖性，能抵抗紫外线照射，从而才可保护底层；（2）金属表面的预处理方法和质量应保证；（3）镀锌层表面质量及合金层质量需保证。

由于 PVF$_2$ 的优异性能，它也被广泛用于电气设备及化工设备上。

10.3.2 涂装钢板的生产工艺

10.3.2.1 生产彩色涂层钢板的一般工艺流程

彩色涂层钢板的生产工艺流程与生产设备一样，取决于一个工厂目标产品的类型。所以每个工厂的工艺流程都可能有自己的特点，但也有相当大的共性。大体上包括：开卷清洗、预处理、涂覆涂料、烘烤固化、冷却卷取。有时为了增加装饰性，还设有印花、压花工序。这些复杂的工序是在连续的涂装机组上完成的。宽钢带的现代化连续机组结构也十分复杂，见图 10-2。

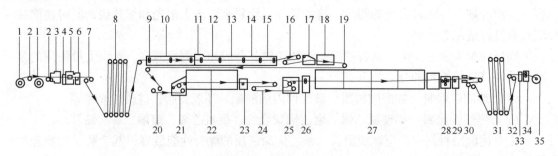

图 10-2　宽钢带连续涂装机组示意图

1—开卷机；2—导向装置；3—矫直机；4，33—剪切机；5—焊机；6，34—压紧辊；
7，20，32—张力辊；8—进口活套；9—挤干辊；10—碱洗脱脂；11—刷辊；12—热水清洗；
13—磷化处理；14—冷水清洗；15—后处理；16，24，30—对中张力辊；17，21—涂底漆；
18，22，27—烘烤炉；19—转向辊；23，29—冷却装置；25—涂面漆；26—涂清漆；
28—压花与薄膜黏合辊；31—出口活套；35—卷取机

各种类型的机组的结构和技术参数不尽相同。卷重一般在 5~15t，机组速度多为 10~60m/min。现在随着各工序的不断改进技术，各工序的完成速度大大提高，因而目前现代化大型涂料机组的速度可达 200m/min 以上。涂层厚度（干膜）控制在 3~400μm（进行一次、二次、三次涂覆），视需要而定。

目前一般习惯用彩色涂层钢板生产过程中涂敷或烘烤固化的次数来表示彩色涂层钢板生产工艺的型式，如一涂一烘、二涂二烘、三涂三烘乃至四涂四烘。目前采用二涂二烘（热风加热）型生产工艺的占绝大多数，一涂一烘型的已被淘汰，四涂四烘型的也极为个别。

本节以二涂二烘的生产工艺为主进行介绍。

当使用冷轧钢板作为基板时，生产工艺流程是：

开卷→剪切→压毛刺→缝合（或焊接）→预清洗→张力辊→入口活套→刷洗→脱脂处理→清洗（→表面活化）→磷化处理→清洗→铬化处理→吹干→涂料涂敷→烘烤固化→空气冷却→水冷→吹干→二次涂料涂敷→二次烘烤固化→空气冷却（→复层→压花→印花）→水冷→吹干（→拉伸矫直）→张力辊→出口活套→张力辊→涂蜡（或覆膜）→卷取。

当使用镀锌类基板时，表面处理有所不同，即在脱脂处理和水清洗后进行表面活化和调质处理，在此前后的其他工艺大体相同。

生产高档产品时采用三涂三烘工艺：

开卷→剪切→压毛刺→缝合（或焊接）→预清洗→张力辊→入口活套→刷洗→脱脂处理→清洗（→表面调整）→磷化处理→清洗→铬化处理→烘干→涂料涂敷→烘烤固化→空气冷却→水冷→烘干→二次涂料涂敷→二次烘烤固化→空气冷却→水冷→烘干→三次涂敷→三次烘烤→空气冷却（→复层→压花→印花）→水冷→吹干（→拉伸矫直）→张力辊→出口活套→张力辊→涂蜡（或覆膜）→卷取。

10.3.2.2 工艺流程的简要说明

为了便于和其他薄带钢加工处理生产工艺进行比较，并节约叙述的篇幅，下面将彩色涂层钢板生产工艺流程和设备分作入口段、工艺段、出口段。

A 入口段

原料板卷由上卷小车从原料间运至开卷机旁，通过液压式抬升装置将原料卷抬升、横向移动，然后由电力驱动开卷机悬臂式芯轴进入板卷。当开卷机棱锥进入板卷后，电力驱动其长径，完成上卷。上卷后，带钢在压辊的帮助下，经过入口夹送辊进入入口支撑台。后由夹送辊导入入口剪切机，由下切式剪切机在液压驱动上剪刀切下带钢的头部，使切后的头部的厚度、板形符合生产对基板的要求。切下的废料由料斗车运走。

切头后带钢进入缝合机（或焊接机），与切尾后的前一卷带钢对中、重叠，根据工艺要求缝合 1~3 道（使用焊机进行连接时，也是先进行对中，重叠或对齐后施焊）。与此同时，在接头的前方的中部冲出一圆孔，一般其直径为 25~50mm 左右，以便于后面工序利用光电装置进行识别，用于发出对中或抬辊的指令。

连接后的带钢进入预清洗槽，带钢经过刷洗、碱洗以除去带钢表面的油脂、泥垢等。在进入清洗槽之前，带钢经过对中装置时，由冲孔引发的指令使衬胶辊抬起，以避免划伤胶辊。带钢在碱洗槽经过刷洗、喷淋后经过一对挤干辊，挤掉带钢表面上的碱液，这样既可以防止碱液的流失，还可以减少下一工序的负荷。经过挤干后的带钢进入热水冲洗槽，用热水冲洗，除去残液，再经过挤干，进入热风机吹干，再通过 S 形张力辊进入入口活套。活套中的带钢储量，一般为 2~3min 的生产用量。带钢在通过入口活套后，经过张力辊和对中装置，进入工艺段。

　　B　工艺段

　　工艺段由碱洗脱脂处理开始，带钢进入工艺段的碱洗脱脂处理之前，由于冲孔引发的指令使胶辊抬起，让过带钢接头，对带钢进行刷洗及喷淋，根据各个机组的速度选择不同的碱洗槽长度，也有的重复设置几个碱洗槽，带钢在碱槽的出口处经过挤干辊，挤净碱液，进入水洗槽，经清水冲洗、挤干，进入表面处理槽。对于冷轧钢板，则进行磷化处理（对于镀锌板则进行活化处理或表面调整处理），经过表面处理的带钢再一次经过水洗和挤干，然后进入铬化处理槽进行喷淋式处理（如果使用辊涂法进行铬化处理，则在水洗后吹干，进行辊涂），完成全部表面处理后的带钢，经过热风吹干后经过对中，进入辊涂机进行涂料的涂敷。

　　对于一般不要求两面进行双涂的产品，带钢在初次涂层时是涂敷正面的底漆，当带钢接头临近辊涂机时，带钢中部的冲孔引发指令，辊涂机在汽缸驱动下快速后退，在让过带钢接头后，又快速复位对带钢进行涂料涂敷。涂敷了涂料的带钢进入烘烤固化炉，这时带钢和它上面的涂层逐渐升温，在升温过程中涂膜中的溶剂逐渐挥发（使用塑胶涂料时不同），直到升温至涂料中树脂进行交联反应所需的最低温度，并维持一定的时间。带钢在离开热风加热后进入空气冷却段开始降温，同时继续前行进入水冷段，这时对带钢进行喷雾和喷淋降温，带钢开始与支持辊接触，并进行挤水和吹干。这时经过一次涂敷和烘烤后的带钢返回第二架辊涂机，由正、背两面的涂料涂敷辊对带钢的两面同时进行涂敷，而后继续前进经烘烤、空气冷却、水冷、烘干，经张力辊进入出口活套。

　　在生产不同的产品时，工艺段的流程可能有所不同。

　　在生产三涂三烘的高档产品时，带钢在经过二涂二烘、水冷、烘干后又再次返回至第三台辊涂机，进行第三次涂料的涂敷和烘烤，然后继续下行直至进入出口活套。

　　当在设有压层薄膜设备的生产线上生产复层产品时，带钢经过表面处理以后，越过第一台辊涂机，至第二台辊涂机时，先在带钢表面上涂敷胶黏剂（如进行单面覆膜时，则在带钢背面涂背面漆），胶黏剂经过烘烤炉加热活化后，进入覆膜机，将薄膜压合，然后进入水冷槽降温。在吹干后经张力辊进入出口活套。

　　如果生产线上设有印花机时，可以用来进行印花的彩色涂层钢板生产。这时经过二次涂敷后并经过烘烤固化的带钢，在风冷后，能通过印花机在表面印花，然后继续下行。

　　在设有印花机的机组上，可以对较厚涂层产品进行压花加工。经过烘烤的热塑性涂层，在经过有限的降温之后通过刻花的压花辊，进行压花并尽快进行冷却，以免压痕消退。

　　C　出口段

　　带钢在通过出口活套后，已基本完成彩色涂层钢板的生产过程。通过活套的带钢经过张力辊后，进行涂蜡（或覆保护膜）处理。如果涂蜡时使用的是水溶性的蜡液，在涂蜡后还要经过一次热风吹干，采用涂蜡或是复层可剥性保护膜则根据合同进行。最后带钢在边缘控制系统的调节下完成卷取，而后在出口剪切机处将带钢卷的接头切除，捆扎卸卷，由送卷小车运至包装台。

10.3.3 涂料涂敷后的固化成膜

使用涂料的目的是获得具有预期的防腐蚀性能和装饰性能的涂膜。在涂料被使用之前，要求它具有在相当长的时间内保持稳定状态的性能。但是在它被涂敷之后，则希望它能按照施工要求干燥固化，形成良好的涂膜。从涂料的总体来讲，在涂敷后固化成膜都要有一个过程，并按照相应的机理进行。

对于交联固化型的涂料，在涂敷后，引发交联反应尽快地固化成膜的方法有多种。例如使用电子束扫描、紫外线照射、加热（红外线、电磁感应、热风）等。

对于选用何种方式方法，首先要根据使用涂料的性质。例如对于电子束、紫外线光照射的固化涂料，只能用光电这一类的方法，采用相应的设备来进行。

对于可以用加热固化的这一类型的涂料，则可以根据实际情况（如能源、燃料、场地等）来进行选择，采用热风、红外线、电磁感应等加热方式。

10.3.3.1 电子束扫描固化

使用电子束对涂膜进行扫描以使涂膜中的有机化合物发生交联或聚合反应而固化，是一种较好的方法。使用这种方法时，涂料中可以不含有机溶剂。这种固化方式需要的时间少（1~3s），钢板不需要加热也节约了能量，设备投资也少。但是采用这种固化方式时，必须使用那些在紫外光线照射下能进行聚合反应或交联反应而固化的涂料。另外，由于电子束是由外层向内层穿透的，因此当涂层较厚时，则会出现涂层固化不完全或涂层对钢板附着力较差的现象。但是目前这种方法只在小型设备上获得了成功，还未见在大型涂层钢板生产机组上使用的实例。

10.3.3.2 使用紫外光线进行固化

对于能在紫外光线作用下固化成膜的涂料，可以使用紫外光线对其进行照射，引发交联反应使之成膜。

使用的紫外线光源可以是高压水银灯、超高压水银灯、激光、金属卤化物灯（如碘灯、氙灯等）。

不同的光源，各有其特点。高压水银灯，强度偏向于短波长一侧。有利于表面膜的固化。超高压水银灯，强度偏向于长波长一侧。穿透力强，有利于厚膜或有色膜的固化。激光和氙灯的光源小，要布成点阵使用。

相同波长的光对不同颜料的涂料的透射率不同。对于相同的颜料，当涂料中所含的颜料浓度不同时，光的透射率也不同。紫外光的穿透能力是有限的。当使用不同波长的光时，对涂膜的穿透能力也不同。例如：对蓝色的膜，在波长为 340~700 nm 时，测得的透过厚度小于 $9\mu m$，只是在膜厚为 $5~6\mu m$ 的范围内时才能很好地硬化。另外，紫外光线的透射能力明显地受空气中氧的阻力的影响。

带钢表面涂敷涂料之后，在表面形成一层液态的涂膜。虽然由于挥发表面积的增大，涂料中有机溶剂的挥发量也增大，但是大部分有机溶剂仍未完全挥发。为了使涂层最终能形成符合要求的薄膜，需要进一步对它进行加热，在较短的时间内使涂膜中的有机溶剂完全挥发，并使涂料中某些成分之间经过聚合或交联反应而固化成膜。

10.3.3.3 红外线加热固化

利用红外线加热的方法中，有直接燃烧红外线加热和电红外加热。

　　直接燃烧红外线加热是采用可燃气体，通过红外线烧嘴燃烧，放出红外线对钢板进行烘烤加热，使钢板在行进过程中的温度逐渐升高，涂料中的溶剂逐渐挥发，然后涂料交联固化。

　　采用这种方式的优点是设备简单，投资少。但是缺点较多，主要是应用可燃气体直接燃烧，进行明火加热，不利于防火，燃气内的杂质如灰尘和硫化物等经燃烧后的废气都直接与涂层表面接触，将影响表面的色泽和质量。另外直接加热温度不易控制，温度调节不灵敏，增加了由烘烤（特别是停车时）造成的废品率，因而这种方式很少采用。

　　采用电热红外线加热方式，虽然比采用直接燃烧红外线加热的废气污染少，但仍然存在着不安全、效率低、耗电量大等缺点，所以目前也很少采用。

10.3.3.4　电感应加热固化

　　电感应加热固化是一种较新的加热技术。这种方式是带钢通过由高频线圈产生的高频电场时，由于产生涡流而使带钢升温。带钢可在 1s 左右的时间内由室温升至所需的温度，整个加热固化时间只需 10s 左右。这样就大大地缩短了加热固化时间和加热炉的长度。采用这种方式加热速度快，设备投资少，温度升降易控制调整。即使机组停车时，虽然机组无活套装置，炉内的带钢也不会因过热而将涂层烧焦成为废品。另外，采用这种电热方式，几乎全部电能都转化为热能，所以它的热效率高。由于炉子短，体积小，回收涂膜在炉中挥发出有机溶剂变得更加容易。特别是在加热固化的过程中，热量由内向外传递，使溶剂的挥发充分，涂膜内层固化充分，附着力较好。

10.3.3.5　热风炉加热固化

　　现有的彩色涂层钢板生产机组大多采用热风式加热固化炉进行涂料的固化。它一般是使用液化石油气、煤油或脱硫后的焦炉煤气、混合煤气作为燃料。燃烧后通过热交换器将空气预热，预热后的空气作为热量的载体被风机送入固化炉，对带钢进行加热。这种加热方式所用的燃料可以根据实际情况选择。

　　使用热风进行加热的炉子绝大多数都是水平（卧式）直通式的。一般炉子按温度分作四个或五个区段，各段的温度不同（向各段输送的热风温度也不同）。

　　一般第一段的温度在 100~150℃，这一段加热速度不宜过快，它主要是使有机溶剂挥发。实际上在带钢离开辊涂机之后进入烘烤炉之前的一段距离内（一般为 4~6m），有机溶剂已在挥发。在带钢进入烘烤固化炉之后，带钢升温的速度过快，则涂膜表面溶剂挥发变快，内层的溶剂沸腾形成气泡不易逸出，因而可能形成鼓泡、气孔等而造成表面缺陷，影响产品表面质量。

　　带钢在前进的过程中不断升温，溶剂逐渐挥发，当温度上升到涂料固化所需的温度时，带钢的升温速度变慢，直至温度恒定，并维持涂料进行化学反应所必需的一段时间。这时带钢的温度一般不超过 250℃。

　　在烘烤固化炉中，热风由带钢的上、下方通过热风箱的喷嘴吹向带钢。送热风时，上下喷嘴送风的压力可以不同。

10.3.3.6　几种固化方式的比较

　　针对不同的涂料，有电子束固化、紫外线固化和加热固化方式。各种方式有不同的针对性和特点。表 10-1 是对三种固化方式的对比。

表 10-1 三种涂料固化方式的比较

项　　目	电子束（EBC）	紫外线（UVC）	加热炉
建设费	生产线速度高时有利	生产线速度低时有利	中间
固化炉长度/m	10	10~30	30~100
切换操作（ON-OFF）	可	可	不可
气氛控制	需要	需要或不需要	不需要
气氛温度/℃	室温	40~80	80~250
固化时间/s	≤1	>1，≤10	<10
涂于不耐热的表面	可	可	不可
涂隐蔽性的磁漆	可	不可	可
催化剂	不要	要	有时要
涂料固体质量分数/%	90~100	90~100	35~65
溶剂量/%	0~10	0~10	80~100
涂敷时挥发分/%	<20	<20	60~80
环境问题	X线、臭氧	紫外线、少量臭氧	放热、溶剂
环保费用	小	小	大

10.4　复层及压花等后处理工艺

将有机高分子聚合物或预聚物，制成液态（也可以是固态的粉末）的涂料，涂敷于金属基板表面，然后再利用热能或其他形式的能量使它固化成膜。而后利用这些高分子聚合物——塑料薄膜所具有的优异性能来达到防腐蚀和装饰的目的。这就是生产彩色涂层钢板的实质。

在生产涂料的过程中，有许多情况是属于将生产塑料的半成品或原料用溶剂分散成液态，而后在交联反应的同时去除溶剂，使其成为固态的塑料薄膜。如果能够将不同的塑料薄膜直接复合在基板上，生产出表面覆有塑料薄膜的钢板，以此来代替涂料的涂敷固化工艺过程，将有着许多优点。

（1）塑料薄膜的生产过程中，工艺条件比较容易控制，可以得到性能较理想的塑料薄膜。与涂料的涂敷、固化工艺相比，涂料的固化条件难以严格控制。会由多种原因导致色差、发花、起泡、缩孔、针孔、皱纹、漏涂等多种质量缺陷。

（2）直接使用塑料薄膜进行复合，与使用液态涂料相比，可以极大地减少有机溶剂的消耗。

（3）可以节约能源有利于环保。

（4）可以不受涂敷、固化工艺条件的限制，使用较厚的塑料膜，以获得覆有较厚塑料膜的产品。

（5）可以在塑料薄膜表面预先进行印花，甚至可以将花纹图案预先印在塑料薄膜的内面，获得更好的装饰效果。

这些优越性促进了对复层产品的开发。首先是开始于用聚氯乙烯塑料薄膜在钢板上的复层产品。1954 年美国 RUBBER 公司首先使用连续辊压复层工艺，生产出了聚氯乙烯复层板。在欧洲，英国最早于 1957 年开始了利用连续生产线生产聚氯乙烯（PVC）复层钢

294

板。在日本，1957 年由塑料生产的复层产品最先出现于市场，至 1978 年产量达 3.3 万吨，占 PVC 涂层钢板总量的 19.4%。我国 1969 年开始生产 PVC 塑膜复层钢板，具有年产 1 万吨的能力。

聚甲基丙烯酸树脂有着良好的耐候性和透明性，自 1936 年即开始生产树脂板（有机玻璃）应用于航空业。美国 ROHM&HAAS 公司于 1965 年开始试制薄膜产品，并于 1967 年用于复层板生产。

10.4.1 复层钢板的一般生产工艺

复层钢板是把所需要的薄膜复合于带钢表面而得到的产品。这种薄膜可以是聚氯乙烯（PVC）膜、聚氟乙烯膜、聚甲基丙烯酸薄膜、石棉沥青膜、不同树脂的复合膜以及木材膜和纤维织物层等。

在连续的彩色涂层钢板生产线上，可以通过在生产线上增设复层辊压设备来进行复层钢板的生产，这样就可以在同一条生产线上生产多种产品。在生产复层钢板时，在精涂机上进行胶黏剂的涂敷，胶黏剂的干膜厚度控制在 $5\sim20\mu m$。然后在烘烤炉中进行活化，塑料膜卷在开卷后经过转向和展平，被层压辊压合在带钢上，经冷却到 50℃ 时就可以卷取。

生产复层钢板也有专门的复层钢板生产线。带钢在经过表面清洗和表面化学处理后，在表面涂敷胶黏剂，进行加热活化，使用与上面所述的设备层压覆膜。

覆膜采用的复合机的工作原理如图 10-3 所示。在生产薄膜复层钢板时，使用第二号涂层机（精涂机）对带钢表面涂敷胶黏剂。带钢在涂敷胶黏剂后进入烘烤炉中活化，然后使它经过适当的空气冷却，降至一定温度，在一定的板温下进行覆膜。板温的控制是根据所覆的有机薄膜或使用的黏结剂来确定的。例如使用有机薄膜时，聚氯乙烯（PVC）膜为 150℃，聚氟乙烯膜为 195~250℃，丙烯基膜为 200~230℃。

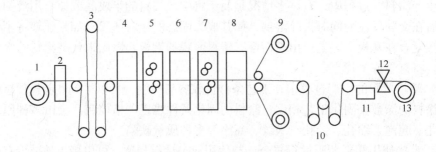

图 10-3 复层机组示意图

1—开卷机；2—焊接机；3，10—活套；4—预处理；5，7—辊涂机；6，8—固化加热炉；
9—复合机；11—检验台；12—剪切机；13—卷取机

在层压复合后需要很快地冷却，所以从复合辊到冷却装置的距离不宜过长，一般为 1.5 m，在炉子的出口与冷却装置之间不设支撑辊。因为带钢在炉内受热而展宽，突然遇冷而收缩，以及辊子不断升温，都会对膜层造成划伤或印痕。因此首先进行空气冷却缓慢降温。

复层辊的下辊采用液压压上，为了使薄膜附着得牢固，复合辊对薄膜和带钢有一定压力。在复层时，复合辊的压力一般在 50~300N/cm 带宽。根据膜的不同，压力也有所不同，例如有的资料介绍，在使用聚氯乙烯薄膜时，压强为 0.4~0.9MPa，使用聚氟乙烯薄膜时，压力为 50~350N/cm 带宽，使用丙烯酸薄膜时，压力为 100~150N/cm 带宽。辊缝的调节由下辊的升降来实现，在复合辊前设有一个接头探测器，当接头到来时发出指令，下辊下降让过接头后再回升到原位。

薄膜在通过复合辊（也称层压辊，故复层板有时也称层压板）与带钢之间时，被压在带钢表面，为了保证全面受力而采用衬橡胶的钢辊。由于带钢有一定的温度，一般采用的是衬有机硅橡胶的钢辊。这是因为硅橡胶既具有较好的弹性，又具有较好的耐热性能，不易发生胶层自辊芯上脱落的现象。为了使辊子不致发热，辊芯要通水冷却。上下复合辊均无传动，而是靠带钢同步拖动。

复层使用成卷的薄膜时，机组使用薄膜开卷机。一般配备两台开卷机分别对带钢的两个表面供送薄膜。因此，可以生产出单面覆膜、双面覆膜以及双面同时复合不同种类或颜色薄膜的产品。

为了防止空气被带入带钢与薄膜之间形成气泡和影响黏合，在生产时尽量增大薄膜与复合辊的夹角。薄膜与复合辊的夹角最好为 8°，对于较厚的薄膜，夹角也可以大一些。

为了防止薄膜发生折皱，应使薄膜平整地复合在带钢上，薄膜在进入复合之前要经过一个展宽辊。实质上，展宽辊是一列圆盘穿在一个带弹簧轴芯上的挠性辊。它的外面套有一个橡胶套筒。展宽辊可以随薄膜的带形相应变化，避免薄膜起皱。另外在辊子外表有向外侧的螺纹状的细刻槽，这样利于挤出薄膜与辊子间的气体，使膜形更加平整。

另外，为保证薄膜的黏附力，黏结剂的活化温度要严格地控制在工艺要求的温度范围之内。温度过低不能很好地活化，温度过高会使胶黏剂老化，这些因素都将降低薄膜的附着力。

10.4.2 涂层的印花与压花

带钢经过二次或多次的涂敷、烘烤固化以及最后一次冷却之后，根据用户的要求或是储运的需要，还要进行一些后处理加工，如进行印花、压花、涂蜡、复层、平整等工艺处理。

通过这些加工，可以进一步提高产品的防腐或装饰能力，改善加工性能，在储运过程中减少污染或划伤。

10.4.2.1 彩色涂层钢板的印花工艺

涂层后的钢板，为了提高装饰性能，有的在表面涂膜上印出花纹和图案，如木纹、布纹、几何图案、石纹等。为此，涂层后的带钢再通过印花辊或印花机进行印花或套色印花，最后将印花的色浆烘干。

将花纹印在带钢上，一般是采用转印的方法。其工作原理如图 10-4 所示。

为了将花纹印到彩色涂层钢板的涂膜上，首先要选好所需花纹或图案的样板，然后通过照相、刻蚀，将花纹刻蚀在紫铜辊上，形成凹型花纹。为了增强带

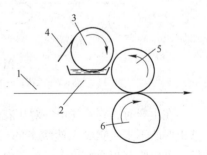

图 10-4 印花机工作原理示意图
1—带钢；2—色浆槽；3—刻花辊；
4—刮刀；5—转印胶辊；6—支撑辊

有花纹的紫铜辊表面的硬度和耐磨性能，在表面上电镀一层铬，即成为印花用的花（纹）辊。

进行印花时，印花辊从盛色浆的料盘中蘸取色浆。然后由刮刀将花辊上除了凹陷的花纹之内的涂料以外的所有多余的涂料全部刮掉。当花辊与转印胶辊接触时，凹纹中的色浆转移到了转印胶辊的表面上。由于胶辊有一定的弹性并被施以一定的压力，从而保证了色浆的转移和花纹图案的完整。当转印胶辊与带钢表面接触时，花纹就被印在了带钢表面上。经过烘干，在带钢表面上就形成了牢固清晰的花纹。

彩色涂层钢板表面印花设备，有的设在涂层钢板生产线上，在表面完成了涂料涂敷，经烘烤固化并冷却到一定温度之后进行印花。在生产上也有在单独的机组上进行印花的。这种单独进行印花的机组比较简单，只有一台开卷机、一台印花机、一台烘干器和一台卷取机组成。这样的单独设立的印花机组的工作效率比较高。

10.4.2.2　彩色涂层钢板的压花工艺

彩色涂层钢板进行压花与印花一样，都是为了提高彩色涂层钢板的装饰性能，并增加其表面花纹的真实感。

压花的彩色涂层钢板产品一般有两种：一种是只对钢板表面的涂膜进行压花；另一种是对包括基板在内的成品彩色涂层钢板进行压花。

钢板表面涂膜压花，主要是对表面较厚涂层例如聚氯乙烯增塑溶胶涂膜。压花时，使用压花辊在涂膜表面压出花纹。压花辊是钢制的，表面用电火花刻蚀出花纹图案。当涂膜由烘烤固化炉离开后，经过一段空气冷却，温度下降到 PVC 的塑化温度之下 15℃ 左右时，压花辊在塑膜上压出花纹，然后立即进行冷却。因为这时涂膜表面的温度较高，仍处于半塑化状态，如不尽快冷却，压出的花纹可能发生变形或消失。

进行压花加工的产品，对涂膜厚度有一定的要求，一般要求涂膜厚度为 $100\sim250\mu m$。

另外一种压花方式是对基板进行压花，然后进行涂层印花。这种机组的布置示意图如图 10-5 所示。日本一家工厂生产花岗岩或水泥砂浆一类花纹的套色图案涂层板时使用的就是这种机组。

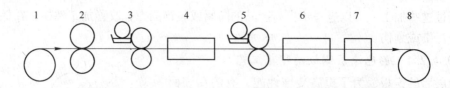

图 10-5　基板压花机组示意图

1—开卷；2—压花；3—涂底色；4，6—烘干；5—印花；7—冷却；8—卷取

在生产时，它首先由一对压花辊对基板（已涂过底漆和背面漆）进行压花。压花后的基板凹凸不平，犹如天然状态的岩石表面，然后它通过一组涂层辊，涂层胶辊的硬度较低，可以给基板全面涂上底色，经过烘干后，通过一组印花辊，印出各色图案，再经过一次烘干即得到产品。这样生产的压花产品，不论是从视觉上还是从手感上，都可以得到立体的印象，而且几乎可以达到以假乱真的程度。其产品如图 10-6 所示。

图 10-6 压花的花岗岩图案彩色涂层钢板样品

10.4.3 彩色涂层钢板的涂蜡与覆膜

10.4.3.1 表面涂蜡

彩色涂层钢板在进行压型加工，特别是进行形状比较复杂的压型加工时，断面各部位的线速度和变形量不同。如果采用覆膜保护时，在这种情况下，压型加工会导致保护膜的折皱和损坏。如果覆膜的目的只是一般的防止污染和磨伤，则可以考虑采用成本远比覆膜低的涂蜡形式来对涂层板表面进行保护。涂层板表面的蜡膜不仅在彩色涂层钢板的运输和施工过程中起保护作用，而且在进行压型加工时，蜡膜也有一定的润滑作用。

对彩色涂层钢板表面涂蜡有喷涂和辊涂两种方式，分别采用不同的设备来实现。图10-7 是喷涂式涂蜡系统的示意图。

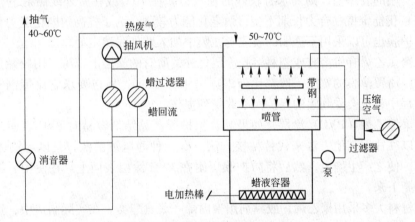

图 10-7 喷涂式涂蜡系统示意图

在进行涂蜡时，融化后的蜡液由泵打入喷管。喷管在封闭的涂蜡室内分上下两组布置于带钢的上下侧。喷涂时蜡液由压缩空气雾化，通过喷管喷在带钢表面。涂蜡室内的含蜡雾的空气由抽风机抽出，经过净化、过滤而回收其中的蜡。

涂蜡机可以对带钢表面进行 $20 \sim 100$ mg/m² 的涂蜡施工。在生产过程中，可以通过调节压缩空气来控制涂蜡量。

当改变生产涂层板的规格尺寸时，可以打开涂蜡室，通过开、闭喷管，改变喷嘴的数量来调节喷蜡的宽度。另外，可以根据需要，关闭带钢一侧的喷管而进行单面涂蜡。

涂蜡机室是封闭的，主要是为了蜡雾不致散失和扩散并对工作人员造成危害。涂蜡室上部壳罩是双层的，中间通入 $50 \sim 70$℃的废气，这样可以防止蜡雾在内罩上的凝结，减少清理涂蜡机的次数。

在涂蜡机的储液部分利用电热器进行加热，一般固体石蜡加热融化、保护温度为80℃。

另一种对彩色涂层钢板表面涂蜡的方式是辊涂方式，利用辊涂方式涂蜡机对带钢表面进行涂蜡。这种辊涂机与辊涂式预处理机的结构与原理相似。采用辊涂方式涂蜡，可以防止蜡雾的扩散，不用定期地清理涂蜡机。但是，这种方式的设备投资比喷涂方式高，且涂的蜡膜较厚。目前采用水溶性乳化石蜡进行辊涂，可以适当地减少蜡的消耗量，但是在涂蜡后要吹干乳化石蜡中的水分。

10.4.3.2　覆保护膜

在涂层板表面覆保护膜，也可以在彩色涂层钢板生产线设置的覆膜机上进行，在带钢由烘烤固化炉出来之后而贴合在带钢表面上。但是这样做，对温度控制要求比较严格，如温度过高，会出现在剥离保护膜时，同时将涂层粘掉的危险。因此，通常不采用这种方法，而是采用在室温下贴可剥性保护膜，这样比较安全。

根据保护膜所具有的保护性能和加工、使用时对保护膜的要求，保护膜应具有如下的性能：应具有足够的强度，在温度为-40~70℃的范围内性能稳定，耐磨性、抗腐蚀性好，无毒性，化学稳定性好；剥除后的膜易销毁处理；不受胶黏剂的影响，也不影响涂膜，价格便宜，易于生产。除了对保护膜的性能要求较高之外，对膜的质量要求也比较严格，例如要求平直度高，不起折皱，膜厚为50~80μm，厚度公差为±4μm。

对于所用的胶黏剂，则要求有较好的黏合力。在70℃或在紫外线照射下（日光照射下的环境）仍能维持黏合力长期不变，耐老化能力较强。为了提高耐老化能力和抗紫外线能力，保护膜也可以采用不透明的膜或者在膜中加入紫外线稳定剂。

除了聚氯乙烯有机溶胶或塑料溶胶涂层之外，所有的涂层上都可以用胶黏剂贴覆可剥性保护膜。所覆薄膜的宽度一般都比带钢宽出40~50mm，所以要求它比带钢宽，是为了在运输过程中带边会受到膜的保护而不致受到损伤。

对于聚氯乙烯（PVC）涂层，如果黏合保护膜，黏结剂容易对PVC表面产生粘连或污染，所以往往用其他方法来代替粘接方法。有一种静电覆膜法，是以毛刷辊磨刷PVC涂层表面，使之产生静电，然后将防护膜压附在PVC涂层表面上。在使用、施工之后再将保护膜撕下来。

薄膜材料大多采用聚乙烯，胶黏剂用聚丙烯和聚氨酯类。在实际制造中，这两种胶黏剂中都要加附加剂以改善其黏附性能。就耐久、耐热和耐光性而言，聚丙烯要比聚氨酯好些。

可剥性薄膜贴合在涂层板上，在70℃或紫外线照射下，可保持一年内黏附力不变，并可以完整地剥下。但是一般只能在涂层板表面黏附六周。若遇太阳照射，这个时间还要缩短。因为在这种情况下胶黏剂会很快老化，薄膜本身也老化，胶黏剂有可能留在涂层表面，也可能薄膜、胶黏剂和涂层互相间起化学反应而粘在一起，在剥落时会将涂层撕坏。

为了能有效地保护涂层带钢表面不受擦伤，最薄的薄膜不能小于0.05mm厚，而用0.08mm厚的薄膜最好，但材料费要提高将近50%。

为了抗紫外线照射，薄膜可以带颜色，比如100t原料加1.5t紫外线稳定剂，就能使薄膜具有一年的寿命，而不加颜料的寿命只有三个月（指抗阳光照射）。

除了 PVC 有机溶胶和塑料溶胶涂层以外，任何涂层上都可贴覆可剥性薄膜。在一般情况下，可剥性薄膜的宽度要比带钢宽 50mm，一边超出 25mm。待操作熟练以后，每边只留 5~10mm 就可以。但是薄膜一定要覆盖带钢。这样做的好处是，当贴覆可剥性薄膜的带卷立放或立式运输时，带卷边部可由薄膜保护起来，不至于损伤带卷边。

在现代化连续涂层机组上，贴合可剥性薄膜时的最大带速可达 120m/min，因此薄膜带卷都较大，长度可达 1000m 以上，质量约 120kg。此种薄膜的存放要求较高，例如存放温度要求 18~20℃，相对湿度 40%~50%。室内存放可达六个月，若在温度低于 40℃以下存放则不能超过两个月。在贮存中，成卷的可剥性薄膜（最大直径 600mm，宽度 1600mm，重达 400 多千克）必须放在带悬臂的架子上以避免重压。

贴合可剥性薄膜的涂层钢板，其堆成的板垛质量一般以 5 t 为宜。大于 5 t 的垛重往往会由于重压而导致胶黏剂的破坏，并引起涂层的损伤。

可剥性薄膜贴合装置以设在涂蜡机之前为宜。其机械结构与层压复合装置基本相同，差别在于它不需要边缘对齐控制系统。

关于带可剥性薄膜的涂层材料能否连续辊压成型的问题，有一种倾向性的意见认为，在连续辊压成型过程中，波形断面各部位的线速度是不一样的，这样就会引起薄膜起皱损坏涂层表面。因此，需要辊压成型的涂层板采用涂蜡保护，平板用可剥性薄膜保护膜。而有 80%的涂层机组都同时想备有涂蜡机和贴膜机。当然，贴有可剥性薄膜的涂层板用于一般的单件成型，比如冲弯曲等都不会有问题。

在贴薄膜产品的产量不大的机组，也可以不必单独设贴合机系统，这样机组可以短些。将贴合装置附设在卷取机上，随卷取机一起浮动，不用时还可以拆除。

10.5　彩色涂层钢板生产中的质量管理

10.5.1　质量管理的内容

彩色涂层钢板的生产工艺与一般的冷轧带钢生产工艺相比，由于工艺流程多而显得比较复杂。在生产过程中，各处理工艺之间的质量因素也较多，各种处理工艺之间密切相关，每一工艺的质量都对产品的质量和性能起着决定性的作用。而在各行各业中使用彩色涂层钢板时，对它的表面质量、各种性能的要求又极为严格。所以，在组织和进行彩色涂层钢板生产的过程中，必须十分重视质量管理工程。

进行全面的质量管理，对人员进行有计划的培训，选择高质量的原材料，严格执行生产工艺制度，是获得优质产品的保证，是取得长期的优良的经济效益的唯一途径。

如在前面的章节中所叙述的那样，彩色涂层钢板的产品质量不仅仅取决于彩色涂层生产线上的质量管理，而且取决于原料的质量，甚至受生产环境的影响。所以，要保证彩色涂层钢板产品的优良质量，只靠技术人员和生产操作人员严格执行各项规程是不能够实现的。如果包括材料购买、保管，产品的保管，销售人员直到工厂的管理者不能严格执行有关生产原料、生产工艺技术、产品的质量检验、储运规定的规程，那么就不能保证产品的质量，也难以取得良好的经济效益。因此，一旦陷于质量和效益的低谷，只是一味着眼于对生产车间的严格管理是很难走出低谷的。

生产彩色涂层钢板使用的各种基板都应按照产品的质量要求选用。使用了不符合标准的基板就等于已经生产出了不符合产品质量标准的彩色涂层钢板。另外，对于作为主要原料之一的涂料，也要进行认真的检验。例如，在生产使用之前，要核对涂料的种类、颜色，要对涂料中的固体含量、色泽、黏度进行检验，对固化温度等进行试验，对涂膜性能进行试验，确认是否符合涂料标准和生产彩色涂层钢板计划的要求。

即使是经过验收的涂料等原料，也必须有严格的保管制度，并进行良好的保管。清晰有序的管理不仅能保证生产用料的质量，而且能减少一些不必要的损失和浪费。

生产中使用的一些不太常用的辅助材料，如后处理的保护性和包装用材料，对于向用户提供产品的质量来说也都是不可轻视的环节。

表面处理液和原料的质量直接关系到彩色涂层钢板产品的各项性能指标是否能够符合产品质量标准。但是在生产管理中，这往往是出现了问题而不容易立即发现的环节。

在生产线投产的初期，往往是机械设备运转和工艺参数不正常而带来各种问题。在生产线经过一段较长时间的运转之后，会不断出现一些由生产过程中产生的处理物或反应产物带来的问题。如脱脂液的长期循环使用，会造成溶液脱脂能力的下降，甚至会产生对基板的二次污染。烘烤加热炉产生的挥发物会外溢或积聚，对生产环境或产品造成污染。冷却水的洁净、及时的处理和更换，对产品的质量都有着举足轻重的作用。含钙、镁较多的硬水会影响下道工序的涂层的附着力。过长时间循环使用冷却水，会使水温升高，在这种情况下喷淋带钢表面，会带走存在于表面的诸如硅油、石蜡或其他一些由于涂料固化而存在于涂层表面的物质。这些物质积累起来，如果不及时处理，它们会对半成品或成品的表面造成污染，影响产品的质量。

为了保证产品的质量和生产机组的高效运转，要加强各种备品备件的管理，设备要按计划进行维护和维修。

保证生产线的高质、高效运转，不仅要依靠制定科学、严密的标准和规章制度来进行严格地管理，更重要的是依靠全员的责任心和创造力。还要依靠科学技术、研究试验，定期地、经常地修订现行的各种标准和规章制度。

在彩色涂层钢板生产过程中，从原料的投入直至产品的包装，都要进行相应的检查、测量、化验与检验，从而保证按照设定的工艺参数来完成全部的工艺处理过程。

10.5.2　涂层质量缺陷及产生原因

彩色涂层钢板在生产的全过程中，对原料、工艺条件控制、操作规程等方面的管理失误都会造成产品质量上的缺陷。其中一些在生产的过程中即已出现，有些则是在车间产品的出厂检验时被发现，还有一些是在经过较长时间的试验或使用后才能被发现。

10.5.2.1　在涂敷固化后出现的质量缺陷

由基板、涂料、表面处理、涂料涂敷以及烘烤固化方面的原因造成的质量缺陷，有一些在涂料经过烘烤固化后即可表现出来。为叙述简明起见，将其产生的主要原因和防止的方法列于表 10-2 中。

表 10-2 涂敷固化后发现的缺陷的产生原因和解决方法

缺 陷	外 观 状 态	产 生 原 因	解 决 方 法
条痕	在涂层表面有条痕、表面仍光滑	(1) 黏度过高; (2) 涂敷不良; (3) 涂膜过厚; (4) 树脂、溶剂性质不良	(1) 调整涂料黏度; (2) 调整辊涂机工作状态; (3) 调整涂料或溶剂
橘皮	表面产生橘皮状凹凸不平	(1) 由于溶剂挥发,表面温度降低,因浓缩而使密度增加,涂膜对流形成旋涡; (2) 涂料黏度过高; (3) 使用了无溶解力的溶剂; (4) 使用了挥发性快的溶剂	(1) 调整涂料黏度; (2) 选用合适的溶剂; (3) 控制适当的膜厚
厚条痕	在局部产生条状厚条痕	(1) 涂膜过厚; (2) 黏度低; (3) 溶剂过多或不易挥发; (4) 辊涂机工作状态不良; (5) 涂敷辊出现条状伤痕	(1) 调节黏度; (2) 调整辊速和辊缝; (3) 调节加热固化速度; (4) 选择优良溶剂; (5) 检查胶辊,有伤则更换
透色(渗色)	透过面漆可见底漆的颜色	多产生于涂料方面原因,也有的由上层涂料过薄造成: (1) 过度稀释; (2) 涂料沉降; (3) 涂膜厚薄不均匀; (4) 涂膜厚度过薄; (5) 涂面层时底层未固化	(1) 使用适量溶剂; (2) 充分搅拌; (3) 了解、掌握涂料性能; (4) 调节面漆厚度
起皱	在表面产生皱纹,产生原因多种,形状也多样	多发生于干燥过程中: (1) 涂膜过厚; (2) 底面漆不配套; (3) 干燥过快; (4) 使用催干剂过量; (5) 酸性气体的影响(炉内)	(1) 选择蒸发速度适当的溶剂; (2) 调整加热固化速度; (3) 炉内气体不含酸性气体; (4) 检查涂料品种
针孔	在涂面上有突起的小孔,往往直达基板,多发生于快速加热时	(1) 基板上有孔洞; (2) 易挥发溶剂过多; (3) 环境高温多湿; (4) 加热速度过快; (5) 涂层过厚	(1) 更换基板; (2) 使用专用溶剂; (3) 调整固化速度; (4) 调节涂膜厚度
气泡	涂面生成气泡	涂料方面: (1) 表面张力高; (2) 流动性不良; (3) 金属表面有水; (4) 加热过快	(1) 使用专用溶剂; (2) 调整加热速度(温度)
发白	局部或全部发白、失光	(1) 溶剂挥发过快; (2) 表面急冷	使用合适溶剂

缺　陷	外　观　状　态	产　生　原　因	解　决　方　法
渗色	底漆颜色浮至上层面漆	(1) 使用了颜料不足的涂料； (2) 底漆未固化	(1) 调整涂料； (2) 保证底漆固化条件
缩孔	在涂面上形成一些直径 2mm 左右的、不规则分布的凹坑	涂料性能不良、环境不良灰尘多	(1) 不使用混入杂质的涂料； (2) 防止灰尘和高湿度； (3) 防止水、硅油在涂面的附着
浮色	混合颜料颜色分离	(1) 颜料密度相差大； (2) 溶剂组合不当； (3) 涂层过厚； (4) 溶剂用量过大； (5) 涂料过稀	(1) 预先进行试验选择； (2) 注意涂料储存条件； (3) 避免过度稀释
气裂	在烘烤炉内表面出现裂纹	直接原因： 炉内酸气（SO_3、H_2O_2、CO_2、$C_2H_2Cl_2$ 等）起硬化催化作用； 间接原因： (1) 气、水分； (2) 前处理不良； (3) 加热温度失常	(1) 正确选用涂料； (2) 涂料中加防止剂； (3) 除水蒸气； (4) 调整加热温度； (5) 完善前处理
金属光泽涂料表面不良	表面突起、变色、出现条痕等	(1) 溶剂配比不当； (2) 各层厚度不适当； (3) 基板表面调整不良； (4) 金属颗粒分布不良； (5) 金属粒子在储存中凝集； (6) 涂层过薄	(1) 溶剂配比适当； (2) 基板光滑平整； (3) 分散剂适当； (4) 调整涂敷作业

10.5.2.2　在卷取前后出现的缺陷

在生产过程中，彩色涂层钢板在生产线末端进行卷取时或者在卷取后不久，由基板、涂料成分或性能、涂敷工艺及烘烤制度方面的原因造成的产品质量问题就会显现出来。表 10-3 中是一些可能出现的质量问题。

表 10-3　在卷取前后出现的质量缺陷

缺陷	现　象	产　生　原　因	防　止　方　法
剥离	面层或底层由于冲击或自然地全部或部分剥离	涂层表面光滑，用手指压即可剥离： (1) 基板污染（水、油、锈）； (2) 前处理不良	(1) 基板前处理适当； (2) 底面漆合理配比； (3) 防止和去除表面污物； (4) 充分固化
回黏	固化后膜经时效后变软、粘连	多发生在热固化涂料涂敷时增塑剂、催干剂过剩，涂料过厚	(1) 催干剂适量； (2) 不厚涂； (3) 固化完全、适当； (4) 正当选择溶剂

缺陷	现象	产生原因	防止方法
变色	涂后颜色很快变化退色	(1) 磷、锰等颜料与气体作用; (2) 环境变化; (3) 金属粉末未分散	(1) 环境干净、干燥、防尘; (2) 考虑涂料中颜料与环境的关系
失光	涂后短时间内失光	(1) 基板粗糙; (2) 化成膜过厚; (3) 底漆固化不充分; (4) 涂料不良,变质; (5) 固化过度	(1) 适当厚涂; (2) 保护良好环境; (3) 专用溶剂、用量适当; (4) 固化条件适当

10.5.2.3 在产品长期储存后出现的缺陷

如果彩色涂层钢板表面性能上有着质量缺陷,而这些性能上的缺陷只是在环境的较长时间作用下才能显示出来,那么在产品经过一段较长时间的存放之后,这些缺陷才会暴露出来。表 10-4 中列出了一些这类产品缺陷。

表 10-4 在产品经过较长时间存放后出现的质量缺陷

缺陷	现象	产生原因	防止方法
白垩化	表面分解粉化	室外暴露、紫外光、露出颜料	使用不粉化、耐候性强的颜料
开裂	表面发生深、浅、微裂纹	(1) 大气中老化、树脂解聚、增塑剂及溶剂挥发; (2) 使用了溶解力过强的溶剂; (3) 使用了不亲和的涂料	(1) 按环境、用途选择涂料和工艺; (2) 避免在选用材料上的失误
起泡	涂膜部分产生"浮肿",内有气体,分为膨胀腐蚀和丝状腐蚀	(1) 膨胀型,在水中浸泡或高湿环境中生成; (2) 腐蚀起泡,膜下生锈; (3) 丝状起泡,膜下生锈; (4) 基板有锈; (5) 涂敷固化温度、时间不当; (6) 表面处理膜不良(水质、水洗等); (7) 涂料性能不良; (8) 产品放置环境不良	(1) 根据用途选用涂料; (2) 表面处理质量; (3) 注意存放条件
泛黄	经过一段时间后表面变黄	(1) 户外光照使展色剂分解; (2) 白色颜料光线不足变黄; (3) 颜料吸油量高	(1) 不使用易变黄的颜料涂料; (2) 选用吸油量低的涂料
退色	颜色减退	(1) 大气污染、暴露; (2) 酸、碱等化学蒸气作用; (3) 有机颜料受热; (4) 展色剂影响	进行耐候试验选择涂料

10.6　对彩色涂层钢板性能质量的要求

彩色涂层钢板的用途广泛，它本身具有许多适应于各种用途的性能，而在使用上对它的质量的各方面也提出了一定的要求。

（1）涂膜厚度。有机涂层膜起着装饰作用，也起着对基板的保护作用。作为有机涂层，要有足够的防护能力及一定长的寿命，就需要具有一定的厚度。一般要求涂膜（干膜）厚度在 $15\sim25\mu m$，对于聚氯乙烯（PVC）涂料（包括复层产品），它的膜厚则要求在 $100\sim200\mu m$，这样才能保证有足够的附着力和耐老化能力。对进行压花加工的产品，膜厚必须保证加工的要求，一般需要大于 $100\mu m$。

（2）表面光泽。液态涂料固化成膜时，表面产生光泽。涂膜的光泽与使用的涂料有关。用途不同，对涂膜的光泽要求也不同。不同的涂料也有不同的光泽，例如聚酯、丙烯酸涂料具有较高的光泽度；而乙烯类涂料，尤其是塑料溶胶及其压花、印花产品的光泽度就较低。在使用时，用于建筑内装、船内间壁和装饰等，有时则不希望有较强的令人炫目的反光，而有的用途则希望有良好的光泽。

（3）色差。彩色涂层钢板是大批量集中性的涂敷产品的生产，因而使用的涂料也是大批量的。所以往往不同批次或不同厂家生产的涂料，以及同一批次涂料但搅拌不均匀等原因，会造成生产出的彩色涂层钢板表面颜色不同。这对大批量使用，特别是建筑上装饰使用是很不利的。所以要求彩色涂层钢板的色差尽量小或差别在允许的范围之内。

（4）硬度。有机涂膜在涂层板的加工和使用过程中，经常受到压、划、擦、磨等形式的作用。在这些外力作用下，为了保证表面膜不受损伤，要求表面膜具有一定硬度。硬度越高，对在使用中保护膜的完整无损越有利，但是硬度的提高将导致韧性的降低。因此，硬度和韧性只能在一定范围内求得平衡。根据用途选择硬度和柔韧性中的一个作为主要要求的性能，或是以适当的指标作为对产品硬度性能的要求。

（5）柔韧性。彩色涂层钢板在加工过程中，表面弯曲、冲压时，涂膜不仅受到挤压、弯曲，而且会受到拉伸。为了使膜在一定加工、变形范围内不致产生裂纹或断裂，要求固化的涂料薄膜具有良好的弹性与韧性，正如前边所说的那样，涂膜的韧性和涂膜的硬度是难以兼得的性能。

（6）涂膜的附着力。由于彩色涂层钢板在使用时要经过加工，因而表面涂膜还要经受挤压、剪切、拉伸等作用力而产生变形，所以要求涂膜对钢板有较强的附着力，特别是在基底和涂膜同时产生不同程度的变形时，仍要具有相当的附着力才能保证在加工过程中不会出现起泡、脱落等现象。要获得优良的附着力，必须有配套的涂料并严格地执行工艺规程。脱脂、磷化、钝化、涂料品种及配套、固化温度和时间长短无一不对附着力产生明显的影响。

（7）耐腐蚀性能与抗老化性能。在使用过程中，基板由于受到涂膜的保护，不再与环境直接接触。但由于环境中的水、氧气、盐雾以及其他有腐蚀性的气体，如二氧化硫等仍然能渗透到表面使基板表面逐渐被腐蚀，腐蚀产物的积累将会引起涂膜的起泡甚至脱落。另外，涂膜在阳光、冷热、雨露以及在气氛的作用下将会发生老化，失去对基板的保护作用。这虽然是不可避免的，但是涂层具有尽量好的耐腐蚀抗老化能力，是对涂层的基本要求。

（8）耐污染性能。彩色涂层钢板制作的家具、电器等用品，经常有可能接触到酱油、辣椒油、果酱、果露、芥末、墨水、圆珠笔油、红蓝铅笔、口红、香水、鞋油等一类物质，从而在表面留下带不同颜色的痕迹。作为建筑用材有时还要考虑防粘贴和涂鸦的问题。为了保持器具或建筑物等彩色涂层板表面的清洁，则要求彩色涂层钢板表面不被这些物质污染。退一步说，即使被这些物品污染之后，也比较容易清洗而不留下痕迹。获得良好的耐污染性能主要依靠涂料的选择和充分的固化。

另外，一些特殊的用途，往往对彩色涂层钢板有一些特殊的要求，例如耐寒、自熄性、不粘雪、自洁、防霉、防菌等。

10.7 彩色涂层钢板的展望

10.7.1 彩色涂层钢板生产发展的形势

在20世纪全世界约400多条生产线中，美国约占了一半，并且品种齐全。日本自1958年建成了第一条喷淋式涂层生产线后，生产能力和生产技术迅速发展，产量居世界第二位。产品有鲜明特色，在国际市场上可与美国彩色涂层钢板相抗衡。其他如法国、英国、芬兰、瑞典、德国、前苏联等国家的彩色涂层钢板生产也得到了比较快的发展。例如，西欧国家共建有80多条生产线，前苏联从20世纪70年代开始生产彩色涂层钢板之后，一直以20%的速率增长，现在仍保持高速发展势头。

近年来彩色涂层钢板生产仍在发展之中。如美国的罗尔·考特（RollCoater）公司是美国乃至世界上最大的彩色涂层钢板生产厂之一。它正致力于生产一些外观更有吸引力、富有流行色彩的用于住宅和其他商业的涂层产品。为此，该公司已新建了两座工厂，一座在印第安纳州的威尔顿工厂，其彩色涂层机组的运行速度为180m/min，最大带钢宽度为1420mm。另一座工厂在印第安纳州的金斯堡市，它有两套彩涂机组，均以213m/min的速度运行，一套可以生产1650mm宽的彩色涂层带钢，另一套可以生产1850mm宽的彩色涂层带钢。

欧洲彩涂板的生产及应用也逐年增长。1994年比1993年增长了11.35%，而1995年又比1994年增长了17.78%。此后增长之势未减。

回顾彩色涂层钢板生产的发展过程可以看出，从整体的发展趋势来看，是持续上升的。目前世界彩色涂层钢板的生产能力，虽然又有了大幅度的提高，但是仍不能说彩色涂层钢板生产失去了发展的潜力。

彩色涂层钢板生产发展的速度极大地依附于整个经济的发展，所以经常有大的波动。例如，在20世纪由于石油价格的影响，经济巨大波动，彩色涂层钢板的产量也随之大幅波动。

同样，我国彩色涂层钢板的生产在我国经济进入改革开放阶段以后进入了发展时期，随着国民经济持续以较快的速度发展，在世纪之交出现了彩色涂层钢板生产和需求的迅猛增长。

近来，美国的经济持续增长率大约为2%，而亚太地区国家经济平均增长率每年近

7%，在拉丁美洲，经济增长率每年几乎都是 5%。由以上形势可见，只要世界经济能保持上升的发展趋势，世界上发展中国家和国内经济不发达地区得到和平发展的机会，彩色涂层钢板的生产仍会保持发展的势头。

10.7.2　彩色涂层钢板的发展方向

10.7.2.1　对彩色涂层钢板的需求方向

从彩色涂层钢板生产的发展历史来看，连续彩色涂层钢板生产线的产生，是由于建筑业对生产百叶窗原料的需求。此后，无论是从美国、日本、欧洲彩色涂层钢板在其国内或地区的消费以及从对出口外销的产品用途的统计来看，还是从对我国生产和使用的彩色涂层钢板的用途的统计来看，用于建筑行业的彩色涂层钢板的产量，都占到了总产量的 45%~60% 左右。

从长远来看，作为彩色涂层钢板主要应用市场的建筑行业，仍将在很大程度上左右彩色涂层钢板生产的发展。而除了工业建筑上的应用之外，发展中国家和不发达地区的经济发展和人民生活水平的提高将给彩色涂层钢板提供巨大的市场。

目前国内大批新建的彩色涂层钢板生产线基本上都是中、低水平的生产线，所生产的产品适合于工业与民用建筑用途。彩色涂层钢板的主要建材市场是钢结构建筑。目前主要是高层建筑和工业建筑市场，但大型建筑则需要高质量、高性能的产品。而潜在的巨大市场是不发达国家和不发达地区的民用建筑市场，但这一市场依赖于经济的发展和人民生活水平的提高。

从对彩色涂层钢板的用量来讲，运输行业和家电器具行业是除了建筑行业之外的最大市场，可以占到 15%~20% 的份额。

随着世界经济形势的逐步好转，人民生活水平的提高，对家电器具的需求量也在增大。但是，目前我国国内生产线的水平和原料水平限制了国产彩色涂层钢板产品在这些领域的应用，一些高档产品还要通过进口来解决。虽然生产这类产品有一定的难度，但同时却是亟待开发、极有潜力的市场。

10.7.2.2　彩色涂层钢板生产技术的发展方向

彩色涂层钢板生产出现以来虽然获得了长足的发展，但是市场的要求逐步提高，市场的竞争日趋激烈。在此形势下，生产者的目光都集中于新产品和新技术的开发方面。围绕着节约资源、能源和可持续性发展的原则，研究开发新产品、新技术、新工艺。

在新产品新工艺方面，先后有用高耐候性能的含氟及改性涂料生产的建筑外用板材，高光泽、高加工性能的家电用板材，具有耐污染、防冰雪、防粘贴、用于书写、具有自洁防霉性能的功能性板材，新的印花覆膜工艺及产品，具有双轴取向性的聚酯（PET）类膜的复层产品，在聚酯树脂/聚氨酯树脂中导入特殊的液晶化合物获得硬度和加工性能皆优的涂层产品。

在生产工艺方面，在过去以浸渍、喷淋处理方式为主的表面处理方面，出现和发展了辊涂式的表面处理工艺，实现了无铬化生产彩色涂层钢板。在热风加热炉工艺中采用了安全、节能的惰性气体循环方式。电磁感应加热、电子束、光固化涂料和固化技术正在发展和推广之中。

同时在冶金和化工行业中，与彩色涂层钢板生产密切相关的新耐蚀板材和新型涂料，如低固化温度的涂料、粉末涂料、光固化涂料、具有新性能的塑膜生产和使用技术的开发也在进行之中。这些进展也将导致新的生产工艺技术和新产品的开发。彩色涂层钢板生产方面要对这些成果的产品及时地进行相应的开发和利用。

10.7.2.3　共同发展我国的彩色涂层钢板

我国的彩色涂层钢板生产工业已经有了初步的发展，但是要取得稳步的发展还要做很多工作。要全面地提高我国彩色涂层钢板生产行业的素质和技术水平，奠定稳步发展和走向世界的基础。

有能力的大型企业和集团，要建立相应的研究开发中心或机构，建立相应的研究试验手段。研究各不同行业如建筑、运输、家电器具，乃至更细的产品类别如家电中用于冰箱冷冻机类，洗衣机、洗碗机、洗涤器械类，烘箱、微波炉、食品烘烤类，电视、计算机类在使用彩色涂层钢板时提出的性能要求，研究实现和解决这些要求的方法。关注有关新镀层、新涂料等新产品、新原料和新技术的动向，研究相应的应用和开发技术，充分发挥现有技术装备的作用，节省资源，降低消耗。有针对性地研究开发新产品、新技术。

大型企业要意识到并发挥在新技术、新产品以及在生产设备和市场开发中的先锋队和主力军的作用，以带动全国彩色涂层钢板生产业的发展，带领彩色涂层钢板产品和生产技术走出国门。

面对国内彩色涂层钢板产业已成规模的形势，涂料生产和设备制造行业应相互配合共求发展。彩色涂层钢板的装饰性能和耐久性能的获得，依赖于化工产业供给优良的涂料和塑膜。

彩色涂层钢板生产需要各行业间的协作和交流。过去在彩色涂层钢板生产的开发上曾有过有成效的协作开发先例，使我国的彩色涂层钢板在生产、原料供应和产品应用上同步发展、齐头并进。如今的行业协会应当在行业间的交流合作方面发挥主导作用。

* *

思 考 题

10-1　彩色涂层钢板对基板有哪些基本要求？

10-2　生产彩色涂层钢板的一般工艺流程是什么？

10-3　简述复层钢板的生产工艺。

10-4　彩色涂层钢板涂蜡与覆膜的目的是什么？

11 钢材热镀锌的"三废"处理

11.1 钢材热镀锌过程产生的"三废"

11.1.1 废液

现代化的大型改良森吉米尔法或美钢联法钢带连续热镀锌过程基本上没有对环境构成污染的"三废"问题，可称得上是洁净工业。

然而，美钢联法的现代化钢带连续热镀锌生产线，由于钢带的前处理使用了碱洗脱脂或电解脱脂而有废碱液及其含碱漂洗水的产生，故存在对此废碱液进行处理的问题。

近年来，随着轧钢技术的进步，通过热轧，可轧出厚度小于 0.5mm 的热轧钢带。这种热轧钢带可不经冷轧直接进行热镀锌以作为一般结构材料或建筑材料使用，从而降低镀锌钢带的成本。然而，热轧钢带在热镀锌前必须经过在线酸洗除去氧化铁皮，因而产生废酸的处理问题。

此外，镀锌钢带一般均需在线钝化处理以提高锌层的耐白锈性。在尚未采用无铬钝化技术的连续热镀锌线上，仍然采用铬酸盐钝化处理方法，因而存在着含铬废液的处理问题。而对于镀锌与彩涂联合生产线而言，彩涂前钢带的磷酸盐处理会带来废磷化液的处理问题。

11.1.2 废渣

钢带连续热镀锌过程中产生的废渣主要来源于锌锅，即锌锅中的底渣和锌液表面的顶渣。

当钢带浸入锌液后，发生钢带表面铁原子的溶解及铁锌原子的扩散和反应过程。铁溶解于锌液中达饱和后便与锌反应形成 Fe-Zn 金属间化合物而沉于锅底（底渣）；锅的上部，锌液表面与空气接触而氧化生成面渣（顶渣），两者统称为锌渣。从锌锅中捞出的锌渣（底渣与顶渣）中主要是锌（大于 90%），而铁、铝、铅的含量很少。

锌渣生成量与锌液中铝含量及锌液温度有关（见表 11-1）。已如前述，铝可促进 Fe_2Al_5 合金层的形成，阻碍 Fe-Zn 反应，减少钢板表面铁的溶解，因而可减少底渣的形成。另外，锌液中的铝可在锌液表面形成氧化铝膜层，可减少锌液表面的氧化，从而减少顶渣的形成。

表 11-1 锌液中铝含量与锌渣生成量的变化

锌液中铝含量/%	钢带顶渣生成量/kg·t⁻¹	钢带底渣生成量/kg·t⁻¹
0.14	1.72	1.90
0.18	1.21	1.46

渣的特性与锅的温度有关。底渣可以是 δ 相或者是 γ_1 相，或者是两者的混合物。顶渣主要是 η 相（$Fe_2Al_5Zn_x$ 或 $Fe_2Al_{5-x}Zn_x$）。由于过去对锅中有效铝的测定不够精确，曾认为 Al 含量在 0.09%~0.14% 之间时，顶渣和底渣共存，而大于 0.15% 时底渣量很少，达到可忽略不计的程度。

研究表明，对于合金化镀锌板产品，锅中的铝含量应处于 0.135%~0.14%，高于或低于此含量均不利于合金化过程，称此数值为拐点。

Tang 和 Yamaguchi 进一步研究表明，上述拐点对渣的形成来说是判定渣组成的标准。当锅中铝含量高于此拐点时，则形成顶渣；低于此拐点时形成底渣，而在拐点附近时两种渣共存。

锅的顶渣主要是锌液氧化形成的：

$$2Zn + O_2 \longrightarrow 2ZnO \tag{11-1}$$

$$Zn + H_2O \longrightarrow ZnO + H_2 \uparrow \tag{11-2}$$

此外在顶渣中还有细小颗粒的 Fe_2Al_5 晶体混杂其中。

11.1.3　废气

钢带连续热镀锌生产线上产生的废气主要来源于以下四个工序：

（1）钢带前处理过程中的脱脂工序，碱液温度较高，有含碱的蒸气放出。在放出的碱雾中约含有小于 $2g/m^3$ 的 NaOH。

（2）钢带前处理过程中的退火炉燃烧废气。退火炉中钢带加热使用的大多为气体燃料（如高炉与焦炉混合煤气、天然气等），通过调节空气过剩系数，可达到完全燃烧。废气的主要成分除空气中的 N_2 外，以 CO_2 和 H_2O 为主，可直接排入大气，或用于中和废碱。

（3）热轧钢带热镀锌的在线酸洗槽放出的酸雾。特别是在用盐酸酸洗时，会有大量含酸废气放出。由于盐酸具有挥发性，其放出的酸雾中 HCl 含量可达到 $1\sim2g/m^3$。

（4）镀锌钢带的钝化处理工序中排放的钝化液废气。钝化液中 Cr^{6+} 含量约为 $10\sim20\ g/L$。钝化工艺采用涂布法（辊涂法）的废气中铬含量较少，而采用浸涂法的废气中铬含量很高，可达 $0.5\sim1g/m^3$。

11.2　钢带连续热镀锌过程的"三废"治理

11.2.1　废液的治理

11.2.1.1　脱脂废液的治理

钢带的电解脱脂一般采用 2%~5% NaOH 水溶液，其废脱脂液中碱浓度在 2% 以下。碱洗后的漂洗废水碱含量小于 0.5%。

对脱脂废液的治理一般采用中和法。中和后的废液 pH 值达到国家规定的 6~9 标准即可排放。

中和法采用的中和剂通常为废酸液，或投放酸液和通入烟道气，通入烟气的目的是利用烟气中的 CO_2 进行中和。在这些中和剂中用废酸液作中和剂是最经济有效的。如果没有废酸液，则可投酸。投酸中和通常采用硫酸，因为硫酸价格低廉，且在中和后的废液中

Na_2SO_4含量低，可直接排放。

用盐酸中和时，由于生成的 NaCl 在废液中溶解度较高，废液中含盐量高，不能直接排放。

使用烟气中和废碱液时不仅治理了废碱液的污染，而且还可对烟气除尘。烟气中约含CO_2量达 24%以上，利用CO_2与碱反应达到中和的目的。其反应式为：

$$CO_2 + 2NaOH \longrightarrow Na_2CO_3 + H_2O \qquad (11-3)$$

在烟气中可能含有少量SO_2，此酸性气体也与碱反应：

$$SO_2 + 2NaOH \longrightarrow Na_2SO_3 + H_2O \qquad (11-4)$$

生成的盐类为弱酸强碱盐，具有一定的碱性，故投酸量应稍过量，以达到规定的 pH 值后排放。

废碱液的处理工艺流程和装置与废酸中和法处理相同。其工艺流程见图 11-1。

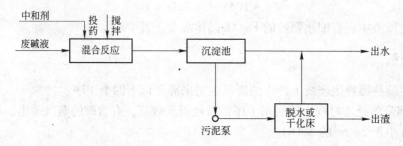

图 11-1　废碱液投药中和流程

11.2.1.2　废酸液的治理

酸洗液在长时间酸洗工件后，由于溶液中铁离子含量过高，再往里添加新酸也无法酸洗工件，此时酸洗液就必须废弃。故所谓的废酸是指经过酸洗使用而使酸的含量降低、铁盐的含量增加，从而使酸洗能力不能满足生产速度或质量要求的酸洗液。这时溶液里仍可能含有 HCl 或H_2SO_4为 4%~10%的酸，也含有$w(Fe)$为 20%或者更多的铁盐。所谓的酸洗废水，主要是指用来冲洗酸洗后工件表面酸洗残液的用水，若重复使用，其中也含有一定量的酸或铁盐。

失效的酸液因酸洗使用的酸不同，其处理的方法也不同。现在常用的酸洗液有两种，一是硫酸，二是盐酸。由于其工艺条件和铁盐性质不同，所采用的处理方法也不同。

A　硫酸酸洗废液的处理

失效的硫酸酸洗液含有一定量的硫酸和硫酸亚铁，经过处理后的硫酸仍可以继续使用，或回收利用其中的酸和铁盐，用作其他行业的原料。

(1) 采用自然结晶降铁法。将废酸泵入储存槽中，放置冷却，这时将有一部分铁矾-硫酸亚铁水合物（$FeSO_4 \cdot 7H_2O$）析出。铁矾的析出从溶液中带走了大量的水，使铁含量降低，酸含量升高。这时再加入一小部分硫酸，使已达到平衡的$Fe^{2+} + SO_4^{2-} + 7H_2O \rightarrow FeSO_4 \cdot 7H_2O$反应向右移动；进一步降低$Fe^{2+}$含量，这时将固态的$FeSO_4 \cdot 7H_2O$分离，液态的酸液仍可继续用于酸洗，而$FeSO_4 \cdot 7H_2O$则可以作为副产品利用。

(2) 采用浓缩结晶法分离酸液。此种方法与（1）类似，但是不再加酸，而是采取蒸发去水使$FeSO_4 \cdot 7H_2O$析出。其大概流程是将废酸液在真空减压下加热脱水，然后降温，

使其中的铁盐以 $FeSO_4 \cdot 7H_2O$ 形式结晶并析出分离，从而使残液中的酸含量增加一倍（H_2SO_4 浓度从 10% 上升至 20%），可以继续用于酸洗。

（3）用于生产铁钒。加热废酸，边蒸发水分，边加入铁屑，使废酸中的酸转化为铁盐，获得的硫酸亚铁作为工业原料使用。

（4）扩散渗析法回收酸洗液。利用浓差扩散和离子交换树脂膜对特定离子透过的选择性，可以使盐类（Fe^{2+}、SO_4^{2-}）和水（H^+）彼此分离，这样可以获得能用于酸洗的溶液和含铁盐较高的溶液，后者可用于生产硫酸亚铁或进一步处理。

（5）直接中和法。将废酸直接与中和剂（如石灰乳、电石渣）混合。通过中和及氧化反应，中和其中的酸，使二价铁离子氧化成三价铁离子，并使其中的铁离子和硫酸根离子以化合物的形态析出。然后将 pH 值调至 7，沉降后的水可以排放。此种方法目前已很少使用。

B　盐酸酸洗废液的处理

由于盐酸酸洗时产生的铁盐在水中溶解度较大，所以处理的方法与硫酸酸洗废液处理时有所不同。

（1）中和法处理。此种方法是将废酸直接与中和剂混合，进行中和反应。再加入氧化剂或空气搅拌，使其中的铁最终以 $Fe(OH)_3$ 的形式沉淀，然后经过沉降分离，将清水排放。处理流程见图 11-2。

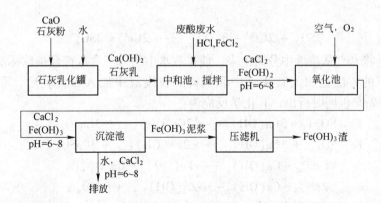

图 11-2　废酸处理流程图

利用石灰（$Ca(OH)_2$）中和废酸中的残留酸（HCl），并使铁盐转为 $Fe(OH)_2$，利用空气鼓风将不易沉淀的 $Fe(OH)_2$ 转化成易于沉淀的 $Fe(OH)_3$，然后沉淀并压成干渣。排放水呈中性（pH=6~8），不混浊，无毒。主要的化学反应为：

$$2HCl + Ca(OH)_2 \longrightarrow CaCl_2 + 2H_2O \qquad (11-5)$$

$$FeCl_2 + Ca(OH)_2 \longrightarrow CaCl_2 + Fe(OH)_2 \qquad (11-6)$$

$$4Fe(OH)_2 + O_2 + 2H_2O \longrightarrow 4Fe(OH)_3 \qquad (11-7)$$

（2）高温蒸发回收。此类方法是将酸洗液在焙烧炉中高压喷成雾状（鲁兹纳法）或喷向高温流化床，使废液中的水、盐酸和氯化亚铁分离。固相的氯化亚铁被加热分解，并生成三氧化二铁和氯化氢，生成的氯化氢被集中收集重新用于酸洗，三氧化二铁则作为副产品。

相对来说，对于单个的热浸镀锌企业，由于热浸镀锌生产中酸洗液用量少，所以在企业中很少有专门采用此种设备和方法的。

C 酸性废水的处理

酸性废水是指用于酸洗工艺后进行清洗的用水及清洗工艺池地面的废水等。该废水中的酸、盐含量都比较低，一般可与脱脂废水混合搅拌，或采用废酸的中和氧化处理工艺。处理后的废水可用于配制新酸溶液。

D 铬酸盐钝化废液处理

（1）铬酸盐钝化液的回收。对含有六价铬的钝化废液，由于六价铬的毒性大，不允许稀释排放，可利用阳离子交换树脂对其中的六价铬化合物进行回收利用。在钝化液中，六价铬是以 CrO_4^{2-} 和 $Cr_2O_7^{2-}$ 的阴离子形态存在的，而溶液中的三价铬以 Cr^{3+} 的形态存在，同时溶液中还可能含有 Fe^{2+}、Zn^{2+} 等阳离子。因此，利用阳离子交换树脂吸附阳离子而不吸附阴离子的特性，使废液通过强酸性阳离子交换树脂，就可以将 CrO_4^{2-} 和 $Cr_2O_7^{2-}$ 与其他阳离子分离，重新用于钝化溶液中。其他部分的溶液则可以另行处理。

（2）铬酸盐钝化液的处理。一般铬酸盐钝化液的处理分两步进行。

第一步：Cr^{6+} 离子的还原。通常是在废液中加入还原剂，如硫酸亚铁、亚硫酸氢钠等，发生如下的还原反应：

$$3Fe^{2+} + Cr^{6+} \longrightarrow Cr^{3+} + 3Fe^{3+} \tag{11-8}$$

或

$$3SO_3^{2-} + 2Cr^{6+} + 3[O]^{2-} \longrightarrow 2Cr^{3+} + 3SO_4^{2-} \tag{11-9}$$

第二步：将 Cr^{3+} 从溶液中分离出来，使排放水中的 Cr^{3+} 含量符合排放标准。

除去 Cr^{3+} 的方法是加入石灰乳中和沉降。在废液中加入石灰乳后，和 Cr^{3+} 共存的 Fe^{2+}、Fe^{3+} 和 Zn^{2+} 也同时析出，其化学反应为：

$$Cr_2(SO_4)_3 + 3Ca(OH)_2 \longrightarrow 2Cr(OH)_3\downarrow + 3CaSO_4\downarrow \tag{11-10}$$

$$Fe_2(SO_4)_3 + 3Ca(OH)_2 \longrightarrow 2Fe(OH)_3\downarrow + 3CaSO_4\downarrow \tag{11-11}$$

$$FeSO_4 + Ca(OH)_2 \longrightarrow Fe(OH)_2 + CaSO_4\downarrow \tag{11-12}$$

$$ZnSO_4 + Ca(OH)_2 \longrightarrow Zn(OH)_2\downarrow + CaSO_4\downarrow \tag{11-13}$$

反应后的废液经沉降过滤，滤液能达到国家排放标准。

E 磷化液的处理

热浸镀锌磷化处理时产生的磷化废液对环境有害，必须经过处理。其处理方法是用石灰乳进行中和沉降分离。在废液中加入石灰乳后，首先中和废液中的游离磷酸和酸式磷酸盐。当溶液转为碱性后，石灰乳与磷酸根（PO_4^{3-}）、氟离子（F^-）或可能含有的 Fe^{2+}、Zn^{2+} 进行反应，生成不溶性的沉淀，再进行沉降、过滤，将固态物质分离出来。滤液可以达到国家规定的排放标准。

11.2.2 废气的治理

钢带连续热镀锌的现代化大型生产线产生的污染性废气是很少的。美钢联法镀锌线的废气主要是碱洗液排出的含碱废气和铬酸盐钝化液的废气。由于现代化的镀锌线均使用气体燃料，燃烧废气中的主要污染物为 NO_x，其预热炉、还原炉及辐射管加热器产生的废气经余热回收后可直接排入大气。此外，热轧钢带热镀锌有在线酸洗工序。其酸洗槽有酸雾排出，需要对其酸雾进行处理。

11.2.2.1　脱脂碱雾治理

美钢联法热镀锌生产线在入口段设有脱脂槽及电解清洗槽，以除去钢带表面的轧制油。

电解脱脂槽与酸洗槽一样采用水封槽盖密封。含碱雾气由槽的入口和出口两端设置的排风机送入洗涤塔净化后排入大气。排放的废气中碱的浓度（标态）通常小于 $10mg/m^3$，达到排放标准。

11.2.2.2　含铬废气处理

镀锌钢带的在线铬酸盐钝化处理的钝化液中六价铬浓度约为 $10 \sim 20g/L$，温度在 $20 \sim 25℃$。

老式的钝化处理工序为浸渍式，即钢带通过钝化槽进行钝化，然后，再用水清洗。这些钝化工序中槽上排出的废气含 Cr^{6+} 浓度较高，而新建的镀锌线多采用辊涂法（涂布法）工艺对镀锌钢带进行钝化处理，其废气中 Cr^{6+} 浓度则小得多。

浸渍式和辊涂式钝化过程均在封闭系统中进行。在槽的密封盖上设有排气孔，由排风机送入净化装置，由清水吸收后排入大气。辊涂法处理工艺通过一级湿法净化即可达到排放标准（排放量（标态）小于 $0.07mg/m^3$）。浸渍法处理工艺必须通过二级湿法净化才能达到标准。

吸收有 Cr^{6+} 的清洗水送往含铬废水处理站与含铬废液同时处理。

一种新型网格式过滤器用于净化含铬酸雾显示出具有较好的净化效率。

11.2.2.3　酸雾的处理

热轧钢带连续热镀锌在线酸洗时，存在酸洗槽挥发出酸雾对环境的污染问题。一般情况下，此酸雾中氯化氢的含量可达 $250 \sim 350\ mg/m^3$。使用硫酸时，酸雾中硫酸含量可达 $18 \sim 60mg/m^3$。对此必须净化处理达标后排放。对酸雾的处理有许多方法，几种方法的特征示于表 11-2。

表 11-2　几种酸雾净化法的特征

酸雾类别	净化方法	净化机制
盐酸酸雾（气态与气溶胶状态）	水洗涤（湿式）	利用酸雾的水溶性
	碱液洗涤（湿式）	酸碱中和
	静电抑制（干式）	高压静电造成荷电酸雾返回液面
	覆盖法（干式）	酸液表面覆盖材料抑制挥发
硫酸酸雾（气溶胶状态）	丝网过滤法（干式）	拦截、碰撞、吸附、凝聚、静电
	碱液洗涤（湿式）	酸碱中和
	水洗涤（湿式）	利用酸雾的水溶性
铬酸酸雾（气溶胶状态）	网格式过滤（干式）	拦截、碰撞、吸附、凝聚、静电
	挡板式过滤（干式）	

A　盐酸酸雾的水洗法净化处理

在众多酸洗方法中以水洗涤法应用较广。

（1）水洗法净化原理。水洗法净化盐酸酸雾是利用氯化氢容易溶解于水的特性来实现酸雾净化的。据测定，在 15℃ 下 1 体积水可溶解 450 体积的氯化氢。且分压越高，其溶解度越大。温度越低，溶解度越大。

（2）工艺流程。从酸洗槽和喷淋槽抽出的含酸废气通过密封罩和排气罩进入喷淋净化塔，与喷洒的水逆流接触，废气中的酸雾被水吸收。净化后的废气排入大气，水循环使用。间歇排出稀盐酸，由泵送往废酸处理站，并间歇补充新水。含酸废气的水洗法净化工艺流程示于图 11-3。

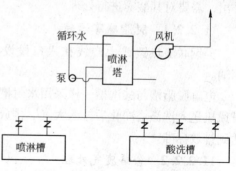

图 11-3 水洗法酸雾净化工艺流程

（3）工艺条件与净化效果。使用水洗净化处理含酸废气（酸雾中 HCl 浓度约为 $300mg/m^3$）时，其工艺条件及净化效果示于表 11-3。

表 11-3 水洗净化法处理盐酸酸雾工艺条件和效果

工 艺 条 件				废气中 HCl 浓度		净化效率 /%
气量 /$m^3 \cdot h^{-1}$	吸收剂	空塔气速 /$m \cdot s^{-1}$	喷淋液量 /$m^3 \cdot h^{-1}$	净化前 /$mg \cdot m^{-3}$	净化后 /$mg \cdot m^{-3}$	
48000	水－稀盐酸	2.5	50	300	10	>96

B 硫酸酸雾的丝网过滤法净化处理

丝网过滤法是使气雾分离的物理方法，酸雾微粒与丝网过滤材料发生惯性碰撞并凝聚与吸附在丝网表面上，在重力作用下形成液滴向塔底流去。这种过滤作用主要取决于滤材纤维的粗细、滤层的孔隙率、酸雾大小和密度以及气流速度等。

丝网过滤法的工艺流程示于图 11-4。

目前，工业上采用的丝网过滤材料有多种材质和编织方法。丝网在过滤器内的装配形式有板框式、网筒式等。

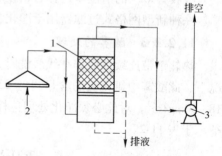

图 11-4 丝网过滤法的工艺流程
1—丝网过滤塔；2—吸气罩；3—风机

丝网过滤法净化硫酸酸雾的工艺参数举例见表 11-4。

表 11-4 丝网过滤法净化硫酸酸雾的工艺参数举例

气体流速 /$m \cdot s^{-1}$	风量 /$m^3 \cdot h^{-1}$	设备阻力/Pa		酸雾浓度/$mg \cdot m^{-3}$		净化效率 /%
		丝网阻力	总阻力	进口	出口	
2~3	6000~8000	200~279	268~471	18.8~58.1	0.9~2.63	90~98.5

11.2.3 废渣的治理

钢带连续热镀锌生产过程中产生的固体废渣主要是锌锅底部沉积的锌渣和锌液表面的锌灰（顶渣）。这些渣均可通过适当的方法回收利用。

11.2.3.1　锌渣的处理

锌渣主要由 Fe-Zn 合金和游离锌构成。在化学组成上锌约占 96% 以上，因此极具回收价值。

从 Fe-Zn 二元系状态图可知，将锌渣加热到各 Fe-Zn 化合物熔点以上的高温，则形成 γ 固溶体与锌的混合熔融体。利用锌沸点（907℃）与铁沸点（3650℃）的巨大温度差异，通过真空蒸馏可将锌与铁分离，再经冷凝过程回收锌液并加以铸锭。

工艺过程如下：

将固态锌渣置于蒸馏釜的下部坩埚中，加热熔化锌渣并保持在 1050℃ 左右。在密封减压状态下，发生锌的蒸发。锌蒸气由蒸馏釜上部出口进入冷凝器，温度下降到 500℃ 左右。锌蒸气凝结成液态锌并流入铸锭模中冷却铸成锌锭。

蒸馏釜底部残余的渣量很少，它是含锌约 30% 的 γ 相渣。将每次蒸馏的残渣收集在一起，送往锌冶炼厂进行高温回收锌。

11.2.3.2　锌灰的处理

锌灰主要由氧化锌与锌构成，其中可能含有少量氧化铝颗粒。在锌灰的化学组成上，锌占 99% 以上。

从锌灰中回收锌最简单的办法是机械分离法，即利用锌的密度（$7.14g/cm^3$）与氧化锌密度（$5.6g/cm^3$）之间的较大差异，采用粉碎、筛分和抽吸等机械方法将锌与氧化锌分离。

工艺过程如下：

将锌灰的凝结块通过粉碎机粉碎。使用密封振动筛将粉碎后的锌与氧化锌混合物分离，同时在吸气机负压下，密度小的粉末状氧化锌被吸出，进入旋风分离器，在其中氧化锌粉便沉积下来。

振动筛下密度较大的锌粒落入筛下的收集槽。待收集的锌粒数量足够多时，可在木炭的保护下重熔铸锭，加以回收。

从旋风分离器收集的氧化锌粉用作化工原料（锌白）。

11.3　热镀锌的环境综合评价

热镀锌技术发展至今已有两百多年历史，实现了技术的可持续发展，除了必须让热镀锌技术适应工业技术发展的要求外，还必须做到经济、社会和环境目标的三者平衡。而环境的因素已越来越成为一种技术能否继续发展的关键性因素。因此，近年来西方发达国家以国际锌协会（International Zinc Association，简称 IZA）为首，对热镀锌生产及使用过程对环境及人类健康影响的研究投入了大量的时间及精力，力图对热镀锌进行一个较适当的环境综合评价。我国对这方面的工作开展得很少，但 IZA 的有关研究成果值得我们借鉴。

11.3.1　热镀锌生产过程对环境的影响

由于热镀锌生产与电镀生产有着本质的不同，相比较而言，热镀锌生产过程的三废量远少于电镀行业，其三废处理工艺更简单、有效性更高。

欧洲镀锌学会（European General Galvanizers Association，简称 EGGA）对欧洲热镀锌生产过程的环境影响评估中，以英国、法国、德国和荷兰钢结构件热镀锌企业生产过程中产生的废物排放到空气、水和土壤中的统计数据为基础，认为欧洲约 650 个批量热镀锌企业中的每一个企业排放到空气中的锌量约为每年 0.7～50kg。根据英国 3 家企业的统计资料，由废水排到环境中的锌每年仅 48g；而法国的批量热镀锌企业必须做到，每天废水中的锌排放量不得超过 0.3g。故可以认为，欧洲大部分热镀锌企业废水中的锌排放量每年不会超过 0.1t。而早期的统计分析数据表明，整个欧洲热镀锌企业排放到空气中的锌量约每年 50 t，比利时和荷兰排放到水中的锌约每年 1000kg。与这些数据相比，由于采取了全面环保措施，目前的统计结果显示排放量已大大降低了。而热镀锌过程产生的锌灰、锌渣等固体废物，均会被回收循环使用。

由此可见，目前欧洲热镀锌企业生产过程引起的环境（空气、水、土壤）变化是非常小的。也就是说，在现有的环保技术条件下，可以完全避免热镀锌生产过程引起的环境污染问题。

11.3.2　热镀锌生产过程对健康的影响

在热镀锌生产过程中，工人所处的操作环境将可能影响人体的健康，如空气中浮尘的吸入，与化学药品的接触程度等。可能存在的危害如下：

（1）对皮肤的危害。除了在配制酸、碱溶液时，可能因为酸或强碱飞溅至皮肤上而造成皮肤损害外，配制或调整氯化锌助镀液时，要特别注意氯化锌对皮肤的腐蚀。

另外，日常镀锌操作时，在对锌浴表面含氧化锌的锌灰及其他物质的清理及去除过程中，若无良好的防护工作服，很容易将锌灰等污物沾于皮肤上。由于锌锅操作台表面往往会积上一层较厚的灰尘，镀锌操作工人在操作平台上，很容易使皮肤沾上灰尘而可能使皮肤受到损害。

（2）吸入性的危害。由于助镀后的工件浸锌时，会产生含有氯化铵、氯化锌、氧化锌等物质颗粒的烟尘，以及捞锌灰时可以扬起的灰尘，镀锌工人会经常吸入氯化铵、氯化锌、氧化锌等物质颗粒，从而对镀锌工人的健康带来潜在的威胁。

实际上，由于热镀锌中所接触或吸入的化学物质毒性并不大，故对身体产生影响主要取决于接触或吸入量的多少。

酸、强碱及氯化锌是具有腐蚀性的，在同皮肤接触后会引起皮肤烧伤或急性皮肤过敏。但是，在工业健康调查中关于化学试剂烧伤事件的报道却很少，因为一般在添加化学试剂操作时，工人对这种危害有清楚的认识，并且有可以适当处理这种情况的方法（即避免皮肤接触）。

另外，大量吸入氯化锌粉末时可能引起呼吸道感染，但未发现有热镀锌企业生产时工人出现呼吸道感染症状的报道。锌烟雾性发热或金属烟雾性发热病是一种在锌工业中可以被观察到的职业病。其产生原因是在锌或镀锌钢材料暴露在高温下时（大于 900℃），例如，切割或焊接镀锌工件操作中，由于产生了极细的氧化锌烟雾颗粒（约 100μm），这种颗粒被操作工人大量地吸入，就可能引起发烧、冷颤、疲劳以及其他症状。但在正常的热镀锌生产过程中，很少有镀锌件或锌是处于 900℃高温的，故锌烟雾性发热并不常见。

通过对热镀锌生产过程中皮肤接触性危害和吸入性危害的模拟试验，以及对英国热镀锌企业镀锌工人有关情况的实际测量，对热镀锌工人职业性健康进行的定性和定量分析评估，结论如下所述：

（1）热镀锌生产过程中所使用的化学试剂存在腐蚀性的危险，但在良好的控制条件下使用这些化学试剂，不会对工人的健康造成危害。

（2）随着近年来热镀锌生产车间的通风情况已经得到较大的改善，以及除尘设备的普遍应用，热镀锌生产车间空气中的粉尘水平已降到规定的范围内，在这个范围不会引起金属烟雾性发烧的症状。目前未发现有其他病症直接与镀锌工人在热镀锌生产中的操作有关。

因此，在完善的安全制度体系下，热镀锌生产过程对人体健康不会产生不良影响。

11.3.3　热镀锌产品对环境影响的评价

热镀锌工件在使用过程中，镀锌层不断腐蚀，必然导致锌不断向外界环境排出。锌是一种天然的生命必需元素，它在环境中（如空气、水、土壤和食品中）普遍存在。生命机体必须从环境中获取足够的锌，以满足细胞新陈代谢的基本需要。当机体不能得到充足的锌时，就会因为锌缺乏而出现不同症状。但有时如果环境中的锌含量太高了，使机体的吸收超过了正常的需要，则可能会引起中毒。

11.3.3.1　环境中锌的人为消耗

锌是地壳中的天然元素。由自然腐蚀过程，如风、水的腐蚀或者火山活动造成的岩石风化等因素的影响而导致的锌消耗称为锌的自然消耗。由人为因素（如镀锌钢的大气腐蚀等）导致环境中非自然因素引入了锌的消耗，称为锌的人为消耗。因为环境中出现了锌的人为消耗，使环境中的锌含量非自然性升高，就有可能导致环境中锌含量的过高现象，从而给人体的健康及有机作物的生长带来潜在的危害。因此，对热镀锌使用过程的环境整体评价是必要的。

就地区性范围而言，人为的锌消耗与来自于工厂点污染源的污染物扩散密切相关，如黑色金属和有色金属生产和加工工厂、化工厂，以及像火电厂等，在原料中使用锌或锌化合物而导致锌通过其排放的废气、废水及固体废物中排出。对于热镀锌生产企业，正如上节所述，其锌的排出量对于整个环境来说可以忽略不计。

而更大的范围如对于一个国家来说，点污染源对整个环境的影响相对较小，但广泛分布且数量庞大的镀锌制品或锌的化学产品的使用过程对环境产生的锌排放问题，则可能较大地影响着环境的锌含量。人为性的锌消耗主要有以下几方面：

（1）由于大气腐蚀，从暴露在室外的镀锌工件表面进入环境中的锌。

（2）食品中含有的锌和日用废水中属于自然来源的一部分锌，以及来自于日用制品中的锌。

（3）由于轮胎与路面摩擦，产生的堆积在路边橡胶粒子中的锌。

（4）为了优化动物的生产和发育，加在农业土壤中的肥料所含的锌。

据国际铅锌协会的调查，近20年来点污染源的排放问题已经得到逐步控制。因此，镀锌制品的使用过程带来的锌排放问题的相对影响就变得更严重了。以荷兰为例，由于镀锌制件在民用建筑、交通、电力等方面的大量应用，锌的大气腐蚀占荷兰锌排放量的1/4。

11.3.3.2 大气腐蚀造成锌在环境中的传播

锌的腐蚀速度受周围环境大气酸度的影响较大,主要是大气中的 SO_2 含量。锌的腐蚀率和空气中的 SO_2 含量间有很好的线性关系,即空气中的 SO_2 含量越高,锌的腐蚀速率越大。这样,在腐蚀过程中,金属锌表面形成了一层由腐蚀产物构成的氧化物。下雨的时候,只有一部分氧化物被冲掉,被冲掉的这部分锌腐蚀产物决定了锌在环境中的消耗量。

在欧盟的立法中,首先考虑的是要降低使大气酸化因子的排放,这就使欧洲空气中 SO_2 的含量有了一个明显地下降。在 1999 年 12 月,27 个国家(包括绝大多数欧盟成员国、美国、加拿大等)在第 8 届联合国经济委员会上签署了关于欧洲范围空气污染大会的草案,讨论了关于大气酸化、大气层臭氧的过度消耗等问题。这个新的草案,制定了到 2010 年污染降低的目标(参考 1990 年),并预计到 2010 年欧洲 SO_2 的排放量将降低到 2000 年的 63%。毫无疑问,SO_2 的排放量的显著降低将会引起大气环境中 SO_2 的量明显地降低,因此也会使锌流失量降低。

综上所述,考虑到镀件使用时,锌流失可能对自然环境产生影响,欧盟在其成员国范围内以锌元素作为研究对象进行了风险性评估。结果认为,在欧盟成员国的范围内,批量热镀锌企业的生产对其所处环境中的空气、水及土壤的影响是非常有限的。在过去的 30 年中,欧洲由于严格限制了 SO_2 的排放,空气中的 SO_2 含量明显降低,这也使暴露在大气环境中镀锌钢制件的锌流失量明显降低了,从而使镀锌产品在使用过程中因锌的人为消耗对环境的影响也越来越小。

在我国,对热镀锌生产及使用过程中产生的环境污染问题已逐渐开始重视,政府逐渐加强了对热镀锌企业三废排放的监督及检验。实际上,只要热镀锌企业加强环保意识,全面实施环保措施,就能够减少热镀锌生产及使用过程中对环境产生的不良影响,才能保证热镀锌行业向健康良性的方向发展。

* *

思 考 题

11-1 钢材热镀锌过程中产生"三废"的情况如何?如何治理?

11-2 热镀锌过程会对环境及工人身体健康产生什么样的影响?

参 考 文 献

[1] 苗立贤，杜安，李世杰．钢材热镀锌技术问答［M］．北京：化学工业出版社，2013.

[2] 许秀飞．钢带热镀锌技术问答［M］．北京：化学工业出版社，2010.

[3] 朱立．钢材热镀锌［M］．北京：化学工业出版社，2006.

[4] 朱立，徐小连．彩色涂层钢板技术［M］．北京：化学工业出版社，2005.

[5] 沙舟，韩志勇．彩色涂层钢板生产技术问答［M］．北京：冶金工业出版社，2009.

[6] 李九岭．带钢连续热镀锌［M］．3版．北京：冶金工业出版社，2005.

[7] 李九岭．热镀锌实用数据手册［M］．北京：冶金工业出版社，2012.

[8] 李九岭．带钢连续热镀锌生产问答［M］．北京：冶金工业出版社，2011.

[9] 李新华，李国喜，吴勇．钢铁制件热浸镀与渗镀［M］．北京：化学工业出版社，2009.

[10] 张启富，刘邦津，黄建中．现代钢带连续热镀锌［M］．北京：冶金工业出版社，2007.

[11] 张启富，黄建中．有机涂层钢板［M］．北京：化学工业出版社，2003.

[12] 中国金属学会轧钢学会冷轧板带学术委员会．中国冷轧板带大全［M］．北京：冶金工业出版社，2005.

[13] 康永林．现代汽车板的质量控制与成形性［M］．北京：冶金工业出版社，1999.

[14] 傅作宝．冷轧薄钢板生产［M］．2版．北京：冶金工业出版社，2005.

[15] 陈范才．现代电镀技术［M］．北京：中国纺织出版社，2009.

[16] 陈亚．现代实用电镀技术［M］．北京：国防工业出版社，2003.

[17] 张胜涛．电镀工艺及其应用［M］．北京：中国纺织出版社，2009.

[18] 冯立明，王玥．电镀工艺学［M］．北京：化学工业出版社，2010.

[19] (美) 弗利德里克 A. 洛温海姆．现代电镀［M］．北京航空学院一〇三教研室，译．北京：机械工业出版社，1982.

[20] 张允诚，胡如南，向荣．电镀手册［M］．北京：国防工业出版社，2007.

[21] 陈亚．现代实用电镀技术［M］．北京：国防工业出版社，2003.